面向21世纪课程教材
普通高等院校土木工程“十二五”规划教材

AutoCAD工程制图基础教程

主　编　向　杰　付文艺　李　影
副主编　权　凤　曹　源　卢　燕　张　轶
主　审　李　静

西南交通大学出版社
·成　都·

图书在版编目（CIP）数据

AutoCAD 工程制图基础教程 / 向杰，付文艺，李影主编. —成都：西南交通大学出版社，2014.2

面向 21 世纪课程教材　普通高等院校土木工程“十二五”规划教材

ISBN 978-7-5643-2867-2

Ⅰ. ①A… Ⅱ. ①向… ②付… ③李… Ⅲ. ①工程制图－AutoCAD 软件－高等学校－教材 Ⅳ. ①TB237

中国版本图书馆 CIP 数据核字（2014）第 022642 号

面向 21 世纪课程教材

普通高等院校土木工程“十二五”规划教材

AutoCAD 工程制图基础教程

主编　向　杰　付文艺　李　影

责任编辑	黄淑文
助理编辑	罗在伟
封面设计	墨创文化
出版发行	西南交通大学出版社 （四川省成都市金牛区交大路 146 号）
发行部电话	028-87600564　028-87600533
邮政编码	610031
网　　址	http: //press.swjtu.edu.cn
印　　刷	成都中铁二局永经堂印务有限责任公司
成品尺寸	185 mm × 260 mm
印　　张	18
字　　数	448 千字
版　　次	2014 年 2 月第 1 版
印　　次	2014 年 2 月第 1 次
书　　号	ISBN 978-7-5643-2867-2
定　　价	37.00 元

图书如有印装质量问题　本社负责退换

前　言

计算机绘图是近年来发展最为迅速、最引人注目的技术之一。随着计算机技术的迅猛发展，计算机绘图技术已被广泛应用于水利、建筑、道路、桥梁、港口、机械、电子、航天、造船、石油化工、冶金、农业、气象、纺织及轻工等多个领域，并发挥着越来越重要的、不可替代的作用。

美国 Autodesk 公司开发的 AutoCAD 是当前最为流行的计算机绘图软件之一。由于 AutoCAD 具有使用方便、体系结构开放、兼顾二维和三维图形绘制等特点，深受广大工程技术人员的青睐。

读者通过本书的学习，可以掌握 AutoCAD 绘图的前期准备及绘图完成后期处理工作、二维绘图命令和技巧、二维编辑命令、三维模型的创建等几个模块的知识。AutoCAD 的功能非常强大，某个专业领域的工作人员一般不会用到其所有操作，因此本书对各部分进行介绍时，着重考虑工程类相关专业实际岗位的能力需求，统筹兼顾知识的系统性和全面性，结合命令操作步骤及应用举例对重要的、使用频率较高的操作进行详细介绍。

为帮助读者快速有效地掌握本书所介绍的知识，达到熟练使用 AutoCAD 进行绘图的目的，编者还编写了配套的习题集。通过对习题集中精选习题的同步上机实操，读者能够加深各类操作和命令的印象，也能够更加合理的进行组合操作，不断提高绘图速度。

编者结合工程行业一线的实际情况，没有编写 AutoCAD 最新版本，而是以目前行业中使用率最高的 2008 版为蓝本进行本书的编写。编者十分注重 AutoCAD 的快速入门和绘图速度的提高，因此，编写时以多年教学经验和行企业一线工作人员建议为主导，摒弃泛泛而谈的习惯，按照绘制专业工程图纸的顺序和步骤讲解知识点和操作技能，以“图多话精”的方式展现给读者，让读者感觉“简单易懂”，最终达到“快速入门”的目的。

本书可作为工程类相关专业 AutoCAD 制图课程的教材，也可作为 AutoCAD 制图爱好者的参考用书。

本书由重庆水利电力职业技术学院向杰、付文艺、李影担任主编；重庆水利电力职业技术学院权凤、曹源、卢燕和重庆市农业机械化学校张轶担任副主编；重庆水利电力职业技术学院李静教授担任主审；重庆水利电力职业技术学院王晓琴、程昌明、何宁、陈鹏、陈达波等参与了编写。在此一并表示衷心的感谢！

由于编者水平有限，时间仓促，书中难免有疏漏之处，恳请广大读者批评指正。

编　者

2013 年 12 月

目　　录

第 1 章 AutoCAD2008 基础知识

学前导读

本章重点介绍 AutoCAD2008 的主要功能、对计算机的系统配置要求、软件启动方法和工作界面。要求用户了解 AutoCAD2008 对系统配置的要求，熟悉 AutoCAD2008 的主要功能，掌握 AutoCAD2008 的启动方法和工作界面的应用方法。

技能目标

※ 掌握 AutoCAD2008 的启动方法。
※ 掌握 AutoCAD2008 工作界面的应用。
※ 熟悉 AutoCAD2008 的主要功能。
※ 了解 AutoCAD2008 的发展历史。

1.1 AutoCAD2008 的功能及安装运行

AutoCAD 是美国 Autodesk 公司开发的交互式绘图软件，是用于二维及三维设计、绘图的系统工具。CAD 是 Computer Aided Design（计算机辅助设计）的缩写，而 AutoCAD 是目前世界上应用最广的平面绘图软件，它广泛应用于建筑、机械、水利、电子、航天等工程领域。随着新版本的更新，AutoCAD 的三维绘图及渲染功能也在升级过程中不断强化。

1.1.1 AutoCAD2008 的主要功能

Autodesk 公司成立于 1982 年 1 月，在迄今几十年的发展历程中，Autodesk 公司不断丰富和完善 AutoCAD 系统，并连续推出各个新版本。使 AutoCAD 由一个功能非常有限的绘图软件发展成了功能强大，性能稳定，市场占有率居世界第一的 CAD 系统，在各个领域都有着广泛的应用。本书以 AutoCAD2008 为讲述对象。

AutoCAD2008 具有以下的功能：

◆具有完善的图形绘制功能。
◆具有强大的图形编辑功能。

◆可以采用多种方式进行二次开发或用户定制。

◆可以进行多种图形格式转换，具有较强的数据交换能力。

◆具有强大的三维造型功能。

◆提供数据和信息查询功能。

◆尺寸标注和文字，表格输入功能。

◆图形输出功能。

AutoCAD 最大的优势就是开放性，可开发性，支持多平台操作，支持多种硬件设备。具有通用性，易用性，适用于各类用户。由于 Autodesk 公司紧跟行业技术发展，贴近用户需要，自身不断完善，AutoCAD 硬件成为国际上广为流行的绘图工具。

1.1.2 AutoCAD2008 对软件和硬件的要求

在安装和运行 AutoCAD2008 时，软件和硬件必须达到如表 1-1 所列要求。

表 1–1 AutoCAD2008 的软硬件要求

硬件和软件	需　求	注　意
操作系统	Windows2000、Windows XP、Windows Vista、Windows7	安装时，请自动检测 Windows 时 32 位版本还是 64 位版本，并安装适当的版本。不能在以 64 为版本的基础上安装 32 位版本的 AutoCAD。
处理器	PentiumⅢ或 Pentium4 800 MHz	建议使用 Pentium4
内存	512 MB 以上	尽量提高内存容量，绘图更流畅
硬盘	750 MB 以上	
显示器	1 024×768 VGA(最低要求)	
定点设备	鼠标，轨迹球或其他设备	
可选硬件	打印机或绘图仪	

1.1.3 AutoCAD2008 的安装

操作方法：

将 AutoCAD2008 的安装光盘放入计算机的光驱内，双击桌面上【我的电脑】后，依次单击光盘驱动器按钮、AutoCAD 安装程序，根据安装向导提示逐步填入相应的内容并单击 下一步(N) 后，最后单击 完成(F) 即可。图 1-1 和图 1-2 所示为 AutoCAD2008 安装界面的首页和安装完成的页面。

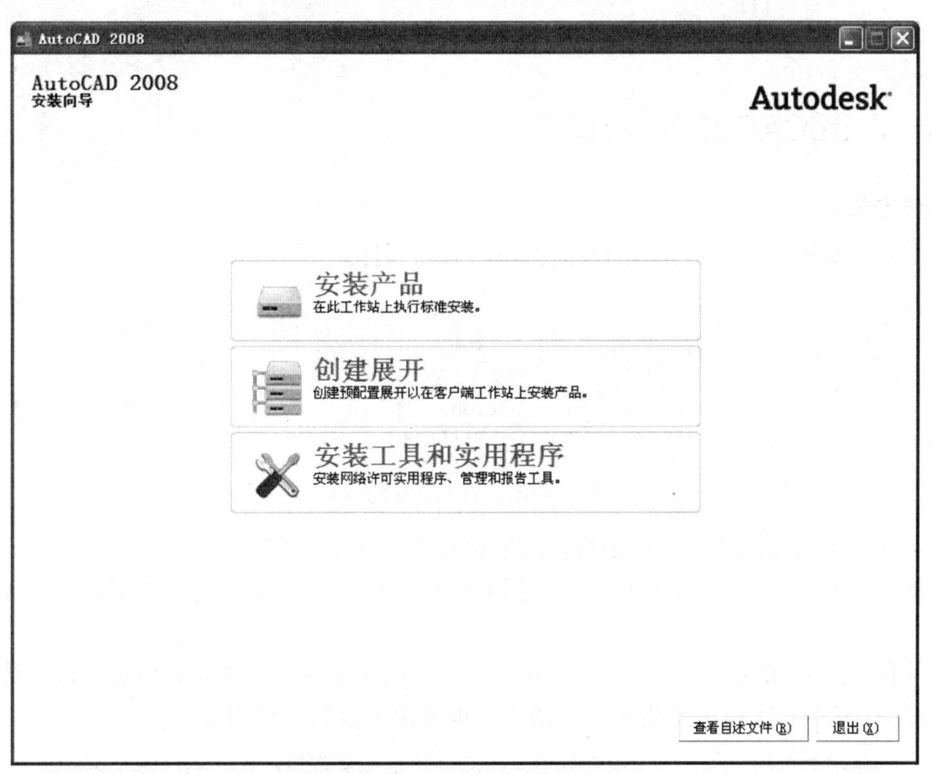

图 1-1　安装界面首页

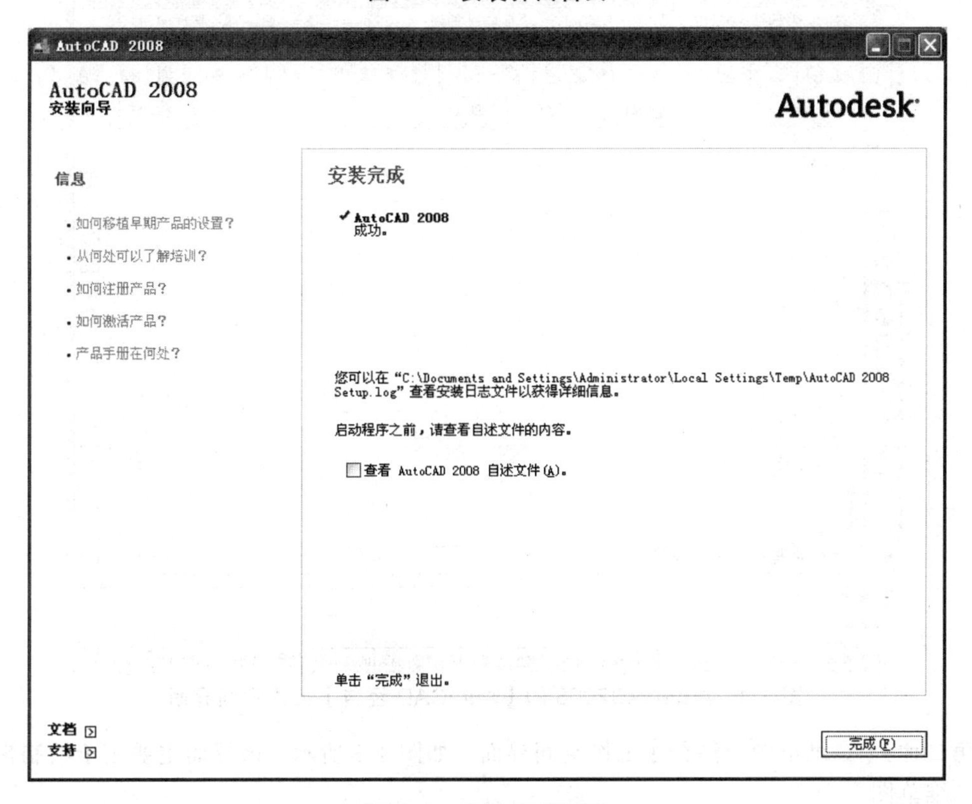

图 1-2　安装完成页面

安装完成后，在桌面上就会出现如图 1-3 所示的快捷按钮。

1.1.4 AutoCAD2008 的运行

操作方法：

（1）双击桌面如图 1-3 所示的快捷按钮，启动软件。

图 1-3　AutoCAD2008 的快捷按钮

（2）选中左面快捷按钮，单击鼠标右键选择【打开】。

启动 AutoCAD2008 后，根据用户不同的设置，AutoCAD2008 的用户工作空间界面有 3 种形式：

第一种：【AutoCAD 经典】工作空间界面，如图 1-4 所示，该界面延续了过去传统版本的 AutoCAD 界面，既可用于绘制二维图形，也可用于绘制三维图形。

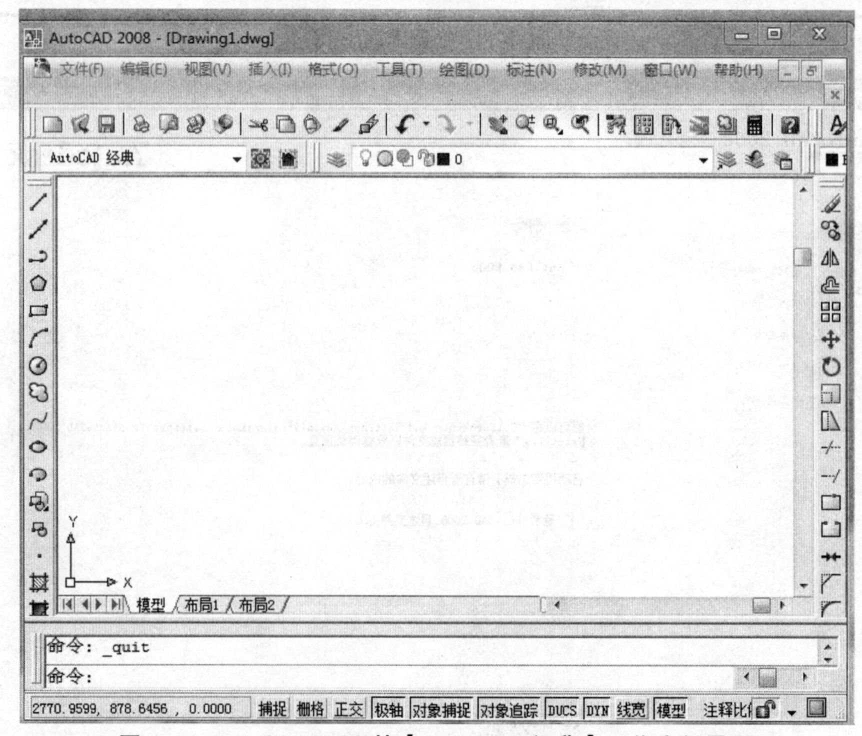

图 1-4　AutoCAD2008 的【AutoCAD 经典】工作空间界面

第二种：【二维草图与注释】工作空间界面，如图 1-5 所示，该界面主要用于绘制带有注释的二维草图。

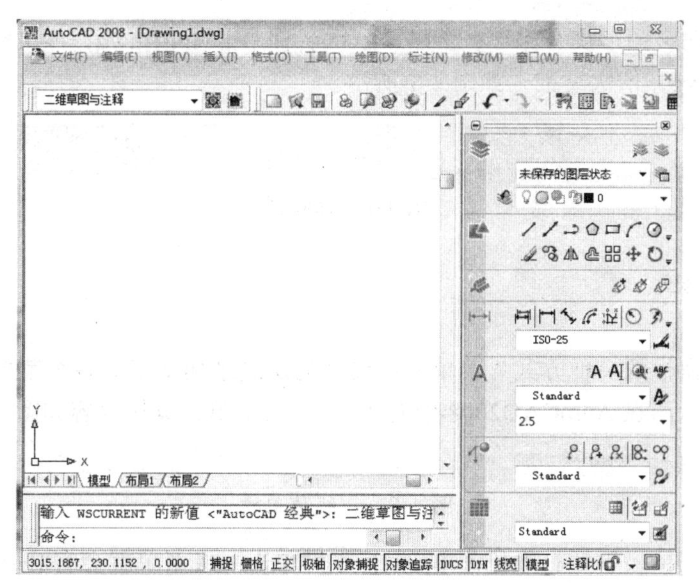

图 1-5 AutoCAD2008 的【二维草图与注释】工作空间界面

第三种:【三维建模】工作空间界面，如图 1-6 所示，该界面主要用于绘制三维图形。

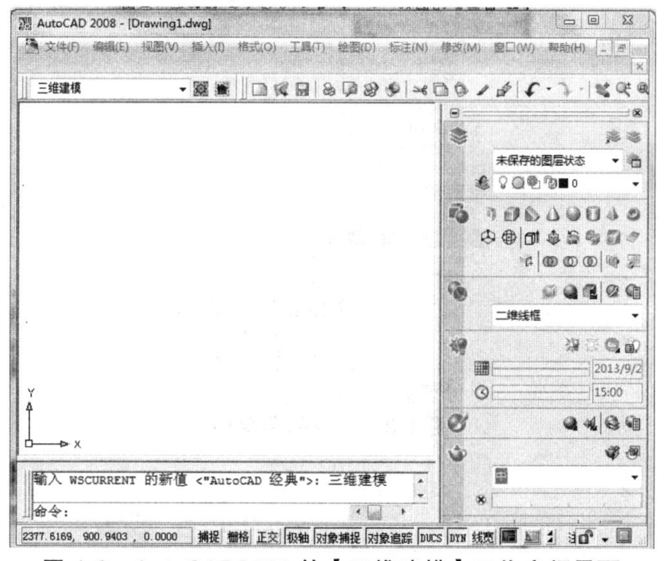

图 1-6 AutoCAD2008 的【三维建模】工作空间界面

1.2 AutoCAD2008 的工作界面

1.2.1 标题栏

标题栏位于工作界面的最上方，和其他软件标题栏相似。左侧显示应用程序的名称、版本号码以及当前图形的文件名称，右侧的按钮，可以用来执行最小化、最大化或者关闭操作。刚启动时，图形没有保存，会显示默认名称 Drawing1.dwg，再次打开新的文件，会显示 Drawing2.dwg，依次类推，如图 1-7 所示。

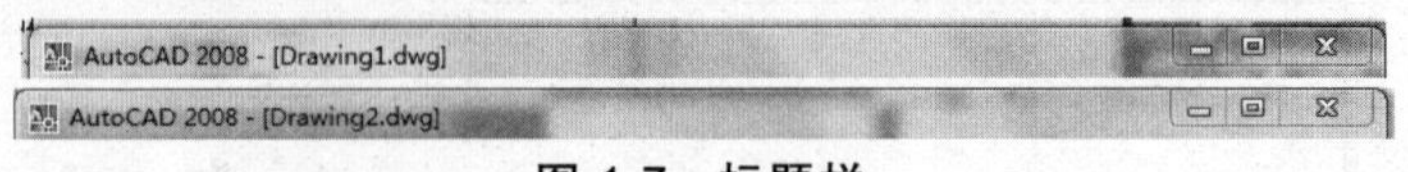

图 1-7　标题栏

1.2.2　菜单栏

菜单是调用命令的一种方式。菜单栏以级联的层级结构来组织各个菜单项，并以下拉菜单的形式逐级显示。在 AutoCAD2008 中有 11 个一级菜单，具体内容如图 1-8 所示。

图 1-8　一级菜单栏

在每个一级菜单栏下都有下拉菜单。鼠标左键单击一级菜单就会有对应的显示，如图 1-9 所示。

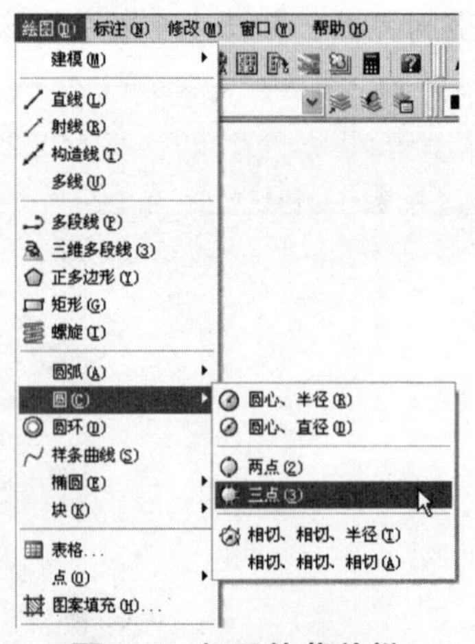

图 1-9　打开的菜单栏

1.2.3　工具栏

AutoCAD2008 提供了 30 多个工具栏，用户除了可以用下拉菜单输入命令外，还可以通过工具栏上的功能按钮来输入某些常用命令。图 1-10 所示为 AutoCAD2008 中经典模式通常显示的工具栏。利用这些工具栏中的按钮，可以很直观，很快捷地执行相应的命令。同时用户也可以自行选择一些需要的工具栏放在界面上。

图 1-10 AutoCAD2008 经典模式中通常显示的工具栏

操作方法：

工具栏快捷调用方法：鼠标放在任意功能按钮上单击右键，系统将弹出所有工具栏的下拉菜单，如图 1-11 所示。用户在需要调用的工具栏对应的复选框中勾选即可，其中显示【√】表示该工具栏处于打开状态，没有显示【√】表示该工具栏处于关闭状态。一般情况下，用户调出的工具栏均悬浮在绘图区域，如图 1-12 所示。用户可以根据自己的需要，讲工具栏移动到左右两侧或上方。

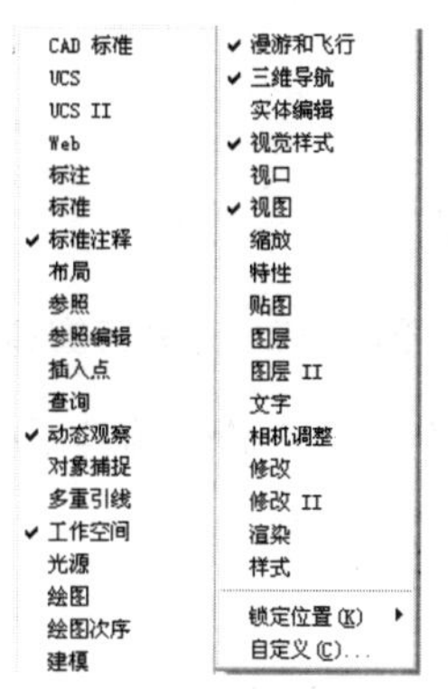

图 1-11　用户调出的工具栏

图 1-12　单击鼠标右键后打开的工具栏下拉菜单

1.2.4　绘图区域

绘图区域（绘图窗口）是用户在 AutoCAD 中绘制和显示图形的场所，等同于尺规作图中的图纸。在 AutoCAD 中创建新图形文件或打开已有图形文件时，都会产生相应的绘图窗口。在 AutoCAD 中可以显示多个图形窗口，即可以同时打开多个图形文件，但是当前可以编辑状态的始终只有一个图形文件，但是可以在多个图形文件间转换。

绘图区域左下角，有两个互相垂直的箭头组成的坐标系，如图 1-13 所示。它是 AutoCAD 中的世界坐标系（WCS）。它反映了当前坐标系的原点和 *X*、*Y*、*Z* 轴的正方向。

鼠标移动到功能按钮或菜单栏处将显示为【箭头】按钮，移动到绘图区域将显示为【十字】光标。

绘图窗口下部还包括有一个模型选项卡和多个布局选项卡，分别用于显示图形的模型空间和图纸空间，如图 1-14 所示。模型空间和图纸空间具体内容见第 3 章。

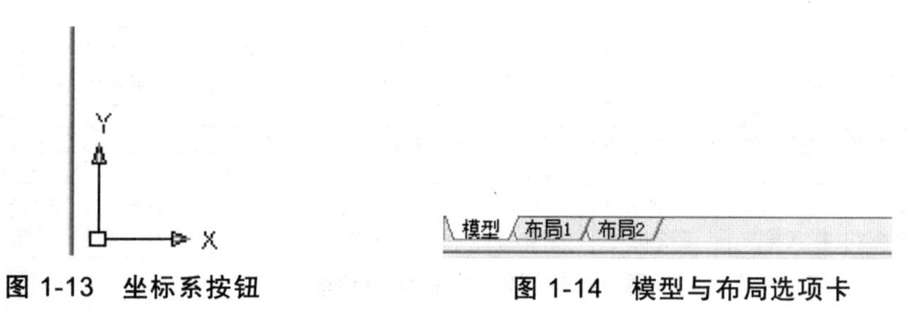

图 1-13　坐标系按钮

图 1-14　模型与布局选项卡

1.2.5 命令行

命令行又称作文本窗口，是用户与软件进行沟通交流、发布命令、输入数据、状态显示等的平台，用户需要执行操作时可直接输入其对应命令，然后根据命令行的步骤提示和说明进行后续步骤的操作，如图 1-15 所示。

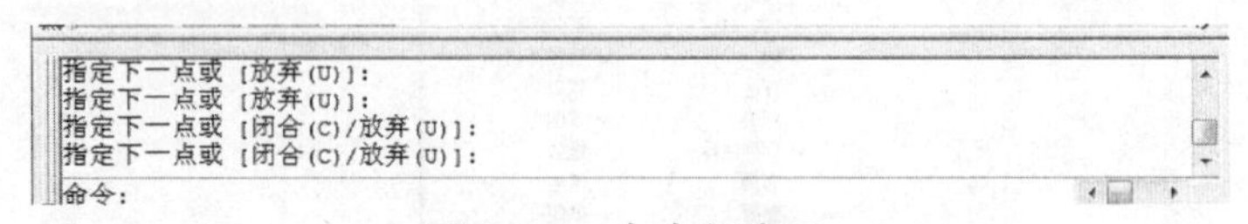

图 1-15 命令行窗口

提示： 用户不需要将光标移至命令行再输入命令，任意位置直接输入即可，会自动跳转到命令行。

操作方法：

当命令行的提示较多时，可以用 F2 键激活 AutoCAD 的文本窗口，如图 1-16 所示，在这个窗口可以查阅更多命令的历史记录。再次按 F2 键，AutoCAD 文本窗口可隐藏。

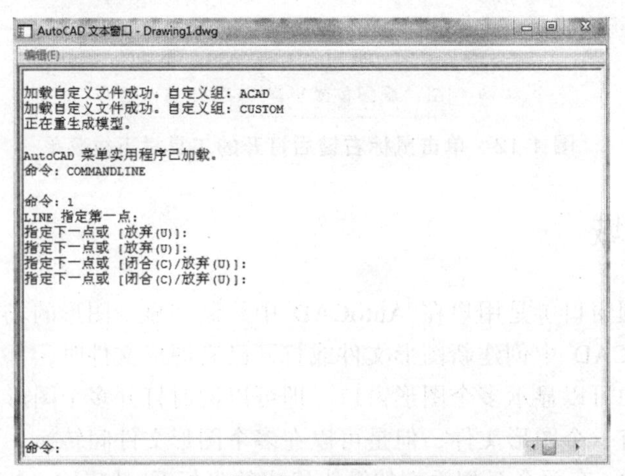

图 1-16 激活的 AutoCAD 文本窗口

1.2.6 状态栏

状态栏位于绘图区域的底部，用于显示坐标，提示信息等。同时还提供了一系列的控制按钮，如图 1-17 所示。

图 1-17 状态栏各按钮功能

状态栏的基本操作是通过鼠标单击按钮来切换对应功能的打开或关闭。按钮凸出为关闭状态，按钮凹进为打开状态。也可以用鼠标右键单击按钮，从弹出的快捷菜单中选择【开/关】进行设置。状态栏中各项内容的具体介绍见第 4 章。

在 AutoCAD2008 中，状态栏新增了【注释比例】按钮 注释比例: 、【工具栏/窗口位置锁定】按钮 、和【全屏显示】按钮 。

【注释比例】是与模型空间，布局视口和模型视图一起保存的设置。用户可以在不同的布局视口和模型空间中自动完成缩放注释的过程，从而使注释能够以正确的大小在图纸上打印或显示。【工具栏/窗口位置锁定】按钮可迅速将工具栏或窗口进行锁定，以方便绘图工作。【全屏显示】按钮可扩展图形显示区域，扩大绘图工作窗口，再次单击【全屏显示】按钮可恢复原设置。

1.2.7　右键快捷菜单

操作方法：

在绘图区域单击选中某一对象后，单击鼠标右键，会显示如图 1-18 所示的右键快捷菜单。用户也可以在这个菜单中选择对应的命令执行。其中所集成的【复制选择】、【移动】、【缩放】、【旋转】、【绘图次序】、【快速选择】、【快速计算器】和【特性】选项都是经常用到的操作。实际工作中，用户可以不执行其他的调用方式，而直接通过该快捷菜单来执行这些命令。

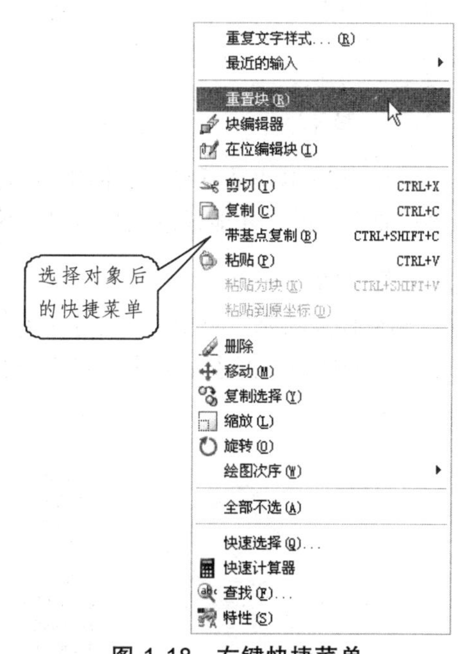

图 1-18　右键快捷菜单

1.3　AutoCAD 命令的实现

1.3.1　功能按钮

每个功能按钮都对应了一个操作。实际工作中，应该部分操作用命令激活，部分命令较为复杂的操作用功能按钮或快捷菜单激活，这样配合才能达到高速绘图的目的。因此用户必须熟悉各功能按钮的位置及熟练地掌握各常用功能按钮所对应的操作。

操作方法：

如图 1-19 所示，如欲在绘图工具栏中执行某个操纵时，用左键单击对应的功能按钮即可。

图 1-19　绘图工具栏

例如绘制直线，鼠标左键单击第一个直线按钮，在命令行就会出现如图 1-20 所示的提示。

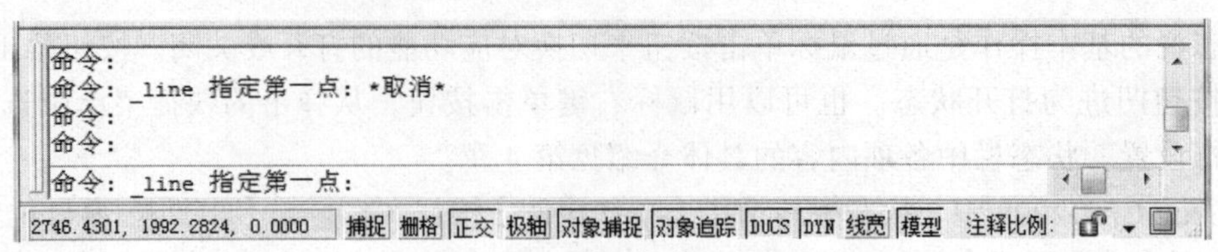

图 1-20　直线命令的提示

1.3.2　菜单操作

AutoCAD 中几乎所有的操作功能按钮都可以在菜单中实现，因此需要用户对各菜单及其子菜单非常熟悉，才能任意调用各种不常用的操作功能按钮。

操作方法：

如图 1-21 所示，要用【三点】命令绘制圆，可在菜单栏中的【绘图】菜单的下拉菜单中用鼠标单击选择【圆】中的【三点】。便可执行对应的命令，如图 1-22 所示。

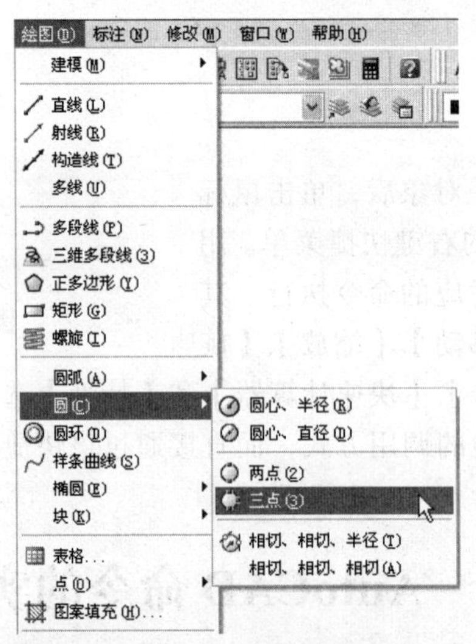

图 1-21　菜单栏中绘制圆的命令

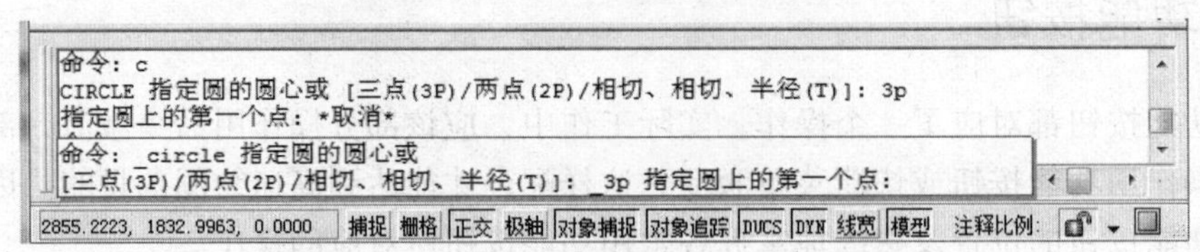

图 1-22　执行圆三点命令的【命令行】提示

1.3.3　命令输入及退出

1. 命令输入

操作方法：

可直接在命令行中输入命令。注意，一定是在【命令:】状态下输入相关的命令。例如画

圆的命令，可直接在命令行输入 circle（或快捷命令 c），按回车键【Enter】或空格键确认后，对应的命令行如图 1-23 所示。

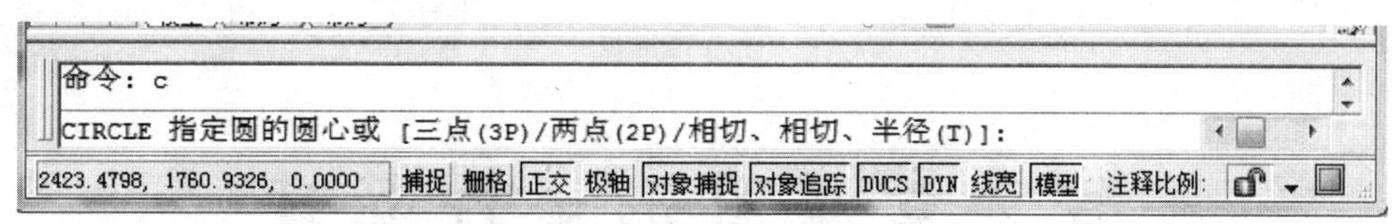

图 1-23　命令行输入圆的命令

还可以通过选中相应的菜单选项、点击功能按钮或通过快捷操作来实现命令的输入。实际操作中应大量使用命令中输入配合功能按钮，辅以快捷操作。菜单操作一般是在前面几种操作都不容易实现的情况下才采用。

2. 命令退出

操作方法：

结束、中止执行命令或退出选择集应按退出键【Esc】。

例如在执行直线命令后，需要结束或者重新执行另一个命令，按退出键【Esc】，命令行就会出现如图 1-24 所示的效果。这时，可以在【命令】之后继续执行新的命令。

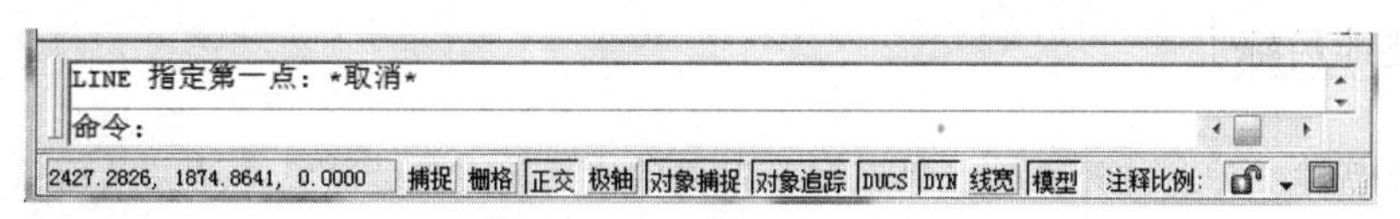

图 1-24　直线命令退出

第 2 章 图形文件管理

学前导读

本章重点介绍在 AutoCAD 中新建文件、打开文件、保存和另存文件、清理文件和关闭文件，旨在让用户掌握文件管理的相应操作。掌握图形文件的管理方法，可以为绘图做好准备。AutoCAD 在绘图过程中一旦遇到断电等异常情况就会丢失图形文件信息而造成损失，因此，保存文件是绘图过程中非常重要的操作环节。

技能目标

※ 掌握新建文件、打开文件、保存和另存文件、关闭文件的快捷方法，从而提高工作效率。

※ 掌握清理文件的步骤和方法。

2.1 新建图形文件

在 AutoCAD 工作界面中绘制图形之前，应新建图形文件，才能保证有个新的绘图区域。AutoCAD2008 支持多文档操作，用户可在不关闭当前图形文件的情况下，使用新建图形文件命令建立新的图形文件。

操作方法：

（1）菜单栏：【文件】/【新建】。

（2）命令：New(Ctrl+N)。

（3）工具栏：【标准】工具栏第 1 个按钮。

执行以上操作方法之一，会弹出【选择样板】对话框，如图 2-1 所示。此对话框列出了多种可供用户选择的样板文件。选中不同的图形样板，右上角的预览区域会显示其预览效果，如图 2-2 所示。

样板文件中包含下列设置和图形元素：【单位类型】、【精度和图形界限】、【尺寸标注样式】、【线形设置】、【标题栏和边框】等。

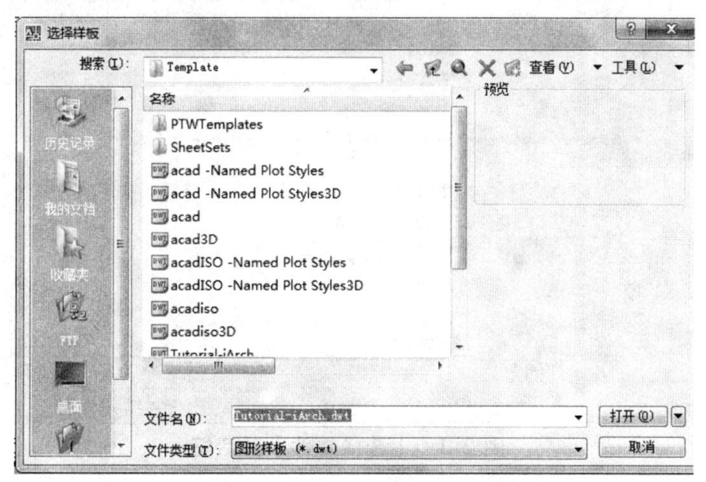

图 2-1　【选择样板】对话框

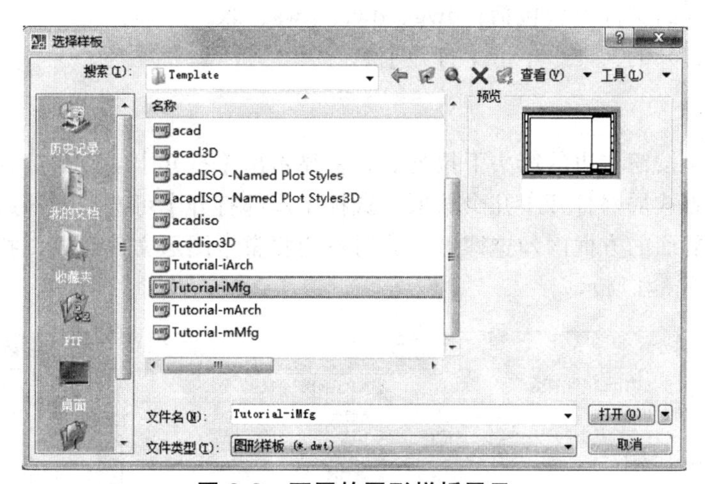

图 2-2　不同的图形样板展示

2.2　打开已存图形文件

实际工作中，许多图纸不是一次性就能够绘制完成的，往往需要多次绘制和保存，因此经常需要打开以前保存的图形文件。

操作方法：

（1）菜单栏：【文件】/【打开】。

（2）命令：Open(Ctrl+O)。

（3）工具栏：【标准】工具栏第 2 个按钮。

执行以上操作方法之一，会弹出【选择文件】对话框，如图 2-3 所示，可以通过浏览器选择需要打开的文件，然后单击【打开】按钮即可打开所选中的图形文件。

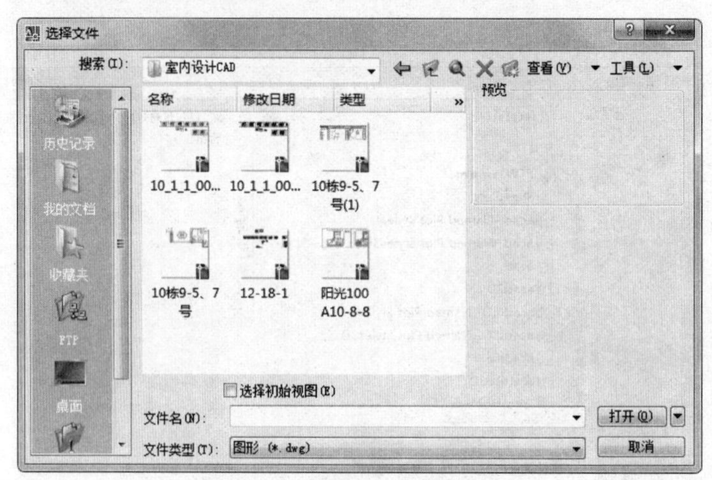

图 2-3 【选择文件】对话框

1. 一般打开文件

（1）可以打开的文件类型包括：dwg、dwt、dws、dxf。

（2）选取要打开的文件，单击【打开】。

2. 局部打开

单击【打开】按钮右边的箭头下拉列表，会显示出【打开】、【以只读方式打开】、【局部打开】、【以只读方式局部打开】几个选项。选择【局部打开】可选择要开启的图层，在需要加载的图层名称后面的方框内勾选即可，此时不会将整个图形文件载入，打开复杂图形文件的速度较快，如图 2-4 所示。

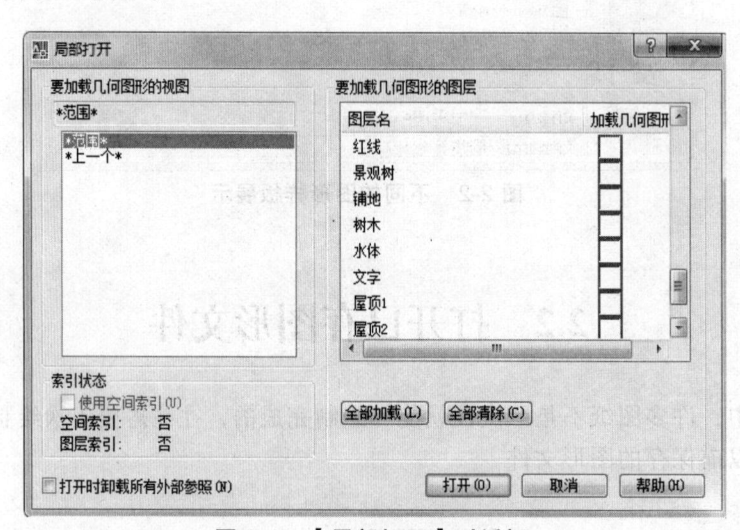

图 2-4 【局部打开】对话框

3. 同时打开多个图形文件

（1）按住【Ctrl】可以逐一选中要同时打开的图形文件。

（2）使用【Shift】键批量连续选取多个图形文件。如先选中第 1 个图形文件，再按住【Shift】键后点击第 10 个图形文件，则这 10 个图形都会被选中。

（3）如图 2-5 所示，在右下角单击一下并拖动出一个矩形选择框，变蓝的文件就是被选中的文件。

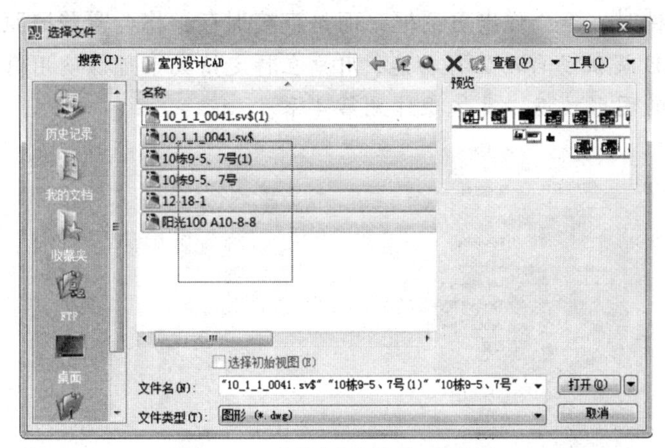

图 2-5　【选择文件】对话框

提示：对于打开的多个文件，点击【窗口】菜单即可看见：可根据需要选择不同的排列效果，如图 2-6 所示。

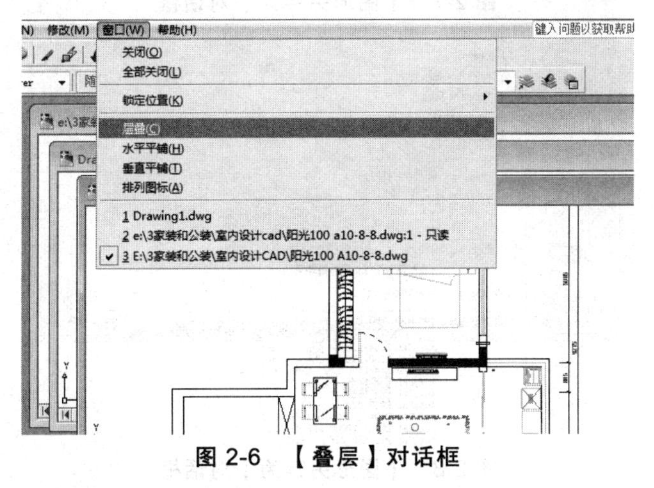

图 2-6　【叠层】对话框

2.3　保存图形文件

文件的保存在所有的软件操作中是最基本和最常用的操作。在绘图过程中，为了防止由于电脑意外死机，或者不小心关闭了当前文件，用户必须养成随时将已绘制的图形文件存盘的习惯，这样做可以防止长时间绘制的图形内容丢失，也便于再次对该图形文件进行编辑。

操作方法：

（1）菜单栏：【文件】/【保存】。

（2）命令：Save(Ctrl+S)。

（3）工具栏：【标准】工具栏第 3 个按钮。

保存文件有两种情况，若当前文件还没有保存过，执行完上面任意一种操作方法后，则就会弹出【图形另存为】的对话框，如图 2-7 所示。若图形文件已经保存过，执行上述三种操作方法的任意一种时，不会弹出对话框，而是直接保存，将会覆盖掉原文件。

提示：AutoCAD 提供了自动保存功能，用户在特定情况下可以使用自动保存文件找回部分因未保存而丢失的图形数据，具体操作见第 4 章。

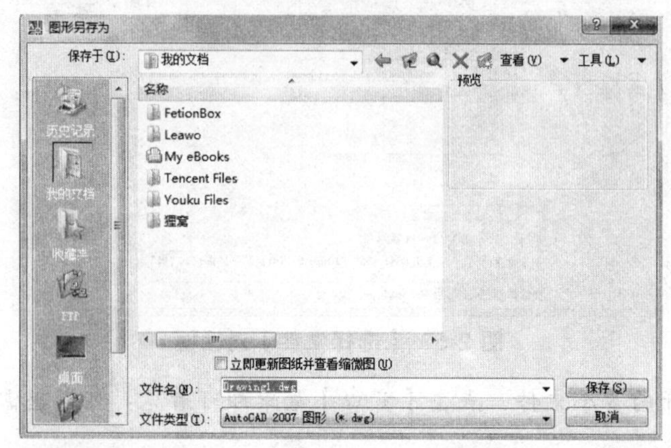

图 2-7 【图形另存为】对话框

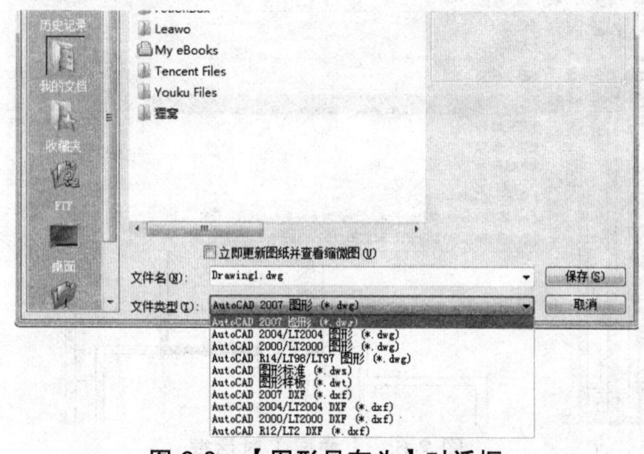

图 2-8 【图形另存为】对话框

2.4 另存图形文件

如果需要将改动过的文件存储为新的图形文件时，不应该执行【保存】操作，因为会覆盖原文件，而不是存储为新文件，应该执行【另存为】操作，此时需要重新定义文件名，并且不能与原文件同名（更改保存路径除外）。

操作方法：

（1）菜单栏：【文件】/【另存为】。

（2）命令：Saveas(Ctrl+Shift+S)。

激活命令后，会弹出【图形另存为】对话框，可保存的文件类型有 dwg、dws、dwt、dxf 四种，如图 2-8 所示。同时可在下拉菜单中看到保存的文件可以是 2000、2004、2007 三种不同版本，若需要低版本就选择 2000、2004，若需要高版本就选择 2007。

提示： AutoCAD 软件自身有版本的限制，高版本软件可以打开低版本的文件，但是低版本的软件无法打开高版本的文件，但是用户可以通过版本转换器将文件的版本进行转换，主要是高版本文件转为低版本文件。

2.5　清理文件

如果打开的图形比较复杂，样式比较多，而且有些是对用户没有用的，那么可以用【清理】命令将一些不需要的图形文件删除掉。

操作方法：

（1）菜单栏：【文件】/【绘图使用程序】/【清理】。

（2）命令：Purge(Pu)。

激活命令后，会弹出【清理】对话框，如图 2-9 所示。

1. 清理未使用的样式

（1）先切换到【查看能清理的项目】，如图 2-9 所示。

（2）按住【Ctrl】键，逐项选择要清理的项目，然后点击【清理】按钮，如图 2-10 所示。

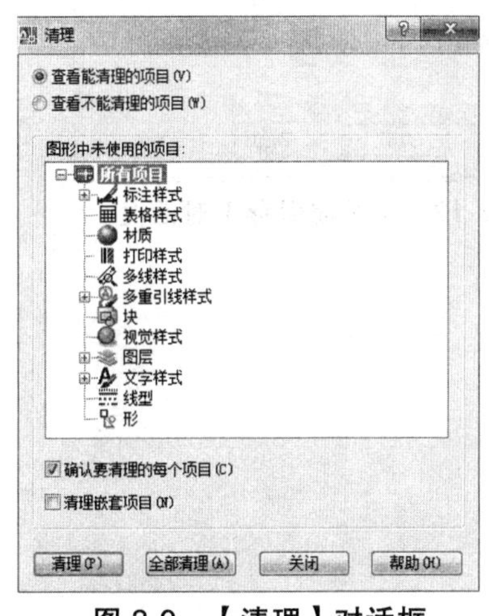

图 2-9　【清理】对话框

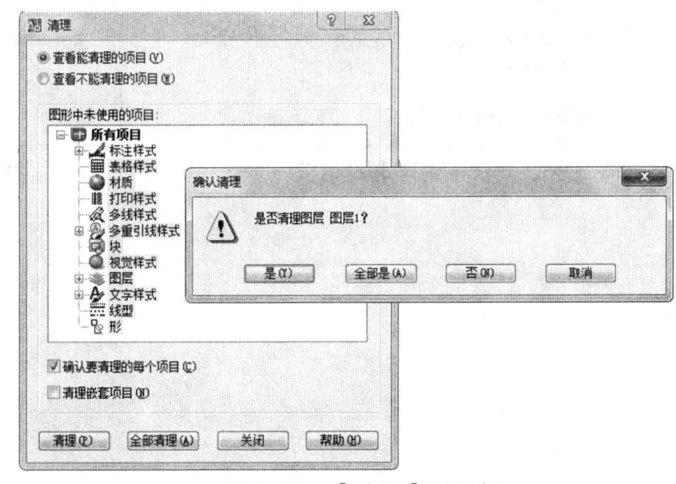

图 2-10　【清理】对话框

2. 清理未使用的单一项目

选取主项目（如图层），单击【清理】按钮即可清理该主项目内所有未使用的样式，如图 2-11 所示。

3. 清理全部未使用的项目

单击【全部清理】按钮即可清理所有未使用的项目。

2.6 关闭图形文件

在不需要当前文件的情况下，可以关闭当前文件。

操作方法：

（1）菜单栏：【文件】/【关闭】。

（2）命令：Close（Ctrl + C）。

（3）标题栏：单击标题栏右侧的关闭按钮。

执行完上述任意一种命令后，会弹出【保存提示】对话框，如图 2-12 所示。点击【是】按钮，若文件已保存过就会直接覆盖原文件，若文件没有保存过就会弹出【图形另存为】对话框进行保存设置，然后自动关闭软件。单击【否】则表示不用保存修改，直接关闭软件。单击【取消】即取消关闭软件。

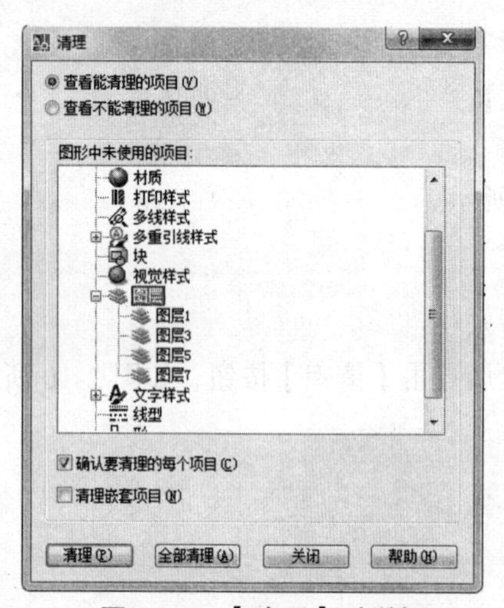

图 2-11 【清理】对话框

图 2-12 【关闭保存】对话框

第 3 章　图形图像输出

学前导读

图形图像输出是指将计算机上绘制的图形通过打印机或绘图仪反映到到图纸上。使用计算辅助制图的最终目的是把所绘制的图形输出，指导工程实践。所以，作为绘图的扫尾工作，图形图像输出也是很关键的一步。AutoCAD 具有方便的、强大的图形输出功能，并且能够支持多种类型的打印机和绘图仪。通过本章的学习，要熟练掌握图形图像输出的方法和技巧，将所绘制的图形以最理想的形式快速打印出来。

技能目标

※ 了解模型空间与图纸空间。
※ 熟练掌握模型空间的打印。
※ 熟练掌握图纸空间的打印。

3.1　模型空间与图纸空间

AutoCAD2008 提供了两个并行的工作环境，为图形的绘制和输出服务。通常在模型空间进行图形的设计和绘制，在图纸空间中进行打印前的准备工作。

3.1.1　模型空间和图纸空间

模型空间是用户建立图形图像时所在的工作空间。模型即用户所绘制的图形对象，用户在模型空间中可以用二维或三维视图根据需要绘制投影图或物体，也可以创建多视口以显示物体的不同部分。在模型空间的多视口情况下，用户只能在当前视口绘制和编辑图形，也只能对当前视口中的图形进行打印输出。

图纸空间是 AutoCAD 提供给用户进行图形规划及打印布局的一个工作空间。用户在图纸空间中同样可以用二维或三维视图来表示投影图或物体，也可以创建多视口以显示物体的不同部分，在图纸空间下坐标系的按钮显示为三角板形状。图纸空间下的视口被作为图形对象来看待，用户可以用编辑命令对其进行编辑。用户可以在同一绘图页面中绘制图形，也可以进行不同视图的放置，并且可以对当前绘图页面中所有视口中的图形同时进行打印输出。

在图纸空间输入的内容将不会出现在模型空间，但是在模型空间输入的内容可以通过浮动窗口显示在布局图中。图纸空间不用于绘图和设计工作。

用户可以随时在模型空间和图纸空间之间进行切换，具体的切换操作如下：

（1）用系统变量【TILEMODE】进行切换。

当系统变量【TILEMODE】的值为 1 时，系统处于模型空间；当系统变量【TILEMODE】的值为 0 时，系统处于图纸空间。

（2）用绘图窗口下方的【模型】和【布局】选项卡进行切换。

单击【布局】选项卡标签，系统由模型空间切换至图纸空间；单击【模型】选项卡标签，系统由图纸空间切换至模型空间。

3.1.2　平铺视口

1. 平铺视口的创建

一般情况下，使用 AutoCAD 绘图时界面都是单视口，有时为了显示物体的不同部分或者不同方向的投影，需要将所有的图平铺到一张图上，此时需要将绘图窗口分割成几个视口，称之为平铺视口。

操作方法：

（1）菜单栏：【视图】/【视口】/【新建视口】。

（2）命令：Vports。

（3）工具栏：【布局】工具栏第 4 个按钮。

激活命令后，系统弹出如图 3-1 所示的【视口】对话框。该对话框有【新建视口】和【命名视口】两个选项卡，可对这两个选项进行操作。

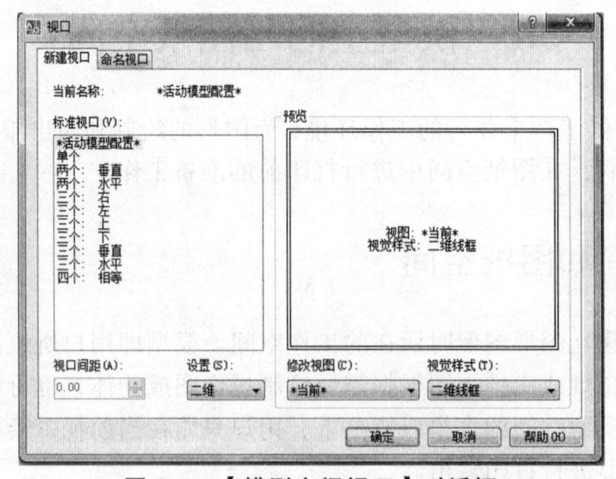

图 3-1　【模型空间视口】对话框

2. 平铺视口的特点

（1）视口必须是矩形的，并且不能相互覆盖；不管建立几个视口，它们总是完全占据整个屏幕。

（2）在任何时候都可以通过单击不同视口区域在这些视口之间切换，包括在执行命令的过程中。

（3）每次只能激活一个视口，被激活的视口显示一个粗边框，且显示十字光标。

（4）UCS 按钮出现在每个视口中。

（5）在一个视口中对图形所做的任何修改都会自动显示在其他每一个视口中。

3.1.3　浮动视口

在图纸空间可以创建多个视口，这些视口称为浮动视口。在图纸空间无法编辑模型空间的对象，如果要编辑模型空间，必须激活浮动视口，进入浮动模型空间。

1. 浮动视口的新建

操作方法：

（1）菜单栏：【视图】/【视口】/【新建视口】。

（2）命令：VPorts。

（3）工具栏：【布局】工具栏第 4 个按钮。

执行以上任意操作后，弹出如图 3-2 所示的对话框。

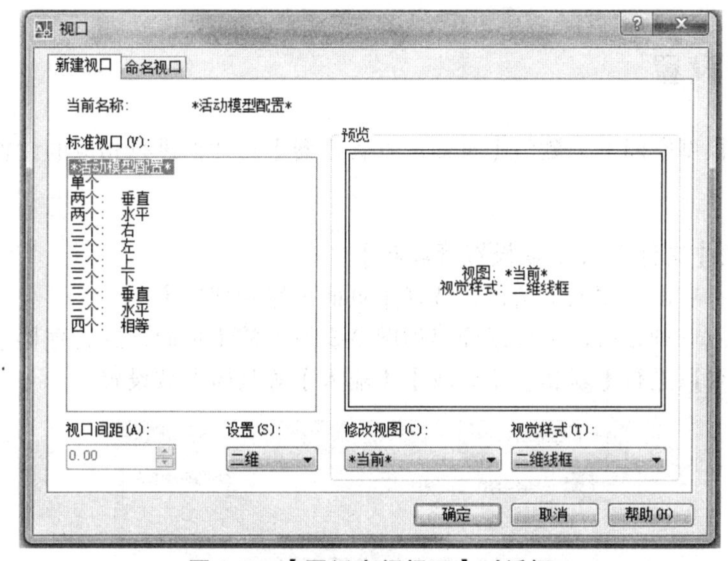

图 3-2　【图纸空间视口】对话框

2. 浮动视口的特点

（1）视口是浮动的。各视口可以改变位置，也可以相互重叠。

（2）浮动视口位于当前层时，可以改变视口边界的颜色，但线型总为实线。可以采用冻结视图边界所在图层的方式来显示或不打印视口边界。

（3）可以将视口边界作为编辑对象，进行移动、复制、缩放、删除等编辑操作。

（4）可以在各视口中冻结或解冻不同的图层，以便在指定的视图中显示或隐藏相应的图形，尺寸标注等对象。

（5）可以在图纸空间添加注释等图形对象。

（6）可以创建各种形状的视口。

3. 浮动视口激活的主要方法

（1）单击状态栏上的【图纸】按钮。

（2）执行命令 Mspace。

（3）双击浮动视口区域的任意位置。

4. 浮动视口的编辑

用户可以对浮动视口进行旋转、调整和删除等编辑。执行 Mvsetup 命令可以旋转整个视图；选择浮动视口边界，按 Delete 键即可删除该浮动视口；选择视口，单击右键可对其进行移动、复制、缩放等操作。

3.2 模型空间打印

所绘图形对象的打印可以在 AutoCAD 的模型空间中进行，也可以在图纸空间进行，首先我们简单介绍一下如何在模型空间打印图形对象。

3.2.1 页面设置

页面设置在模型空间下，激活【页面设置管理器】对话框进行相应的设置。

操作方法：

（1）菜单栏：【文件】/【页面设置管理器】。

（2）快捷键：右击【模型】按钮，选择【页面设置管理器】。

运用上述任意一种方法，都可以弹出如图 3-3 所示的【页面设置管理器】对话框。在该对话框中，用户可以进行【新建】、【修改】、【输入】等具体参数设置。

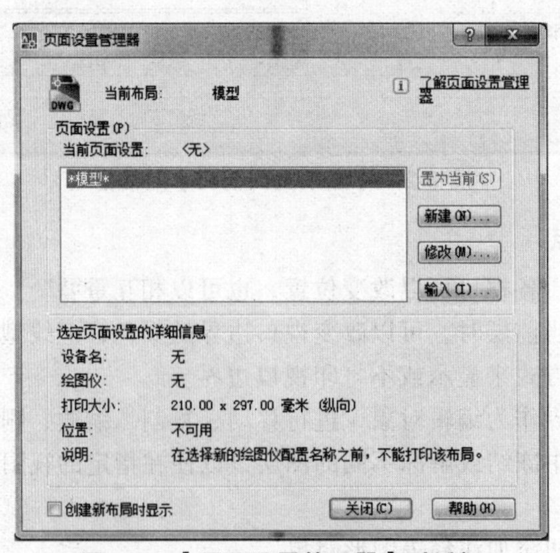

图 3-3 【页面设置管理器】对话框

3.2.2　打印机设置

在打印之前，要先进行打印设备的配制。打印图形可选用两种打印设备：Windows 的系统打印机或专用绘图仪。对于小幅面的图形，使用前者即可；对于工程实际应用的大幅面的图形，为了达到较好的输出效果，一般需要选择专用的绘图仪。

可选用添加打印机向导来完成。在菜单栏选择【工具】/【向导】/【添加打印机】命令，按系统的提示即可完成打印设备的设置，并将结果保存在【打印机/绘图仪管理器】中。选择好打印机或绘图仪后，还需对其配制进行适当地编辑。

操作步骤：

（1）菜单栏：【文件】/【打印机/绘图仪管理器】，系统会弹出如图 3-4 所示的打印机管理器窗口。

图 3-4　【打印机管理器】对话框

（2）在打印机管理器窗口，双击新建的图中打印设备文件按钮，打开【打印机/绘图仪配制编辑器】对话框，如图 3-5 所示。

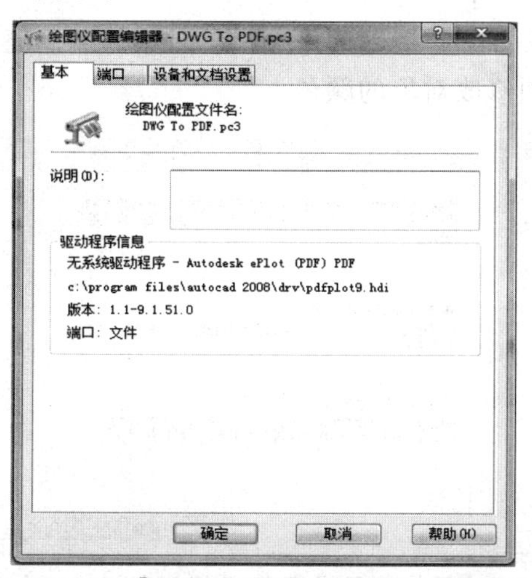

图 3-5　【绘图仪配置编辑器】对话框

（3）进行配制编辑。【基本】选项卡，用于修改打印输出设备的描述文本及查看设备的基本驱动信息；【端口】选项卡，用于设置打印输出设备的端口，修改图形输出的去向；【设备和文档设置】选项卡，在该选项卡中，可以对打印介质、图形打印特性、自定义特性和用户图纸尺寸与校准等选项进行设置。设置完毕后，单击【确定】按钮，就可完成打印机的配置编辑。

3.2.3　打印样式设置

使用打印样式可以在打印时，用户可根据自己的需要更改对象的外观（颜色、线型、线宽等）。在实际工程中，用户可以根据自己的需要添加所需要的打印样式表。

操作步骤：

（1）菜单栏：【工具】/【向导】/【添加打印样式表】，单击【下一步】，弹出如图 3-6 所示的【添加打印样式表-开始】对话框。

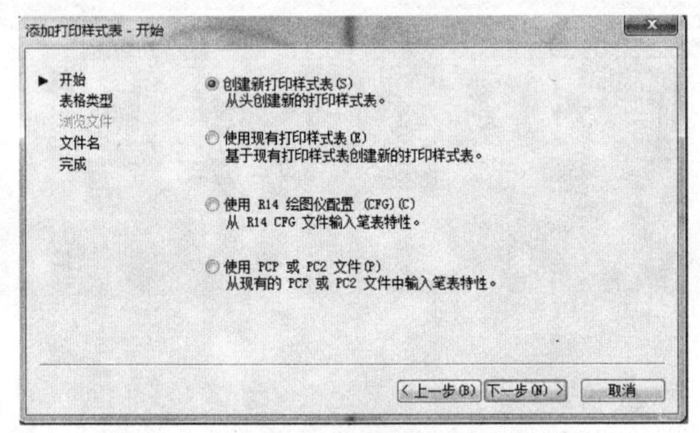

图 3-6　【添加打印样式表-开始】对话框

（2）单击【下一步】按钮，弹出如图 3-7 所示的对话框。

在打出的对话框中可以选择打印样式表的类型。

➢【颜色相关打印样式表】

此类型的打印样式表文件的扩展名为【.ctb】。对象的颜色决定了打印出的颜色效果，要控制对象的打印颜色，必须修改对象的颜色。

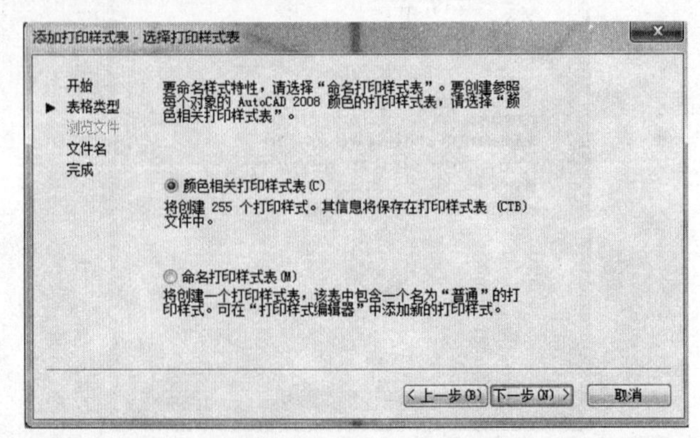

图 3-7　【添加打印样式表-选择打印样式表】对话框

➢【命名打印样式表】

此类型的打印样式表文件的扩展名为【.stb】。使用这些打印样式表可以使图形中的每个对象以不同颜色打印，与对象本身的颜色无关。

（3）点击【下一步】，输入文件名。弹出如图 3-8 所示的【添加打印样式表-完成】对话框，点击【完成】即可。如需对打印样式进行编辑，可点击【打印样式表编辑器】，弹出如图 3-9 所示的【打印样式表编辑器】对话框。

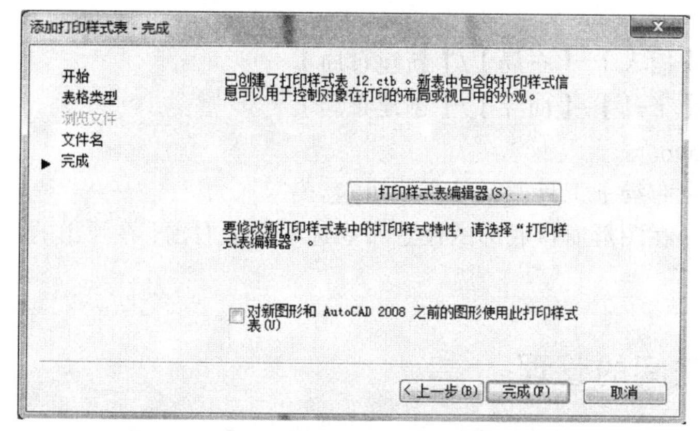

图 3-8　【添加打印样式表-完成】对话框

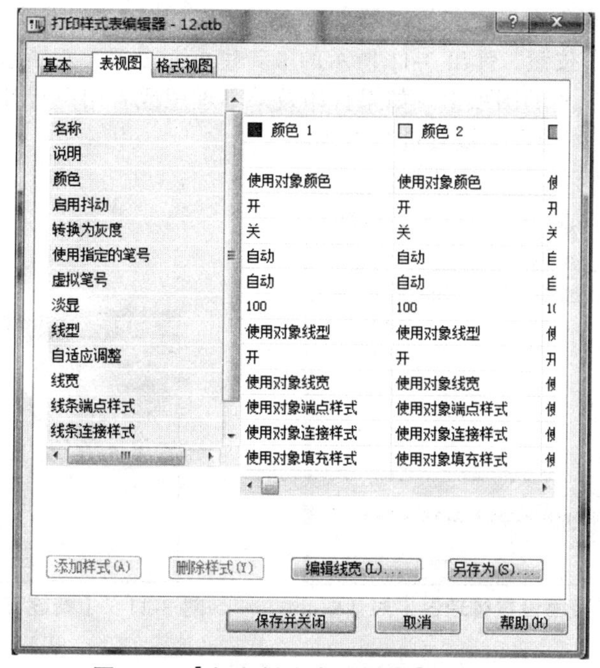

图 3-9　【打印样式表编辑器】对话框

3.2.4　打　印

所有打印准备工作完成后，在模型空间下选择下拉菜单【文件】，单击【打印】命令，即可完成打印工作，得到所需要的图纸。

3.3 图纸空间打印

3.3.1 创建布局

在 AutoCAD 中，创建布局的方法有多种。

操作方法：

（1）菜单栏：【插入】/【布局】/【新建布局】。

（2）菜单栏：【工具】/【向导】/【创建布局】。

（3）命令：Layout。

（4）工具栏：【布局】工具栏第 1 个按钮。

（5）快捷菜单：在图形窗口底部的任意布局选项卡上右击，在弹出的快捷菜单中选择【新建布局】。

3.3.2 图纸空间的管理

右击【布局】选项，弹出快捷菜单，用户可以对布局进行新建、删除、重命名、移动、复制，还可以选择【页面布局设置管理器】命令，弹出如图 3-10 所示的【页面设置管理器】选项卡。点击【新建】按钮，弹出 3-11 所示的【新建页面设置】对话框，用户可以将图形按不同比例打印到不同尺寸的图纸上。如果打印效果不理想或者用户有其他需求，还可以点击【修改】按钮对图纸空间的页面设置进行更改。

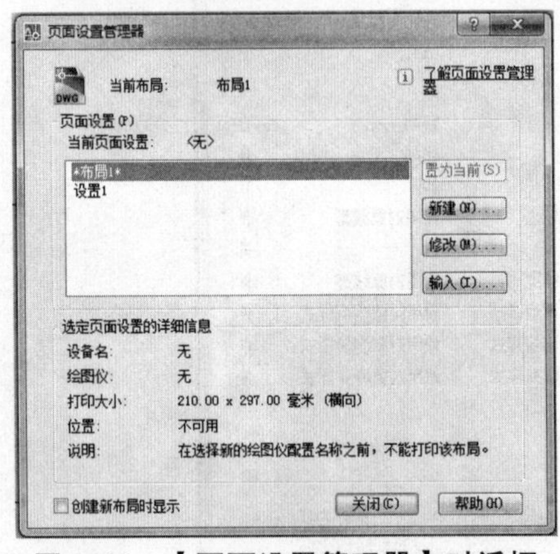

图 3-10 【页面设置管理器】对话框

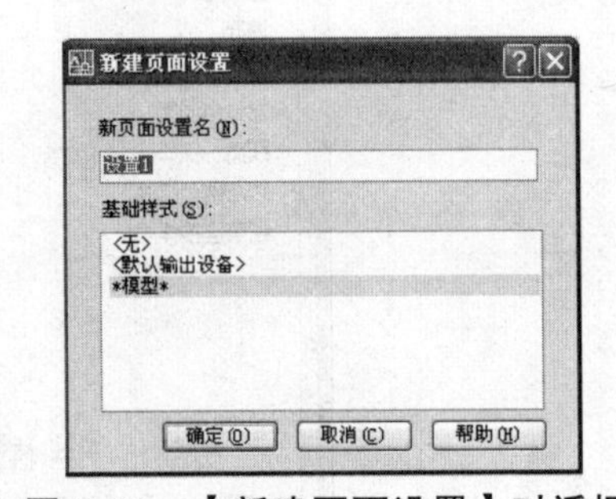

图 3-11 【新建页面设置】对话框

3.3.3 布局页面设置

在图纸空间下选择下拉菜单【文件】，单击【页面设置管理器】，系统也将弹出如图 3-10 所示的【页面设置管理器】对话框。在该对话框中，用户点击【输入】按钮可以为当前布局选择需要的页面设置。点击【修改】按钮弹出如图 3-12 所示的【页面设置-布局】对话框进行页面设置。

图 3-12　【页面设置-布局】对话框

3.3.4　打　印

在图纸空间下选择下拉菜单【文件】，单击【打印】命令输入后，系统将弹出如图 3-13 所示的【打印-布局 】对话框，用户在该对话框的【页面设置】选项区中可以将设置好的页面选为当前布局的设置样式进行打印，也可以单击【添加】按钮进行新的页面设置。图形打印输出可以作为工程指导依据。

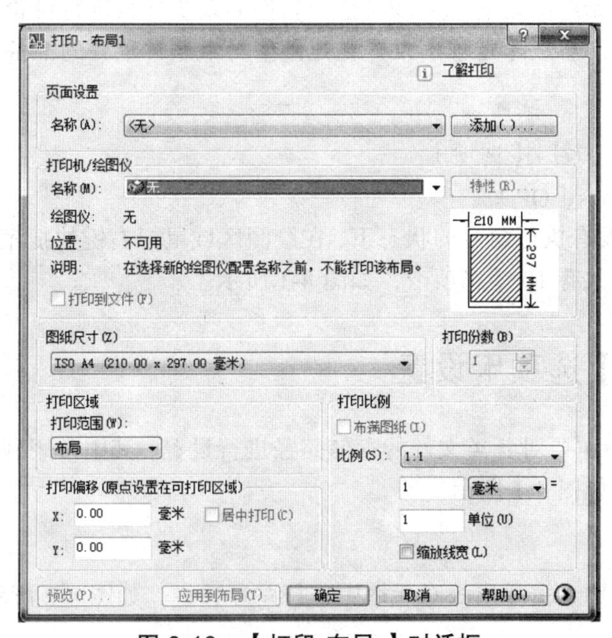

图 3-13　【打印-布局 】对话框

第 4 章　绘图参数设置

学前导读

本章重点介绍 AutoCAD 绘图参数的具体作用和设置方法。用户应首先了解绘图参数的用途，其次掌握其设置的方法及在实际工作中的具体设置技巧。绘图前的准备工作将直接影响到绘图的速度、质量及后期的管理效率，因此要重视并掌握 AutoCAD 绘图参数的设置。

技能目标

※ 掌握参数选项设置的具体内容及方法。
※ 熟练掌握状态栏中各项参数设置的方法和技巧。
※ 熟练掌握图层的使用方法。
※ 了解 AutoCAD 绘图参数的用途。

4.1　参数选项设置

用 AutoCAD 开始绘图之前，应该对整个软件的系统参数进行设置，这样才能有助于提高绘图的速度和质量。参数【选项】设置就是其中一个非常重要的准备工作。

操作方法：

（1）菜单栏：【工具】/【选项】。
（2）命令：Options（OP）。
（3）快捷菜单：没有执行命令的状态下，在绘图区域鼠标右键快捷菜单最后一项【选项】。
进入【选项】后共有 10 个选项卡，如图 4-1 所示。

4.1.1　【文件】选项卡设置

【文件】选项卡中主要对各类文件的存储路径进行设置，其中常用到的设置为【自动保存文件路径】的修改，如图 4-1 所示。

操作方法：

双击路径显示位置，在弹出的对话框中进行路径选择，如图 4-2 所示。

图 4-1　参数【选项】对话框

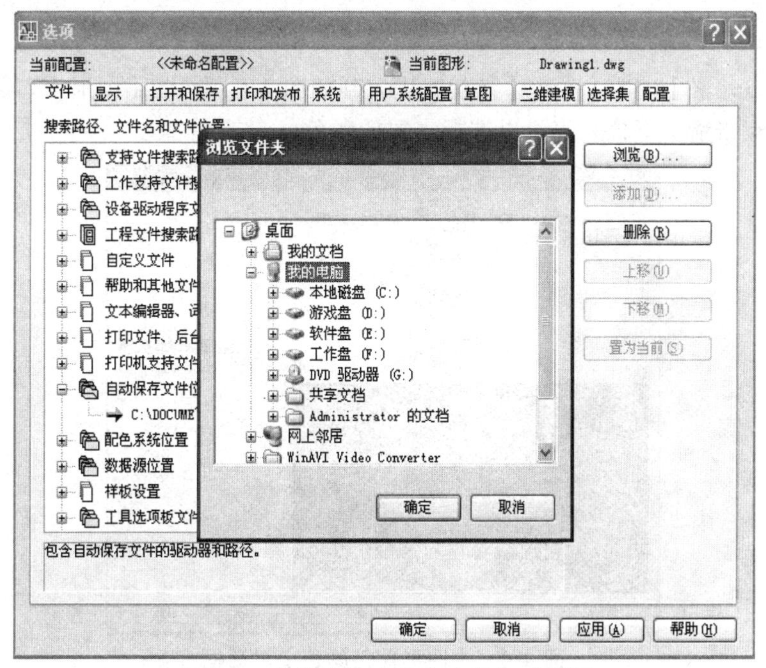

图 4-2　【修改自动保存路径】对话框

4.1.2　【显示】选项卡设置

【显示】选项卡中主要对软件窗口界面和图形效果的显示进行设置，其中常用到的设置为【颜色】、【字体】、【显示精度】、【十字光标的大小】的设置，如图 4-3 所示。

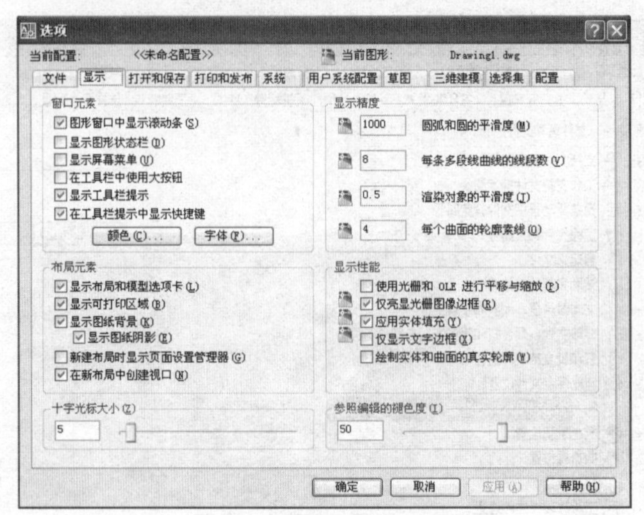

图 4-3 【显示】对话框

1. 颜色设定

绘图窗口背景颜色默认为黑色，用户可以根据自己的习惯选择合适的背景颜色，常用黑色或白色两种。

操作方法：

点击【窗口元素】中的【颜色】按钮，进入到如图 4-4 所示的【图形窗口颜色】对话框，在右上角位置点击箭头下拉列表可以选择需要的颜色。

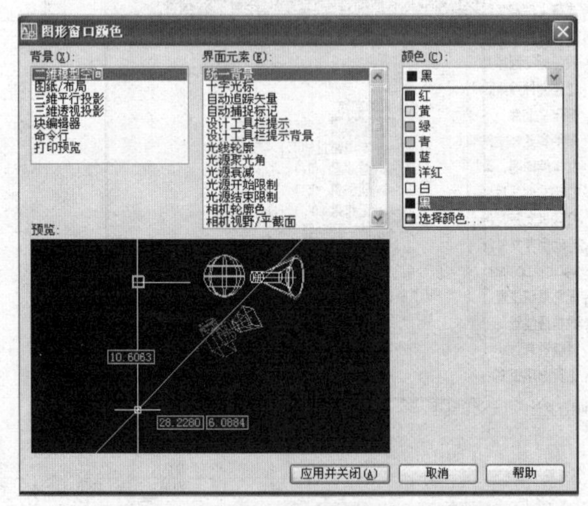

图 4-4 【图形窗口颜色】对话框

2. 字体设定

可以根据自己的习惯设定命令行中显示文字的字体效果。

操作方法：

点击【窗口元素】中的【字体】按钮，进入到如图 4-5 所示的【命令行窗口字体】对话框，在【字体】、【字形】、【字号】几项中分别设定文字的样式和大小。

3. 显示精度设定

可以在图 4-6 所示的【显示精度】中设定相关图形显示的效果。

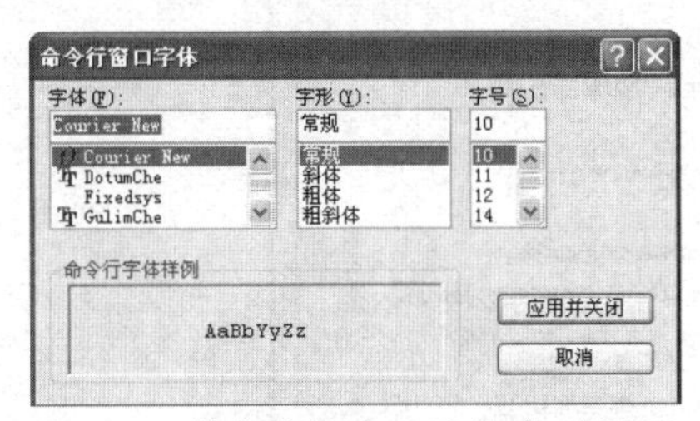

图 4-5　【命令行窗口字体】对话框

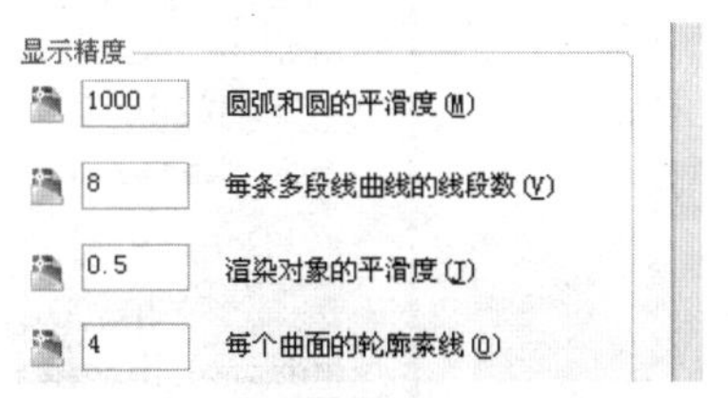

图 4-6　【显示精度】设置对话框

【圆弧和圆的平滑度】是控制圆、圆弧和椭圆的平滑度的参数。有效值范围为 1 ~ 20 000，默认值为 1 000，习惯设定在 100 ~ 1 000 范围内。其值越高，生成的对象越平滑，重生成、平移和缩放对象时计算机反应越慢，所需时间越多。可以在绘图时将该选项设置为较低的值，而在渲染时增加该选项的值，从而提高性能。

【每条多段线曲线的线段数】是控制每条多段线曲线生成的线段数目的参数。数值越高，对计算机性能的影响越大，可以将此选项设置为较小的值来优化绘图性能。有效值范围为 – 32 767 ~ 32 767。默认设置为 8，习惯设置为 4 ~ 8。

【渲染对象的平滑度】是控制着色和渲染曲面实体的平滑度的参数。将【渲染对象的平滑度】的输入值乘以【圆弧和圆的平滑度】的输入值来确定如何显示实体对象。有效值的范围为 0.01 ~ 10，默认设置为 0.5。要提高性能，习惯在绘图时设定在 1 ~ 3 以保证计算机性能，渲染时设定在较大值以保证渲染出优质效果。

【曲面轮廓素线】是控制曲面对象的轮廓线数目的参数。有效取值范围为 0 ~ 2 047，默认值为 4，数值越大，渲染时间也越长。

3. 十字光标大小设定

【十字光标的大小】用于设定十字光标的尺寸，有效值范围从全屏幕的 1% ~ 100%，默认尺寸为 5%。在设定为 100%时，看不到十字光标的末端，当尺寸减为 99%或更小时，十字光标才为有限的尺寸，应该根据绘图习惯进行参数设定。

操作方法：

直接在图 4-7 所示的【十字光标的大小】调节轴上设定参数的大小。

图 4-7　【十字光标大小】调节轴

4.1.3　【打开和保存】选项卡设置

【打开和保存】选项卡主要用于打开和保存文件及相关参数设置，其中常用到的设置为【文件保存】中的【另存为】,【文件安全措施】中的【保存间隔分钟数】、【临时文件的扩展名】和【安全选项】等，如图 4-8 所示。

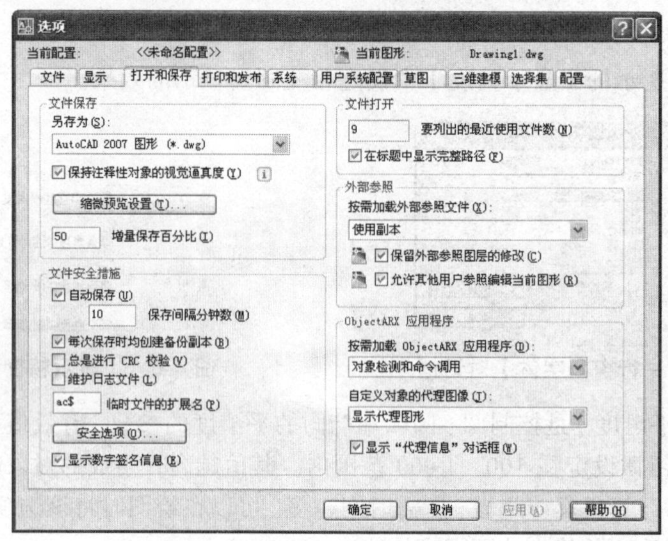

图 4-8 【打开和保存】选项卡

1. 另存为设定

【另存为】是设定 SAVE、SAVEAS、QSAVE 和 WBLOCK 命令保存文件时将要采用的有效文件格式的参数。

操作方法：

单击其箭头下拉列表，选择需要的文件格式类型，默认为 2007 版图形文件格式，如图 4-9 所示。习惯上设定为较低版本文件格式，方便与别人进行交流，避免对方由于安装低版本无法打开图形文件。

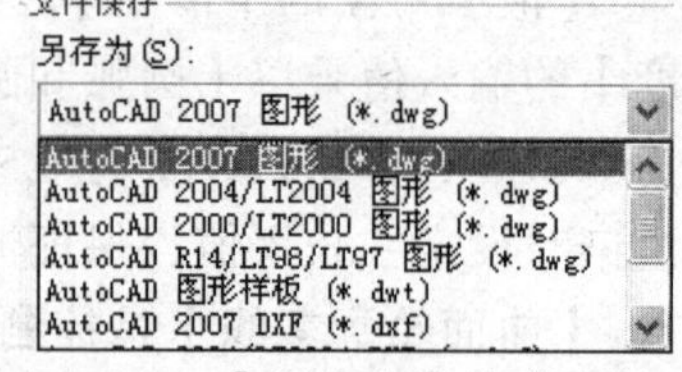

图 4-9 【另存为】格式选择

2. 保存间隔分钟数设定

【保存间隔分钟数】是设定软件自动保存时间间隔的参数，默认值为 10 分钟，如图 4-10 所示。可根据需要设定自动保存的时间间隔。

文件安全措施
自动保存(U)
10 保存间隔分钟数(M)

图 4-10 【保存时间间隔分钟数】参数

操作方法：

在图 4-9 所示的对话框中直接更改时间间隔参数。

【临时文件的扩展名】是设定软件自动保存文件时的唯一扩展名的参数，默认扩展名为【.ac$】。若需要取回上一个自动保存时间间隔内的绘图成果，可在自动保存文件路径中找出扩展名为【.ac$】的文件，将其扩展名更改为【.dwg】就可以得到所需要的图形文件。

3. 安全选项设定

【安全选项】可以对图形文件进行加密，以保证文件的安全性。

操作方法：

单击【安全选项(O)...】按钮进入【安全选项】对话框，可以在其中设置用于打开图形文件的密码。

4.1.4　【打印和发布】选项卡设置

【打印和发布】选项卡主要用于与打印和发布相关的参数设置，其中常用到的设置为【打印到文件】，如图 4-11 所示。

【打印到文件】用于设定打印到文件时文件的输出路径。

操作方法：

可以在如图 4-11 所示的对话框中输入路径或单击按钮以选定新的路径，如图 4-12 所示。

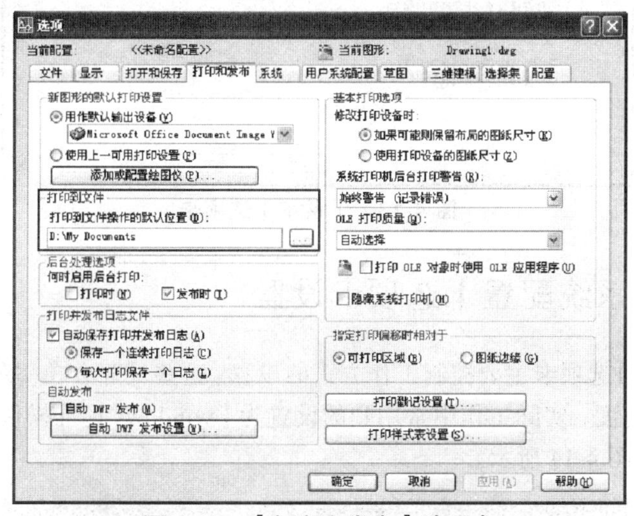

图 4-11　【打印和发布】选项卡

图 4-12　【为所有打印到文件的操作选择默认位置】对话框

4.1.5　【系统】选项卡设置

【系统】选项卡主要控制三维图形性能及其他相关系统参数设置，如图 4-13 所示，实际工作中常采用默认设置。

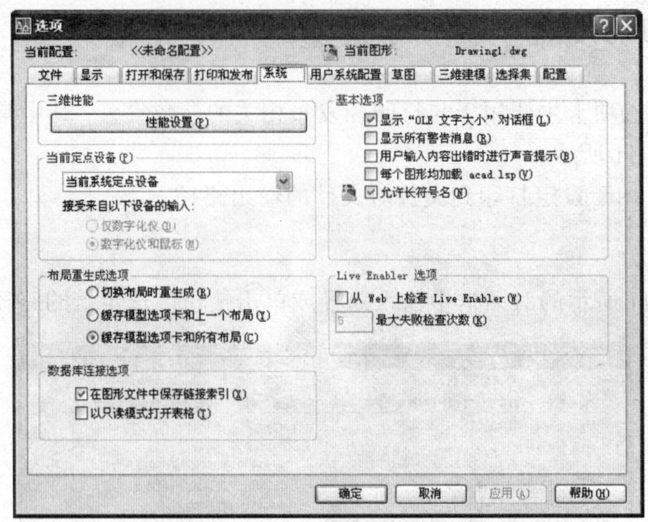

图 4-13 【系统】选项卡

4.1.6 【用户系统配置】选项卡设置

【用户系统配置】选项卡主要控制工作方式的设置。这些设置会在一定程度上影响操作过程的便捷性和绘图速度，实际工作中常用到的设置为【windows 标准操作】、【编辑比例列表】和【关联标注】，如图 4-14 所示。

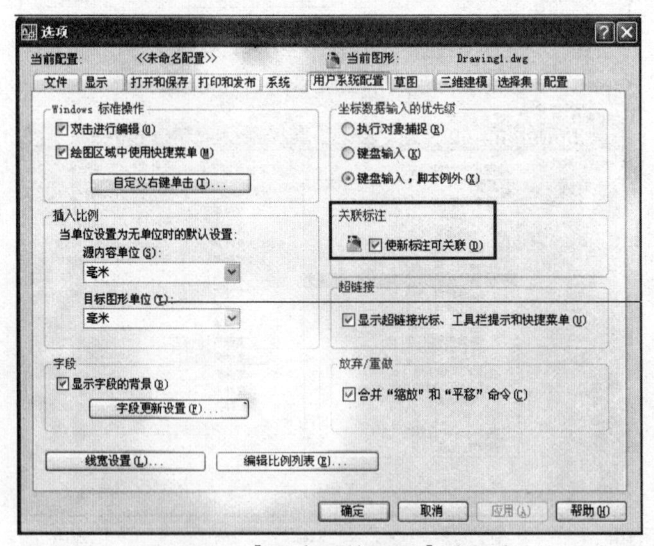

图 4-14 【用户系统配置】选项卡

1.Windows 标准操作

【Windows 标准操作】用于控制鼠标点击操作和鼠标右键单击操作对应功能，如图 4-14 所示。

勾选【双击进行编辑】就代表双击要进行编辑，实际工作中常采用默认值，即复选框中勾选。

【绘图区域中使用快捷菜单】控制在绘图区域中是否使用右键快捷菜单,默认设置为勾选,即单击右键将出现快捷菜单。若取消勾选，则默认单击右键为重复上一次命令。

操作方法：

直接在其对应的复选框中勾选或取消勾选。

【自定义右键单击】用以控制鼠标右键单击具体参数设置，如图 4-15 所示，具体参数含义为：

➢ 【打开计时右键单击】

控制右键单击操作。快速单击与按【Enter】键的作用相同。缓慢单击将显示快捷菜单。可以用毫秒来设置慢速单击的持续时间。

➢ 【默认模式】

确定未选中对象且没有命令在运行时，在绘图区域中单击右键所产生的结果。

【重复上一个命令】禁用【默认】快捷菜单。结果：当没有选择任何对象并且没有任何命令运行时，在绘图区域中单击鼠标右键与按【Enter】键的作用相同，即重复上一次使用的命令。

【快捷菜单】启用【默认】快捷菜单。

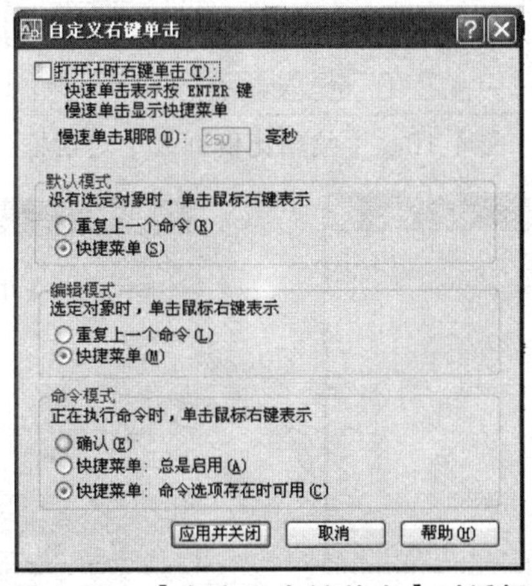

图 4-15　【自定义右键单击】对话框

➢ 【编辑模式】

确定当选中了一个或多个对象且没有命令在运行时，在绘图区域中单击鼠标右键所产生的结果。

【重复上一个命令】禁用【编辑】快捷菜单。结果：当选择了一个或多个对象并且没有任何命令运行时，在绘图区域中单击鼠标右键与按 Enter 键的作用相同，即重复上一次使用的命令。

【快捷菜单】启用【编辑】快捷菜单。

➢ 【命令模式】

确定当命令正在运行时，在绘图区域中单击鼠标右键所产生的结果。

【确认】禁用【命令】快捷菜单。结果：当某个命令正在运行时，在绘图区域中单击鼠标右键与按【Enter】键的作用相同。

【快捷菜单：总是启用】启用【命令】快捷菜单。

【快捷菜单：命令选项存在时可用】仅当在命令提示下选项当前可用时，启用【命令】快捷菜单。在命令提示下，选项用方括号括起来。如果没有可用的选项，则单击鼠标右键与按【Enter】键作用相同。

操作方法：

直接在其对应的复选框中勾选或取消勾选。

2. 编辑比例列表

【编辑比例列表】用于管理与布局视口和打印相关联的几个对话框中所显示的比例缩放列表，如图 4-16 所示。可以通过编辑默认比例和添加新比例来实现管理，如图 4-17 和 4-18 所示。

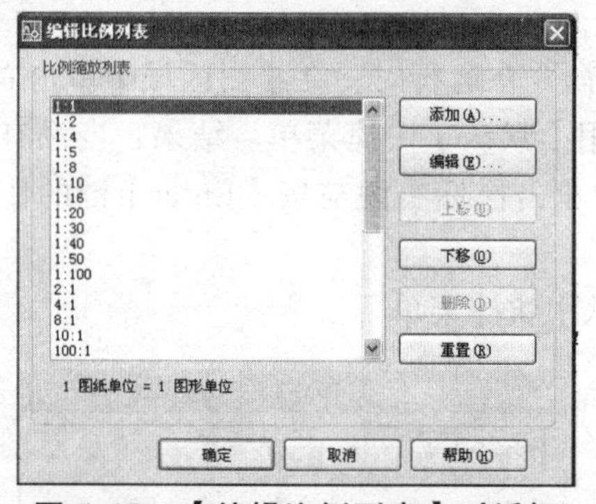

图 4-16 【编辑比例列表】对话框

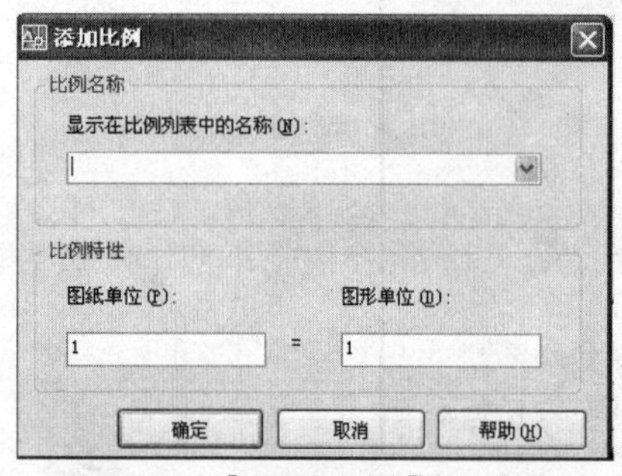

图 4-17 【添加比例】对话框

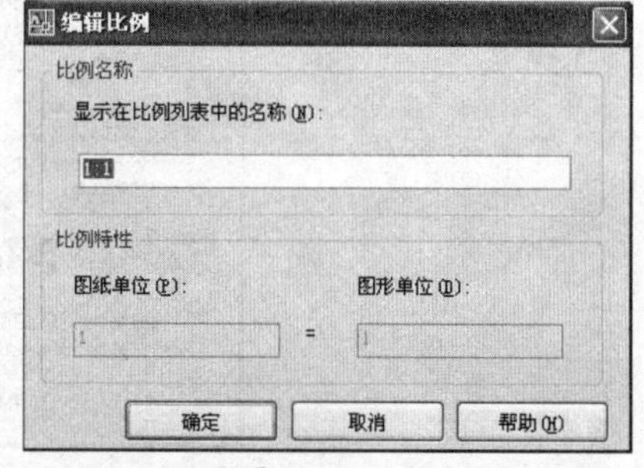

图 4-18 【编辑比例】对话框

3. 关联标注

【关联标注】用于控制标注是否与被标注对象关联，即控制对象外形发生变化时标注是否受到影响而发生变化。默认设置为关联，实际工作中常采用关联，如图 4-14 所示。

操作方法：

直接在图 4-14 所示方框位置的复选框中勾选或取消勾选。

4.1.7 【草图】选项卡设置

【草图】选项卡主要用于自动捕捉和自动追踪等多个编辑功能的设定，在实际工作中常用到的设置为【自动捕捉设置】、【自动捕捉标记大小】、【对齐点获取】和【靶框大小】，如图 4-19 所示。

1. 自动捕捉设置

用于对控制使用对象捕捉时显示的形象化辅助工具（称作自动捕捉）的相关设置，如图 4-19 所示。

【标记】控制自动捕捉标记的显示。该标记是当十字光标移到捕捉点上时显示的几何符号。

【磁吸】打开或关闭自动捕捉磁吸。磁吸是指十字光标自动移动并锁定到最近的捕捉点上。

【显示自动捕捉工具栏提示】控制自动捕捉工具栏提示的显示。工具栏提示是一个标签，用来描述捕捉到的对象部分。

【显示自动捕捉靶框】控制自动捕捉靶框的显示。靶框是捕捉对象时出现在十字光标内部的方框。

操作方法：

以上设置直接在其对应的复选框中勾选或取消勾选。

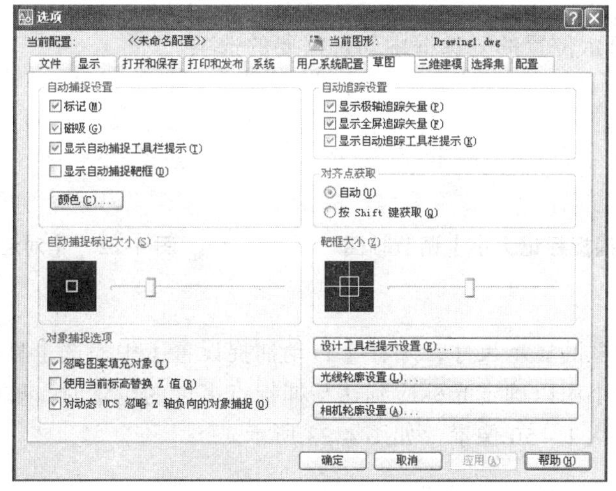

图 4-19　【草图】选项卡

【颜色】用于激活【图形窗口颜色】对话框，然后可以对自动捕捉靶框的颜色进行设定，如图 4-20 所示。

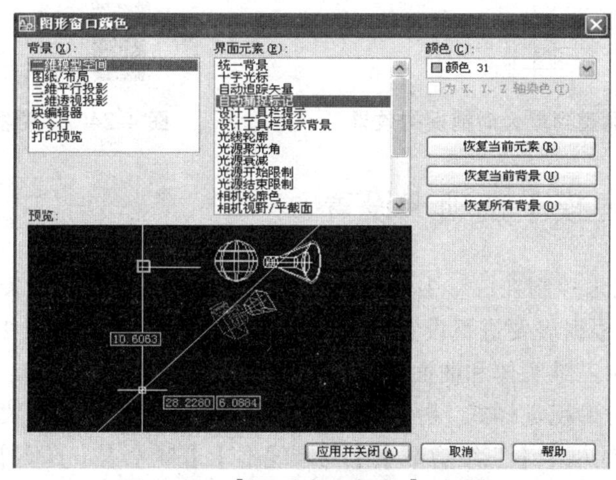

图 4-20　【图形窗口颜色】对话框

操作方法：

点击【颜色】按钮，出现【图形窗口颜色】对话框，直接在右上角位置设定需要的颜色，如图 4-20 所示。

2. 自动捕捉标记大小

控制自动捕捉标记显示尺寸的设置。

操作方法：

直接在图 4-21 所示调节轴上设定需要的大小，左侧部位为效果预览。

3. 对齐点获取

控制对象追踪对起点的获取方式，默认为自动，实际工作中也采用自动方式。

操作方法：

直接在图 4-22 所示位置的复选框中勾选需要的选项。

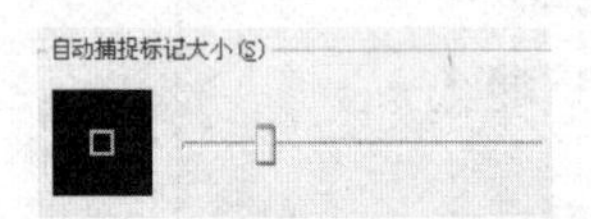

图 4-21 【自动捕捉标记大小】调节轴图

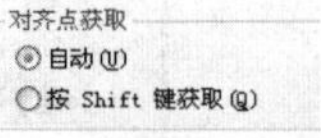

图 4-22 【对起点获取】复选框

4. 靶框大小

设置自动捕捉靶框的显示尺寸，须在【自动捕捉设置】中勾选【显示自动捕捉靶框】后才会有效，靶框的大小用以确定光标应到达与捕捉点多近的位置时，磁吸会将靶框锁定到捕捉点上，其取值范围从 1 ~ 50 像素，如图 4-23 所示。

操作方法：

直接在其调节轴上设定靶框的大小，左侧部位为效果预览，如图 4-24 所示。

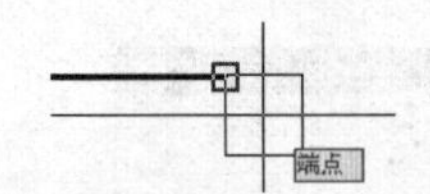

图 4-23 靶框调整到最大时捕捉的效果

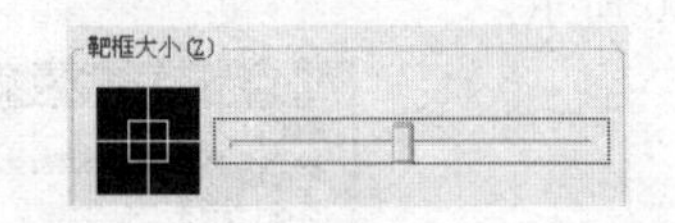

图 4-24 【靶框大小】调节轴

4.1.8 【三维建模】选项卡设置

【三维建模】选项卡控制在三维中使用实体和曲面的相关参数的设置，在实际工作中基本都采用默认值，需要根据需要进行设置的主要是【三维对象】，如图 4-25 所示。

【三维对象】控制三维实体和曲面的显示效果，主要包含以下设置：

【创建三维对象时的视觉样式】指定创建三维实体图元时的视觉样式，供选择的样式类型有【随视口】、【二维线框】、【三维隐藏】、【三维线框】、【概念】、【真实】，可通过右侧箭头下拉列表拉出菜单进行选择，如图 4-26 所示。

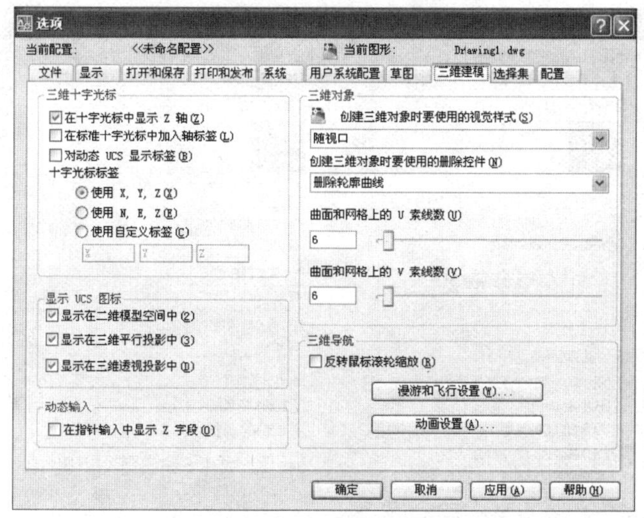

图 4-25 【三维建模】选项卡

【创建三维对象时的删除控件】指定三维对象创建后，是自动删除创建实体和曲面时使用的定义几何体，还是提示用户删除该对象，供选择的方式有【保留定义几何体】、【删除轮廓曲线】、【删除轮廓曲线和路径曲线】、【提示删除轮廓曲线】、【提示删除轮廓曲线和路径曲线】，可通过右侧箭头下拉列表拉出菜单进行选择，如图 4-27 所示。

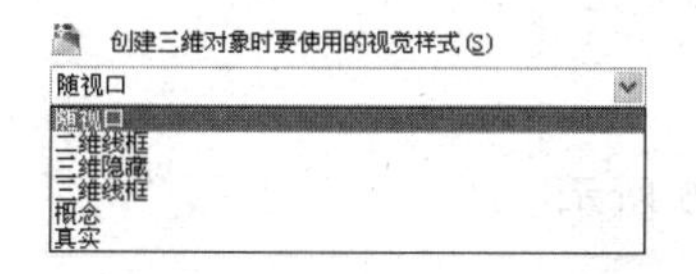

图 4-26 【视觉样式】下拉选项卡

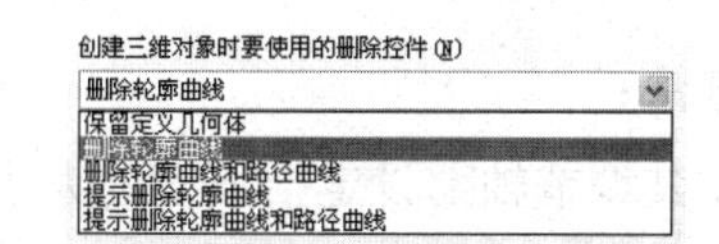

图 4-27 【删除控件】下拉选项卡

【曲面和网格上的 U 素线】设置曲面和网格在 U 方向上的素线数量，有效值为 0～200，默认值为 6，如图 4-28 所示。

【曲面和网格上的 V 素线】设置曲面和网格在 V 方向上的素线数量。有效值为 0～200，默认值为 6，如图 4-28 所示。

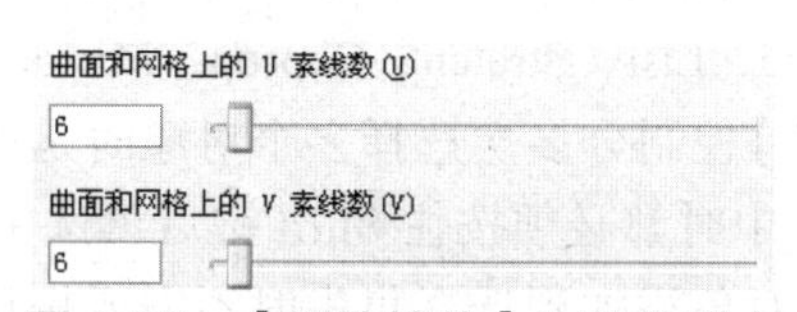

图 4-28 【删除控件】下拉选项卡

操作方法：

直接在调节轴上选择需要的值，实际工作中要根据曲面和网格的大小而定。

4.1.9 【选择集】选项卡设置

【选择集】选项卡控制选择对象操作的相关属性和方式的设定，实际工作中主要根据用户个人操作习惯进行设定，用户可以完全使用默认设置。重要的参数包括【拾取框大小】、【选择集模式】、【夹点大小】、【夹点】等，如图 4-29 所示。

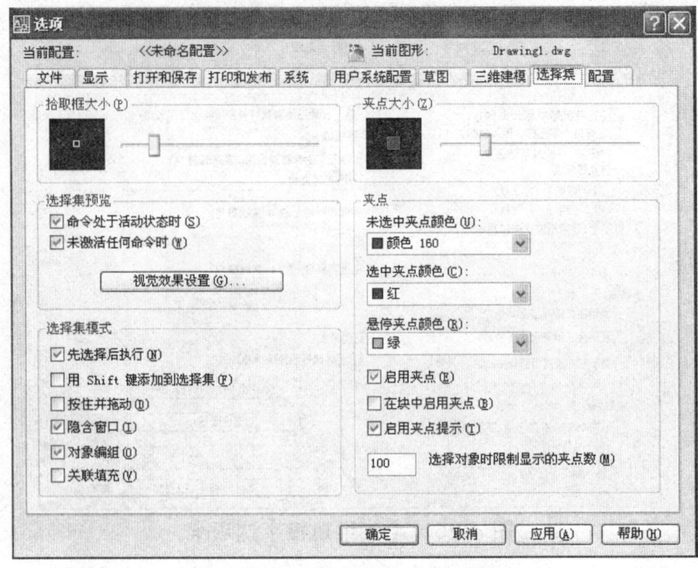

图 4-29 【选择集】选项卡

1. 拾取框大小

用于控制拾取框的大小，而拾取框是指在编辑命令中出现的对象选择工具。如图 4-29 左上角位置所示，左侧为效果预览，右侧为大小调节轴。

操作方法：

直接在其调节轴上设定拾取框的大小，如图 4-29 所示。

2. 选择集模式

控制对象选择方法的相关设定，如图 4-29 左下角位置所示。

【先选择后执行】控制是否允许在启动命令之前选择对象。默认值为允许，实际工作中也常采用默认值。若不选择，则被调用的命令不能对命令调用前所选定的对象进行操作

可以勾选【先选择后执行】的命令包括：3Dalign、Dviev、Properties、Array、Erase、Rotate、Block、Explode、Scale、Change、List、Stretch、Chprop、Mirror、Wblock、Copy、Move 等。

【用 Shift 键添加至选择集】控制分多次选择多个对象时是否需要按住 Shift 键，勾选表示每次将新的对象加入到选择集中时都必须按住 Shift 键后再选中对象，否则将执行重新选择新的选择集。取消勾选表示将新对象添加到选择集中时不需要按住 Shift 键，直接选新对象即可加入。默认值为取消勾选，实际工作中一般取消勾选。

【按住并拖动】控制选择窗口的绘制方式。勾选后表示绘制选择窗口时需要按住鼠标左键来绘制选择区域，取消勾选表示只需要在绘图窗口中选中两个单独的点来绘制选择区域。默认值为取消勾选，实际工作中一般取消勾选。

【隐含窗口】控制是否能够用鼠标拉出矩形的选择区域，勾选表示可以拉出选择区域，取消勾选表示不能拉出选择区域，只能通过点中对象来进行对象的选择。

提示：从左向右绘制选择窗口将选择完全处于窗口边界内的对象。从右向左绘制选择窗口将选择处于窗口边界内和与边界相交的对象。

【对象编组】控制当选中编组中的一个对象时是否会选中编组中的所有对象。勾选表示选

中一个对象即会选中整个组，取消勾选表示选中一个对象不会选中整个组。

【关联填充】控制选中关联图案填充时是否会将填充边界一起选中。勾选表示选中图案填充的同时会选中其边界，取消勾选表示选中图案填充不会选中其边界。

操作方法：

直接在图 4-29 左下角位置所示的复选框中勾选或取消勾选。

3. 夹点大小

控制对象夹点的显示大小，如图 4-29 右上角位置所示。其左侧部位为效果预览，右侧为大小调节轴。

操作方法：

直接在图 4-29 右上角位置所示的调节轴上设定大小。

4. 夹　点

控制夹点各状态的显示颜色等相关设置夹点的状态一共分为未选中、悬停和选中三种，如图 4-30 所示。

【未选中夹点颜色】控制未选中的夹点的显示颜色。

【选中夹点颜色】控制被选中的夹点的颜色。

【悬停夹点颜色】控制光标在夹点上悬空停住时夹点显示的颜色。

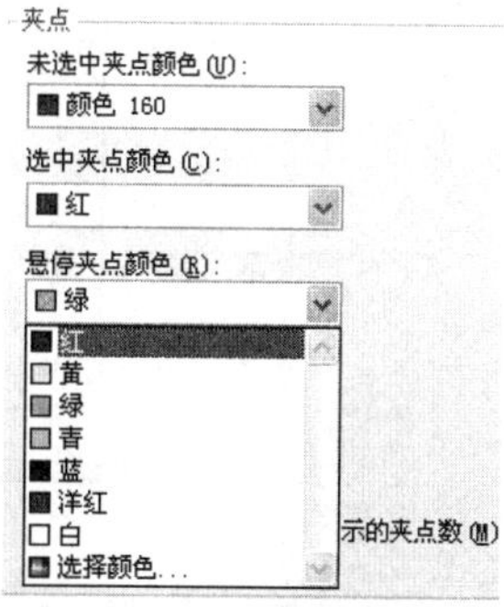

图 4-30　【夹点】颜色设置

操作方法：

在各状态对应的夹点颜色箭头下拉列表位置拉出颜色选单或进入【选择颜色】对话框进行设置，如图 4-30 所示。

【启用夹点】控制选中对象时是否显示夹点，勾选为要显示，取消勾选为不显示，实际工作中应显示，如图 4-31 所示。

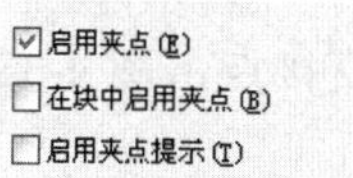

图 4-31　【夹点】启用设置

【在块中启用夹点】控制选中块参照时显示夹点的方式。勾选表示在选中块参照时会显示块中所有对象的夹点，取消勾选表示在选中块参照时只显示该块参照本身的夹点，实际工作中一般不显示块中对象的夹点。

【启用夹点提示】控制夹点处于悬停状态时是否显示该夹点的操作特性，勾选表示要显示，取消勾选表示不显示，实际工作中一般设置为勾选。此项设置对 Line、Circle 等标准对象无效。

操作方法：

直接在各项对应的复选框中勾选或取消勾选。

【选择对象时限制显示的夹点数】控制选中多个对象时显示其夹点总数的上限值。有效值范围为 1 ~ 32 767，默认设置是 100。

操作方法：

在图 4-32 所示的位置输入需要设置的夹点数目。

图 4-32　【选择对象时限制显示的夹点数】设置

4.1.10 配置选项卡设置

【配置】选项卡控制配置文件的使用，其中配置是由用户定义的。常用的功能为【重置】，如图 4-33 所示。

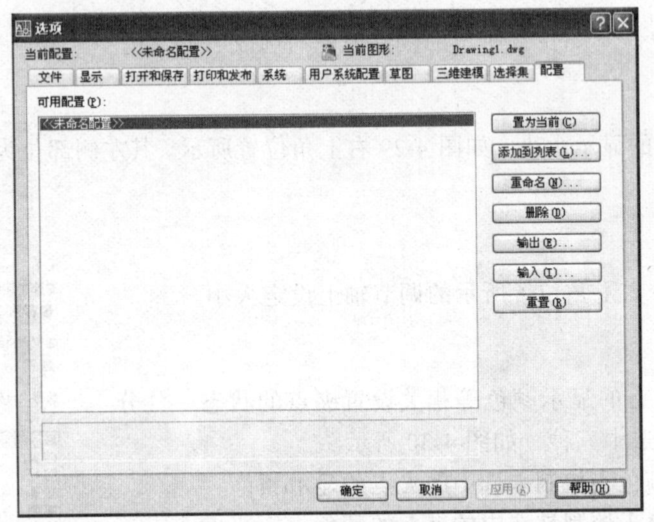

图 4-33 【配置】选项卡

【重置】选选定配置中的值重置为系统默认设置，即恢复到系统的默认状态。用户可以在遇到一些不知名的错误设置或操作后又不知道如何更改正确的情况下执行该设定。

操作方法：

直接点击图 4-33 中的【重置】按钮，然后点击【确定】按钮即可完成重置参数的操作。

4.2 图形界限及图形单位设置

在后边的绘图过程中如果需要用到栅格点进行辅助，那么可以通过对【图形界限】的设置来控制栅格点的显示范围，有助于栅格点运用的管理。

不同的专业或工作可能需要显示不同的长度和角度格式及精度，可以通过对【图形单位】的设置来控制软件对话框、命令行等位置的数据显示精度及格式，还可以对软件角度计量的起始位置和方向进行设置，以方便不同情况下的绘图工作。

用户即使没有需要特殊设置的地方，也应该对【图形界限】和【图形单位】的相关参数的含义非常熟悉，在绘图工作中才能够对软件的默认设置做到了然于胸，才能提高绘图速度，提高操作的正确率。

4.2.1 图形界限设置

图形界限是对模型空间中的绘图界限进行设定，设定后栅格点将只可能在该范围内显示。

其设定界限只能是一个矩形范围，一般通过矩形的对角点选取进行设定。

操作方法：

（1）菜单栏：【格式】/【图形界限】。

（2）命令：Limits。

操作步骤：

➢ 命令：_Limits

➢ 重新设置模型空间界限：

➢ 指定左下角点或[开(ON)/关(OFF)]<0.0000，0.0000>：0，0

（此处在绘图窗口指定第一个对角点位置，或通过【开（ON）/关（OFF）】选项设定打开或关闭【图形界限】功能）

➢ 指定右上角点<420.0000，297.0000>：594，420

（此处在绘图窗口指定第二个对角点位置）

提示：只设置界限还不能使用图形界限功能，必须要打开这项功能，即在确定第一个对角点前应该先执行【开/（ON）】，如果要关闭该功能，则应该执行【关闭/（OFF）】，当该功能被打开时，在确定的图形界限以外的区域不允许绘图。软件默认的图形界限为（0，0）~（420，297）范围。

4.2.2　图形单位设置

【图形单位】控制长度和角度的表达格式、表达精度、角度计量起始方位、角度计量方向等参数的设定，如图 4-34 所示。

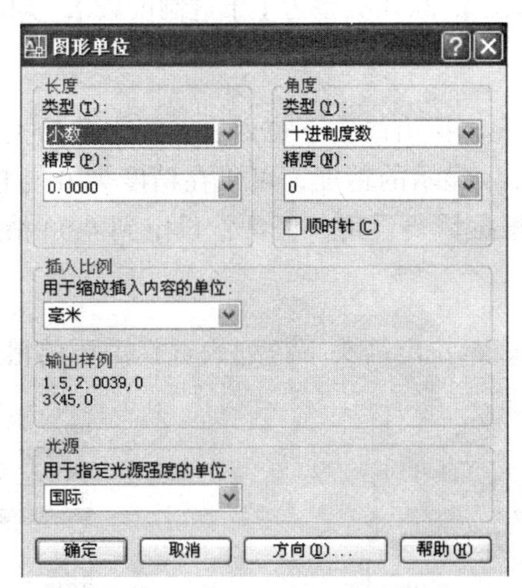

图 4-34　【图形单位】选项卡

操作方法：

（1）菜单栏：【格式】/【图形单位】。

（2）命令：Units(Un)。

1. 长　度

【长度】用于控制长度显示精度和计数类型。

【类型】用于设定长度计数的类型，可以选择的类型有【分数】、【工程】、【建筑】、【科学】和【小数】，默认类型为【小数】，实际工作中常用【小数】。

操作方法：

点击对应的箭头下拉列表，拉出箭头下拉列表选择需要的类型，如图 4-35 所示。

【精度】中可以设定长度显示的精度，可以在精度为 0 与精度为 0.00000000 间选择，默认精度为 0.0000，实际工作中根据需要设定。

操作方法：

点击对应的箭头下拉列表，拉出箭头下拉列表选择需要的精度，如图 4-36 所示。

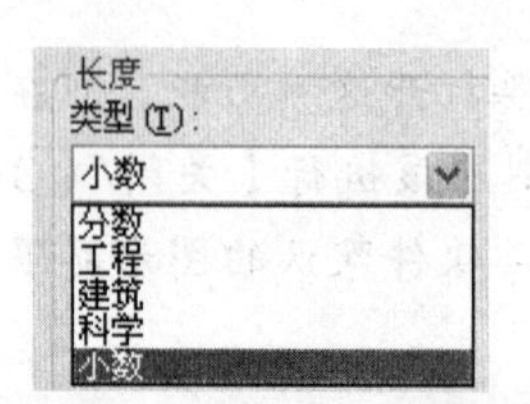

图 4-35　长度【类型】设置

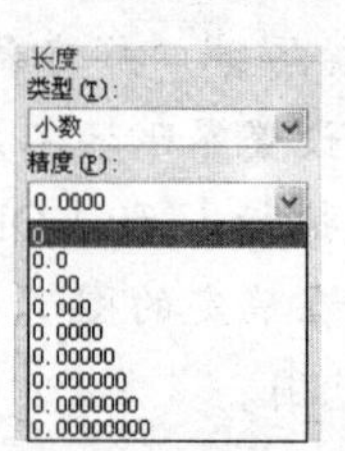

图 4-36　长度【精度】设置

2. 角　度

【角度】控制角度计数类型和显示精度。

【类型】中可以设定角度计数的类型，可以选择的类型有【百分度】、【十进制度数】、【度/分/秒】、【弧度】、和【勘测单位】，默认类型为【十进制度数】，实际工作中常用【十进制度数】。

操作方法：

点击对应的箭头下拉列表，拉出箭头下拉列表选择需要的类型，如图 4-37 所示。

【精度】中可以设定角度度显示的精度，可以在精度为 0 与精度为 0.00000000 间选择，默认精度为 0，实际工作中根据需要设定，但常常设定到 0.00 精度以上。

操作方法：

点击对应的箭头下拉列表，拉出箭头下拉列表选择需要的精度，如图 4-38 所示。

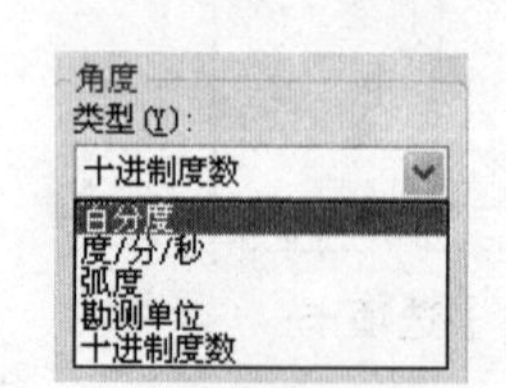

图 4-37　角度【类型】设置

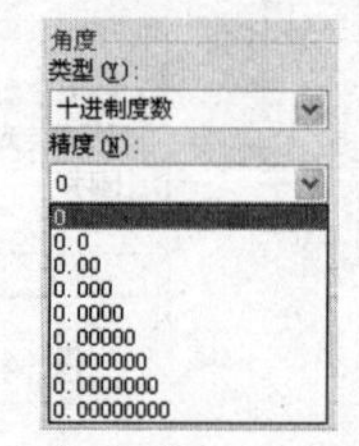

图 4-38　角度【精度】设置

3. 顺时针

【顺时针】控制角度测量的方向是逆时针或顺时针。

操作方法：

在对应的复选框中勾选或取消勾选。勾选表示顺时针测量角度，取消勾选表示逆时针测量角度，默认设置为逆时针测量角度，实际工作中根据用户个人习惯而定，如图 4-39 所示。

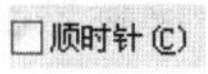

□顺时针(C)

图 4-39 【顺时针】复选框

4. 方 向

【方向】控制角度测量时的起始方向，即 0°的方向。点击如图 4-40 所示的【方向】按钮可以进入【方向控制】对话框，如图 4-41 所示。在该对话框中，可以分别设置【东 0°】、【北 90°】、【西 180°】、【南 270°】或【其他】任意角度为 0°方向。

操作方法：

在【东 0°】、【北 90°】、【西 180°】、【南 270°】四个选项对应的复选框中进行选定，就可以设置其中一个方向为 0°方向。若需要设定任意的角度为 0°方向，则需要在【其他】选项对应的复选框中进行选定，然后在其右侧的【拾取/输入】栏中输入一个角度或点击左侧的按钮后到屏幕中选取两点以确定一个方向作为 0°方向，如图 4-41 所示。

图 4-40 【方向】按钮

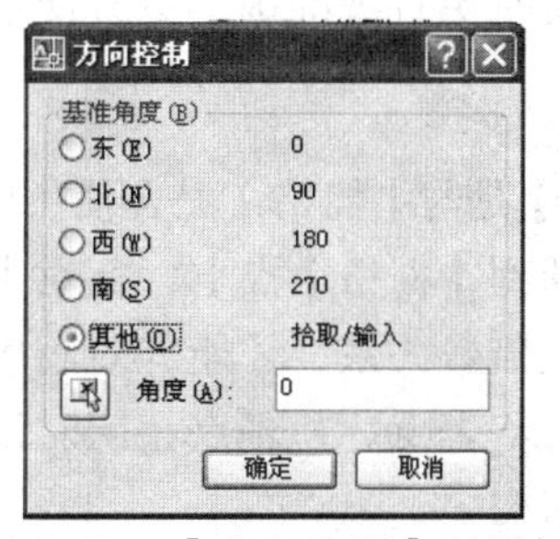

图 4-41 【方向控制】对话框

4.3 状态栏设置

状态栏设置包括【捕捉】、【栅格】、【正交】、【极轴】、【对象捕捉】、【对象追踪】、【线宽】、【动态输入】、和【模型】等参数设置选项，但在实际工作中常用到的设置只有【正交】、【极轴】、【对象捕捉】、【对象追踪】、【线宽】、【动态输入】等六项。这些设置主要解决绘图过程中的特定方向捕捉、特定点捕捉，快速追踪对齐、线宽显示等问题。如果不进行合理的设置，绝大部分的图形绘制都不容易完成，大大影响绘图的效率。因此，用户应该在开始绘图之前熟练地掌握状态栏中的相关设置。状态栏中所有功能的打开和关闭都可以通过直接点击该按钮来实现，按钮凸出表示关闭该功能，按钮凹进表示打开该功能，如图 4-42 所示。

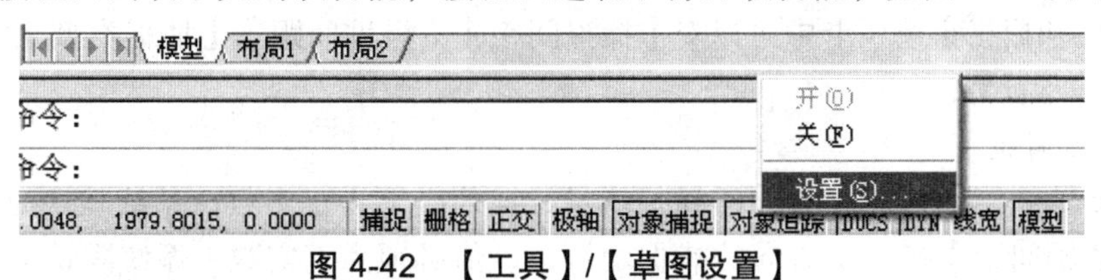

图 4-42 【工具】/【草图设置】

操作方法：

（1）菜单栏：【工具】/【草图设置】。

（2）鼠标放到状态栏的任意按钮上单击右键，执行【设置】，如图 4-42 所示。

4.3.1　捕捉和栅格设置

在状态栏可以显示当前十字光标所处位置的坐标，仅用该坐标显示来进行精确定位非常困难。可以打开【草图设置】对话框中的【捕捉和栅格】选项卡，通过对十字光标移动步长（增量）的指定来控制十字光标移动的位置（键盘输入坐标值不受影响），即十字光标总是停留在移动步长的整数倍位置上，如图 4-43 所示。

1. 栅　格

【栅格】是指图形界限内的可见点矩形阵列，如图 4-44 所示。使用栅格类似于在图形下放置一张坐标纸。利用栅格可以对齐对象并直观显示对象之间的距离，这样使绘图中确定输入点坐标值时更直观准确、更方便定位，且该点阵不会被打印机等设备输出。

2. 捕　捉

【捕捉】是与【栅格】配合使用的一个功能。只设置【栅格】点阵还无法保证光标每次都能准确移动到【栅格】点上，而对【捕捉】进行间距的设置后，使捕捉间距等于栅格间距，或两者互成倍数关系，才能有效利用【栅格】点进行绘图定位。通过十字光标捕捉与栅格区域的角度、*X* 基点、*Y* 基点，同时设定十字光标与栅格的旋转角度与基点，用户可以绘制倾斜部分的结构。

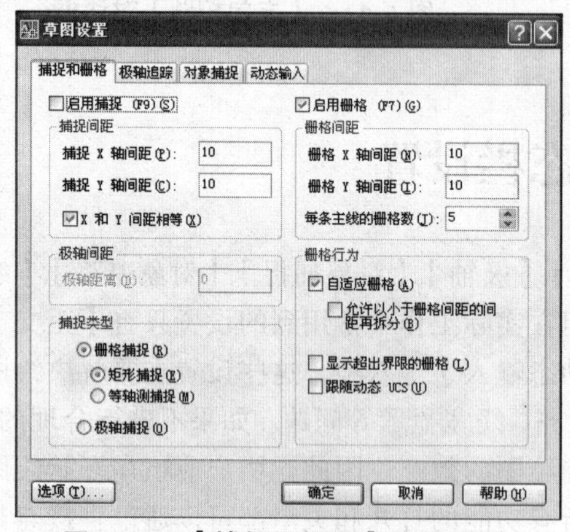

图 4-43　【捕捉和栅格】选项卡

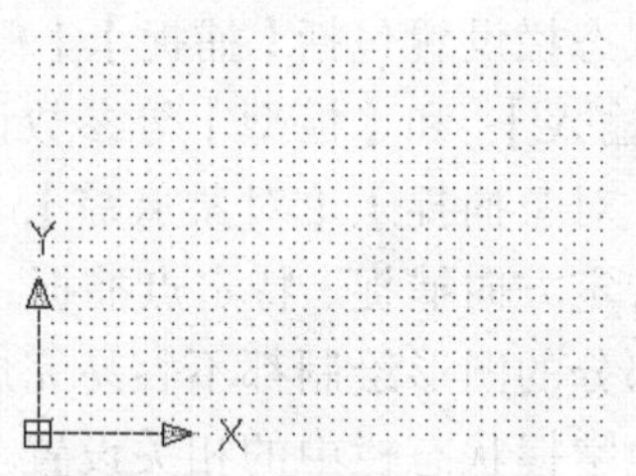

图 4-44　【栅格】点阵

在【捕捉和栅格】选项卡中可以对【捕捉间距】、【极轴间距】、【捕捉类型】、【栅格间距】等主要参数进行设置。

➢ 【捕捉间距】

【捕捉 X 轴间距】指定 *X* 方向的捕捉增量，该值必须为正实数，系统默认为 10。

【捕捉 Y 轴间距】指定 *Y* 方向的捕捉增量，该值必须为正实数，系统默认为 10。

【X 基点】指定捕捉栅格旋转的 X 基准坐标点。

【Y 基点】指定栅格旋转的 Y 基准坐标点。X 基点、Y 基点构成旋转中心，系统默认为坐标原点。

➢【捕捉类型】

设置捕捉模式，包含【栅格捕捉】和【极轴捕捉】。

【栅格捕捉】分为【矩形捕捉】、【等轴测捕捉】。其中，【矩形捕捉】将捕捉样式设置为标准【矩形】捕捉模式，当打开【捕捉】模式时，十字光标捕捉矩形捕捉栅格，如图 4-45（a）所示。【等轴测捕捉】将捕捉样式设置为【等轴测】捕捉模式，当打开【捕捉】模式时，十字光标捕捉等轴测捕捉栅格，如图 4-45（b）所示。

【极轴捕捉】将捕捉类型设置为【极轴捕捉】，如果打开了【捕捉】模式并在极轴追踪打开的情况下指定点，光标将沿在【极轴追踪】标签页上相对于极轴追踪起点设置的极轴角度进行捕捉，如图 4-45（c）所示。

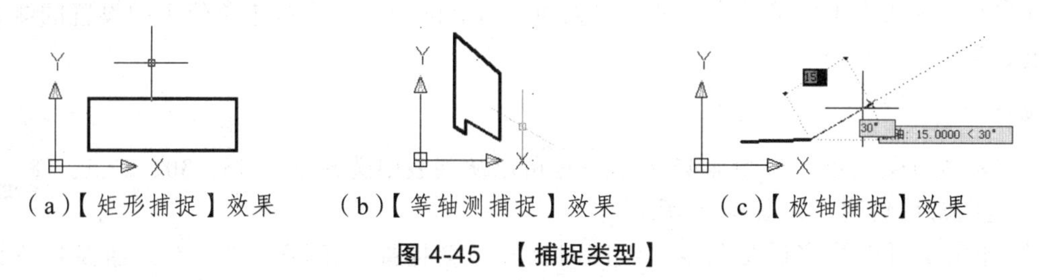

（a）【矩形捕捉】效果　（b）【等轴测捕捉】效果　（c）【极轴捕捉】效果

图 4-45 【捕捉类型】

➢【极轴间距】

设定【极轴捕捉】时，可设置捕捉增量距离，此命令用于设置相对于最后一个指定点或所获得的最后一个对象捕捉点的【极轴捕捉】的极径。例如设置【极轴间距】为 20，可以捕捉整数倍【极轴间距】的点，即 20、40、60…的点，如图 4-46 所示捕捉线上的小叉位置即为距离 20 的点，以此类推。若【极轴间距】值设为 0，则极轴捕捉距离自动采用【捕捉 X 轴间距】的值。

➢【栅格间距】

【栅格 X 轴间距】指定 X 方向栅格点的间距。

【栅格 Y 轴间距】指定 Y 方向栅格点的间距。

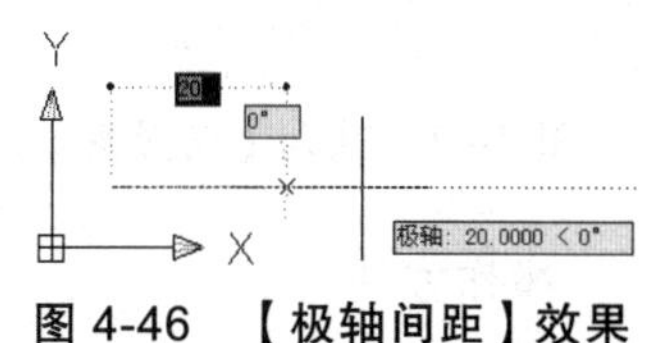

图 4-46 【极轴间距】效果

4.3.2　正交和极轴设置

【正交】和【极轴】是准确绘制水平线和竖直线的基本保证，就类似于尺规作图中的丁字尺和三角板的功能，再加上【极轴】的强大角度捕捉功能，能够使用户快速找到需要的角度方向。

1. 正　交

【正交】控制绘图时强制捕捉竖向及横向，以方便竖直线及水平线的绘制。实际工作中一般在需要大量绘制水平线及竖直线的情况下使用该功能。【正交】打开时不能打开【极轴】。正交虽然会强制捕捉竖向及横向，但是如果用【对象捕捉】强制捕捉到定点上时也是可以绘制出斜线的。

2. 极　轴

【极轴】控制绘图时辅助捕捉各特定方向，包括竖向、横向及设定的角度方向，以方便绘图过程中捕捉到各需要的方向。实际工作中一般在需要交叉绘制水平线、竖直线与斜线的情况下使用该功能，可以在【草图设置】对话框的【极轴追踪】选项卡中对相关参数进行设置。【极轴】打开时不能打开【正交】。

操作方法：

打开【草图设置】对话框，选中【极轴追踪】选项卡，可以对【极轴角设置】、【对象捕捉追踪设置】和【极轴角设置】进行设置。

➢【极轴角设置】

【极轴角设置】包括【增量角】和【附加角】两项设置。

【增量角】可以控制显示极轴捕捉和极轴追踪方向的角度变化增量，绘图时可以捕捉到0°～360°范围内所有【增量角】的整数倍数角。所有的角度均指按【单位】中设置的测量方向和起始角度进行计算。

操作方法：

可以输入任何角度，如图 4-47 所示。也可以从列表中选择 90、45、30、22.5、18、15、10 或 5 这些常用角度，如图 4-48 所示。

【附加角】可以设定任意角度，绘图时极轴只会捕捉该角度方向，不会捕捉其整数倍数角。

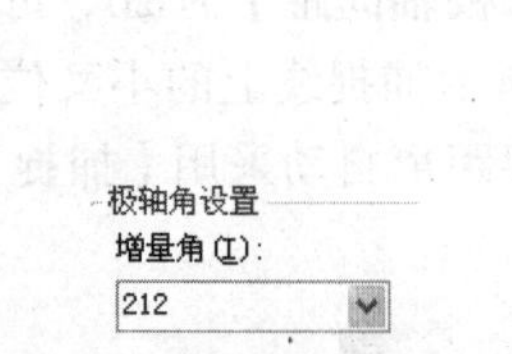

图 4-47　输入【增量角】

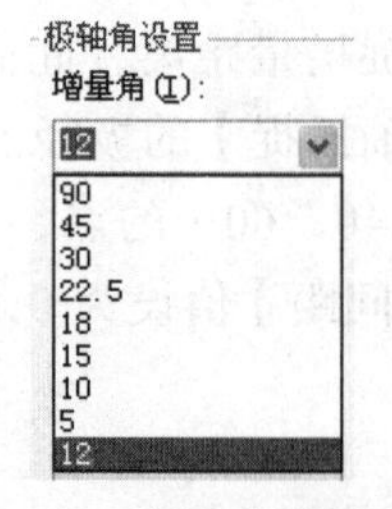

图 4-48　选择【增量角】

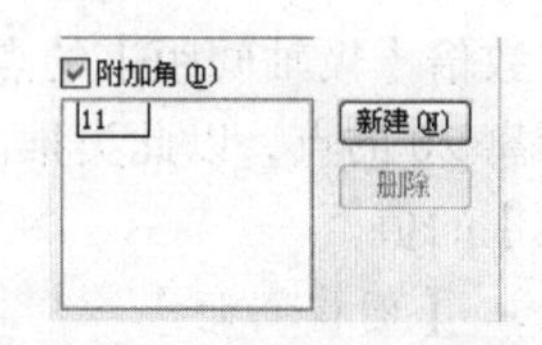

图 4-49　设置【附加角】

操作方法：

直接点击表【新建】按钮后输入需要设定的角度值，此时软件自动勾选【附加角】复选框，即自动打开【附加角】功能，若要取消该功能，则先在【附加角】对应的复选框中取消勾选即可，如图 4-49 所示。

➢【对象捕捉追踪设置】

【对象捕捉追踪设置】包括【仅正交追踪】和【用所有极轴角设置追踪】两个选项。

【仅正交追踪】是指【对象追踪】仅沿水平方向和竖直方向进行追踪。【用所有极轴角设置追踪】是指【对象追踪】可以追踪到【极轴】设置中所设置的所有角度方向。

操作方法：

在选项前对应的复选框中直接设定，如图 4-50 所示。

对象捕捉追踪设置
◉仅正交追踪(L)
○用所有极轴角设置追踪(S)

图 4-50　设置【对象捕捉追踪设置】

➢【极轴角测量】

【极轴角测量】包括【绝对】和【相对上一段】两个选项。

【绝对】指计算极轴角度时始终以【单位】中设定的 0°方向为起始计算方向，即此时认定【极轴】设置的角度均为绝对角度。【相对上一段】指计算极轴角度时以绘制的前一段线条方向为起始计算方向，即此时认定【极轴】设置的角度均为相对角度。

操作方法：

在选项前对应的复选框中直接设定。

4.3.3　对象捕捉和对象追踪设置

1. 对象捕捉

【对象捕捉】可以设置 13 种类型的点的捕捉，如图 4-51 所示。在绘图过程中如果不使用【对象捕捉】功能，就无法准确的捕捉到特定位置的点，绘制出来的图形就不够精确。

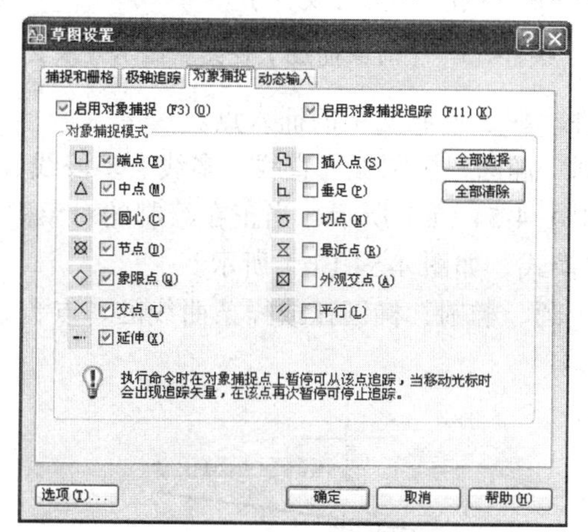

图 4-51　【对象捕捉】种各类型的点

【端点】捕捉到圆弧、椭圆弧、直线、多线、多段线线段、样条曲线、面域或射线最近的端点，或捕捉宽线、实体或三维面域的最近角点，如图 4-52（a）所示。

【中点】捕捉到圆弧、椭圆、椭圆弧、直线、多线、多段线线段、面域、实体、样条曲线或参照线的中点，如图 4-52（b）所示。

【圆心】捕捉到圆弧、圆、椭圆或椭圆弧的圆心或中心。操作中需要捕捉某个对象的圆心就应该在该对象的轮廓上晃动光标，出现【圆心】捕捉标记后即可选中，如图 4-52（c）所示。

【节点】捕捉到点对象、标注定义点或标注文字起点，如图 4-52（d）所示。

【象限点】捕捉到圆弧、圆、椭圆或椭圆弧的象限点，如图 4-52（e）所示。

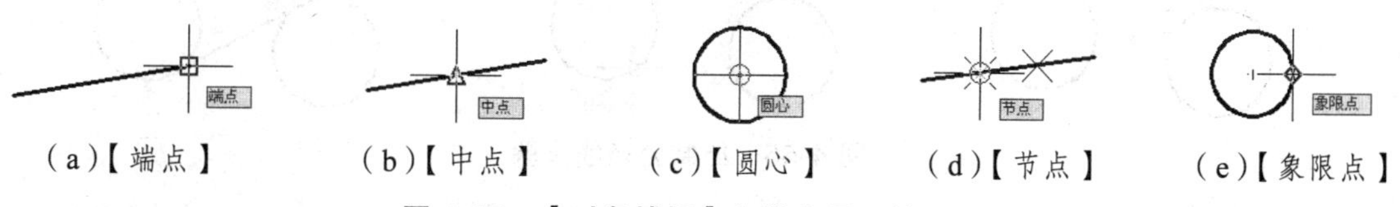

（a）【端点】　（b）【中点】　（c）【圆心】　（d）【节点】　（e）【象限点】

图 4-52　【对象捕捉】各类点显示效果 1

【交点】捕捉到圆弧、圆、椭圆、椭圆弧、直线、多线、多段线、射线、样条曲线等线条之间的交点，如图 4-53（a）所示，还能捕捉【极轴】辅助捕捉线与前述线条的交点，如图 4-53（b）所示。

提示：【交点】和【延伸交点】不能和三维实体的边或角点一起使用。如果同时打开【交点】和【外观交点】执行对象捕捉，可能会得到不同的结果，因为【外观交点】捕捉到的不一定是真实的交点，可能是实际不相交的两条线投影图上所示的交点。

【延伸】当光标经过对象的端点时，显示临时延长线或圆弧，以便用户在延长线或圆弧上指定点，如图 4-53（c）所示。

提示：在透视图中进行操作时，不能沿圆弧或椭圆弧的尺寸界线进行追踪。

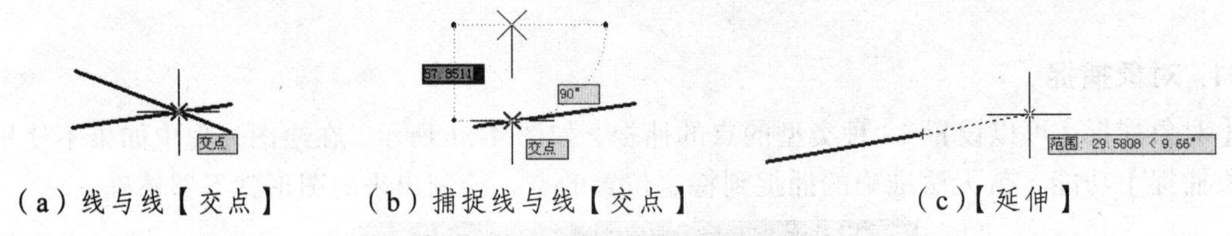

（a）线与线【交点】　（b）捕捉线与线【交点】　（c）【延伸】

图 4-53 【对象捕捉】各类点显示效果 2

【插入点】捕捉到属性、块、形或文字的插入点。

【垂足】捕捉圆弧、圆、椭圆、椭圆弧、直线、多线、多段线、射线、面域、实体、样条曲线或参照线的垂足，如图 4-54（a）所示，当正在绘制的对象需要捕捉多个垂足时，将自动打开【递延垂足】捕捉模式，如图 4-54（b）所示。

【切向】捕捉到圆弧、圆、椭圆、椭圆弧或样条曲线的切点，如图 4-54（c）所示。

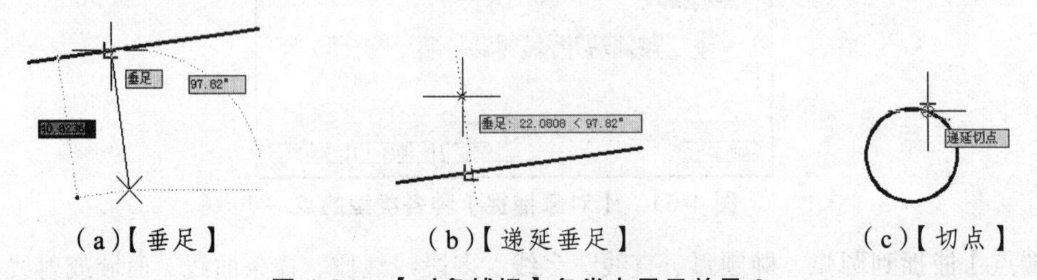

（a）【垂足】　（b）【递延垂足】　（c）【切点】

图 4-54 【对象捕捉】各类点显示效果 3

提示：【切点】捕捉时，选中的切点往往不是指具体的切点位置，而只是要向软件发出【要与该对象相切】这样一个信号，但是选择的切点位置尽量不要与具体位置相离太远，否则可能会得出非希望的操作结果。例如，要绘制已知两圆的公切线时，应该是在执行【Line】命令后分别在两个已知圆上选择【大概】的切点位置，软件会自动绘制出精确的公切线，如图 4-55 所示。

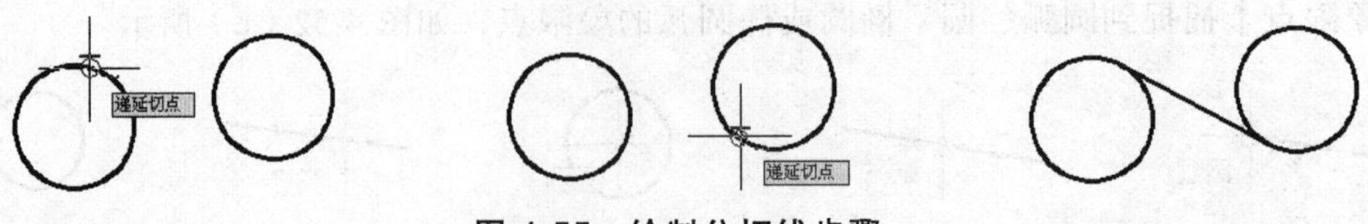

图 4-55 绘制公切线步骤

【最近点】捕捉到圆弧、圆、椭圆、椭圆弧、直线、多线、点、多段线、射线、样条曲线

或参照线的任意位置，最近点即指离线最近的点，即应该是在该线上的点，如图 4-56（a）所示。

【外观交点】捕捉到不在同一平面但是可能看起来在当前视图中相交的两个对象的外观交点。【延伸外观交点】不能用作执行对象捕捉模式。【外观交点】和【延伸外观交点】不能和三维实体的边或角点一起使用，如图 4-56（b）所示。

提示：如果同时打开【交点】和【外观交点】执行对象捕捉，可能会得到不同的结果。

【平行】控制直线段、多段线线段、射线或构造线绘制与其他已知线性对象平行的线条。指定线性对象的第一点后，在要平行对象上悬停光标，出现【平行】捕捉符号后移动光标到大概与对象平行的位置晃动，会显示与原对象平行方向的一条对齐路径，即可创建出平行线，如图 4-56（c）所示。

提示：使用平行对象捕捉之前，请关闭 ORTHO 模式。在平行对象捕捉操作期间，会自动关闭对象捕捉追踪和极轴捕捉。使用平行对象捕捉之前，必须指定线性对象的第一点。

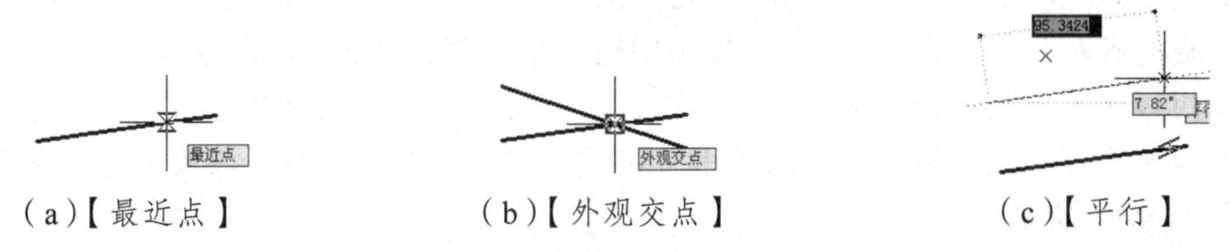

（a）【最近点】　（b）【外观交点】　（c）【平行】

图 4-56　【对象捕捉】各类点显示效果 4

提示：实际工作中不会将所有的对象捕捉类型都同时打开，比如【最近点】打开的同时，要找【极轴】辅助捕捉线与线条的交点就不能实现。再比如开着多数类型时，虽然打开了【切点】但是还是不容易操作出切点捕捉，因此，在实际工作中一般将图 4-51 左侧的类型全部勾选，而右侧的类型都取消勾选，因为右侧的类型相对来说用得要少一些。操作过程中若要使用到右侧的部分类型，可以用【Shift+右键】的快捷操作拉出对象捕捉类型的快捷菜单，如图 4-57 所示，然后选用需要的捕捉类型，值得注意的是，这样的操作是“一次性”操作，每选择一次某种类型，就只能执行一次该类型的捕捉，若还要使用，则需要再次重复操作。

操作方法：

在各类型前的复选框中进行勾选或取消勾选，如图 4-57 所示。

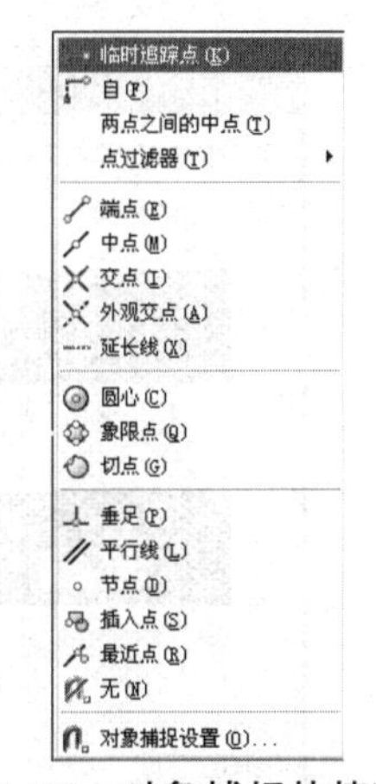

图 4-57　对象捕捉快捷菜单

2. 对象追踪

【对象追踪】控制是否从定点向设定的方向进行追踪。该功能能够节省大量的辅助线绘制和删除步骤，提高绘图速度，用户应注重培养多用【对象追踪】功能的习惯。

4.3.4　线宽显示设置

【线宽】控制图形文件中线条宽度显示，打开该功能时会显示不同宽度线条的区别，如图 4-58 所示，关闭该功能时所有线条宽度显示一样的效果，如图 4-59 所示。

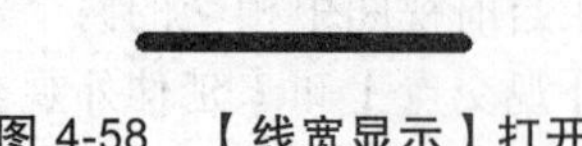

图 4-58 【线宽显示】打开　　　　图 4-59 【线宽显示】关闭

4.3.5 动态输入设置

【动态输入】在光标附近提供了一个命令界面，以帮助用户专注于绘图区域。打开该功能时，工具提示将在光标旁边显示信息，该信息会随光标移动动态更新。当某命令处于活动状态时，工具提示将为用户提供输入的位置，从而极大地方便了绘图。其中包括了【指针输入】、【标注输入】、【动态提示】三个方面的参数设置，如图 4-60 所示。

【指针输入】使状态栏提示中的十字光标位置的坐标值将显示在光标旁边，如图 4-61 所示。命令提示输入点时，可以在工具栏提示中输入坐标值，而不用在命令行上输入。点击【设置】按钮可以进入【指针输入设置】对话框，可以对绘图时第二点及之后点的坐标属性进行设置，如设置坐标格式为极轴格式或笛卡儿格式，设置坐标为相对坐标或绝对坐标等，其默认设置如图 4-62 所示。

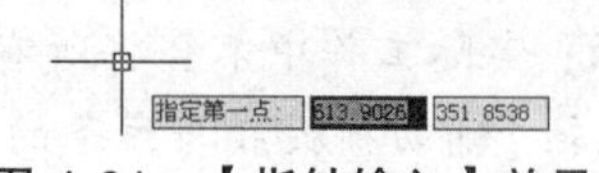

图 4-61 【指针输入】效果

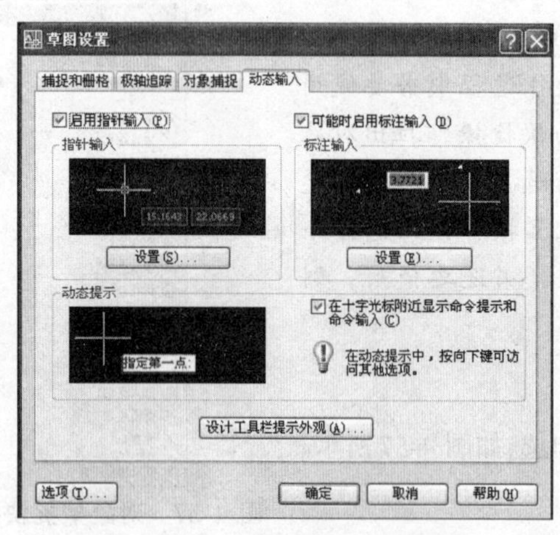

图 4-60 【动态输入】选项卡

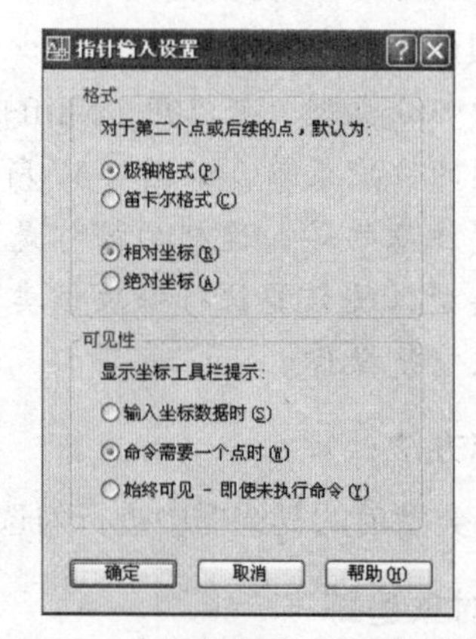

图 4-62 【指针输入设置】对话框

【标注输入】当命令提示输入第二个点或距离时，将显示标注和距离值与角度值的工具栏提示。标注工具栏提示中的值将随光标移动而更改，如图 4-63 所示。可以在工具栏提示中输入值，而不用在命令行上输入值。点击【设置】按钮可以进入【标注输入设置】对话框，可以设置显示的字段数和种类，如图 4-64 所示。

【动态提示】可以设置是否在十字光标附近显示命令提示和命令输入，打开该功能的效果如图 4-64 所示，关闭该功能的效果如图 4-65 所示。

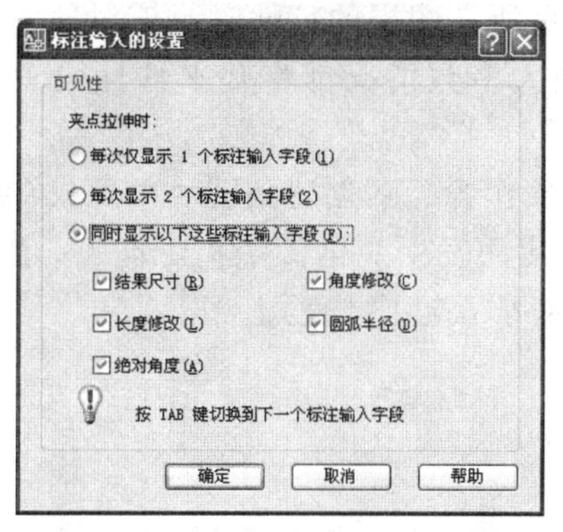

图 4-63　【标注输入设置】对话框

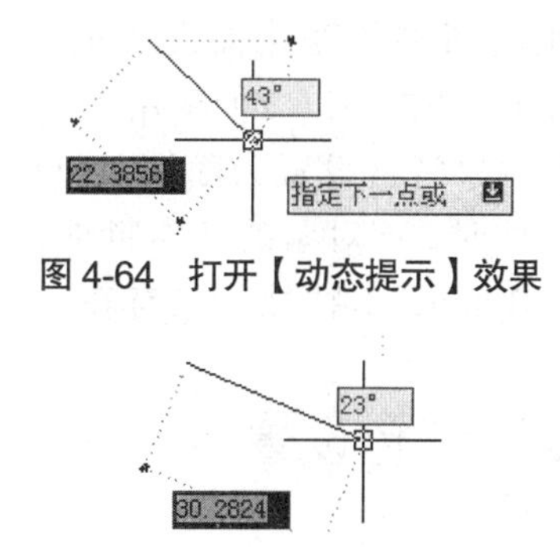

图 4-64　打开【动态提示】效果

图 4-65　关闭【动态提示】效果

4.4　对象特性设置

AutoCAD 中对象的特性包括几何特性和基本特性两方面。几何特性是指图形对象的几何特征、数据等方面的特性，不同类型的几何图形具有不同的几何特性。基本特性主要包括【颜色】、【线型】、【线宽】等基本的特征，不同类型的对象也可以具有相同的基本特性，其设置一般通过【特性】工具栏完成，如图 4-66 所示。

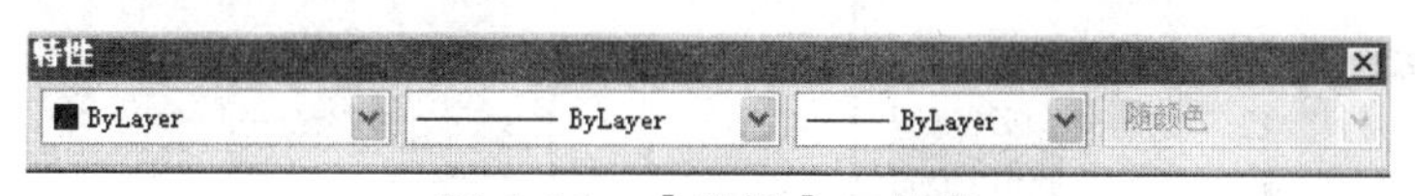

图 4-66　【特性】工具栏

虽然工程图纸都是黑白输出，不需要表示颜色，但是在用 AutoCAD 绘图时，为了方便电子版文件的阅读，都会将不同类型的对象用不同的基本特性区别显示。因此，用户必须熟练地掌握基本特性的设置方法，绘制出的图才能既美观有规范。

提示：图 4-66 所示类型中带有箭头下拉列表的工具栏（常用的还有图层工具栏、样式工具栏等）基本都具有四个基本功能，其功能及操作方法如下：

◆查看对象属性：选中对象，工具栏中显示的就是该对象的属性。

◆查看当前设置：未执行命令和选中对象的状态下，工具栏中显示的就是当前设置。

◆修改对象属性：选中对象，在工具栏中选择需要的属性即可更改对象的属性。

◆修改当前设置：未执行命令和选中对象的状态下，在工具栏选择需要的属性即可作为当前设置。

4.4.1　随层（Bylayer）、随块（Byblock）特性

颜色、线型、线宽三个基本特性中有两个共有的特性设置，即随层（Bylayer）和随块（Byblock）特性，统称为逻辑特性。随层（Bylayer）特性是三个基本特性的默认设置参数，如图 4-66 所示。

若对象特性设置为随层（Bylayer），改变该对象所在图层的特性时，该对象的基本特性会跟随图层的变化而发生变化，实际工作中绝大多数情况都将基本特性设置为随层（Bylayer）特性，以方便使用图层进行批量管理。

若对象特性设置为随块（Byblock），并将该对象作为元素创建到图块中后，在改变图块的特性时，该对象的基本特性也会跟随图块的变化而发生变化，实际工作中一般不采用随块（Byblock）特性，只有在尺寸标注、定义图块等情况下才使用。

4.4.2 颜色设置

除了随层（Bylayer）和随块（Byblock）以外，用户还可以设置【索引颜色】和【真彩色】。【索引颜色】共有 256 种，每种都对应一个索引编号，如图 4-67 所示。【真彩色】是一个调色板，用户可以在调色板中选择到色差更小、种类更多的颜色类型，如图 4-68 所示。两种类型颜色的设置都需要先打开【选择颜色】对话框。

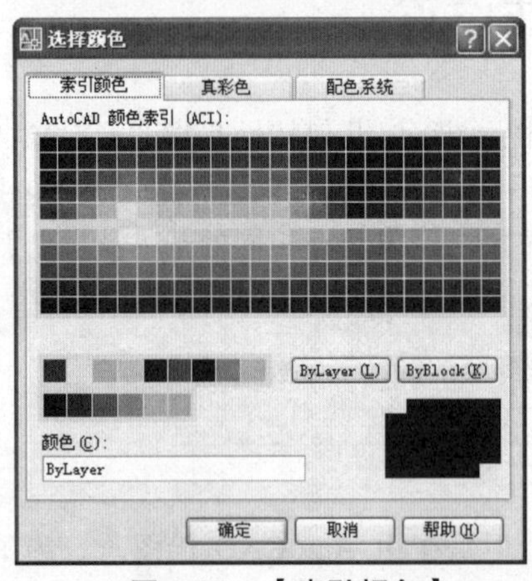

图 4-67 【索引颜色】

图 4-68 【真彩色】

实际工作中往往不会给对象设置成固定的某种颜色，而是设置随层（Bylayer）颜色，再通过将不同图层设置为不同颜色来达到控制对象颜色属性的目的。

操作方法：

（1）菜单栏：【格式】/【颜色】。

（2）命令：Color。

（3）工具栏：【特性】工具栏第一个箭头下拉列表选【选择颜色】，如图 4-69 所示。

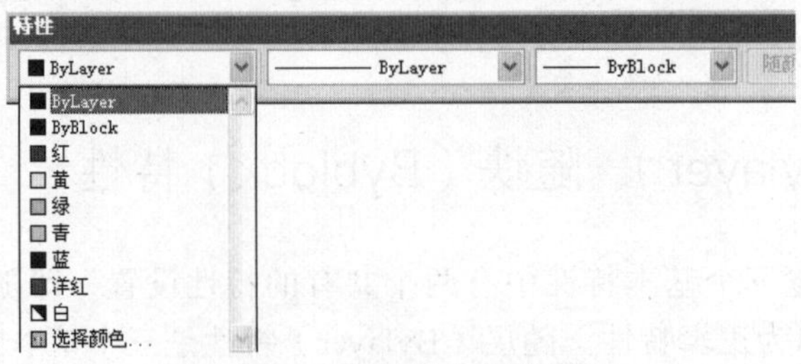

图 4-69 【颜色】下拉列表

4.4.3 线型设置

除了随层（Bylayer）和随块（Byblock）以外，用户还可以通过【线型管理器】加载多种常用线型，甚至建立自己的线型库。如图 4-70 所示，在其下部显示的是已经加载的线型，即直接可以用的线型。如果其中没有需要的线型，点击其右上角的【加载】按钮会出现【加载或重载线型】对话框，如图 4-71 所示，用户可自行选择需要的线型。

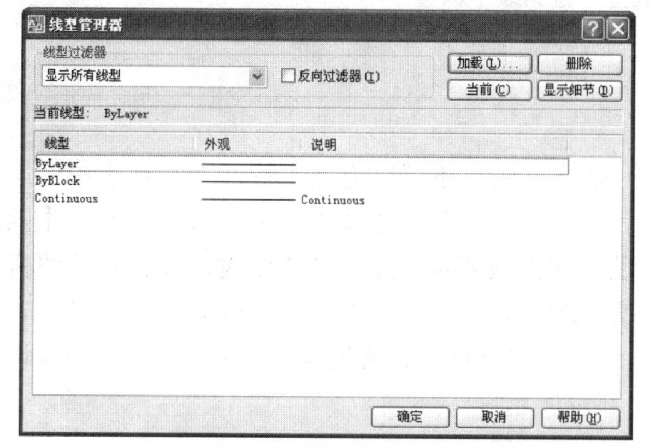

图 4-70 【线型管理器】对话框

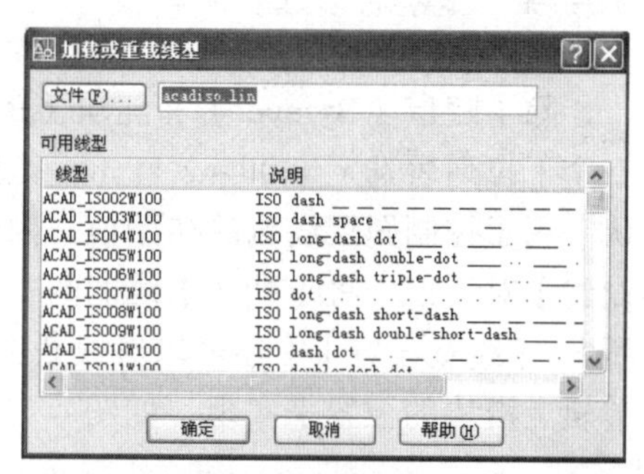

图 4-71 【加载或重载线型】对话框

【线型管理器】中还有一个重要操作，就是调整线型的显示比例，即调整虚线、点划线等非连续线型的显示效果。通过点击【线型管理器】右上角的【显示细节】可在下部【详细信息】中调整【全局比例因子】来改变非连续线型的显示效果，如图 4-72 所示。【全局比例因子】的调整会影响到整个图形文件中所有的非连续线型，而不是只对某类线型有效，若要单独调整某些线条的显示效果，应该通过【特性窗口】进行操作。

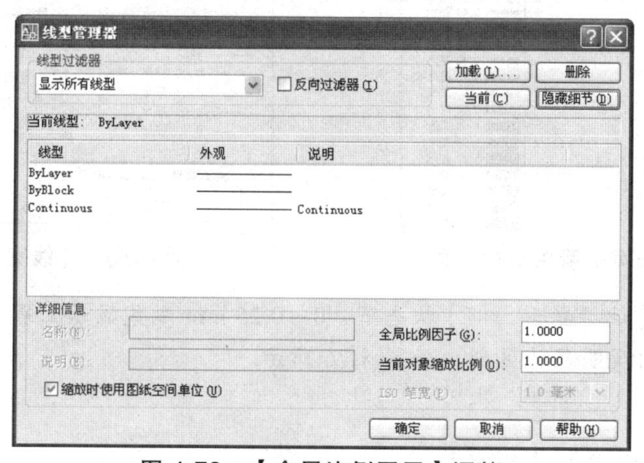

图 4-72 【全局比例因子】调整

提示： 实际工作中往往不会给对象设置固定的某种线型，而是设置随层（Bylayer）线型，再通过将不同图层设置成不同线型来达到控制对象线型属性的目的。

操作方法：

（1）菜单栏：【格式】/【线型】。

（2）命令：Linetype。

（3）工具栏：【特性】工具栏第二个箭头下拉列表选【其他】，如图 4-73 所示。

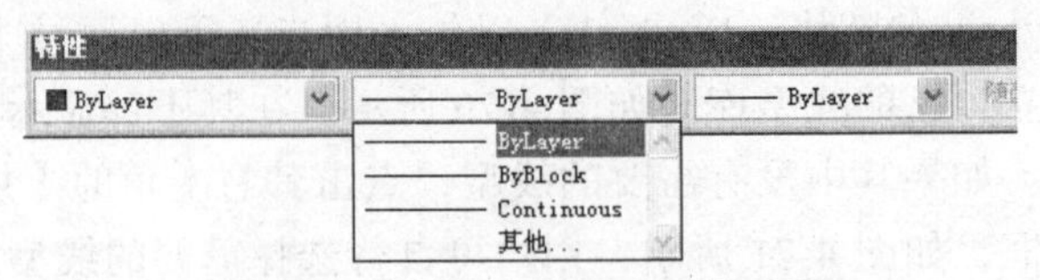

图 4-73 【线型下拉列表】调整

4.4.4 线宽设置

除了随层（Bylayer）和随块（Byblock）以外，用户还可以通过【特性工具栏】中的第三个下拉列表选定 0.00 ~ 2.11 mm 范围内的各线宽值及【默认】线宽，如图 4-74 所示。【默认】用于控制图层线宽的初始值，因为新建的图层的线宽都是【默认】线宽。软件在【线宽设置】对话框中将【默认】线宽的初始值定为 0.25 mm，可以根据需要进行更改，如图 4-75 所示。【线宽设置】中还可以对线条宽度的显示效果进行设置，通过调整【调整显示比例】调节轨上滑块的位置来实现，如图 4-75 右下角部位所示。

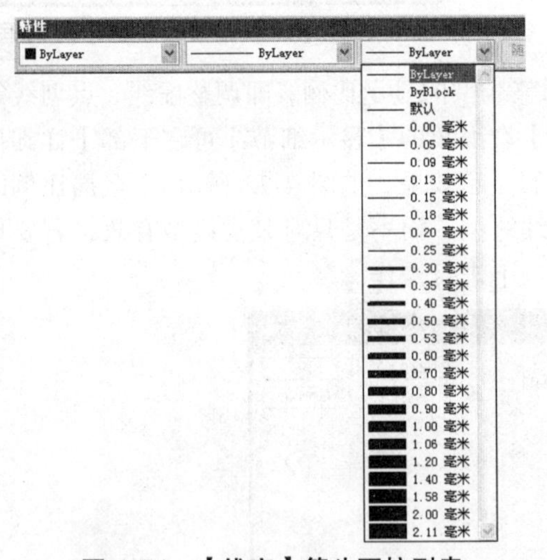

图 4-74 【线宽】箭头下拉列表

图 4-75 【线宽设置】对话框

提示：在默认【调整显示比例】状态下，0 ~ 0.25 mm 线宽显示上基本看不出区别，要从 0.30 mm 开始才会出现明显的区别，如图 4-76 所示。

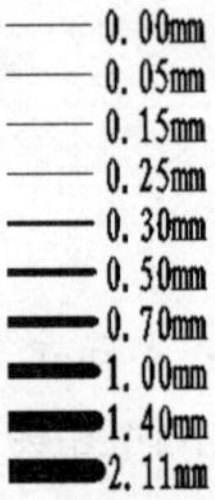

0.00mm
0.05mm
0.15mm
0.25mm
0.30mm
0.50mm
0.70mm
1.00mm
1.40mm
2.11mm

图 4-76 常用线宽显示效果

操作方法：

（1）菜单栏：【格式】/【线宽】。

（2）命令：Lweight(Lw)。

4.4.5 特性窗口

【特性】窗口即特性管理器，可以通过它对对象的几何特性及基本特性非常方便地进行管理和编辑，使之达到用户的需要。不同的对象具有不同的几何特性及其他的属性，但其都具有基本特性，这些性质是由对象的类型所确定的。

当选中一个目标对象时就会在【特性】窗口中显示其所有相关的特性。当选中多个目标对象时，只会显示它们共有且相同的特性，而他们共有的但不相同的特性会显示【多种】，如图 4-77 所示。

在【特性】窗口中，并不是目标对象的所有特性都可以进行编辑，有的只能查看，不能编辑。用鼠标左键点中某项特性的内容时，如果内容能被选中，则表示该项特性可以被编辑，如图 4-78 所示，如果内容不能被选中，则表示该项特性不可以被编辑，只能查看，如图 4-79 所示。

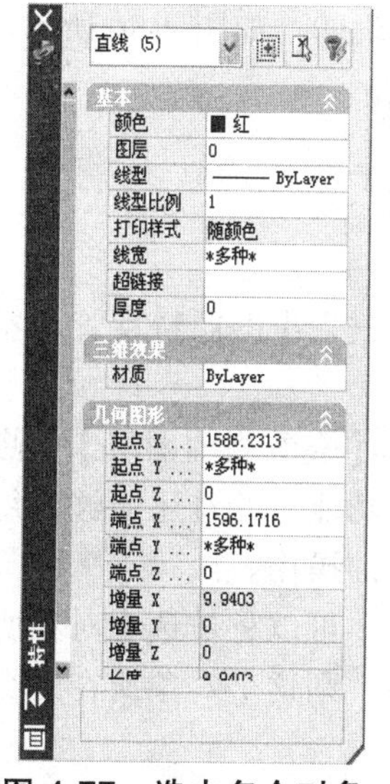

图 4-77　选中多个对象

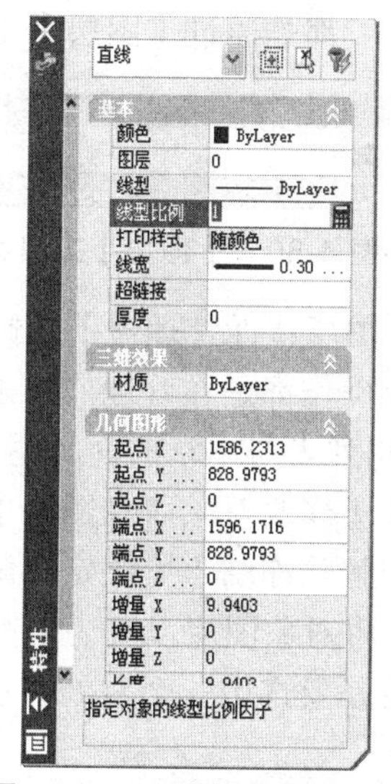

图 4-78　可编辑项目举例

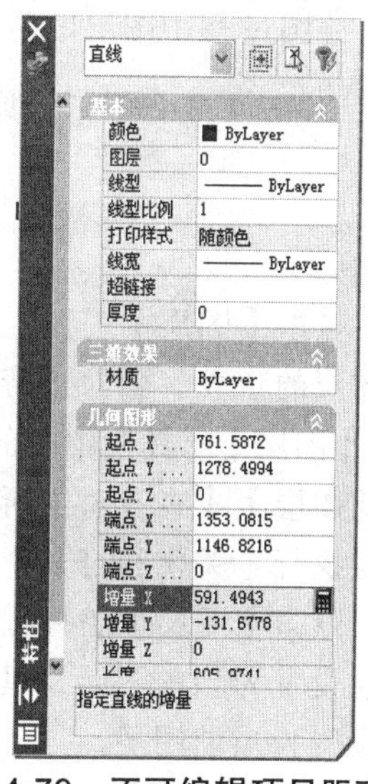

图 4-79　不可编辑项目距离

在【特性】窗口中可编辑的主要项目包括【颜色】、【线型】、【图层】、【线型比例】(可对选中的目标对象的线型比例进行调整，即如果目标对象为非连续线型，则可以调整其显示效果)、【线宽】、【材质】等，再加上各类对象自身的几何特性，基本每类目标对象都可以用【特性】窗口进行全方位、快捷地编辑操作。

【特性】窗口当中有两个选择对象的功能按钮，为【选择对象】按钮，点击后可以在绘图窗口中选择需要编辑的目标对象；为【快速选择】按钮，可以快速选择具有某一相同属性的多个目标对象。实际工作中这两个按钮用得都不太多，少量选择时一般直接在绘图区域中进行选择。不用点击【选择对象】按钮也是可以操作的，此外【快速选择】功能使用的频率也是非常低的。

操作方法：

(1) 菜单栏：【修改】/【特性】。

(2) 命令：Properties(Ch)。

(3) 选中对象后鼠标右击，快捷菜单选【特性】。

4.5 图层设置

图层是 AutoCAD 中的一个特定概念，它相当于一叠坐标对正且没有厚度的透明绘图纸。用户可以分别在各层透明绘图纸上画出复杂工程图的某一类对象，比如轮廓线、中轴线、尺寸标注等，这样的对象往往代表相同的含义或具有某一相同特性。所有的透明绘图纸重叠起来就形成完整的工程图。这样一是可以节约大量的存储空间，有利于计算机高速处理数据，而且可以非常方便地对某一个图层中的所有对象的特性进行批量的管理和编辑。实际工作中图层的运用是相当重要的一环，图层设置是否合理将直接影响工程图的规范性和美观性，也影响批量管理和编辑对象的便捷性，因此用户在学习具体的绘图知识之前，应该熟练掌握并合理地使用图层。

绘图过程中图层的常规操作一般都是通过【图层】工具栏来实现的，如图 4-80 所示。

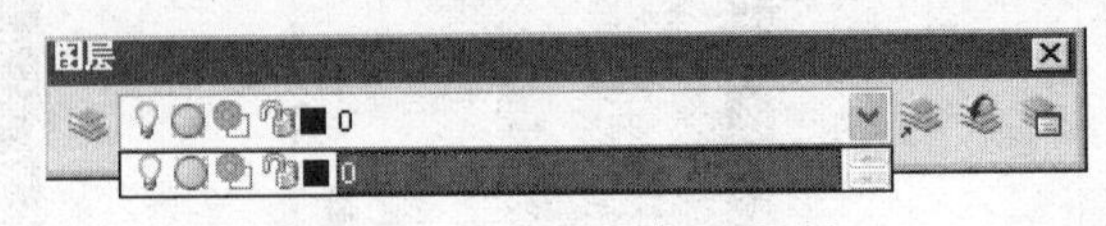

图 4-80 【图层】工具栏

点击【图层】工具栏左侧的【图层特性管理器】按钮，可以进入【图层特性管理器】，而图层的建立、删除、特性管理等操作都是在管理器中来实现的。

【图层】工具栏中间的箭头下拉列表与本章前面所述一样，具有【查看当前图层】、【修改当前图层】、【查看对象所在图层】、【修改对象所在图层】四个基本功能，并且还能够对每个图层执行【关闭和打开】、【冻结和解除冻结】、【锁定和解除锁定】的操作。

点击【图层】工具栏右侧的【将对象图层设置为当前】按钮，可以将被选中对象所在图层设置为当前图层，具体操作就是要选中一个对象，点击该按钮，则这个对象所在的图层就设置为当前图层。

点击【图层】工具栏右侧的【上一个图层】按钮，可以将当前图层恢复到上一次使用的当前图层。

点击【图层】工具栏右侧的【图层状态管理器】按钮，可以进入到【图层状态管理器】，对已命名图层状态的保存、恢复和管理进行操作。

在进行以上操作之前一般需要进入到【图层特性管理器】进行设置。

操作方法：

（1）菜单栏：【格式】/【图层】。

（2）命令：Layer(La)。

（3）工具栏：【图层】工具栏按钮。

4.5.1 新建和删除图层

所有创建的对象都会被放置在图层上，用户如果没有新建图层，则创建的对象将被放置在软件默认设置的【0】图层上。如果用户绘制了带有定义点的对象，比如尺寸标注、点对象等，软件还会默认设置一个【定义点（Defpoints）】图层。在实际工作中，为了更方便批量地管理和编辑，以及图纸的规范性和美观性，都会新建大量的图层来对图纸的各个部分进行分类管理。

用户根据自己的需要可以在【图层状态管理器】中通过点击图 4-81 所示的 1 号按钮来新建一些图层。新建的图层可以立即进行命名，或者是之后慢速间隔双击图 4-81 所示的 4 号位置也可以进行重新命名。当建立了一些多余的图层或者一些图层不再使用的时候，可以将其删除掉，具体操作就是先选中要删除的图层，然后点击图 4-81 所示的 2 号按钮，需要注意的是有一种情况的图层是无法删除的，包括【图层 0】、【图层 Defpoints】、【当前图层】、【依赖外部参照的图层】、【包含对象的图层】五类，如图 4-82 所示。

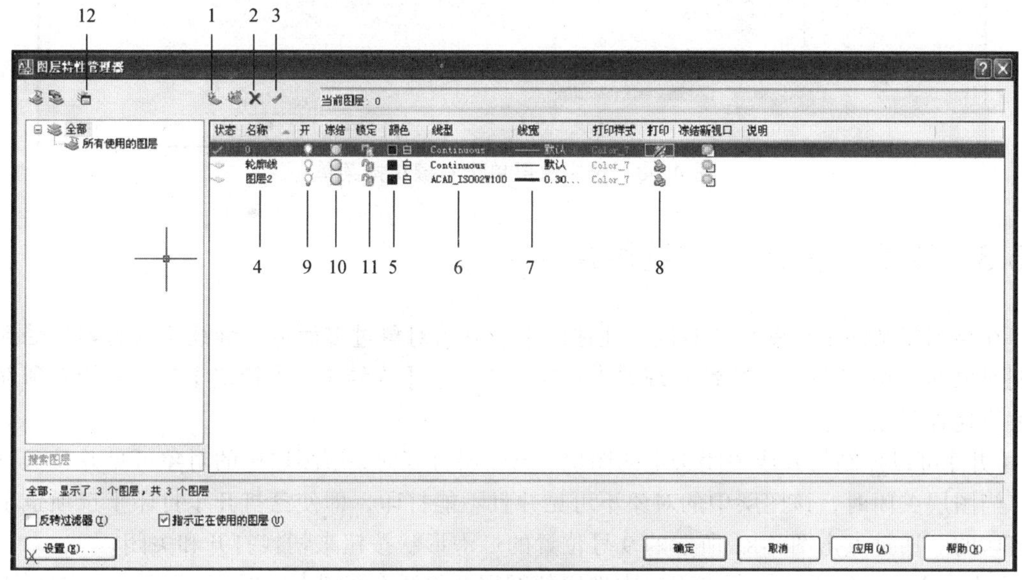

图 4-81　【图层特性管理器】对话框

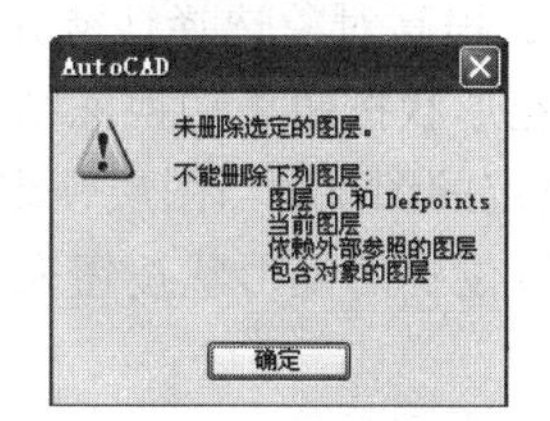

图 4-82　禁止删除的图层类型

4.5.2　图层特性设置

图层也可以设置【颜色】、【线型】、【线宽】、【打印】等特性。实际工作中，放进各图层的对象的特性一般都设置为【随层（Bylayer）】，因此用户只需要更改对象所在图层的特性即可对该图层内的所有对象进行批量的管理和操作，十分便捷。图层的特性设置非常简单，分别点击图 4-81 所示的 5、6、7 位置即可调出【选择颜色】、【选择线型】和【线宽】三个对话框，分别设置即可，如图 4-83 所示。

提示：实际工作中，【颜色】可以根据用户自己的习惯进行设定，没有具体要求，但是【线型】和【线宽】应根据工程制图的相关规范及标准进行设定。

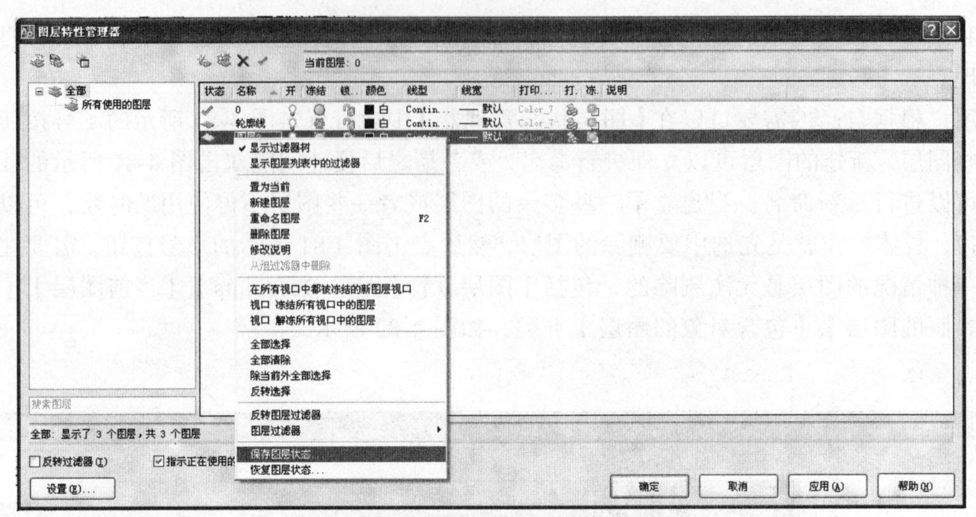

图 4-83 选中图层单击右键快捷菜单

4.5.3 锁定、关闭、冻结图层

在绘制复杂的工程图纸的时候，往往由于绘制的对象过多而造成继续绘制时容易受到已绘制对象的影响。【图层】特性管理器中提供了【开】、【冻结】和【锁定】三个功能来帮助用户解决这种问题。

【开】可以控制打开或关闭选定的图层。当图层打开时，该图层中的对象可见并且可以打印。当图层关闭时，该图层中的对象不可见并且不能打印，即使已打开【打印】选项也是不能打印的。通过点击图 4-81 所示的 9 号位置的灯泡形状按钮来切换打开和关闭。

【冻结】可以控制冻结所有视口中选定的图层，包括【模型】选项卡。可以冻结图层来提 Zoom、Pan 等若干操作的运行速度，提高对象选择性能并减少复杂图形的重生成时间。通过点击图 4-81 所示的 10 号位置的雪花形状按钮来切换冻结和解除冻结。

【锁定】可以控制锁定和解锁选定的图层。当图层锁定时，无法修改和编辑锁定图层上的对象。通过点击图 4-81 所示的 11 号位置的锁形状按钮来切换锁定和解除锁定。

4.5.4 保存和恢复图层设置

在绘图过程中，可能需要临时更改某些图层的特性，但是在以后有可能会使用到原来的特性，这种情况下就可以将这些图层的设置保存起来，需要的时候再恢复这些图层原来的特性。

在【图层特性管理器】中选中需要保存特性的图层，单击鼠标右键出现快捷菜单后选择【保存图层状态】，如图 4-83 所示，弹出【要保存的新图层状态】对话框，如图 4-84 所示。在其中输入所要保存的图层状态名称及说明，然后点击【确定】按钮即可保存。

当需要恢复原来的图层特性时，必须通过点击图 4-81 所示的 12 号按钮或是在某个图层上单击鼠标右键出现快捷菜单后选择【恢复图层状态】弹出【图层状态管理器】对话框，如图 4-85 所示，然后选中需要恢复的图层状态再点击下部的【恢复】按钮即可恢复。

图 4-84　【要保存的新图层状态】对话框

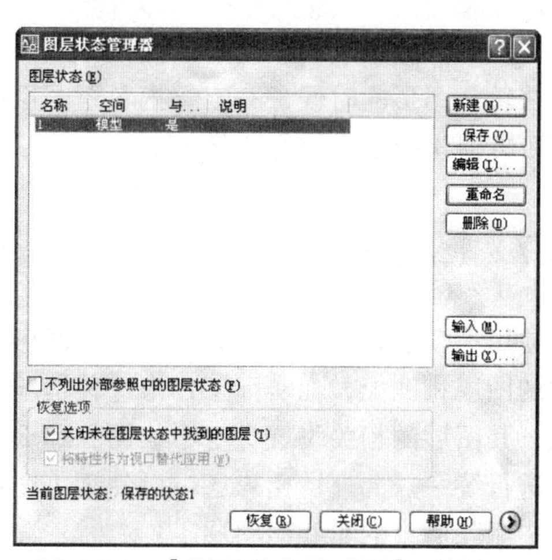

图 4-85　【图层状态管理器】对话框

4.5.5　设置当前图层及变更对象所在图层

新绘制对象时，全部都会被放入到当前图层。在绘制复杂的工程图纸时往往需要不断地进行当前图层的切换，以保证绘制的图形都正确地放到对应的图层中。因此用户必须熟练掌握当前图层的切换方法。在前面的章节已经讲到了两种切换当前图层的方法，现在按照实际工作中操作的便捷性一并按序罗列。

操作方法：

（1）工具栏：在没有执行命令和选中对象的状态下，【图层】工具栏箭头下拉列表中选择某图层。

（2）工具栏：选中要设为当前图层的图层对象，点击【图层】工具栏上的按钮。

（3）【图层特性管理器】：在【图层特性管理器】中双击要设为当前图层的图层对象。

在实际工作中有可能出现将没有将对象放入对应图层而需要对其所在图层进行变更的情况，用户就必须熟练掌握变更对象所在图层的方法。在前面的章节已经讲到了一种变更对象所在图层的方法，现在按照实际工作中操作的便捷性一并按序罗列。

操作方法

（1）工具栏：选中要变更的对象，在【图层】工具栏箭头下拉列表中选择应放入的图层。

（2）特性匹配：Matchprop(Ma)命令或点击【标准】工具栏第 11 个按钮，选择一个已经是应放入图层中的对象，光标变成刷子后再选择需要变更的对象。

（3）【特性】窗口：选中对象，弹出【特性】窗口，然后在【图层】栏中选择应放入的图层。

4.5.6　利用图层控制图形打印

图 4-81 所示的 8 号位置用于控制该图层是否被打印。在打印机按钮上标注斜线的图层不打印，没有标注斜线的图层要打印，用户可以根据需要来设定各个图层的打印状态。

此外，还可以利用图层来控制打印效果，在 AutoCAD 中通过图层控制打印的方法有两种，一种是通过图层的线宽来控制打印效果，另外一种是通过图层的颜色来控制打印效果。用户在新建图形的时候，一定要把各个图层的颜色和线宽定义清晰，定出区别，在打印的时候即可方便快捷地设置打印样式。

4.5.7　图层转换器

使用【图层转换器】可以改变当前图形中的图层，使其与另一个图形中的图层或标准文件中的图层相匹配，在实际工作中这种情况是经常都会出现的。比如，两张不同用户绘制的图纸，其图层的相关设置肯定不相同，那么可以使用图层转换器将这两张图纸的图层设置及特性进行统一。此外，用户还可以使用【图层转换器】控制绘图窗口中图层的可见性以及从图形中删除所有的非参照图层。

操作方法：

（1）菜单栏：【工具】/【CAD 标准】/【图层转换器】。

（2）命令：Laytrans。

弹出的【图层转换器】对话框如图 4-86 所示。

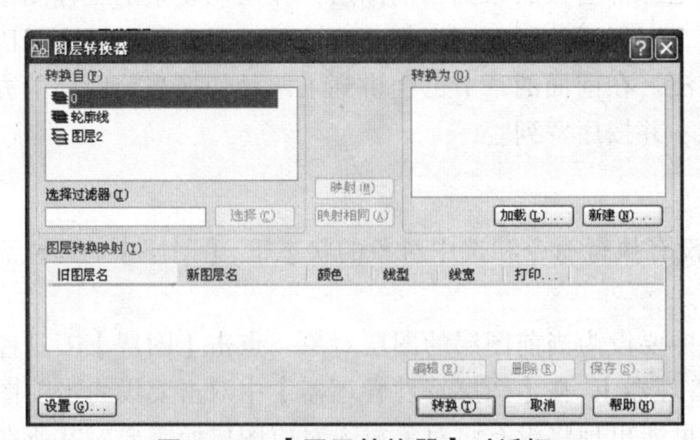

图 4-86　【图层转换器】对话框

下面详细介绍该对话框中各选项的作用：

【转换自】列表：列出当前图形中将要被转换的图层，用户可以在该列表中选择要转换的图层或提供一个选择过滤器。图层名字前的按钮颜色显示该图层中是否包含对象，黑色按钮表示含有对象，白色按钮表示不含对象，即该图层为空。对于没有包含对象的图层，用户可以通过在该图层上单击鼠标右键，从弹出的快捷菜单中选择【清理图层】来进行删除。

【选择过滤器】文本框：用于指定【转换自】列表中显示哪些图层，它可以使用通配符。

【选择】按钮：选择那些使用【选择过滤器】指定的图层。

【转换为】列表：列出那些在当前图形中可以被转换的图层。

【转换】按钮：开始对建立映射的图层进行转换。

【加载】按钮：可以将一个指定的图形、样板或标准文件的图层加载到【转换为】列表中。如果这些文件包含已存储的图层映射，那么这些映射的图层也被显示在【图层转换映射】列表框中。

【新建】按钮：用于在【转换为】列表中创建一个新图层。

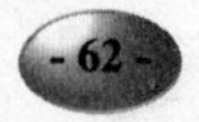

【映射】按钮：映射【转换自】与【转换为】列表中选择的图层。

【映射相同】按钮：映射两个列表中所有名字相同的图层。

【图层转换映射】列表：该列表中列出了所有被转换的图层，以及被转换图层的特性。

【编辑】按钮：用户可以在【图层转换映射】列表中选择图层，并使用该按钮编辑其特性。单击【编辑】按钮将打开【编辑图层】对话框，用户可利用该对话框对选定的转换进行编辑，还可以对图层的属性进行修改。

【删除】按钮：用于删除选定的映射。

【保存】按钮：用于存储【图层转换映射】列表中的映射。

【设置】按钮：单击该按钮将打开【设置】对话框，如图 4-87 所示。利用该对话框，用户可以定制图层转换的过程，如是否采用指定给其图层的颜色、线型，是否转换块中嵌套的对象等。

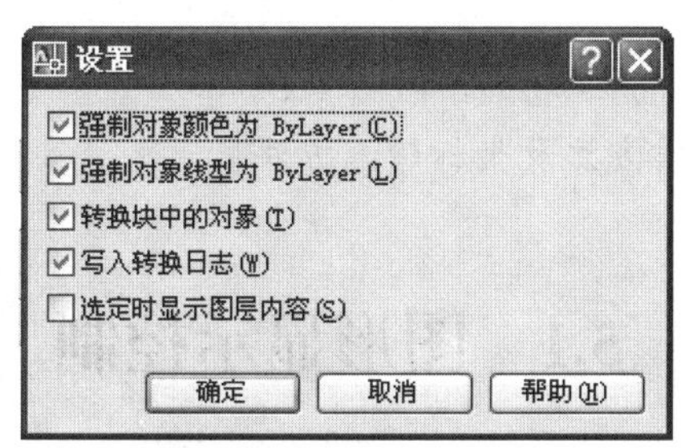

图 4-87　【设置】对话框

第 5 章　常规基础操作

学前导读

在绘图过程中，用户为了更好地操作和精确绘图，必须掌握一些辅助工具的使用。本章重点讲解 AutoCAD 辅助工具中的显示控制，鼠标操作，坐标输入方法。

技能目标

※掌握图形显示控制的方法。

※掌握鼠标的功能、操作方法及坐标输入方法。

5.1　图形显示控制

在用 AutoCAD 绘制图样的过程中，通常会遇到图样的大小在屏幕上显示得不合适，这时就需要改变图样的显示大小或比例。如使用图形的缩放与平移、重画与重新生成、绘图空间控制与多视区操作、图像的显示等命令，用户可以灵活地观察图形的整体效果或局部效果。

5.1.1　缩放视图

在 AutoCAD 中，可以将视图的屏幕显示放大或缩小，而图形的真实尺寸保持不变。通常，在绘制图形的局部细节时，需要使用缩放工具放大该绘图区域，当绘制完成后，再使用缩放工具缩小图形来观察其整体效果。

操作方法：

（1）菜单栏：【视图】/【缩放】，如图 5-1 所示。

（2）命令：Zoom(Z)。

（3）工具栏：【缩放】工具栏，如图 5-2 所示。

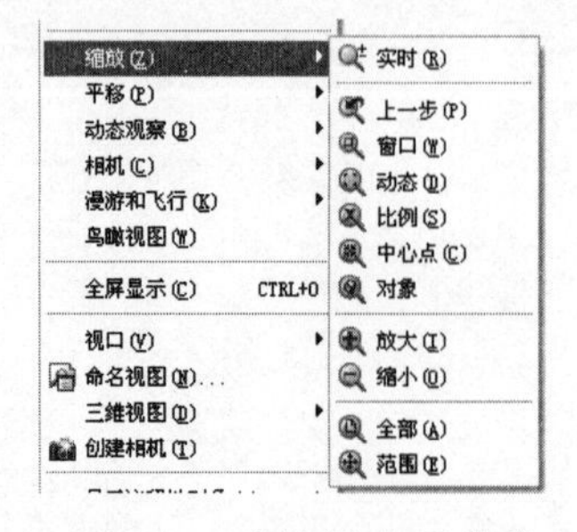

图 5-1　【缩放】子菜单

图 5-2　【缩放】工具栏

操作步骤：

➢ 命令：_zoom

➢ 指定窗口的角点，输入比例因子(nX 或 nXP)，或者[全部(A)/中心(C)/动态(D)/范围(E)/上一个(P)/比例(S)/窗口(W)/对象(O)]<实时>:

（此处可以在窗口中指定一个点；或通过执行【全部(A)】或【中心(C)】或【动态(D)】或【范围(E)】或【上一个(P)】或【比例(S)】或【窗口(W)】或【对象(O)】后进行不同类型的视图缩放）

➢ 指定对角点：

（在窗口中指定另外一个点，使其与前一个点形成一个矩形窗口，放大矩形窗口内的图形。）

1. 指定窗口角点

【指定窗口角点】是 AutoCAD 的默认选项之一，称作窗口缩放，主要用于放大绘图窗口内的局部图形。

操作方法：

➢ 命令：_zoom

➢ 指定窗口的角点，输入比例因子(nX 或 nXP)，或者[全部(A)/中心(C)/动态(D)/范围(E)/上一个(P)/比例(S)/窗口(W)/对象(O)]<实时>:

（此处可以在窗口中指定一个对角点）

➢指定对角点：

（在窗口中指定另外一个对角点）

在屏幕的绘图窗口内拾取两个点确定一个矩形线框，矩形线框将充满整个绘图窗口，矩形框范围内的图形将被放大，矩形框会充满绘图区域。

2. 比例因子（nX/nXP）

【比例因子（nX/nXP）】可以通过输入精确的比例系数来对视图进行放大或缩小。

操作方法：

➢ 命令：_zoom

➢ 指定窗口的角点，输入比例因子(nX 或 nXP)，或者[全部(A)/中心(C)/动态(D)/范围(E)/上一个(P)/比例(S)/窗口(W)/对象(O)]<实时>:

（直接输入具体数值或数值后加 X 或数值后加 XP。）

当输入 2 时，所显示的图形就是原始图大小的两倍；当输入 0.5 时，则新图显示为原始图大小的一半。当输入 2X，表示在当前视图的基础上放大两倍；当输入 0.5X 时，则新视图将显示当前视图大小的一半；若键入数值加 XP，则表示相对于图形界限的倍数。

3. 全部（A）

【全部（A）】用于将全部图形显示在屏幕上。不管图形超没超出绘图界限，图形全部都显示在屏幕上，同时对图形进行视图重新生成操作。

操作方法：

➢ 命令：_zoom

➢ 指定窗口的角点，输入比例因子(nX 或 nXP)，或者[全部(A)/中心(C)/动态(D)/范围(E)/上一个(P)/比例(S)/窗口(W)/对象(O)]<实时>：-A

4. 中心（C）

【中心（C）】是以指定点为屏幕中心缩放对象，同时输入新的缩放比例或高度。

操作方法：

➢ 命令：_zoom

➢ 指定窗口的角点，输入比例因子(nX 或 nXP)，或者[全部(A)/中心(C)/动态(D)/范围(E)/上一个(P)/比例(S)/窗口(W)/对象(O)]<实时>：-C

➢ 输入比例或高度：

（此处输入缩放比例或高度值）

AutoCAD 将图形中新指定的中心位置在绘图窗口的中心位置，并对图形进行相应的放大或缩放。如果在【输入比例或高度：】输入的是【2X】，图形将放大两倍；输入的是【0.5X】，图形将缩小一半。如果在【输入比例或高度：】提示下输入的是高度值，AutoCAD 将在绘图窗口中按输入的高度值显示图形。例如：如果高度值为 100，输入 120，图形缩小；输入 80，图形放大。

5. 动态（D）

【动态（D）】用于动态缩放视图。缩放显示在视图框中的部分图形。视图框表示视口，可以改变它的大小，或在图形中移动。移动视图框或调整它的大小，可将其中的图像平移或缩放，以充满整个视口。执行该选项后，在屏幕中将显示一个带【×】的矩形方框，单击鼠标，矩形方框中的【×】消失，显示一个位于右边框的方向箭头【→】，如图 5-3 所示，拖动鼠标可改变选择窗口的大小，以确定选择区域大小，最后按下 Enter 键，即可缩放图形。

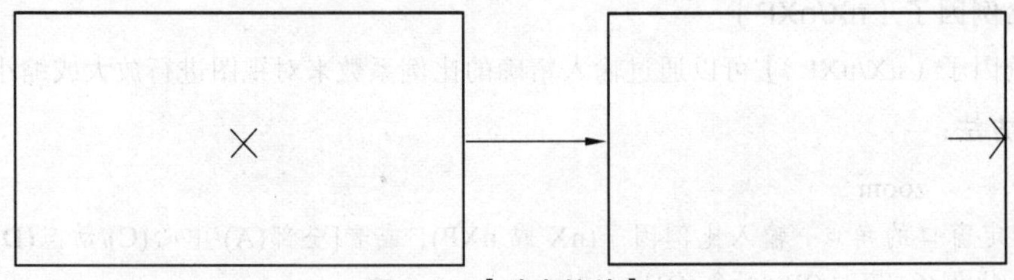

图 5-3 【动态缩放】

6. 范围（E）

【范围（E）】可以将当前视窗中图样尽可能大地显示在屏幕上，并进行重新生成操作。

操作方法：

➢ 命令：_zoom

➢ 指定窗口的角点，输入比例因子(nX 或 nXP)，或者[全部(A)/中心(C)/动态(D)/范围(E)/上一个(P)/比例(S)/窗口(W)/对象(O)]<实时>：-E

7. 上一个（P）

【上一个（P）】用于显示上一次的图形状态。执行该选项，AutoCAD 将绘图窗口恢复到

上一次图形显示的状态。

操作方法：

➢ 命令：_zoom

➢ 指定窗口的角点，输入比例因子(nX 或 nXP)，或者[全部(A)/中心(C)/动态(D)/范围(E)/上一个(P)/比例(S)/窗口(W)/对象(O)]<实时>：-P

8. 比例（S）

【比例（S）】是用于指定比例因子，缩放图形大小。

操作方法：

➢ 命令：_zoom

➢ 指定窗口的角点，输入比例因子(nX 或 nXP)，或者[全部(A)/中心(C)/动态(D)/范围(E)/上一个(P)/比例(S)/窗口(W)/对象(O)]<实时>：-S

➢ 输入比例因子(nX 或 nXP)：

（此处输入数值或数值后加 X 或数值后加 XP）

如果输入的是具体的数，图形将按该比例值进行缩放，即相对于图形的实际尺寸缩放；如果输入的数后面加上 X，图形进行相对缩放，即相对于当前所显示图形的大小进行缩放；如果输入的数后面加上 XP，图形则相对于图纸空间进行缩放。

9. 窗口（W）

【窗口（W）】是通过移动光标，在屏幕的绘图窗口内拾取用于确定矩形的两个对角点，AutoCAD 将用户确定的矩形充满整个绘图窗口，矩形内的部分图形即被放大。

操作方法：

➢ 命令：_zoom

➢ 指定窗口的角点，输入比例因子(nX 或 nXP)，或者[全部(A)/中心(C)/动态(D)/范围(E)/上一个(P)/比例(S)/窗口(W)/对象(O)]<实时>：-W

➢ 指定第一个角点：

（在窗口中指定一点）

➢ 指定对角点：

（在窗口中指定另一点）

在上面的提示下确定窗口的角点位置即可。

10. 对象（O）

【对象（O）】是用于将选定的图形对象在绘图窗口最大限度地显示出来，即选定的图形充满整个窗口。

操作方法：

➢ 命令：_zoom

➢ 指定窗口的角点，输入比例因子(nX 或 nXP)，或者[全部(A)/中心(C)/动态(D)/范围(E)/上一个(P)/比例(S)/窗口(W)/对象(O)]<实时>：-O

➢ 选择对象：

（选择要放大的图形）

提示：Zoom 命令是透明命令，在执行其他命令的过程中随时可以插入该命令。另外，标准工具栏有【实时缩放】、【窗口缩放】和【上一个】等按钮，用户在绘图和编辑图形过程中可以方便地使用。

5.1.2 实时缩放和实时平移

1. 实时缩放

实时缩放能够放大或缩小图形的显示效果，以帮助用户查看复杂图形的局部位置。

提示：该操作只能改变图形的显示效果，不能改变图形的实际大小，和【比例缩放】命令是完全不同的操作。

操作方法：

（1）菜单栏：【视图】/【缩放】/【实时】。

（2）命令：Zoom。

（3）工具栏：【标准】工具栏第 16 个按钮。

（4）快捷菜单：在绘图区域鼠标右键快捷菜单【缩放】。

启动【实时缩放】后，绘图窗口鼠标指针将呈一带有加号和减号的放大镜图形。按住鼠标左键由下向上拖动图面，即可动态放大图形显示；按住鼠标左键由上向下拖动图面，则可动态缩小图形显示；如果想退出实时缩放状态，可按【Enter】或【Esc】键退出，或右击鼠标从弹出的快捷菜单中选择【退出】选项即可。

2. 实时平移

在不改变屏幕中对象的真实坐标的条件下，移动屏幕窗口，从而使图样中的特定部分位于屏幕中间，便于观察。这比使用屏幕滚动条更加方便。

提示：该操作只能改变图形显示的位置，不能改变图形在坐标系中的具体坐标位置，这和【移动】命令是完全不同的操作。

操作方法：

（1）菜单栏：【视图】/【平移】/【实时】。

（2）命令：Pan。

（3）工具栏：【标准】工具栏第 15 个按钮。

（4）快捷菜单：在绘图区域鼠标右键快捷菜单【平移】。

启动实时平移后，绘图窗口将出现一只小手的光标，AutoCAD 同时在命令行提示（按【Esc】或【Enter】键退出，或单击右键显示快捷菜单）。此时，按住鼠标左键拖动鼠标可动态地平移视图。如果按【Esc】或【Enter】键则结束平移视图命令。

提示：实际工作中，鼠标的滚轮可以代替这两个操作。滚动滚轮代替【实时缩放】操作，可以放大或缩放图形，往前滚为放大，往后滚为缩小。按住滚轮并拖动鼠标代替【实时平移】操作，按住后的操作和【实时平移】操作相同。这是非常快捷简便的操作，对于这个操作的熟练程度会极大地影响用户绘图的速度。

5.1.3　视口设置及视图更改

1. 视口设置

绘制二维图形时，一般在一个绘图区域里就可以完成，而绘制复杂的三维图形时，仅仅依据单一的视图是不够的，为了全面观察三维图形的各个角度，必须频繁地切换视点。AutoCAD 为了便于用户观察三维视图，允许在当前绘图区段设置多个视口（也称视窗），每个视口可以具有不同的缩放程度及视角方向，工作界面可以是模型空间也可以是图纸空间。

操作方法：

（1）菜单栏：【视图】/【视口】，如图 5-4 所示。

（2）工具栏：【视口】工具栏，如图 5-5 所示。

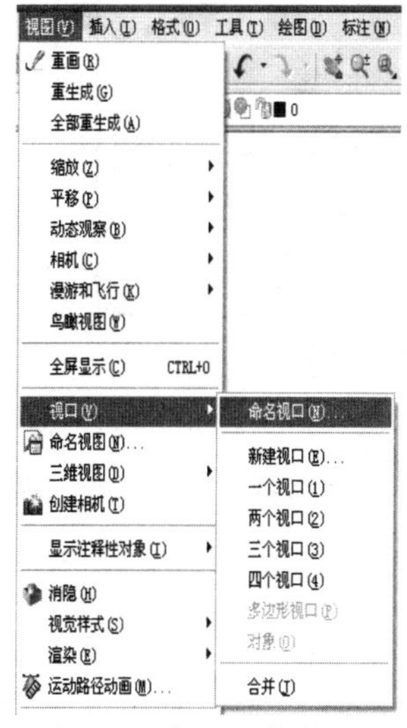

图 5-4　【视口】子菜单

图 5-5　【视口】工具栏

在【视口】子菜单里点击【命名视口】或【新建视口】，弹出【视口】对话框，如图 5-6 所示。

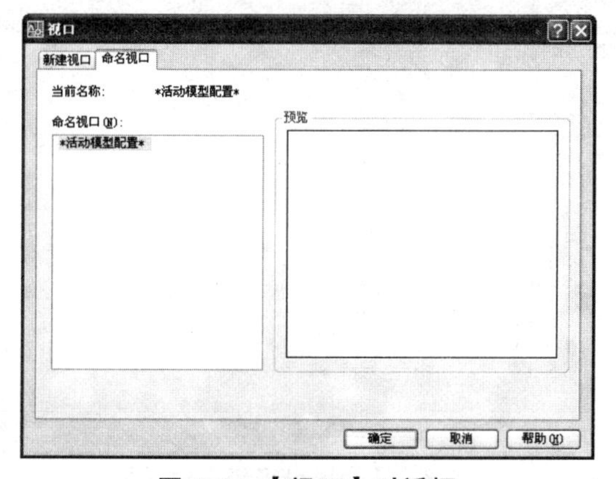

图 5-6　【视口】对话框

【新建视口】可以新建一个或多个视口。

【命名视口】可以为创建的视口命名并对已命名的视口进行保存。

操作方法：

在【标准视口】中有多种选择供用户选择，如选择【两个：垂直】选项，则会在右侧的【预览】框中显示出两个垂直方向的视口，可以在【应用于】、【设置】、【修改视图】、【视觉样式】中设定视口的显示效果，如图 5-7 所示。

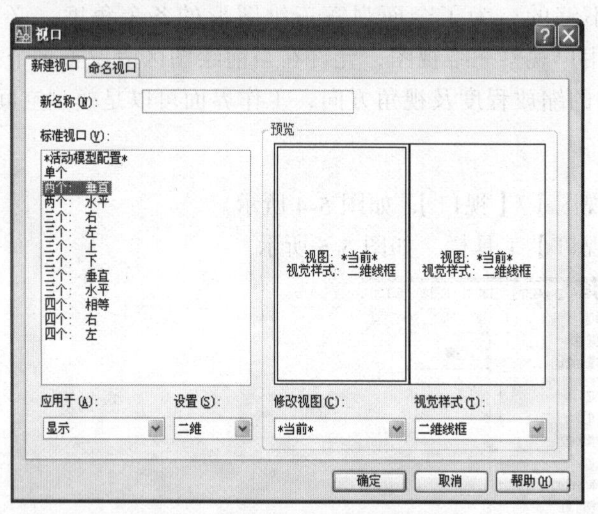

图 5-7 【两视口】设置对话框

2. 命名视图

【命名视图】是创建、设置、重命名、修改和删除命名视图（当前）、模型视图、布局视图和预设视图。单击一个视图可以显示该视图的特性。

操作方法：

（1）菜单栏：【视图】/【命名视图】。

（2）命令：View(V)。

进入【命名视图】后，弹出【视图管理器】对话框，如图 5-8 所示。

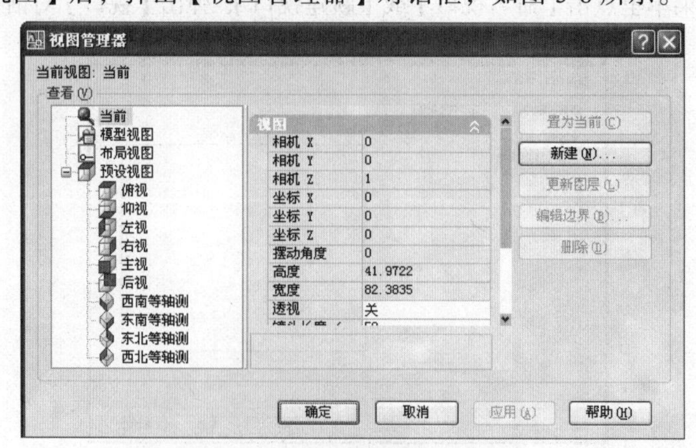

图 5-8 【视图管理器】对话框

【当前视图】对话框中可以选择需要的视图，然后将其置为当前视图。

【新建】选项可以创建视图。

操作方法：

点击【新建】按钮，弹出【新建视图】对话框，如图 5-9 所示。在对话框中根据需要进行设置，最后按【确定】按钮即可保存该视图。

3. 鸟瞰视图

【鸟瞰视图】可以使用其中的矩形框来设置图形的观察范围。例如，要放大图形，可缩小矩形框；要缩小图形，可放大矩形框。使用鸟瞰视图观察图形的方法与使用动态视图缩放图形的方法相似，但使用鸟瞰视图观察图形是在一个独立的窗口中进行的，其结果反映在绘图窗口的当前视口中。

操作方法：

（1）菜单栏：【视图】/【鸟瞰视图】。

（2）命令：Dsviewer。

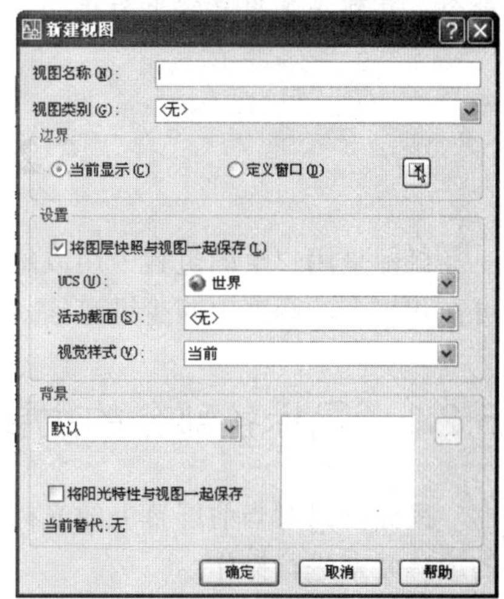

图 5-9　【新建视图】对话框

5.1.4　重画、重生成及全部重生成命令

在绘图和编辑过程中，往往会留下一些无用的标记，这些临时标记并不是图形中的对象，有时会使当前图形画面显得混乱，这时就可以使用 AutoCAD 中的重画与重生成图形等功能来清除这些临时标记。

1. 重　画

【重画】用于刷新当前视窗中的显示，清除残留的点痕迹。

操作方法：

（1）菜单栏：【视图】/【重画】。

（2）命令：Redraw(R)。

2. 重生成

【重生成】用于重新生成屏幕中的图形，此时从磁盘中调用当前图形的数据。

操作方法：

（1）菜单栏：【视图】/【重生成】。

（2）命令：Regen(Re)。

3. 全部重生成

【全部重生成】用于同时更新多重视区。

操作方法：

（1）菜单栏：【视图】/【全部重生成】。

（2）命令：Regenall。

提示：实际工作中，往往会出现绘制了数据较大的图形，用【实时缩放】操作时将图形完全显示进绘图区域时却发现难以实现，此时只需要执行 Regen（Re）命令后就可以重新生成图形，就可以继续缩小图形，如果还不能完全显示进绘图区域，则再次执行 Regen（Re）命令，直到满足用户需求为止。

5.2 鼠标功能及操作

鼠标是用户绘图过程中用以定位、点击功能按钮、点击菜单等的工具，熟练地使用鼠标可在相当大的程度上减少键盘输入的工作量，并提高绘图速度。

5.2.1 鼠标各部分的主要功能及基本操作

鼠标可以对当前屏幕上的光标进行定位，并通过左右按键和滚轮装置对光标所经过位置的屏幕元素进行操作。

1. 鼠标左键

当鼠标移到绘图区以外的地方时，鼠标指针变成一空心箭头，此时可以用鼠标左键选择命令、移动滑块或选择命令提示区中的文字等。在绘图区，当光标呈十字形时，按下鼠标左键相当于输入该点的坐标。当光标呈小方块时，可以用鼠标左键选取图形对象。

2. 鼠标右键

在不同的区域右击，会弹出不同的快捷菜单。

（1）在绘图区点击鼠标右键时，快捷菜单如图 5-10 所示。

（2）按下【Shift】+鼠标右键，则打开【对象捕捉】快捷菜单，如图 5-11 所示。

（3）在执行某一命令过程中单击鼠标右键时，将出现该命令的二级操作选项及其他常规操作，如图 5-12 所示。

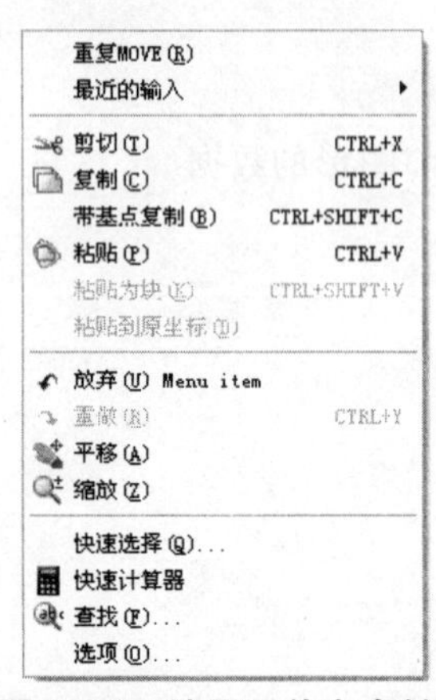

图 5-10 绘图区单击右键

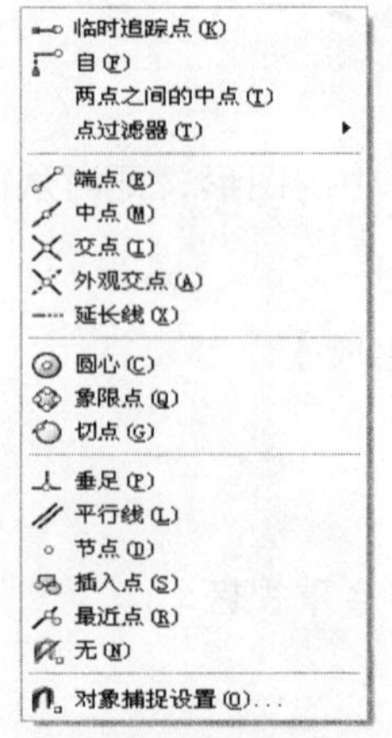

图 5-11 【对象捕捉】快捷菜单

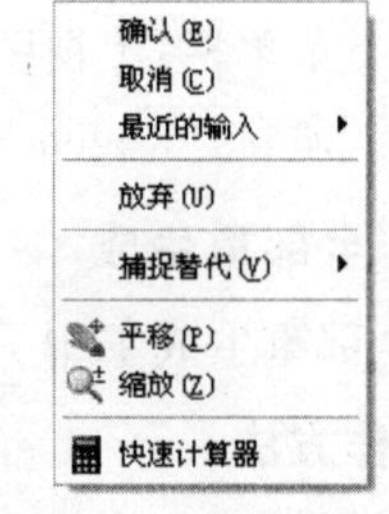

图 5-12 操作中单击右键

3. 鼠标滚轮

前面已经介绍到滚动鼠标滚轮可以代替【实时缩放】和【实时平移】操作，此处不再累述。

5.2.2　选择对象的方法

在 AutoCAD 中，要对图形对象进行编辑时，需要选中对象。最常用的选择方法有以下几种：

1. 点　选

通过鼠标左键直接点击对象。若点击后的对象呈高亮度显示，则表示该对象已被选中，就可以继续编辑操作。如果要选择多个对象，继续点击对象，直至对象选择完毕。如图 5-13 所示。

提示：点选方式每点击一次只能选中一个对象，往往用于精确选中某个对象，或选中多个重叠对象上层对象时。

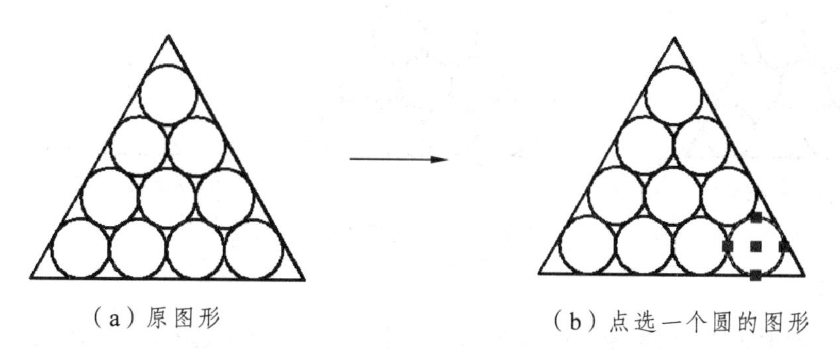

（a）原图形　　　（b）点选一个圆的图形

图 5-13　点选方式

2. 框　选

在绘图区域通过指定两个对角点以确定一个用以选择对象的矩形框。如果矩形框是从屏幕左侧往右侧拉出的，则显示为实线框，该选择框只能选中完全被其框中的对象，如图 5-14 所示；如图矩形框是从屏幕右侧往左侧拉出的，则显示为虚线框，该选择框可以选中完全被其框中的对象和与框边相交的对象，如图 5-15 所示。

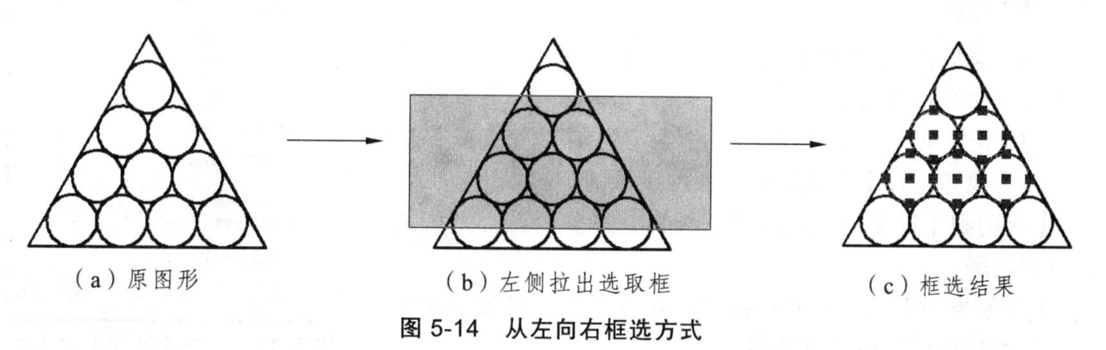

（a）原图形　　　（b）左侧拉出选取框　　　（c）框选结果

图 5-14　从左向右框选方式

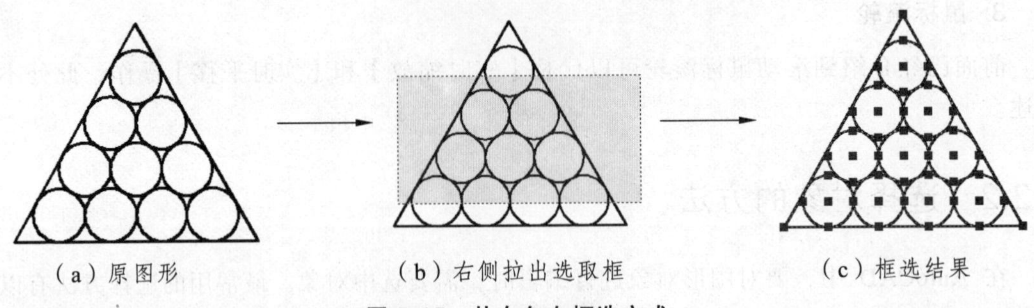

（a）原图形　　（b）右侧拉出选取框　　（c）框选结果

图 5-15　从右向左框选方式

3. 栏　选

当在较为复杂的图形中需要选中一部分对象时，用框选方式就不能实现。这时可以用栏选方式选择对象。当执行任何命令后，如果命令行提示需要选择对象，则在此时输入【F】，然后回车，对象选择小框会变成十字光标，在屏幕中指定一系列的点，点之间会有虚线相连，只要与该虚线相交的对象均会被选中，如图 5-16 所示。

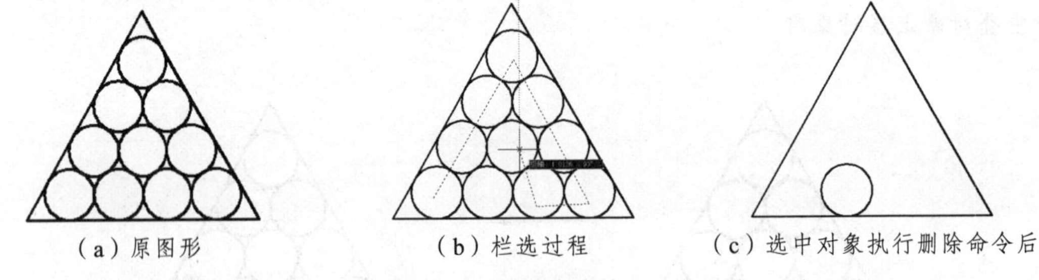

（a）原图形　　（b）栏选过程　　（c）选中对象执行删除命令后

图 5-16　栏选方式的

4. 全　选

需要对整个图形文件中的对象进行操作时，可按【Ctrl+A】，即可选中整个图形文件中所有对象。

提示：在选择对象时，如果选择错误，可以按【Esc】键退出当前选择集。

5. 快速选择

当需要选中具有相同属性的多个对象时，可以使用【快速选择】操作。该操作可以根据不同属性设置和运算法则进行快速批量的选择操作，如图 5-17 所示。

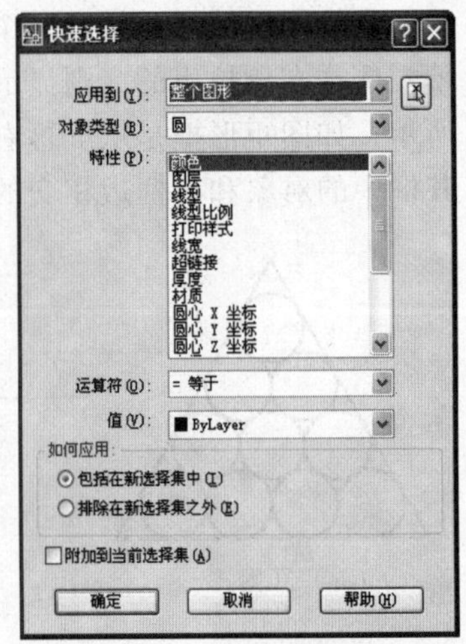

图 5-17　【快速选择】对话框

操作方法：

（1）菜单栏：【工具】/【快速选择】。

（2）命令：Qselect。

（3）快捷菜单：绘图区域单击右键，选择【快速选择】选项。

在【快速选择】对话框中，各项设置的内容如下：

【应用到】设定选取的范围，可以选择整个图形范围或当前选择范围。

【对象类型】设定将要选择的对象的类型，已被创建出来的对象类型都可以在这里选择。

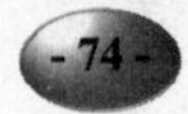

【特性】设定根据多个对象的何种共有属性进行选择，可以根据【颜色】、【线型】、【线宽】、【图层】等常用属性进行选择。

【运算符】设定运算法则，包括【等于】、【不等于】、【大于】、【小于】和【全部选择】五种运算法则。

【值】设定运算时根据某种属性的何种结果值进行筛选。

5.2.3　绘图者左右手操作细节介绍

使用 AutoCAD 绘图的效率与软件熟练程度、专业图知识熟悉程度和正规的操作手法都有关系。在实际工作中，用户必须养成正确的操作习惯，在此对于操作过程中双手各自的任务和正确操作习惯进行介绍。

用户双手应首先会按打字时的基本键位放置，控制区域也和打字是一致的，但是由于 CAD 软件的特点，还有一些操纵需要注意：

（1）左手食指长放【F】键上（便于盲打定位），大拇指长放【空格】键上（便于敲击【空格】键执行命令），小手指习惯走向【Esc】键（经常需要退出命令或中止命令）。总的来说，左手基本不离开键盘。

（2）右手会经常在鼠标与键盘之间切换位置，要能够快速地从鼠标上移动到准确键位上，就必须靠右手食指快速准确找到【J】键来实现定位。右手应该主要集中在鼠标移动和操作上，只有需要打字、输入的命令中包含右侧区域键位时才会放回到基本键位以配合左手输入。当需要输入数据时，右手可以盲打数字键盘区，此时需要从鼠标上拿回数字键盘区。

5.3　坐标系及坐标输入

在 AutoCAD 中设计和绘制图形时，如果对图形尺寸比例要求不太严格，可以大致输入图形的尺寸，用鼠标在图形区域直接拾取和输入。但是，有的图形对尺寸要求比较严格，必须按给定的尺寸绘图。这时可以通过常用的指定点的坐标法来绘制图形，还可以使用系统提供的【捕捉】、【对象捕捉】、【对象追踪】等功能，在不输入坐标的情况下快速、精确地绘制图形。

5.3.1　坐标系

在绘图过程中要精确定位某个对象时，必须以某个坐标系作为参照，以便精确拾取点的位置。通过 AutoCAD 的坐标系可以提供精确绘制图形的方法，可以按照非常高的精度标准，准确地设计并绘制图形。

坐标是表示点的最基本方法。在 AutoCAD 中，坐标系分为世界坐标系（WCS）和用户坐标系（UCS）。两种坐标系都可以通过坐标来精确定位点。

默认情况下，在开始绘制新图形时，当前坐标系为世界坐标系即 WCS，它包括 X 轴和 Y 轴（如果在三维空间工作，还有一个 Z 轴）。WCS 坐标轴的交汇处显示【口】形标记，但坐标原点并不在坐标系的交汇点，而位于图形窗口的左下角，所有的位移都是相对于原点计算的，并且沿 X 轴正向及 Y 轴正向的位移规定为正数值。

在 AutoCAD 中，为了能够更好地辅助绘图，经常需要修改坐标系的原点和方向，这时世界坐标系将变为用户坐标系，即 UCS。UCS 的原点以及 X 轴、Y 轴、Z 轴方向都可以移动及旋转，甚至可以依赖于图形中某个特定的对象。尽管用户坐标系中三 个轴之间仍然互相垂直，但是在方向及位置上却更灵活。

5.3.2 直角坐标输入

直角坐标有【绝对直角坐标】和【相对直角坐标】两种模式，点坐标的基本表示规则为（x、y、z），如果再默认的 XY 平面绘图，则可以不输入 Z 坐标，全部默认为 0。

1. 绝对直角坐标

【绝对直角坐标】是参照原点（0，0）或（0，0，0）出发的位移，可以使用分数、小数或科学记数等形式表示点的 X 轴、Y 轴、Z 轴坐标值，坐标间用逗号隔开，如点（8.5，15.2）、（5.0，1.8，12.3）等。

2. 相对直角坐标

【相对直角坐标】是指相对于上一个点的坐标，即输入的坐标值计算时不再参照原点。它的表示方法是在绝对坐标表达方式前加上符号@，如（@–21，9）、（@10，20，15）等。

5.3.3 极坐标输入

极坐标有【绝对极坐标】和【相对极坐标】两种模式，点坐标的基本表示规则为（$L<\alpha$），L 为要绘制的点到参照点的连线长度，称为极半径；α 为极半径连线与 0°方向的夹角，称为极轴角。

1. 绝对极坐标

【绝对极坐标】参照点为原点，如（20<50）、（15<25）等。

2. 相对极坐标

【相对极坐标】参照点为上一个点，其表示方法也是在绝对极坐标前加符号@，如（@20<45）、（@10<20）等。

在 AutoCAD 中，系统默认为相对坐标，可在状态栏【DYN】中更改为绝对坐标。

提示： 绝对坐标是相对于原点的坐标而言，相对坐标是相对于上一个点的坐标而言的。

第 6 章　二维图形绘制

学前导读

本章重点介绍 AutoCAD 软件中直线、射线、构造线、多段线、圆、圆弧、椭圆、椭圆弧、圆环、样条曲线、云线、多段线、矩形、正多边形等命令的操作方法；介绍利用 AutoCAD 软件进行注写文本对象、创建表格对象、图案填充、创建面域等的操作方法。

在未来的绘图工作中，不管遇到多么复杂的图形，这些图形都是由基本图形元素构成的，所以初学者应熟练掌握本章介绍的二维图形绘制的基本命令及快捷命令。

技能目标

※ 熟练掌握绘制直线、射线、构造线、多线、圆、圆弧、椭圆、椭圆弧、圆环、样条曲线、云线、多段线、矩形、正多边形等的操作方法。

※ 掌握注写文本对象、创建表格对象、图案填充、创建面域等的操作方法。

※ 了解绘制上述二维图形的快捷命令。

6.1　绘制直线类对象

本节介绍的直线类对象包括直线、射线、构造线、多线四种类型，下面介绍绘制四种直线类对象的方法。

6.1.1　绘制直线

操作方法：

（1）菜单栏：【绘图】/【直线】。

（2）命令：Line(L)。

（3）工具栏：【绘图】工具栏第 1 个按钮。

操作步骤：

➢ 命令：_line 指定第一点：

（拖动光标在绘图区域第一个点的位置处，单击鼠标左键或者在命令行输入第一个点的坐标值）

➢ 指定下一点或[放弃(U)]：

（此处在屏幕中通过点击确定直线的端点，或通过输入坐标指定直线的端点）

➢ 指定下一点或[放弃(U)]:

（此处可继续指定直线的端点；或通过【放弃(U)】选项放弃掉前面已经指定的点）

➢ 指定下一点或[闭合(C)/放弃(U)]:

（此处可继续指定直线的端点；或通过【闭合(C)】选项将指定的第一个端点和最后一个端点连接起来）

➢ 指定下一点或[闭合(C)/放弃(U)]:

（此处若要退出命令可以按【Esc】键，或单击右键，在快捷菜单中选【确定】）

应用举例：

（1）如执行“放弃（U）选项：放弃已确定的点的位置”，如图 6-1 所示。

➢ 命令：_line

➢ 指定第一点：

（光标定点 1 位置）

➢ 指定下一点或[放弃(U)]:

（光标指定点 2 位置）

➢指定下一点或[放弃(U)]:

（光标指定点 3 位置）

➢指定下一点或[放弃(U)]:

（光标指定点 4 位置）

➢指定下一点或[放弃(U)]:

（光标指定点 5 位置）

➢指定下一点或[放弃(U)]：U

（输入 U 回车，会放弃第 5 点）

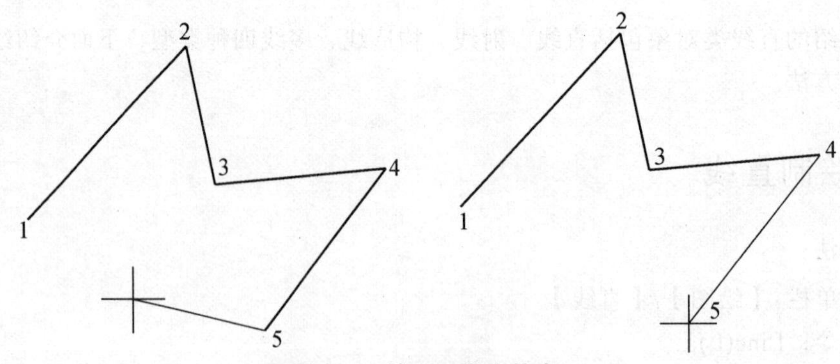

图 6-1　放弃已指定的点

（2）如执行“闭合(C)”选项：将连续绘制出的直线段最后做自动闭合连接，如图 6-2 所示。

➢ 命令：_line

➢ 指定第一点：

（在绘图区域中光标任意确定点 1 的位置）

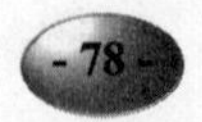

➢ 指定下一点或[放弃(U)]:
(输入第 2 点坐标【@40，50】)
➢指定下一点或[放弃(U)]:
(输入第 3 点坐标【@－40，20】)
➢指定下一点或[放弃(U)]:
(输入第 4 点坐标【@－30，－40】)
➢指定下一点或[放弃(U)]:
(输入 C，点 4 与点 1 将自动连接并且自动结束本次操作)

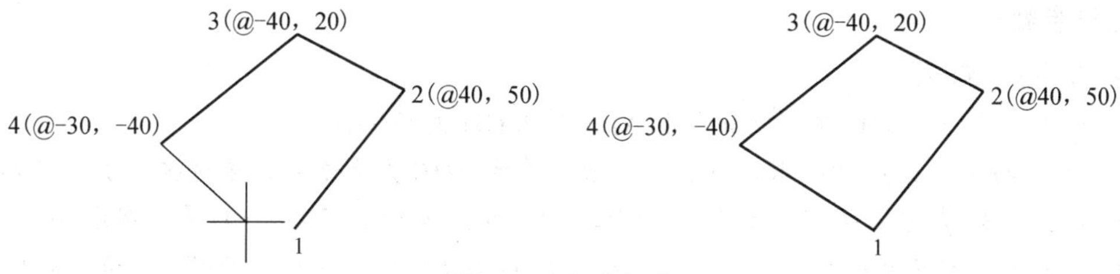

图 6-2　自动闭合

6.1.2　绘制射线

操作方法：

（1）菜单栏：【绘图】/【射线】。
（2）命令：Ray。

操作步骤：

➢ 命令：_ray
➢ 指定起点：
(此处指定一个点作为射线的起始点)
➢ 指定通过点：
(此处指定第二个点作为射线的通过点。此处可以连续指定通过点以确定多条射线。要退出命令可按【Esc】键)

应用举例：

绘制起点并通过 1、2、3、4 点的 4 条射线，如图 6-3 所示。

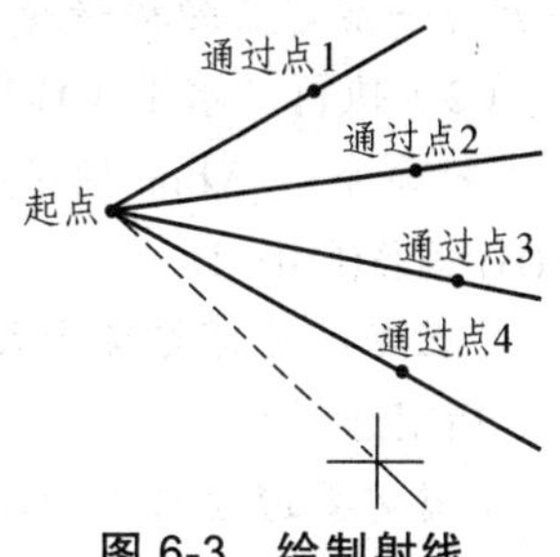

图 6-3　绘制射线

➢ 命令：_ray
➢ 指定起点：
(通过光标确定“起始点”的位置，或输入其对应坐标)
➢ 指定通过点：
(光标所点的位置就是射线要通过的点 1)
➢ 指定通过点：
(连续确定要通过的 2、3、4 点，可以绘制出 4 条有同一起点的射线)
(此处按【Esc】键退出命令)

6.1.3 绘制构造线

构造线两端无限长，常用作辅助线。

操作方法：

（1）菜单栏：【绘图】/【构造线】。

（2）命令：Xline(Xl)。

（3）工具栏：【绘图】工具栏第 2 个按钮。

操作步骤：

➢ 命令：_Xline

➢ 指定点或[水平(H)/垂直(V)/角度(A)/二等分(B)/偏移(O)]：

（此处可指定构造线的起始位置点，或通过【水平(H)】选项固定绘制水平方向的构造线；或通过【垂直(V)】选项固定绘制竖直方向的构造线；或通过【角度(A)】选项绘制与系统设置的 0°方向有一定夹角的构造线；或通过【二等分(B)】选项绘制角平分线；或通过【偏移(O)】选项绘制已知线的平行线）

➢ 指定通过点：

（此处适用于上一个步骤指定了构造线第一个通过点的操作。可连续指定多个通过点）

应用举例：

（1）执行"指定点、指定通过点"两选项，绘制出有任意两点确定方向的构造线，如图 6-4 所示。

➢ 命令：_Xline

➢ 指定点或[水平(H)/垂直(V)/角度(A)/二等分(B)/偏移(O)]：

（光标确定"起始点"位置，或者输入其对应坐标）

➢ 指定通过点：

（光标确定构造线要通过"通过点 1"的位置）

➢ 指定通过点：

（连续确定要通过的点 2、3、4 的位置，可以绘制出 4 条有同一指定点的构造线。按【Enter】键可退出命令）

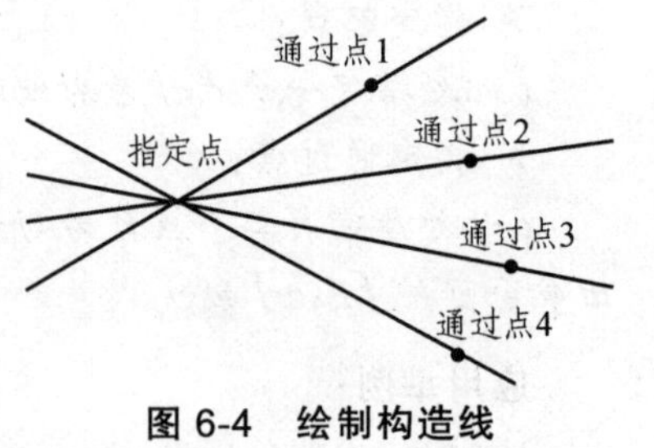

图 6-4　绘制构造线

（2）执行"水平（H）"选项，绘制水平方向的构造线。

➢ 命令：_Xline 指定点或[水平(H)/垂直(V)/角度(A)/二等分(B)/偏移(O)]：H

（此处固定将要绘制的构造线都为水平方向）

指定通过点：

（确定要通过点 1 的位置，可连续确定要通过的点的位置，可以绘制出通过点 2、3、4 的 4 条水平方向构造线，如图 6-5 所示，单击右键可退出命令）

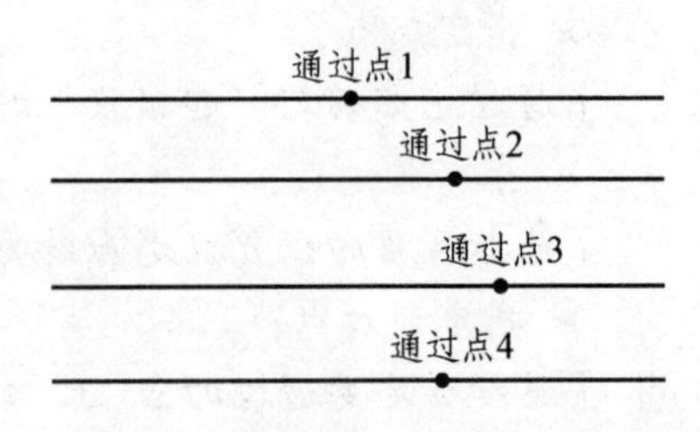

图 6-5　绘制水平方向构造线

（3）执行"垂直（V）"选项，绘制垂直于水平方向的构造线。

➢ 命令：_Xline 指定点或[水平(H)/垂直(V)/角度(A)/二等分(B)/偏移(O)]：V

（此处固定将要绘制的构造线都为垂直方向）

➢ 指定通过点：

（确定要通过点 1 的位置，可连续确定要通过的点的位置，可以绘制出通过 2、3、4 点的 4 条竖直方向构造线，如图 6-6 所示，单击右键可退出命令）

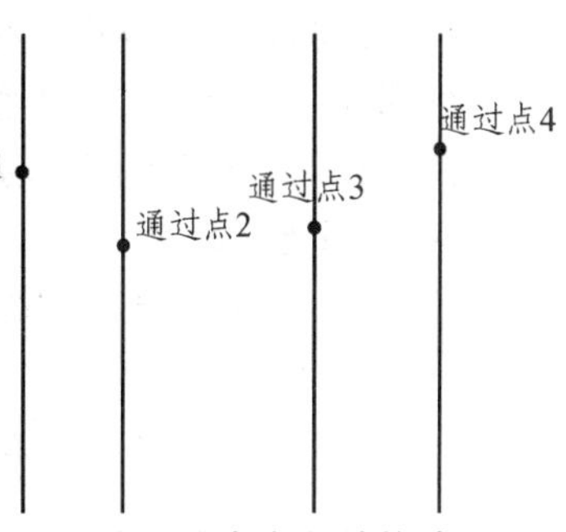

图 6-6　绘制垂直方向的构造线

（4）执行"角度（A）"选项，绘制与水平方向成一定角度的构造线。

➢ 命令：_Xline

➢ 指定点或[水平(H)/垂直(V)/角度(A)/二等分(B)/偏移(O)]：A

（此处输入 A 并回车，通过设定构造线的角度来绘制构造线）

➢ 输入构造线的角度(0)或[参照(R)]：25

（此处输入构造线与系统默认 0°方向间的夹角值；或通过【参照(R)】选项重新设定角度计算的起始 0°方向。若直接输入 0°则绘制的是水平线）

➢ 指定通过点：

（确定通过点 1 的位置，可连续指定要通过的 2、3 点位置，绘制出多条具有相同角度的构造线，如图 6-7 所示，此处单击右键可退出命令）

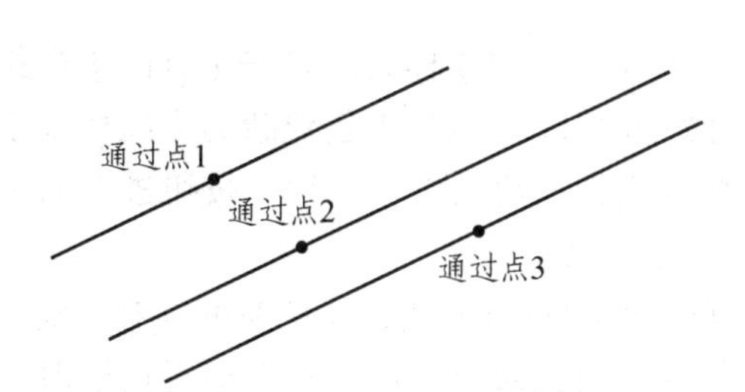

图 6-7　绘制与水平方向成一定角度的构造线

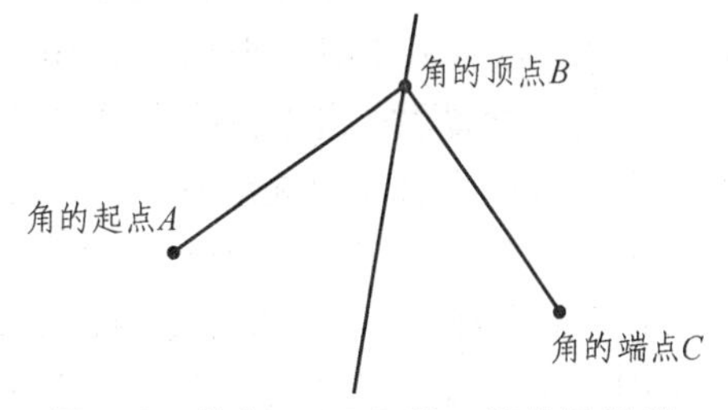

图 6-8　绘制∠ABC 的二等分构造线

（5）执行"二等分（B）"选项，确定任意三点形成的一个夹角，生成的构造线将夹角等分，如图 6-8 所示。

➢ 命令：_xline

➢ 指定点或[水平(H)/垂直(V)/角度(A)/二等分(B)/偏移(O)]：B

➢ 指定角的顶点：

（此处确定要等分的角的顶点 B 位置）

➢ 指定角的起点：

（此处角其中一边上的点 C）

➢ 指定角的端点：

（此处确定角其中一边上的点 A。此处可连续等分夹角，单击右键可退出命令）

（6）执行"偏移（O）"选项，任意选取某直线，绘制与选定直线有平行距离的构造线，如图 6-9 所示。

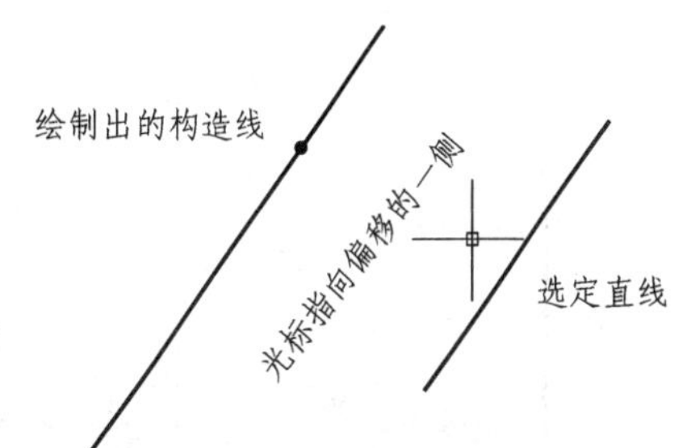

图 6-9　绘制与选定直线有平行距离的构造线

➢ 命令：_xline
➢ 指定点或[水平(H)/垂直(V)/角度(A)/二等分(B)/偏移(O)]：O
（此处输入 O 并回车，确定绘制与已知线平行的构造线）
➢ 指定偏移的距离或[通过(T)]：60
（此处输入两平行线的间距 60；或执行【通过(T)】选项通过定点）
➢ 选择直线对象：
（此处选择要平行的"选定直线"）
➢ 指定向哪侧偏移：
（此处指定构造线放置在"选定直线"的那一侧。按【Esc】键退出命令）

6.1.4 绘制多线

多线是由若干条互相平行线条元素所组成的，可以通过【多线样式】对话框对其样式进行设置。

提示：要绘制多线应该先设定其样式。AutoCAD 软件不允许绘制多线后再更改其样式。

下面对【多线样式】对话框的相关内容进行介绍。

操作方法：

➢ 菜单栏：【格式】/【多线样式】。

弹出的【多线样式】对话框如图 6-10 所示，点击【新建】样式或点击【修改】样式，可对多线样式进行设置。点击【新建】样式后弹出如图 6-11 所示的【创建新的多线样式】对话框，在其中输入样式名称和选定基础样式（即样式模板）后点击【继续】按钮进入到【新建多线样式】对话框，如图 6-12 所示。其中各项参数含义如下：

【封口】：有【直线】、【外弧】、【内弧】、【角度】四种封口方式，并且都可以对多线的【起点】和【端点】进行封口设定。需要进行封口的，可勾选对应的位置和类型复选框即可。

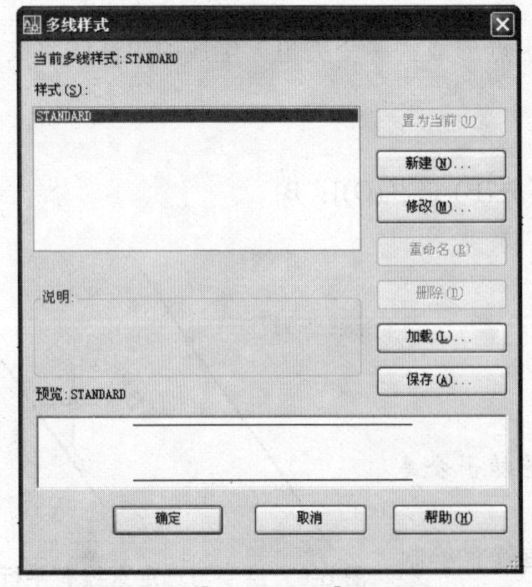

图 6-10 【多线样式】对话框

图 6-11 【创建新的多线样式】对话框

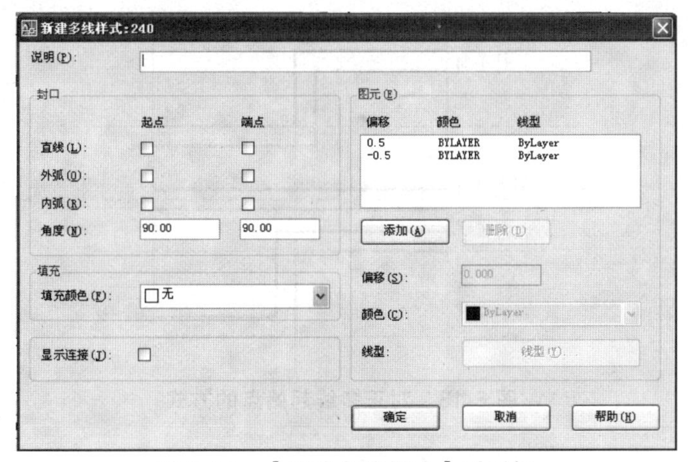

图 6-12　【新建多线样式】对话框

【填充】:设定是否在最外侧的两个多线元素之间填充颜色,可在箭头下拉列表中选择【无】或其他需要设定的颜色。还可以在【显示连接】复选框处设定是否在多线转折处连接直线。

【图元】:可以通过【添加】按钮增加图元(即线条)的数量,也可选中要删除的图元后点击【删除】按钮来删除多余的图元。可以在【偏移】右侧的框中设定各图元到中轴线位置的偏移量。可在【颜色】和【线型】右侧的箭头下拉列表处设定各图元的颜色和线型。

当多线样式设置完成后,即可进行多线绘制。

操作方法:

(1)菜单栏:【绘图】/【多线】。

(2)命令:Mline(Ml)。

操作步骤:

➢ 命令:mline

➢ 当前设置:对正 = 上,比例 = 20.00,样式 =STANDARD

(此处显示系统默认设置参数。【对正】包括上、无、下三种,如图 6-13 所示。根据需要选定,常用无对正,即中轴线对正;【比例】的值与【多线样式】中设定的偏移量的值相乘得到的数据就是该条图元到中轴线的距离,如此处比例为 20,偏移量为 0.5,则该图元到轴线距离为 10;【样式】显示当前多线样式的名称)

➢ 指定起点或[对正(J)/比例(S)/样式(ST)]:

(此处可指定多线的端点;或通过【对正(J)】选项更改对正方式;或通过【比例(S)】更改当前比例;或通过【样式(ST)】选项更改当前多线样式)

➢ 指定下一点:

(此处继续指定多线的端点,类似于绘制直线)

➢ 指定下一点或[放弃(U)]:

➢ 指定下一点或[闭合(C)/放弃(U)]:

(此处继续指定多线的端点;或通过【闭合(C)】选项将第一点与最后一点相连;或通过【放弃(U)】选项放弃前面已指定的端点)

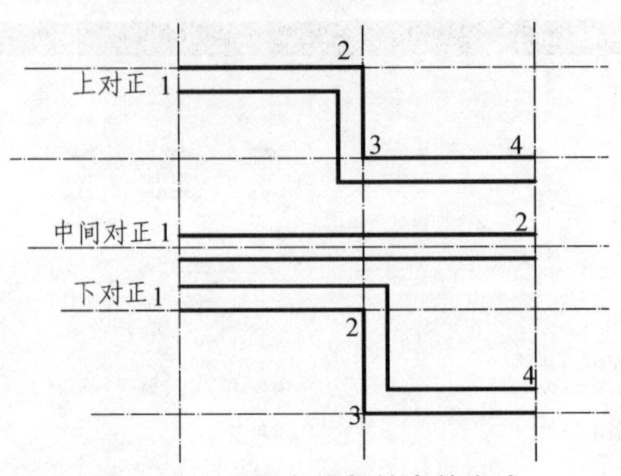

图 6-13　对正多线起始点的方式

应用举例：

执行“指定起点、指定下一点”两选项：按 CAD 系统默认设置的各选项内容绘制多线，如图 6-14 所示。

系统默认设置：对正=上，比例=20.00，样式=Standard

➢ 指定起点或[对正(J)/比例(S)/样式(ST)]:

（此处确定多线的端点 1 的位置）

➢ 指定下一点或[放弃(U)]:

（此处确定多线的端点 2 的位置）

➢ 指定下一点或[放弃(U)]:

（此处确定多线的端点 3 的位置）

➢ 指定下一点或[闭合(C)/放弃(U)]:

（此处确定多线的端点 4 的位置）

➢ 指定下一点或[闭合(C)/放弃(U)]:

（此处确定多线的端点 5 的位置）

➢ 指定下一点或[闭合(C)/放弃(U)]:

（此处确定多线的端点 6 的位置）

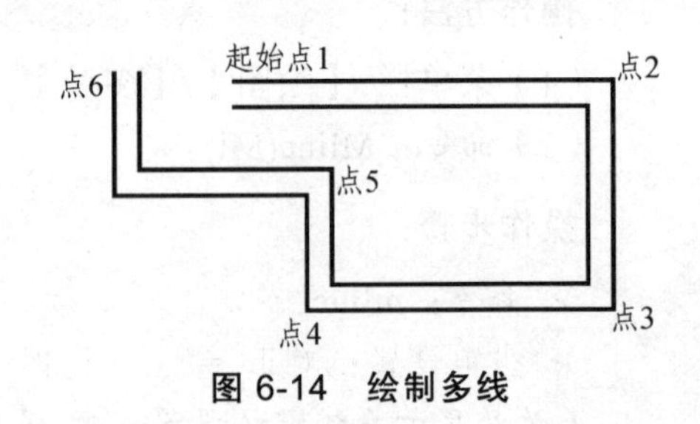

图 6-14　绘制多线

6.2　绘制规则曲线类对象

本节介绍圆、圆弧、椭圆、椭圆弧、圆环五种规则曲线类对象的绘制方法。

6.2.1　绘制圆

绘制圆的方式有很多种，如图 6-15 所示。用户可根据不同的已知条件选择对应的绘制方式。

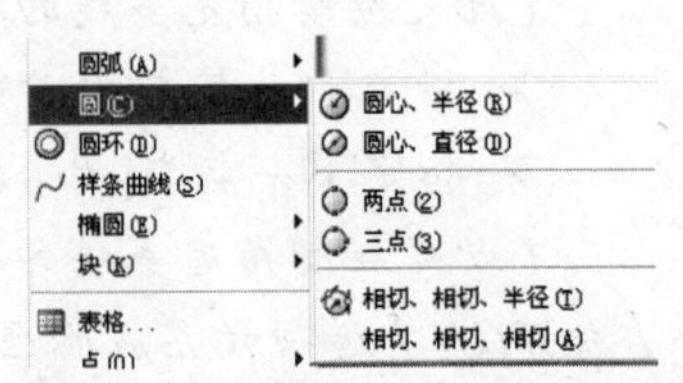

图 6-15　圆的 6 种绘制方式

操作方法：

（1）菜单栏：【绘图】/【圆】，如图 6-15 所示。

（2）命令：Circle(C)。

（3）工具栏：【绘图】工具栏第 7 个按钮⊙。

操作步骤：

➢ 命令：_circle

➢ 指定圆的圆心或[三点(3P)/两点(2P)/相切、相切、半径(T)]:

（此处指定圆的圆心位置；或通过【三点（3P）】选项指定 3 个不在同一条直线上的点以确定圆；或通过【两点（2P）】选项指定直径的两个端点以确定圆；或通过【相切、相切、半径(T)】选项指定两个与圆相切的对象和圆的半径以确定圆）

➢ 指定圆的半径或[直径(D)]:

（此处适用于上一个步骤指定圆心的操作，可指定圆的半径；或通过【直径(D)】选项指定圆的直径）

应用举例：

（1）通过指定圆心和直径以确定圆，如图 6-16 所示。

➢ 命令：_circle

➢ 指定圆的圆心或[三点(3P)/两点(2P)/相切、相切、半径(T)]:

（此处指在屏幕中指定圆心或输入圆心坐标）

➢ 指定圆的半径或[直径(D)]<100.0000>：D

（此处输入 D 回车，执行直径输入）

➢ 指定圆的直径<200.0000>：100

（此处输入直径的长度值）

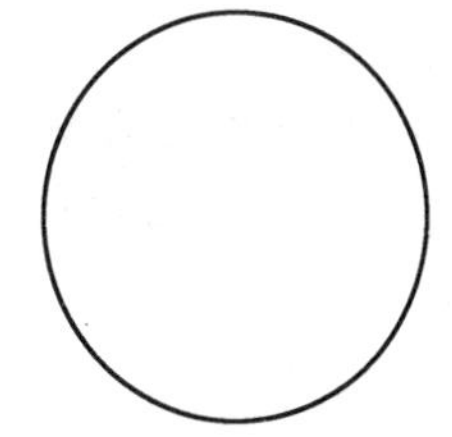

图 6-16　圆心和直径画圆

提示：继续绘制圆时，若不改变半径或直径大小，系统默认绘制与上一次相同大小的圆。

（2）通过直径的两个端点绘制圆，如图 6-17 所示。

➢ 命令：_circle

➢ 指定圆的圆心或[三点(3P)/两点(2P)/相切、相切、半径(T)]：2P

（此处输入 2P 回车，执行【两点】绘制模式）

➢ 指定圆直径的第一个端点：

（此处指定直径的第一个端点）

➢ 指定圆直径的第二个端点：

（此处指定直径的第二个端点）

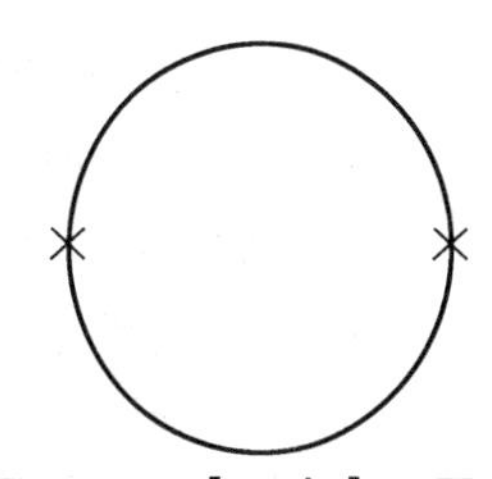

图 6-17　【两点】画圆

6.2.2　绘制圆弧

圆弧的操作方式一共有十种，如图 6-18 所示。最基本的画法是确定圆弧的三个点，其他画法根据不同的需要选用。

操作方法：

（1）菜单栏：【绘图】/【圆弧】。

（2）命令：Arc(A)。

（3）工具栏：【绘图】工具栏第 6 个按钮。

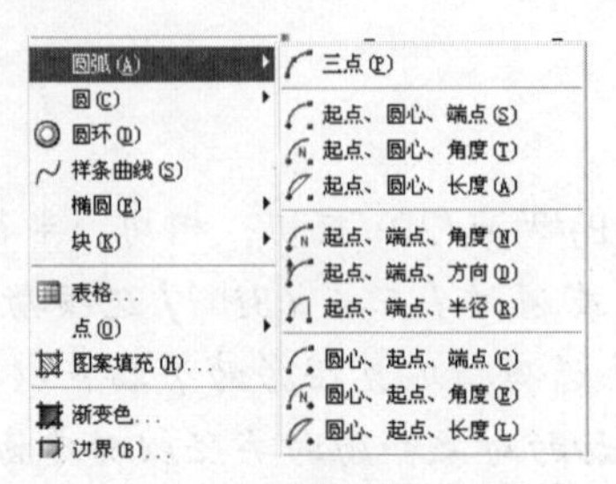

图 6-18　十种圆弧绘制方式

应用举例：

（1）起点、第二个点、端点绘制圆弧，如图 6-19 所示。

➢ 命令：_Arc 指定圆弧的起点或[圆心(C)]:

（此处指定圆弧的起点 1）

➢ 指定圆弧的第二个点或[圆心(C)/端点(E)]:

(此处指定圆弧上的第二个点 2)

➢ 指定圆弧的端点：

（此处指定圆弧的终点 3）

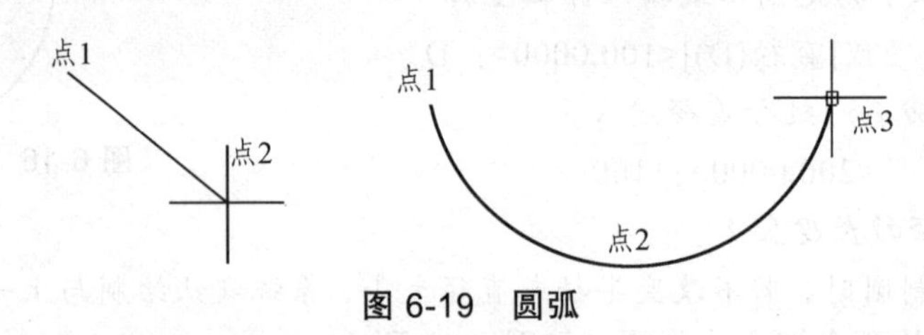

图 6-19　圆弧

（2）起点、圆心、端点绘制圆弧。

➢ 命令：Arc

➢ 指定圆弧的起点或[圆心(C)]:

（此处指定圆弧的起点位置）

➢ 指定圆弧的第二个点或[圆心(C)/端点(E)]：C

（此处输入 C 回车，更改为指定圆弧的圆心）

➢ 指定圆弧的圆心：

（此处指定圆心位置）

➢ 指定圆弧的端点或[角度(A)/弦长(L)]:

（此处指定圆弧的终点位置；或通过【角度(A)】选项指定圆弧的包含角度；或通过【弦长(L)】选项指定圆弧的弦长）

6.2.3　绘制椭圆

椭圆的绘制主要需要设定轴端点值、中心点位置、半轴长度等参数。

操作方法：

（1）菜单栏：【绘图】/【椭圆】。

（2）命令：Ellipse(El)。

（3）工具栏：【绘图】工具栏第 10 个按钮。

操作步骤：

➢ 命令：_ellipse

➢ 指定椭圆的轴端点或[圆弧(A)/中心点(C)]:

（此处指定圆弧的其中一条轴的轴端点；或通过【圆弧(A)】选项绘制椭圆弧；或通过【中心点(C)】选项更改为先指定椭圆的中心点位置）

➢ 指定轴的另一个端点：

（此处适用于上一个步骤为指定轴端点的操作，指定该轴的另一个端点）

➢ 指定另一条半轴长度或[旋转(R)]

（此处指定另一条轴的半轴长度；或通过【旋转(R)】选项绘制椭圆）

应用举例：

（1）端点、端点、半轴长度方式绘制椭圆，如图 6-20 所示。

➢ 命令：_Ellipse

➢ 指定椭圆的轴端点或[圆弧(A)/中心点(C)]:

（此处指定点 1 为椭圆的一个轴端点）

➢ 指定的另一个轴端点：绘制椭圆的端点 2

（此处指定点 2 为椭圆的另一个轴端点）

图 6-20　椭圆

➢ 指定另一条半轴长度或[旋转(R)]：100

（此处输入另一条轴的半轴长度）

（2）中心点、端点、半轴长度方式绘制椭圆。

➢ 命令：_Ellipse

➢ 指定椭圆的轴端点或[圆弧(A)/中心点(C)]：C

（此处输入 C 回车，更改为指定椭圆中心点位置）

➢ 指定椭圆的中心点：

（此处指定椭圆的中心点位置）

➢ 指定轴的端点：绘制出椭圆的端点

➢ 指定另一条半轴长度或[旋转(R)]：100

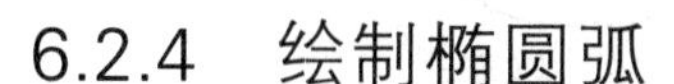

6.2.4　绘制椭圆弧

椭圆弧是椭圆的一部分，可以通过椭圆命令中的二级命令来实现。

提示：绘制椭圆弧时，要注意椭圆弧的角度起算位置，一般选定第二个轴端点与第一个轴端点的连线方向作为 0°方向。此外，角度计算方向默认为逆时针方向。

操作方法：

（1）菜单栏：【绘图】/【椭圆】/【圆弧】。

（2）命令：Ellipse(El)。

（3）工具栏：【绘图】工具栏第 11 个按钮。

操作步骤：

➢ 命令：_Ellipse

➢ 指定椭圆的轴端点或[圆弧(A)/中心点(C)]：A

➢ 指定椭圆弧的轴端点或[中心点(C)]:

➢ 指定轴的另一个端点：

➢ 指定另一条半轴长度或[旋转(R)]:

（此处以前的所有步骤和【椭圆】绘制步骤完全相同，目的在于先确定要截取椭圆弧的椭圆的形状和大小）

➢ 指定起始角度或[参数(P)]：0

（此处指定椭圆弧的中心点与起点连线的角度值）

➢ 指定终止角度或[参数(P)/包含角度(I)]：90

（此处指定椭圆弧的中心点与终点连线的角度值）

应用举例：

在椭圆上截取起始角度为 10°，终止角度为 170°的椭圆弧，如图 6-21 所示。

➢ 命令：_Ellipse

➢ 指定椭圆的轴端点或[圆弧(A)/中心点(C)]：A

（此处输入 A 回车，更改为绘制椭圆弧）

➢ 指定椭圆弧的轴端点或[中心点(C)]:

（此处指定第一个轴端点 1）

➢ 指定轴的另一个端点：

（此处指定第二个轴端点 2，此时 0°方向为点 2 连点 1 的方向）

➢ 指定另一条半轴长度或[旋转(R)]：100

（此处得到确定的椭圆形状，如图 6-22 所示）

➢ 指定起始角度或[参数(P)]：10

➢ 指定终止角度或[参数(P)/包含角度(I)]：170

图 6-21　椭圆弧

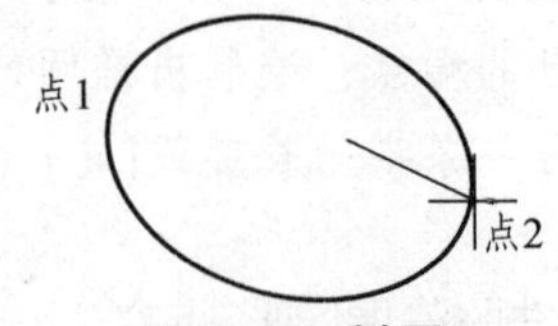

图 6-22　椭圆

6.2.5　绘制圆环

绘制圆环需要确定的参数有中心点位置、内径、外径等，如图 6-23 所示。

提示： 此处的内径和外径均指直径。

操作方法：

（1）菜单栏：【绘图】/【圆环】。

（2）命令：Donut(Do)。

操作步骤：

➢ 命令：_Donut

➢ 指定圆环的内径<1.0000>：200

（输入内径值并回车，<　>内为缺省数值或者上一次输入的圆环内径值）

➢ 指定圆环的外径<80.0492>：230

（输入外径值并回车）

➢ 指定圆环的中心点或<退出>：

（光标确定圆环的中心位置）

➢ 指定圆环的中心点或<退出>：

（继续确定圆环的中心位置，可以生成多个内、外直径相同的圆环。按【Esc】键退出命令）

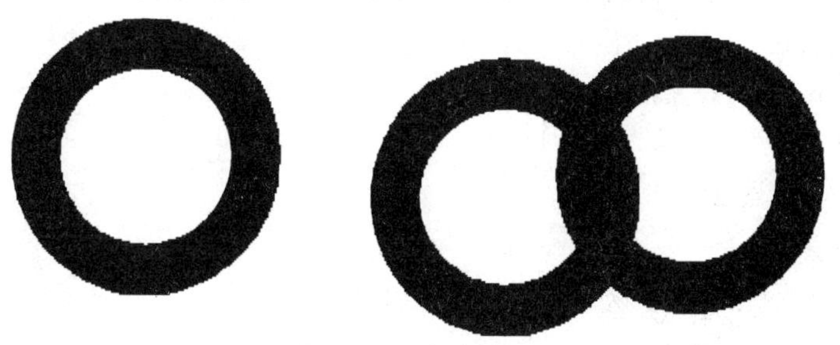

图 6-23　多个圆环

6.3　绘制不规则曲线类对象

本节介绍样条曲线、云线两种不规则曲线类对象的绘制方法。

6.3.1　绘制样条曲线

操作方法：

（1）菜单栏：【绘图】/【样条曲线】。

（2）命令：Spline(Spl)。

（3）工具栏：【绘图】工具栏第 9 个按钮 ~。

应用举例：

（1）第一点、第二点、第三点、第四点绘制样条曲线，如图 6-24 所示。

➢ 命令：_Spline

➢ 指定第一个点或[对象(O)]:
（此处指定点 1）
➢ 指定下一点或[闭合(C)/拟合公差(F)]<起点切向>:
（此处指定点 2）
➢ 指定下一点或[闭合(C)/拟合公差(F)]<起点切向>:
（此处指定点 3）
➢ 指定下一点或[闭合(C)/拟合公差(F)]<起点切向>:
（此处指定点 4，此处若要结束，应按【Enter】键后再指定起点和终点的切线方向）

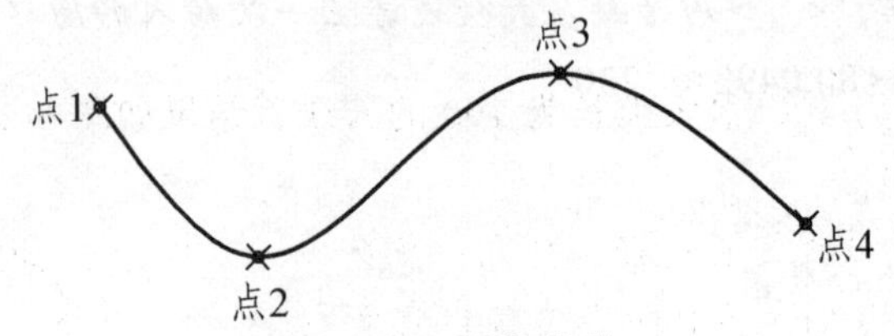

图 6-24　样条曲线

（2）第一点、第二点闭合绘制样条曲线，结果如图 6-25 所示。
➢ 命令：_Spline
➢ 指定第一个点或[对象(O)]:
（此处指定点 1）
➢ 指定下一点：点 2
（此处指定点 2）
➢ 指定下一点或[闭合(C)/拟合公差(F)]<起点切向>：C
➢ 指定切向：
（此处应指定起点、终点的切线方向，由于此处闭合，因此只需要设定一个切线方向）

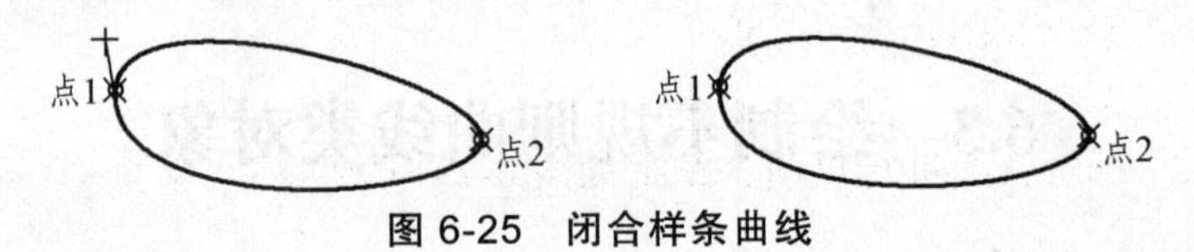

图 6-25　闭合样条曲线

6.3.1　绘制云线

操作方法：

（1）菜单栏：【绘图】/【修订云线】。
（2）命令：Revcloud。
（3）工具栏：【绘图】工具栏第 8 个按钮。

操作步骤：

➢ 命令：_revcloud
➢ 最小弧长：15；最大弧长：15；样式：普通
（此处显示【云线】当前设置参数，可在下一个步骤进行修改）

➢ 指定起点或[弧长(A)/对象(O)/样式(S)]<对象>:

（此处指定云线的起点位置；或通过【弧长(A)】选项更改云线的弧长设置；或通过【对象(O)】选项更改已绘制完成的云线的方向；或通过【样式(S)】选项设定圆弧绘制方式）

➢ 沿云线路径引导十字光标...

（此处在屏幕中选择绘制云线的路径，完成后单击鼠标右键或者空格键表示绘制完成）

➢ 反转方向[是(Y)/否(N)]<否>：N

（此处设定是否反转云线的方向，默认为【否(N)】，即不反转方向）

➢ 修订云线完成

应用举例：

（1）绘制最小弧长为 50，最大弧长为 100 的云线，结果如图 6-26 所示。

➢ 命令：_revcloud

➢ 最小弧长：15；最大弧长：15；样式：普通

➢ 指定起点或[弧长(A)/对象(O)/样式(S)]<对象>：A

（此处输入 A 回车，更改云线弧长）

➢ 指定最小弧长：50

（此处输入最小弧长 50）

➢ 指定最大弧长：100

（此处输入最大弧长 100）

图 6-26 云线

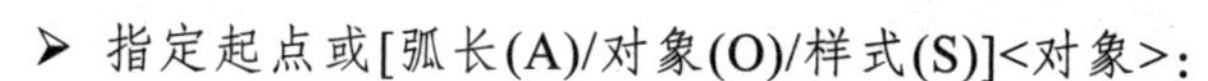

➢ 指定起点或[弧长(A)/对象(O)/样式(S)]<对象>:

（此处用光标确定“起点 1”为云线起点位置，或者输入其对应坐标）

➢ 沿云线路径引导十字光标...

（拖动光标进行绘制，绘制完成后单击鼠标右键。若要闭合修订云线，返回到它的起点，即可绘制出闭合的云线）

➢ 反转方向[是(Y)/否(N)]<否>：N

➢ 修订云线完成

（2）将图 6-27 所示云线进行反向，结果如图 6-28 所示。

图 6-27 云线

图 6-28 反向后云线

➢ 命令：_revcloud

➢ 指定起点或[弧长(A)/对象(O)/样式(S)]<对象>：O

（此处执行【对象(O)】选项以选择要反向的云线）

➢ 选择对象：

（此处选中要反向的云线）

➢ 反转方向[是(Y)/否(N)]<否>：Y

（此处输入 Y 回车，将选中云线进行反向）

（3）修订图 6-29（a）所示云线的样式，结果如图 6-29（b）所示。

➢ 命令: _revcloud

➢ 最小弧长: 15；　　最大弧长: 15；　　样式: 普通

➢ 指定起点或 [弧长(A)/对象(O)/样式(S)] <对象>: S

（此处输入 S 并回车）

➢ 选择圆弧样式 [普通(N)/手绘(C)] <普通>:C

（此处输入 C 选择【手绘】样式）

➢ 圆弧样式 = 手绘

➢ 指定起点或 [弧长(A)/对象(O)/样式(S)] <对象>: O

➢ 选择对象:

（此处选择要变更样式的云线对象）

➢ 反转方向 [是(Y)/否(N)] <否>: N

➢ 修订云线完成

（a）变更样式前

（b）变更样式后

图 6-29　修订云线样式

6.4　绘制多边形对象

本节介绍多段线、矩形、正多边形的绘制方法。

6.4.1　绘制多段线

操作方法:

（1）菜单栏:【绘图】/【多段线】。

（2）命令：Pline（PL）。

（3）工具栏:【绘图】工具栏第 3 个按钮 ⇨。

操作步骤:

➢ 命令：_pline

➢ 指定起点:

➢ 当前线宽< 0.0000>:

（此处显示多段线线宽设置，然后指定多段线的端点 1）

➢ 指定下一个点或[圆弧(A)/半宽(H)/长度(L)/放弃(U)/宽度(W)]:

（拖动光标确定点 2；或通过【圆弧(A)】选项进入绘制圆弧的操作；或通过【半宽(H)】选项指定多段线宽度值的一半；或通过【长度(L)】选项直接输入一个数据，然后多段线沿上一段线条方向绘制该长度的一段多段线；或通过【放弃(U)】选项放弃上一次选择的端点；或通过【宽度(W)】选项设定多段线宽度）

➢ 指定下一点或[圆弧(A)/闭合(C)/半宽(H)/长度(L)/放弃(U)/宽度(W)]:

(拖动光标确定点 3；或通过【闭合(C)】选项将所选定的第一个端点与最后一个端点连接起来）

➢ 指定下一点或[圆弧(A)/闭合(C)/半宽(H)/长度(L)/放弃(U)/宽度(W)]:

（拖动光标确定点 4）

➢ 指定下一点或[圆弧(A)/闭合(C)/半宽(H)/长度(L)/放弃(U)/宽度(W)]:

（拖动光标确定点 5，按【Esc】键退出命令。结果如图 6-30 所示）

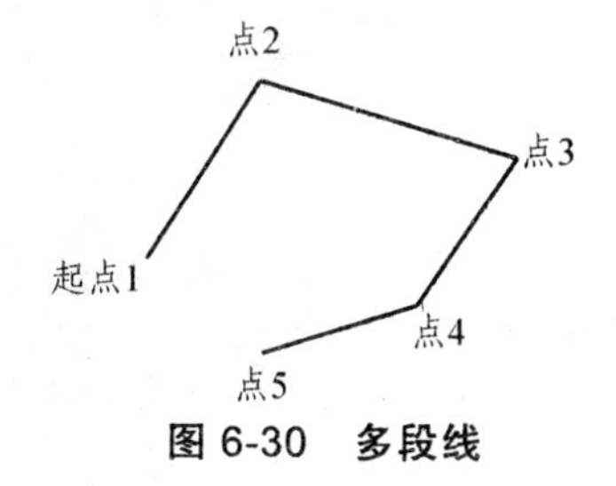

图 6-30　多段线

图 6-31　多段线命令绘制圆弧

应用举例：

（1）从直线绘制变为圆弧绘制多段线，如图 6-31 所示。

➢ 命令：_pline

➢ 指定起点：

（光标确定起点 1）

➢ 指定下一个点或[圆弧(A)/半宽(H)/长度(L)/放弃(U)/宽度(W)]：A

（此处输入 A 并回车）

➢ 指定圆弧的端点或[角度(A)/圆心(CE)/方向(D)/半宽(H)/直线(L)/半径(R)/第二个点(S)/放弃(U)/宽度(W)]：A

（此处输入 A 并回车）

➢ 指定包含角：120

（此处输入包含角 120 并回车）

➢ 指定圆弧的端点或[圆心(CE)/半径(R)]：200

（此处输入 200，即通过输入圆弧的长度来确定圆弧，计算机会自动确定圆弧的端点位置。按【Esc】键退出命令）

（2）设定多线半宽后绘制多段线，如图 6-32 所示。

➢ 命令：_pline，

➢ 指定起点：

（光标确定起点 1）

➢ 指定下一个点或[圆弧(A)/半宽(H)/长度(L)/放弃(U)/宽度(W)]：H

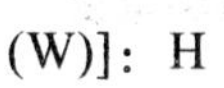

图 6-32　设置多段线起点和端点半宽

（此处输入 H 并回车，进行多段线半宽的设置）

➢ 指定起点半宽<0.0000>：5

（确定第一段多段线起点的半宽）

➢ 指定端点半宽<5.0000>：10

（确定第一段多段线端点的半宽）

➢ 指定下一个点或[圆弧(A)/半宽(H)/长度(L)/放弃(U)/宽度(W)]：端点 2

（光标在绘图区域单击，确定下一点端点 2 的位置）

➢ 指定下一点或[圆弧(A)/闭合(C)/半宽(H)/长度(L)/放弃(U)/宽度(W)]:

(按【Esc】键退出命令)

提示：只有第一段需要设定起点和端点半宽或宽度，之后绘制的所有多段线宽度值都等于第一段的端点宽度。

6.4.2 绘制矩形

操作方法：

（1）菜单栏:【绘图】/【矩形】。

（2）命令：Rectang(REC)。

（3）工具栏:【绘图】工具栏第 5 个按钮▭。

操作步骤：

➢ 命令：_rectang

➢ 指定第一个角点或[倒角(C)/标高(E)/圆角(F)/厚度(T)/宽度(W)]：第一个角点

(此处光标确定第一个对角点；或通过【倒角(C)】选项预先设置矩形四个角的倒角参数；或通过【圆角(F)】选项预先设置矩形四个角的圆角参数；或通过【厚度(T)】选项设置矩形在 Z 轴方向的厚度值；或通过【宽度(W)】选项设置矩形的线宽。注意：倒角和圆角含义及操作详见第七章。)

➢ 指定另一个角点或[尺寸(D)]：另一个角点

(此处拖动光标，确定矩形的第二个对角点，矩形绘制完成并自动退出命令，如图 6-33 所示)

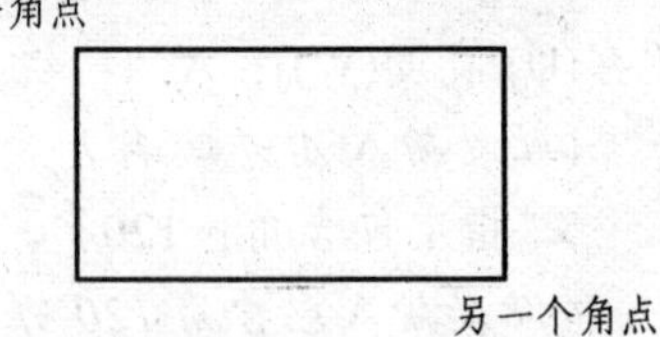

图 6-33 通过指定对角点绘制矩形

提示：矩形命令所创建的对象属于多段线性质对象。

应用举例：

（1）绘制一个面积为 10 000，宽度为 30 的矩形，结果如图 6-34 所示。

➢ 命令：_rectang

➢ 指定第一个角点或[倒角(C)/标高(E)/圆角(F)/厚度(T)/宽度(W)]：第一个角点

(此处光标确定第一个对角点)

➢ 指定另一个角点或[面积(A)/尺寸(D)/旋转(R)]：A

(此处输入 A 并回车)

图 6-34 通过指定面积和宽度绘制矩形

➢ 输入以当前单位计算的矩形面积<0.0000>：10000

(此处输入矩形的面积 10 000)

➢ 计算矩形标注时依据[长度(L)/宽度(W)]<长度>：W

(此处输入 W 并回车)

➢ 输入矩形宽度<0.0000>：30

(此处输入矩形的宽度 30，矩形绘制完成并自动退出命令)

提示：若想改变已绘制矩形的线宽，可双击矩形，命令行会有如下显示：

➢ 输入选项[打开(O)/合并(J)/宽度(W)/编辑顶点(E)/拟合(F)/样条曲线(S)/非曲线化(D)/线型生成(L)/放弃(U)]：W

（此时输入 W 并回车）

➢ 指定所有线段的新宽度：

（此处输入矩形的新线宽值）

（2）绘制一个倒角的矩形，结果如图 6-35 所示。.

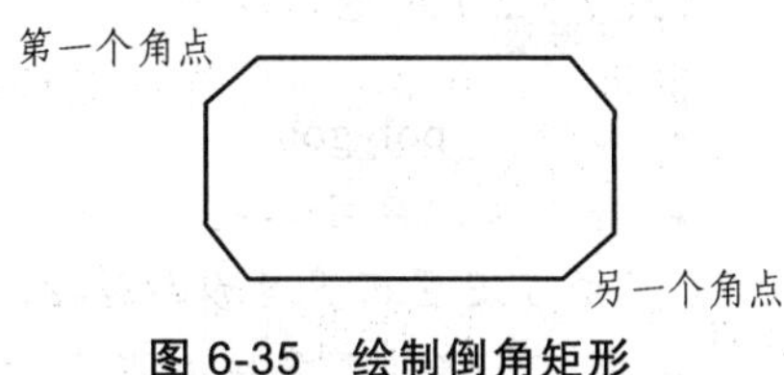

图 6-35　绘制倒角矩形

➢ 命令：_rectang

➢ 指定第一个角点或[倒角(C)/标高(E)/圆角(F)/厚度(T)/宽度(W)]：C

（此处输入 C 并回车）

➢ 指定矩形的第一个倒角距离<0.0000>：30

(此处输入第一个倒角距离 30）

➢ 指定矩形的第二个倒角距离<0.0000>：30

（此处输入第二个倒角距离 30）

➢ 指定第一个角点或[倒角(C)/标高(E)/圆角(F)/厚度(T)/宽度(W)]：

（此处光标确定矩形的第一个对角点）

➢ 指定另一个角点或[面积(A)/尺寸(D)/旋转(R)]：另一个角点

（拖动光标确定矩形的第二个对角点，矩形绘制完成并自动退出命令）

（3）绘制一个圆角半径为 20 的矩形，结果如图 6-36 所示。.

➢ 命令：_rectang

➢ 指定第一个角点或[倒角(C)/标高(E)/圆角(F)/厚度(T)/宽度(W)]：F

（此处输入 F 并回车）

➢ 指定矩形的圆角半径<0.0000>：20

(此处输入圆角的半径 20）

➢ 指定第一个角点或[倒角(C)/标高(E)/圆角(F)/厚度(T)/宽度(W)]：

(此处光标确定矩形的第一个角点）

➢ 指定另一个角点或[面积(A)/尺寸(D)/旋转(R)]：

（此处光标确定矩形的第二个角点，矩形绘制完成并自动退出命令）

绘制矩形完成，如图 6-36 所示。

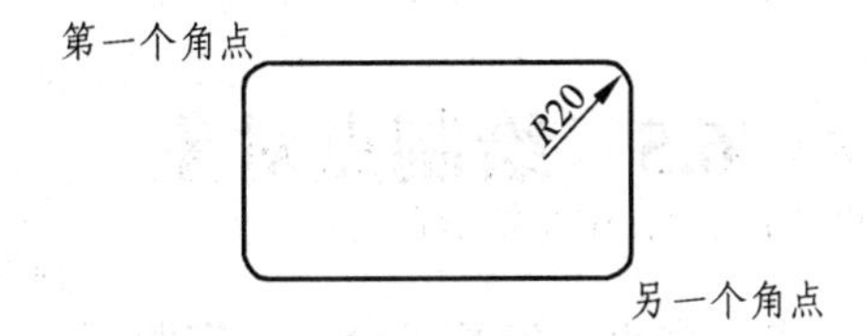

图 6-36　绘制圆角矩形

6.4.2　绘制正多边形

操作方法：

（1）菜单栏：【绘图】/【正多边形】。

（2）命令：Polygon(Pol)。

（3）工具栏：【绘图】工具栏第 4 个按钮⬠。

操作步骤：

➢ 命令：_polygon

➢ 输入边的数目<4>：

（此处可设置正多边形的边数，最多可绘制 1 024 边形）

➢ 指定正多边形的中心点或[边(E)]：

(此处通过指定正多边形的中心点，来绘制正多边形；或通过【边(E)】选项设置正多边形的边长和方向来绘制正多边形）

➢ 输入选项[内接于圆(I)/外切于圆(C)]<I>：

(此处可通过【内接于圆(I)】选项设置下一步所输入的圆半径为正多边形的外接圆半径；或通过【外切于圆(C)】选项设置下一步所输入的圆半径为正多边形的内切圆半径）

➢ 指定圆的半径：

(此处通过指定外接圆或内切圆的半径来确定正多边形的大小，输入数据后回车操作完成并自动退出命令）

应用举例：

绘制一个边长为 50 的正五边形，结果如图 6-37 所示。

➢ 命令：_polygon

➢ 输入边的数目<4>：5

（此处输入边数 5）

➢ 指定正多边形的中心点或[边(E)]：E

（此处输入 E 并回车，改为根据边长绘制正多边形）

➢ 指定边的第一个端点：

（此处指定正多边形边的一个端点）

➢ 指定边的第二个端点：50

（此处用光标捕捉到需要的边的方向后，输入边长 50，正五边形绘制完成并自动退出命令）

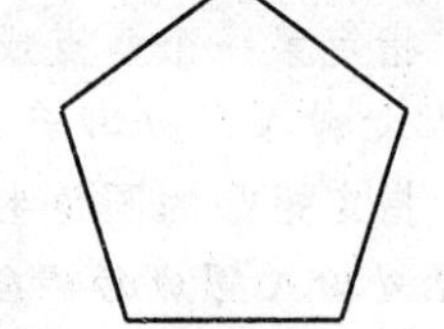

图 6-37 根据边长绘制正五边形

6.5 绘制点对象

本节介绍点样式设置及单点、多点、定数等分点、定距等分点的绘制方法。

6.5.1 点样式设置

为了便于观察点的位置，首先修改点的样式。

操作方法：

➢ 菜单栏：【格式】/【点样式】。

会弹出【点样式】对话框，其中共有 20 种点样式供用户选择，另外还可以设置点的大小，如图 6-38 所示。

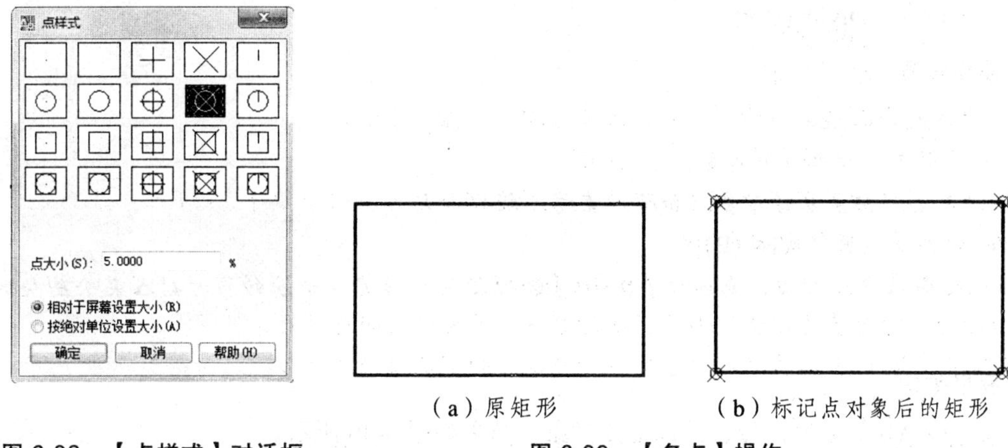

（a）原矩形　　（b）标记点对象后的矩形

图 6-38　【点样式】对话框　　**图 6-39　【多点】操作**

6.5.2　绘制单点及多点

【单点】是指执行一次命令只能绘制一个点。【多点】是指执行一次命令可以连续绘制多个点，退出命令时应按【Esc】键。

操作方法：

（1）菜单栏：【绘图】/【点】/【单点】。

（2）命令：Point(Po)(此操作为【单点】)。

（3）工具栏：【绘图】工具栏第 5 个钮 ·(此操作为【多点】)。

应用举例：

更改点样式后，在图 6-39（a）所示矩形的四个顶点处标记出点对象，结果如图 6-39（b）所示。

➢ 单击【格式】菜单，选择【点样式】，选中第二行第四个样式，点击【确定】按钮。

（此处是更改点样式）

➢ 命令：_point

➢ 当前点模式：PDMODE=35，PDSIZE=0.0000

（此处显示点样式的当前设置）

➢ 指定点：

（此处分别依次选定矩形的四个顶点）

6.5.3　定数等分点

用于将对象进行等分。该操作会在各等分位置处标记点对象，但是不会将原对象在这些点位置切割断，原对象仍然是一个整体。

操作方法：

（1）菜单栏：【绘图】/【点】/【定数等分】。

（2）命令：Divide(Div)。

操作步骤：

➢ 命令：_divide

➢ 选择要定数等分的对象：

（此处选定要等分的对象，如圆、直线、矩形等）

➢ 输入线段数目或[块(B)]：

(此处输入等分数目；或通过【块(B)】选项设置在选定数等分的同时插入某个图块的块名）

应用举例：

将直线 AB 等分成 6 份，并标记点对象，结果如图 6-40 所示。

➢ 命令：_divide

➢ 选择要定数等分的对象：

（此处选择直线 AB）

➢ 输入线段数目或[块(B)]：6

(此处输入等分数目 6，点对象已标记，自动退出命令）

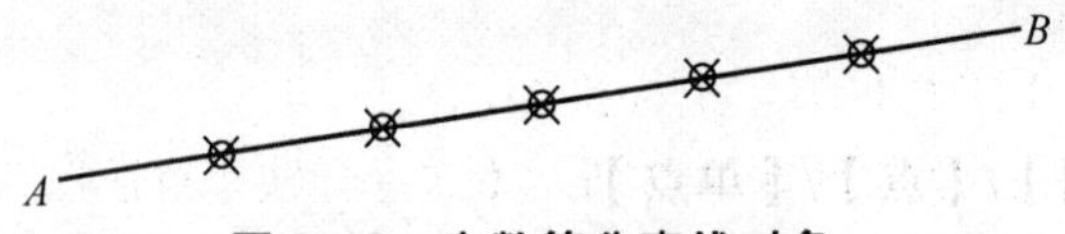

图 6-40　定数等分直线对象

6.5.4　定距等分点

系统会要求设置一个长度，然后在某个对象上每隔该长度就标记一个点对象，直到该对象剩余未标记长度小于设置的长度，结果如图 6-41 所示。

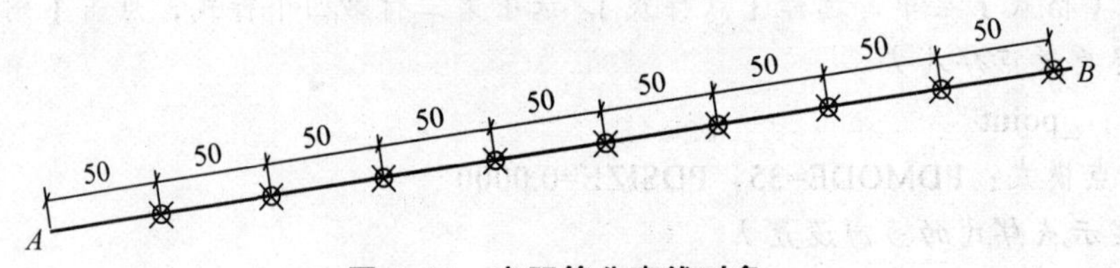

图 6-41　定距等分直线对象

操作方法：

（1）菜单栏：【绘图】/【点】/【定距等分】。

（2）命令：Measure(ME)。

应用举例：

➢ 命令：_measure

➢ 选择要定距等分的对象：AB

（此处选定要等分的对象 AB）

➢ 指定线段长度或[块(B)]：50

（此处指定定距等分的长度 50 并回车，点对象已完成标记并自动退出命令）

6.6　注写文本对象

工程图纸中除了图形外，还有大量的尺寸标注和文字注写。本节主要介绍文字样式设置、创建多行文字、创建单行文字和文字的编辑操作，旨在使用户掌握文字注写的相关设置和方法。

6.6.1　文字样式设置

文字在注写前应该对其样式进行设置，包括字体、字高、宽度比例等主要内容。只有将文字样式设置规范才能注写出规范的文字对象。

操作方法：

（1）菜单栏：【格式】/【文字样式】。

（2）命令：Style(St)。

（3）工具栏：【样式】工具栏第 1 个按钮。

执行以上任一操作后会弹出如图 6-42 所示【文字样式】对话框，用户可以设置文字的相关参数。现对其中具体内容进行详细介绍：

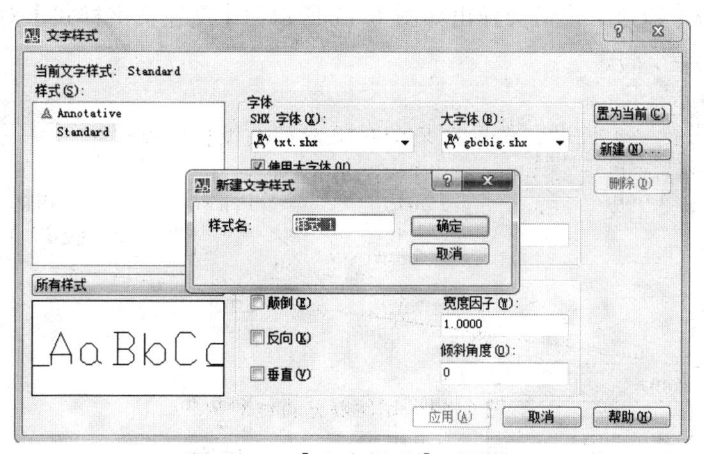

图 6-42　【文字样式】对话框

1. 当前文字样式

【当前文字样式】显示当前使用的文字样式名称。

2. 样　式

【样式】显示该图形文件中创建的所有文字样式名称或正在使用的文字样式名称。

3. 所有样式

【所有样式】此处可以通过箭头下拉列表选择【所有样式】或【正在使用的样式】选项。若选择【所有样式】，上部【样式】列表中将会显示所有文字样式名称；若选择【正在使用的样式】，上部【样式】列表将会显示所有正在使用的文字样式名称。

4. 预览框

【预览框】左下部位为文字效果预览框，可以查看当前设置状态下的文字的效果。

5. 字　体

【字体】用于设定文字的字体、大小和是否使用大字体，此处所能够设置的字体包括所有注册的 TrueType 字体和 Fonts 文件夹中编译的形（SHX）字体的字体。

提示：如果改变现有文字样式的方向或字体文件，当图形重生成时所有使用该样式的文字对象都将使用新的设置，但是字高除外。用户如果需要用到其他的系统中没有的字体，可以将该种字体的文件粘贴到安装路径下的 Fonts 文件夹中，然后重启软件后即可使用。

6. 效　果

【效果】可以在该部分设置文字是否颠倒、是否反向，也可以设置是水平排列文字还是竖直排列文字，实际工作中，这些设置用得不多。最重要的设置是【宽度因子】和【倾斜角度】两项，前者用于设置字体的宽与高的比值，后者用于设置字体的倾斜程度。

7. 置为当前

【置为当前】用于将选定的字体样式设置为当前样式。

8. 新　建

【新建】单击【新建】按钮会弹出如图 6-43 所示的【新建文字样式】对话框，可设置新文字样式的名称。

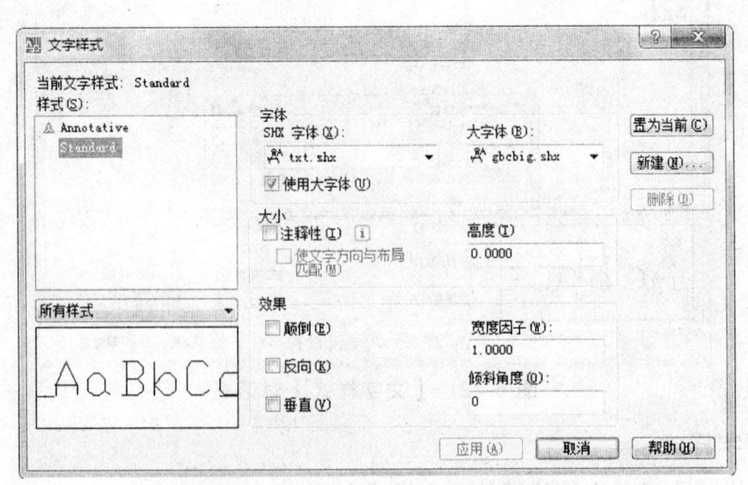

图 6-43　【新建文字样式】对话框

9. 删　除

【删除】可以删除不需要的字体样式。需要注意的是，当前样式、系统默认样式和正在使用的样式（即包含文字对象的样式）不能被删除。若是允许被删除的样式，选中后才可以点击【删除】按钮，点击后弹出如图 6-44 所示的对话框，单击【确定】按钮即可删除。

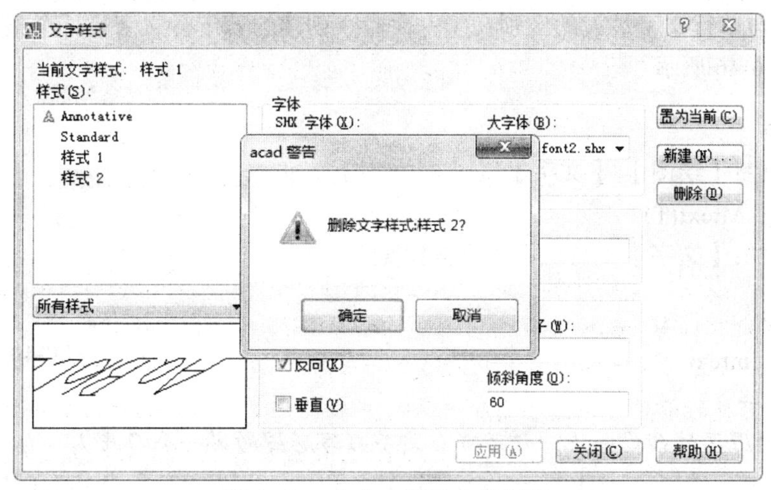

图 6-44　点击【删除】按钮后

6.6.2　创建单行文字

单行文字的特点在于一次命令下如果创建若干行文字，则每一行文字是一个文字对象，并不是一个整体，具体效果如图 6-45 所示。

操作方法：

（1）菜单栏：【绘图】/【文字】/【单行文字】。

（2）命令：Dtext(Dt)。

（3）工具栏：【文字】工具栏第 2 个按钮AI。

执行以上任一操作后可以进行单行文字注写步骤。

1234567890

abcdefghijk

计算机辅助绘图软件

图 6-45　单行文字

操作步骤：

➢ 命令：_dtext

➢(当前文字样式："样式 1"　文字高度：100.0000　注释性：否)

（此处显示当前使用的文字样式名称、当前设置的文字高度及注释性）

➢ 指定文字的起点或[对正(J)/样式(S)]：

（此处在绘图区域指定要开始注写文字的起点；或通过【对正(J)】选项调整文字对正的方式；或通过【样式(S)】选项更改当前使用的文字样式）

➢ 指定高度<0.0000>：

（若当前文字样式中指定了文字高度，则不会出现这一个步骤，直接跳至下一步；若当前文字样式没有指定文字高度，则会出现此步骤，要求用户输入文字的字高）

➢ 指定文字的旋转角度<0>：

（此处输入文字的旋转角度并回车，此时可以在屏幕中开始输入文字。书写过程中若要换行应按回车键，若要退出命令应按【Esc】键或按两次回车键）

6.6.3 创建多行文字

多行文字与单行文字最大的区别在于一次命令创建的若干行文字是一个整体文字对象，具体效果如图 6-46 所示。

1234567890

abcdefghijk

计算机辅助绘图软件

图 6-46　多行文字

操作方法：

（1）菜单栏：【绘图】/【文字】/【多行文字】。

（2）命令：Mtext(T)。

（3）工具栏：【文字】工具栏第 1 个按钮**A**。

操作步骤：

➢ 命令：_mtext

➢ 指定第一点：

（光标在绘图区域指定一点，作为多行文字书写范围的第一个角点）

➢ 指定对角点或[高度(H)/对正(J)/行距(L)/旋转(R)/样式(S)/宽度(W)/栏(C)]：

（鼠标拖动出一个矩形书写范围后指定一点，作为多行文字书写范围的第二个角点，此时会弹出【文字格式】对话框及多行文字书写框，如图 6-47 所示）

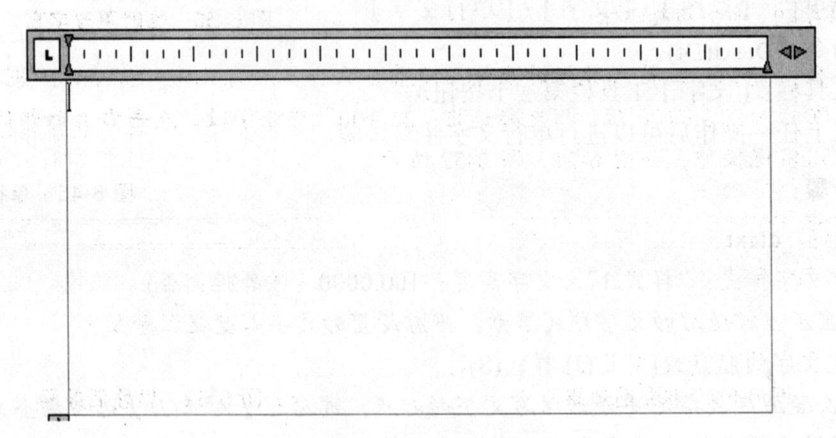

图 6-47　多行文字书写框

通过【文字格式】对话框左上角箭头下拉列表可更改某个已建立的文字样式，如图 6-48 所示。

通过【文字格式】对话框左上角箭头下拉列表可临时更改当前字体，如图 6-49 所示。

通过【文字格式】对话框左上角箭头下拉列表可临时更改当前字高，如图 6-50 所示。

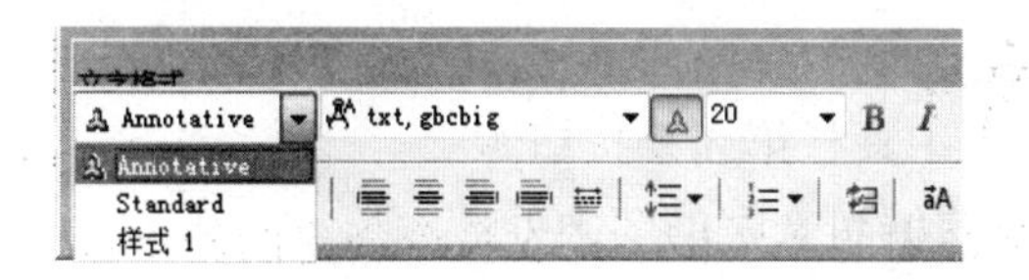

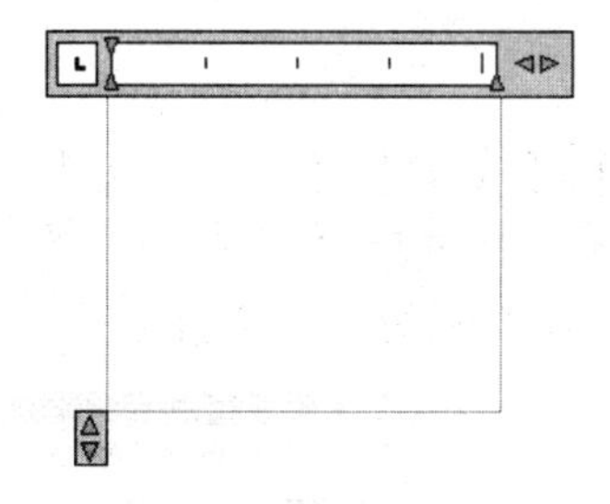

图 6-48　更改文字样式

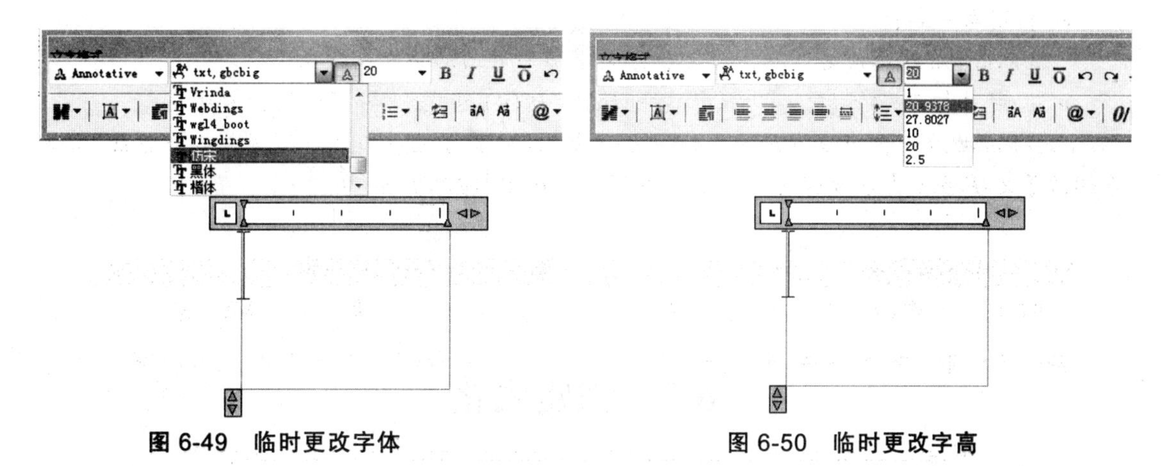

图 6-49　临时更改字体　　　　图 6-50　临时更改字高

提示：需要建立分数格式数据时应该用堆叠方式，如“绿化率=35/100”，若要更改为分数格式，应在输入完 35/100 后，用光标选中“35/100”部分字段，点击右上角部位的【堆叠】按钮就可以实现操作，如图 6-51、图 6-52 所示。

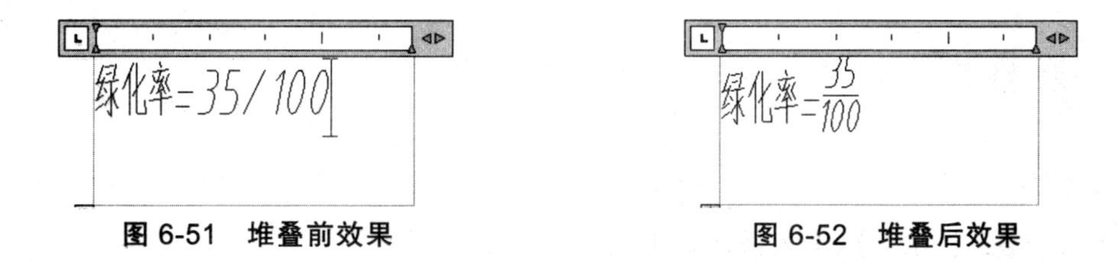

图 6-51　堆叠前效果　　　　图 6-52　堆叠后效果

6.6.3　编辑文字

当文字已经创建成功后，却发现需要对其进行内容或样式的更改时，可以通过编辑文字操作或【特性】面板来实现。

操作方法：

（1）菜单栏：【修改】/【对象】/【文字】/【编辑】。

（2）命令：Ddedit(Ed)。

（3）工具栏：【文字】工具栏第 3 个按钮。

（4）快捷操作：双击要编辑文字的笔画处。

操作步骤：

➢ 命令：_ddedit

➢ 选择注释对象或[放弃(U)]:

（选中已创建文字对象，如图 6-53 所示，将弹出【文字格式】对话框，如图 6-54 所示，即可对文字进行编辑）

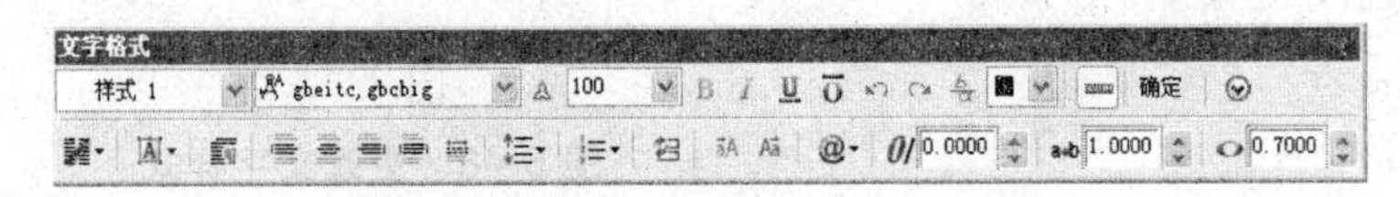

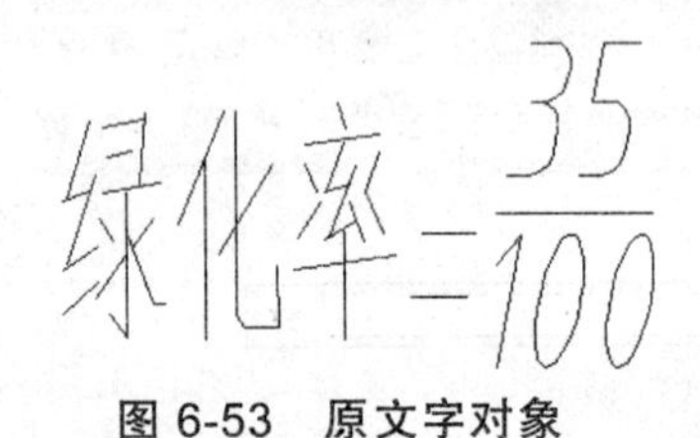

图 6-53　原文字对象

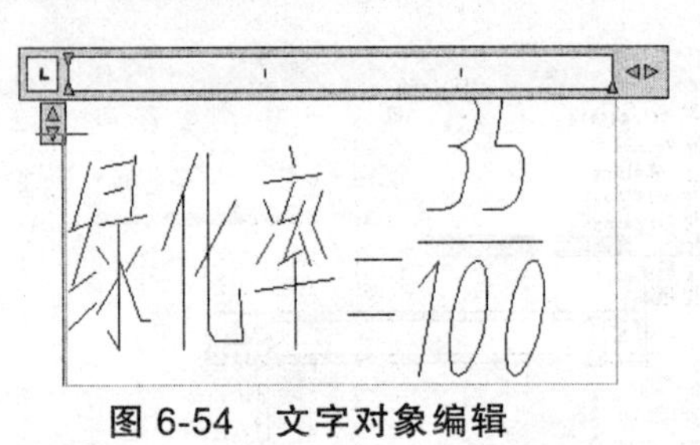

图 6-54　文字对象编辑

6.7　创建表格

工程图纸常需要编制大量的表格，可以用直线命令等绘制，也可以通过 AutoCAD 提供的表格工具来创建表格。在创建表格前，应该先对表格样式进行设置，创建好表格后，也可以通过编辑操作对其进行修改。

6.7.1　表格样式设置

操作方法：

（1）菜单栏：【格式】/【表格样式】。

（2）命令：Tablestyle。

（3）工具栏：【样式】工具栏第 3 个按钮。

执行以上任一操作，将弹出如图 6-55 所示的【表格样式】对话框。用户可以对表格的样式进行新建、修改等具体操作。点击【新建】按钮会弹出如图 6-56 所示的【创建新的表格样式】对话框。点击【修改】按钮会弹出如图 6-57 所示的【修改表格样式】对话框，其中主要的设置内容集中在【基本】、【文字】、【边框】三个选项卡中，如图 6-58（a）、（b）、（c）所示。其中基本设置和各部分功能和文字样式等样式管理器基本相同，此处不再赘述。

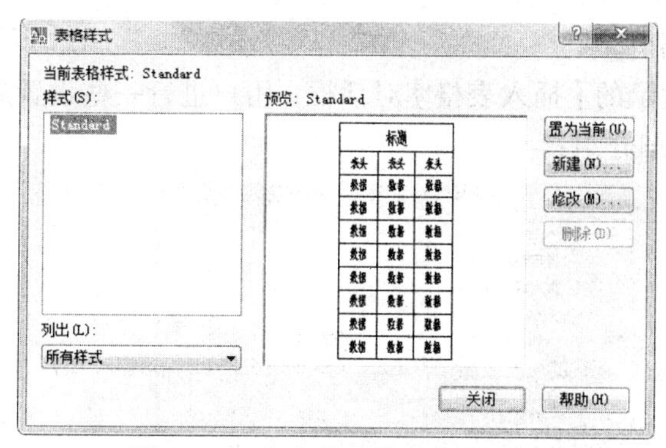

图 6-55　【表格样式】对话框

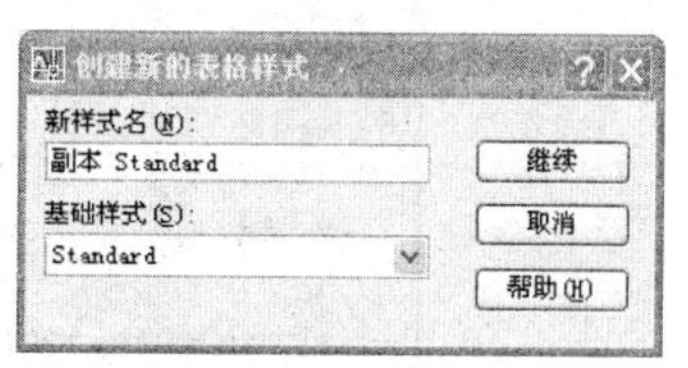

图 6-56　【创建新的表格样式】对话框

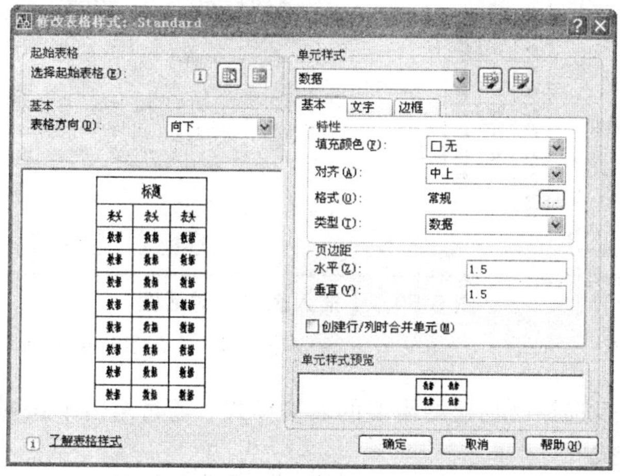

图 6-57　【修改表格样式】对话框

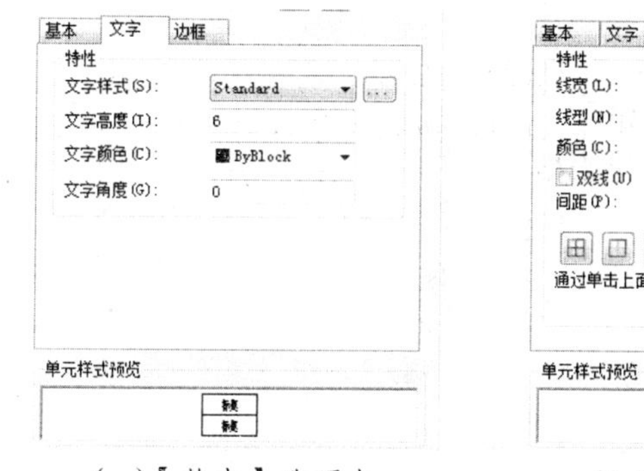

（a）【基本】选项卡

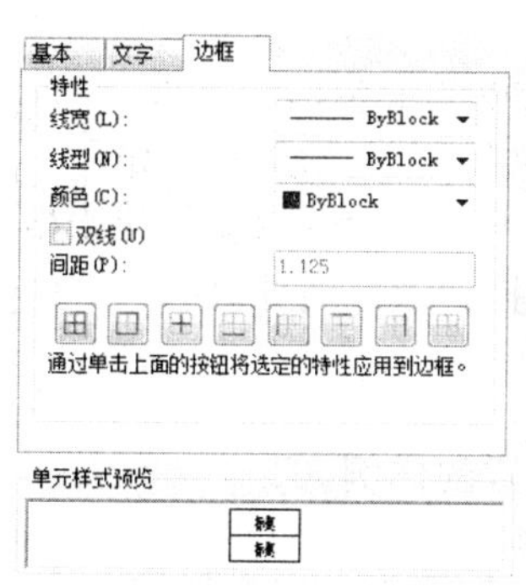

（b）【文字】选项卡

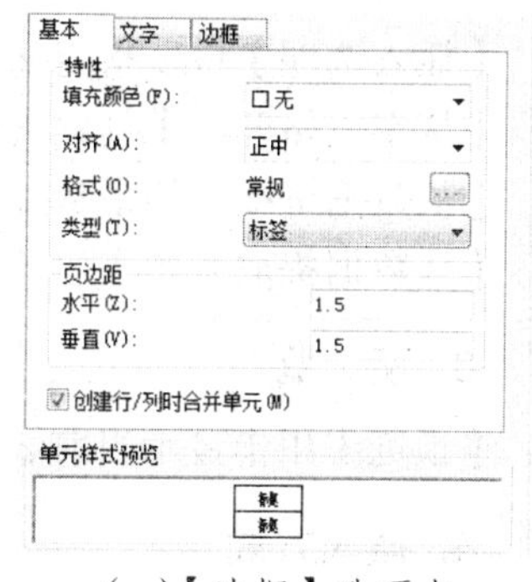

（c）【边框】选项卡

图 6-58　表格样式中主要内容涉及的选项卡

6.7.2　创建表格

操作方法：

（1）菜单栏：【绘图】/【表格】。

（2）命令：Table。

（3）工具栏：【绘图】工具栏第 18 个钮。

执行以上任一操作会弹出如图 6-59 所示的【插入表格】对话框，用户进行一些设置后可以快速插入需要的表格。下面对其进行详细介绍：

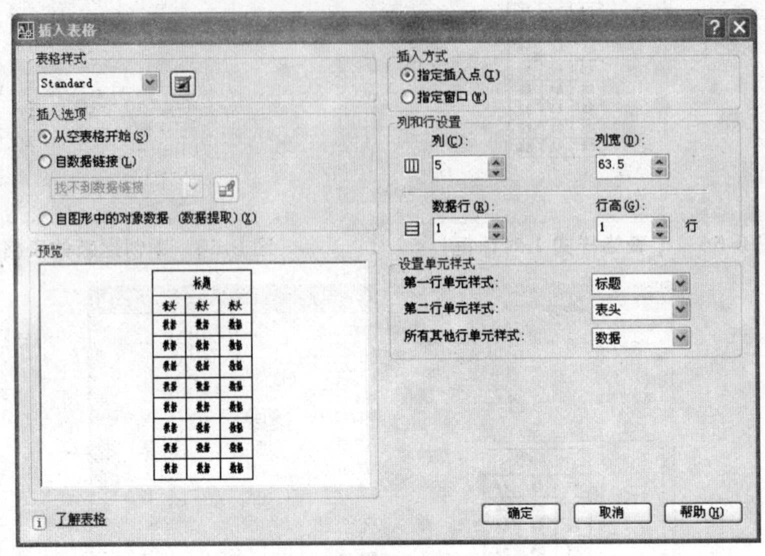

图 6-59 【插入表格】对话框

1. 表格样式

通过箭头下拉列表选择已创建的需要的表格样式。通过单击下拉列表旁边的按钮，用户可以创建新的表格样式。

2. 插入选项

【插入选项】可以指定插入表格的方式。

【从空表格开始】创建可以手动填充数据的空表格。

【从数据链接开始】从外部电子表格中的数据创建表格。

【从数据提取开始】启动“数据提取”向导。

3. 预 览

【预览】用于显示当前表格样式的样例。

4. 插入方式

【插入方式】可以指定表格位置。

【指定插入点】指定表格左上角的位置。可以使用定点设备，也可以在命令提示下输入坐标值。如果表格样式将表格的方向设置为由下而上读取，则插入点位于表格的左下角。

【指定窗口】指定表格的大小和位置。可以使用定点设备，也可以在命令提示下输入坐标值。选定此选项时，行数、列数、列宽和行高取决于窗口的大小以及列和行设置。

5. 列和行设置

【列和行设置】设置列和行的数目和大小。

【列图标】表示列。

【行图标】表示行。

【列】指定列数。选定“指定窗口”选项并指定列宽时，“自动”选项将被选定，且列数由表格的宽度控制。如果已指定包含起始表格的表格样式，则可以选择要添加到此起始表格的其他列的数量。

【列宽】指定列的宽度。选定“指定窗口”选项并指定列数时，则选定了“自动”选项，且列宽由表格的宽度控制。最小列宽为一个字符。

【数据行】指定行数。选定“指定窗口”选项并指定行高时，则选定了“自动”选项，且行数由表格的高度控制。带有标题行和表格头行的表格样式最少应有三行。最小行高为一个文字行。如果已指定包含起始表格的表格样式，则可以选择要添加到此起始表格的其他数据行的数量。

【行高】按照行数指定行高。文字行高基于文字高度和单元边距，这两项均在表格样式中设置。选定“指定窗口”选项并指定行数时，则选定了“自动”选项，且行高由表格的高度控制。

6. 设置单元样式

对于那些不包含起始表格的表格样式，要指定新表格中行的单元格式。

【第一行单元样式】指定表格中第一行的单元样式。默认情况下，使用标题单元样式。

【第二行单元样式】指定表格中第二行的单元样式。默认情况下，使用表头单元样式。

【所有其他行单元样式】指定表格中所有其他行的单元样式。默认情况下，使用数据单元样式。

7. 表格选项

对于包含起始表格的表格样式，从插入时保留的起始表格中指定表格元素。

【标签单元文字】保留新插入表格中的起始表格表头或标题行中的文字。

【数据单元文字】保留新插入表格中的起始表格数据行中的文字。

【块】保留新插入表格中起始表格中的块。

【保留单元样式替代】保留新插入表格中起始表格中的单元样式替代。

【数据链接】保留新插入表格中起始表格中的数据连接。

【字段】保留新插入表格中起始表格中的字段。

【公式】保留新插入表格中起始表格中的公式。

6.7.3　使用表格

设置好表格相关参数后，点击【确定】按钮后可以将其插入到绘图区域中，效果如图 6-60 所示。此时表格的第一行处于文字编辑状态，用户可以在其中输入相应的文字内容。若希望在其他单元中输入内容，可以单击其他表格单元后，其周边高亮显示时就可以输入内容。

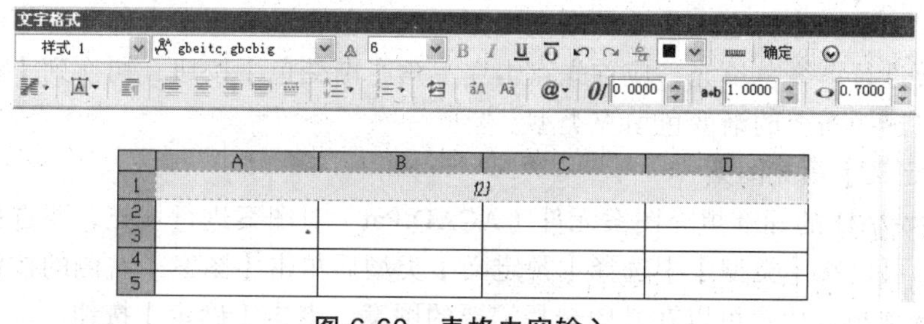

图 6-60　表格内容输入

6.8　图案填充

工程图中的断面和剖面往往都需要填充上各种材料符号，此时可以用【图案填充】命令快速进行操作。本节将对边界创建、图案填充、孤岛检测、编辑图案填充四个内容进行详细的介绍。

操作方法：

（1）菜单栏：【绘图】/【图案填充】。

（2）命令：Hatch(H)。

（3）工具栏：【绘图】工具栏第 15 个按钮。

执行以上任一操作会弹出如图 6-61 所示的【图案填充和渐变色】对话框。

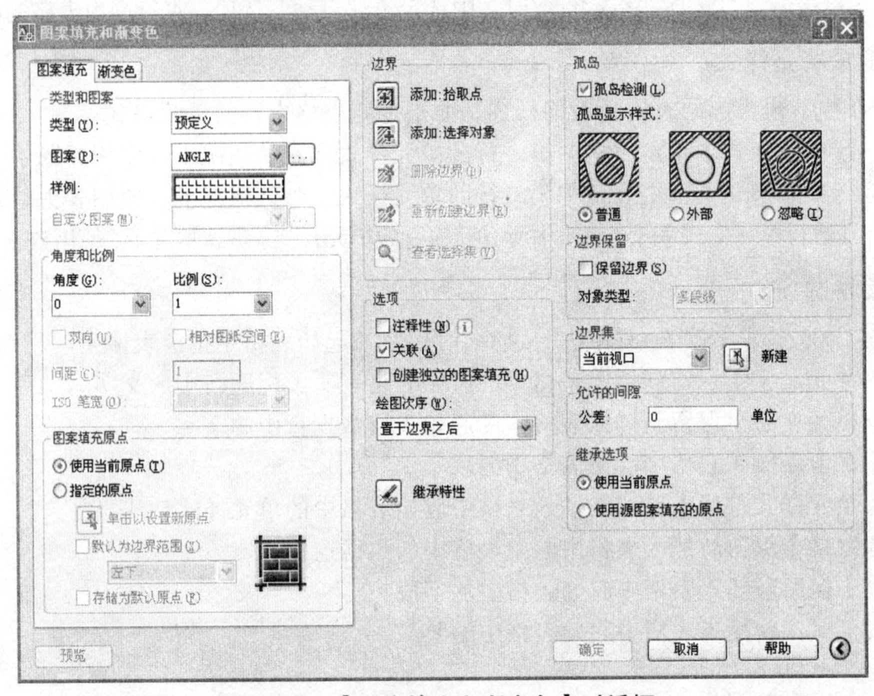

图 6-61　【图案填充和渐变色】对话框

下面对图案填充的主要操作内容作详细介绍：

1. 填充图案的选择

在【图案填充和渐变色】对话框左上角位置的【类型】箭头下拉列表中可以选择【预定义】、【用户定义】和【自定义】三种图案类型，其中包含了工程中大部分常用的材料图案。如果用户需要进行渐变色填充，应首先点击左上角【渐变色】按钮，切换到【渐变色】选项卡，然后可以选择需要的渐变色填充类型。

（1）【预定义】填充图案

是用 AutoCAD 的标准填充图案元件（ACAD.Pat）对图案进行填充，要选择一种预定义的填充图案，可以在【类型】中选择【预定义】类型后单击【图案】右侧的按钮，弹出如图 6-62 所示的选项板，用户可以在其中选择需要的图案，点击【确定】按钮。

（2）【用户定义】填充图案

在【类型】中选择【用户定义】类型之后，将看到【图案填充和渐变色】对话框的内容发生了变化，如图 6-63 所示。用户通过指定角度、间距和确定是否要选用双向图案来定义一个新的图案。其中【角度】是直线条相对于当前坐标系中 X 轴的夹角，【间距】用于为用户定义图案设定线间距，【双向】选项用于为用户定义图案选用垂直于第一组平行线的第二组平行线，【比例】用于控制图案的密度。

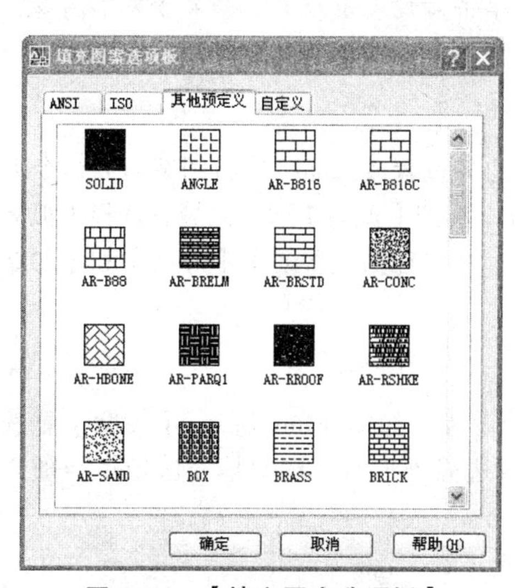

图 6-62　【填充图案选项板】

图 6-63　【用户定义】的图案填充

（3）渐变色填充

如图 6-64 所示，在【渐变色】选项卡中，用户可以设定需要的颜色、渐变类型、是否居中渐变、旋转角度和使用单色渐变还是双色渐变等内容。

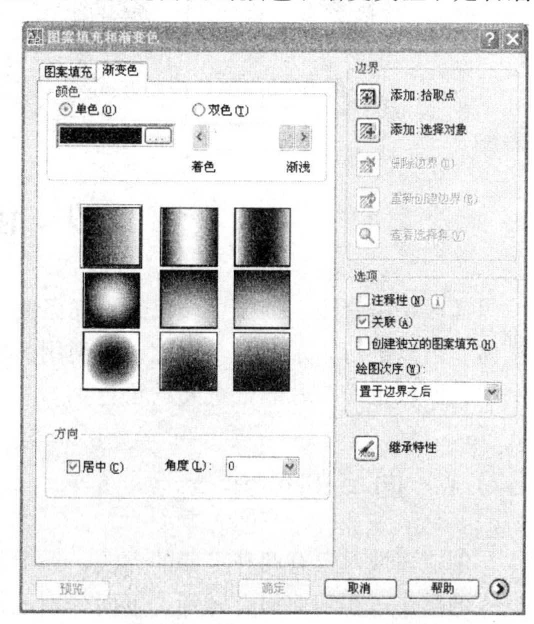

图 6-64　【渐变色】选项卡

2. 填充边界的选择

AutoCAD 提供了两种定义图案填充边界的方式，如图 6-64 所示右上部的【添加：拾取点】和【添加：选择对象】按钮。

【拾取点】方式是指在一个封闭区域中单击左键，系统会自动将其周围一圈边界选中以定义填充边界，此种操作要求需要定义的边界必须是封闭的，否则无法拾取到边界。【选择对象】按钮可以选中一些线性对象以定义填充边界，此种操作也必须选择封闭的边界，填充的图案才完整，若选择了不封闭边界，填充图案会出现例如缺失线条等错误。

操作方法：

两种边界定义方法的操作步骤是一样的：

首先点击操作方法对应的按钮，系统自动切换到绘图区域，若是【拾取点】方式，应在区域内单击左键；若是【选择对象】方式，应框选或点选边界对象。然后按回车键，系统自动切换回【图案填充和渐变色】对话框，此时用户就可以点击【预览】按钮或【确定】按钮。

提示：实际操作中，在选定边界后往往不是直接点击【确定】，而是先点击【预览】进入绘图界面先看下实际的填充效果，如果效果满意，单击右键表示确定，如果效果不满意，需要进行修改，则应该单击左键回到【图案填充和渐变色】对话框中进行修改。

3. 设置孤岛

通常将位于一个已定义好的填充区域内的封闭边界设置成孤岛。执行图案填充命令后，单击【图案填充和渐变色】对话框右下角 按钮可以看到【孤岛】选项区域，选择【孤岛检测】复选框，可以指定在最外层边界内的填充方法，其中包括【普通】、【外部】和【忽略】三种方式，如图 6-65 所示。

4. 关联填充

关联填充是指图案填充是否与其边界相关联的设置。如图 6-66 所示，【关联】复选框若被勾选，则表示图案填充与边界相关联，即更改边界外形时，图案填充区域也会随之发生变化。

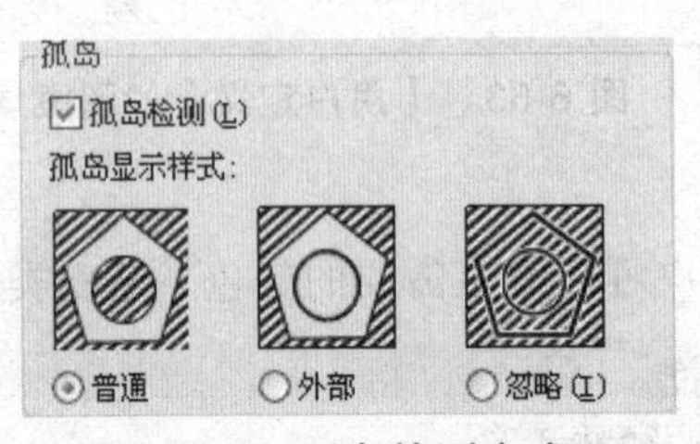

图 6-65　孤岛检测方式

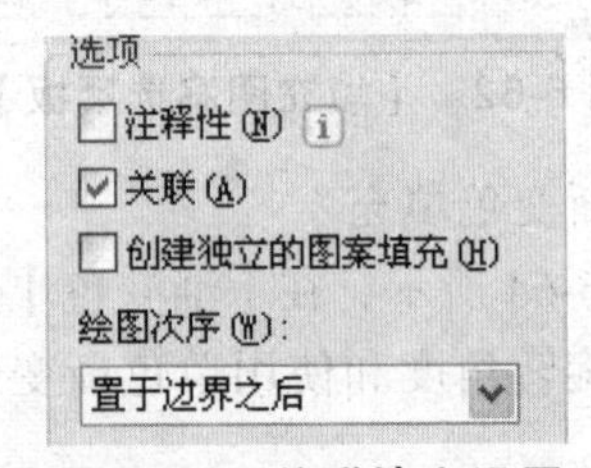

图 6-66　关联填充设置

6.9　创建面域

面域是由直线、圆弧、多段线、样条曲线等对象组成的二维封闭实体，它是一个独立的实体，可以进行布尔运算。因此，常利用面域来创建比较复杂的图形。另外，在三维实体绘制中，面域也扮演着非常重要的角色。

6.9.1　面域的创建

创建面域对象有两种主要的方法，一个是【面域】命令，一个是【边界】命令，这两种方式的操作过程和前提有区别，下面分别进行介绍。

1. 用【面域】命令创建面域

操作方法：

（1）菜单栏：【绘图】/【面域】。

（2）命令：Region(Reg)。

（3）工具栏：【绘图】工具栏第 16 个钮。

操作步骤：

➤ 命令：_region

➤ 选择对象：指定对角点：找到 4 个

（此处选定需要创建为面域的对象）

➤ 选择对象：

（此处单击右键表示对象选择完毕，系统自动执行面域创建并退出命令）

➤ 已提取 1 个环。

➤ 已创建 1 个面域。

提示：只能是所有边界的端点首尾刚好连接到一起的封闭边界才能用【面域】命令创建成面域对象。

应用举例：

将图 6-67 所示的圆对象和矩形对象创建成为面域对象，结果如图 6-68 所示。

➤ 命令：_region

➤ 选择对象：

（框选圆和矩形）

➤ 已提取 2 个环。

➤ 已创建 2 个面域。

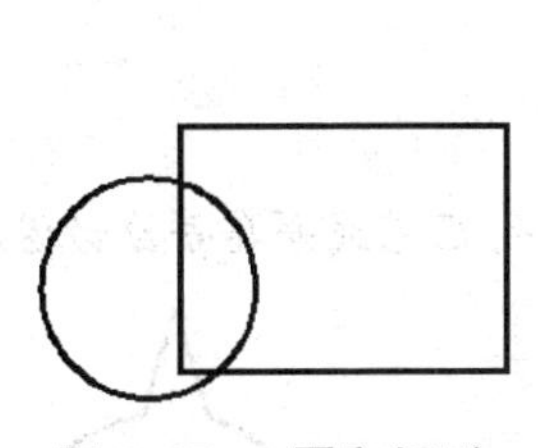

图 6-67　圆和矩形

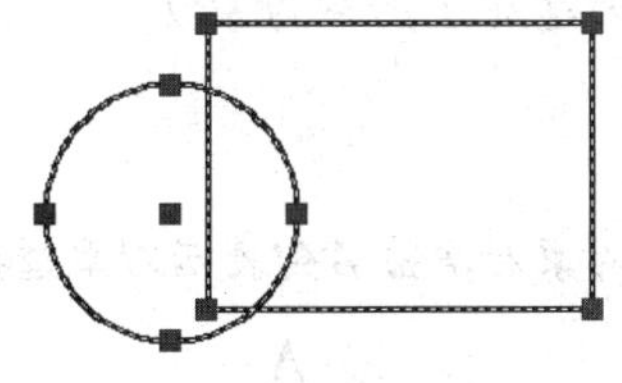

（a）创建面域前

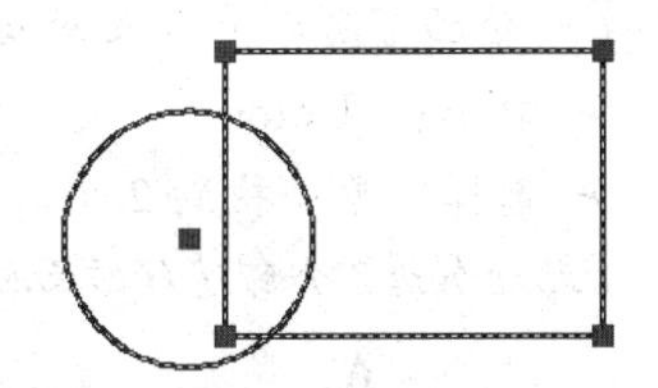

（b）创建面域后

图 6-68　创建面域前后

2. 用【边界】命令创建面域

操作方法：

（1）菜单栏：【绘图】/【边界】。

（2）命令：Boundary(Bo)。

操作步骤：

执行以上任一操作后将弹出图 6-69 所示的【边界创建】

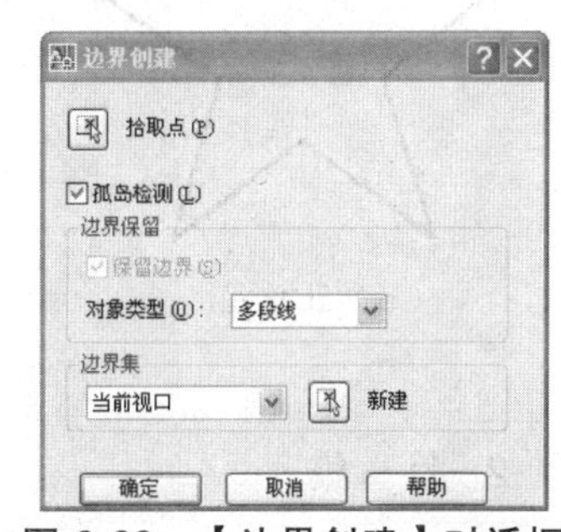

图 6-69　【边界创建】对话框

对话框，用户可以在【对象类型】中选择创建多段线或面域对象，然后点击【拾取点】按钮然后在绘图区域中的封闭边界中单击左键即可创建新对象。

6.9.2 面域的布尔运算

本部分只介绍面域的布尔运算，实体的布尔运算请参见第十章。

1. 并 集

【并集】是将多个面域或实体合并成一个整体。

操作方法：

（1）菜单栏：【修改】/【实体编辑】/【并集】。

（2）命令：Union(Uni)。

应用举例：

绘制五角星和圆，并将两个图形创建为面域对象，并进行并集，结果如图 6-70（c）所示。

➢ 命令：_line

（此处利用【直线】命令绘制一个五角星，如图 6-70（a）所示）

➢ 命令：_circle

（此处利用【圆】命令绘制出一个圆对象，如图 6-7（b）所示）

➢ 命令：_region

➢ 选择对象：

（此处框选五角星和圆对象）

➢ 已提取 2 个环

➢ 已创建 2 个面域

（此处已将圆对象和五角星创建成了面域对象）

➢ 命令：_Union

➢ 选择对象：找到 2 个

（此处框选 2 个创建好的面域对象后单击右键表示对象选择完毕，已完成并集并自动退出命令）

（a）五角星

（b）圆和五角星

（c）并集后面域效果

图 6-70 面域的并集

2. 差 集

【差集】是从一个面域或实体对象中去除掉另外一些面域或实体。

操作方法：

（1）菜单栏：【修改】/【实体编辑】/【差集】。

（2）命令：Subtract(Su)。

应用举例：

将图 6-71（a）所示的五角星和圆创建成面域对象，并用圆形面域差集掉五角星面域对象，结果如图 6-71（b）所示。

➢ 命令：_region

➢ 选择对象：

（此处框选五角星和圆）

➢ 已提取 2 个环

➢ 已创建 2 个面域

（此处已创建出圆形面域和五角星面域对象）

➢ 命令：_Subtract

➢ 选择对象：

（此处先选择圆形面域对象）

➢ 选择要从中减去的实体或面域...

（此处选择五角星面域对象，单击鼠标右键，差集操作完成并自动退出命令）

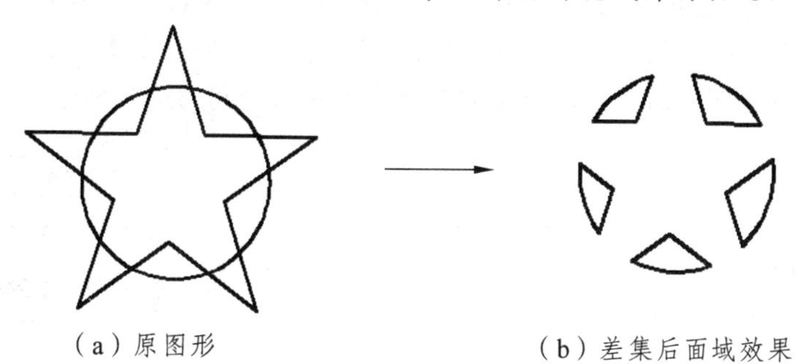

图 6-71　面域的差集

3. 交　集

【交集】是用于提取多个面域对象的共有部分。

操作方法：

（1）菜单栏：【修改】/【实体编辑】/【交集】。

（2）命令：Intersect(In)。

应用举例：

将图 6-72（a）所示的圆对象和五角星对象创建成面域对象，并用【交集】命令提取两者的公共部分，结果如图 6-72（b）所示。

➢ 命令：_region

➢ 选择对象：

（此处框选五角星和圆）

➢ 已提取 2 个环

➢ 已创建 2 个面域

（此处已创建出圆形面域和五角星面域对象）

➢ 命令：_intersect

➢ 选择对象：指定对角点：找到 2 个

（此处框选五角星面域和圆面域，不用注意选择顺序。完成后单击右键表示对象选择完毕，系统自动执行【交集】操作并自动退出命令）

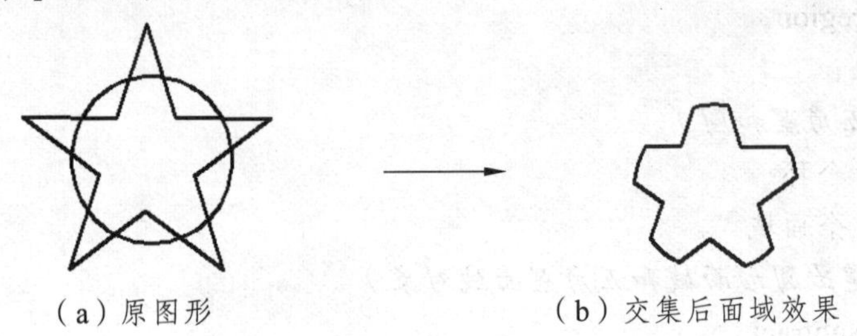

（a）原图形　　　　（b）交集后面域效果

图 6-72　面域的交集

6.9.3　绘图次序

可以修改图像和其他对象的绘图顺序或显示顺序，其基本操作都集中在【绘图次序】工具栏上，如图 6-73 所示。其中四个按钮分别是：【前置】、【后置】、【置于对象之上】和【至于对象之下】，通过这四个命令可以非常方便地调整对象之间的层叠顺序。

操作方法：

（1）菜单栏：【工具】/【绘图顺序】。

（2）命令：Draworder(Dr)。

（3）工具栏：【绘图次序】工具栏。

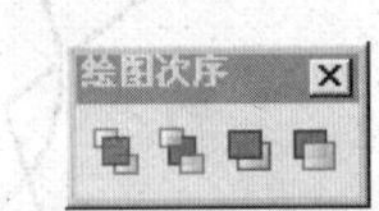

图 6-73　【绘图次序】工具栏

1. 前　置

【前置】是用于将某对象所在次序更改至最上层。

应用举例：

图 6-74（a）所示为圆形图案填充在矩形对象之下，请将圆形图案填充更改至矩形对象上层，结果如图 6-74（b）所示。

➢点击【绘图次序】工具栏第 1 个按钮，选择圆形图案填充，回车，操作结束。

2. 前　置

【前置】是用于将某对象所在次序更改至最下层。

应用举例：

图 6-74（b）所示为圆形图案填充在矩形对象之上，请将圆形图案填充更改至矩形对象下层，结果如图 6-74（a）所示。

➢ 点击【绘图次序】工具栏第 2 个按钮，选择圆形图案填充，回车，操作结束。

（a）原图形　　　　（b）【前置】后

图 6-74　【前置】及【后置】操作

3. 置于对象之上

【置于对象之上】是用于将对象所在次序更改至某指定对象的上层。

应用举例：

如图 6-75（a）所示，三个对象中的三角形图案填充在最上层，圆形图案填充在其下一层，矩形对象在最下层，请将矩形对象更改至两个图案填充之间的次序，结果如图 6-75（b）所示。

➢ 点击【绘图次序】工具栏第 3 个按钮，选择矩形对象，回车，再选择圆形图案填充，回车，操作结束。

4. 置于对象之下

【置于对象之下】是用于将对象所在次序更改至某指定对象的下层。

应用举例：

如图 6-75（a）所示，三个对象中的三角形图案填充在最上层，圆形图案填充在其下一层，矩形对象在最下层，请将三角形图案填充更改圆形图案填充之下，结果如图 6-75（c）所示。

➢ 点击【绘图次序】工具栏第 3 个按钮，选择矩形对象，回车，再选择圆形图案填充，回车，操作结束。

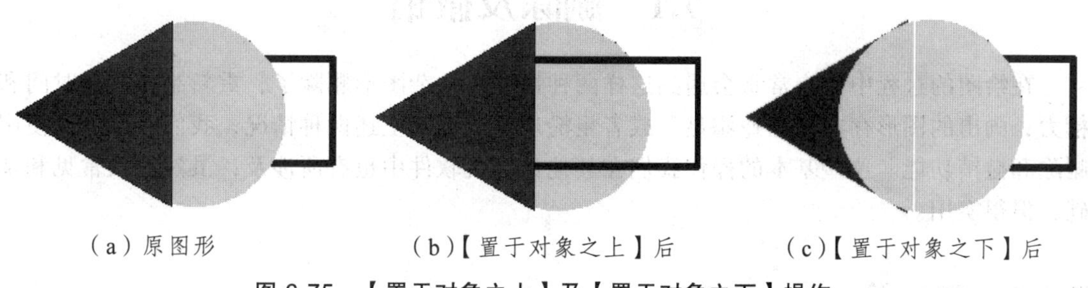

（a）原图形　　　　（b）【置于对象之上】后　　　　（c）【置于对象之下】后

图 6-75　【置于对象之上】及【置于对象之下】操作

第 7 章　对象编辑命令及技巧

学前导读

在 AutoCAD 中，单纯地使用绘图命令或绘图工具只能绘制一些基本的简单图形，很多复杂的图形都需要进行不断地修改和加工。合理地运用编辑命令，可以极大地提高绘图效率。为此，很多情况下都必须借助于图形编辑命令。AutoCAD 提供了丰富的图形编辑功能，包括复制、镜像、偏移、阵列、移动、旋转、比例缩放、拉伸、拉长等，用户可以根据需要合理地构造和组织图形，以期达到最终的目的。通过本章的学习，读者应结合实际的上机操作，熟练掌握编辑命令的使用方法及技巧，能够利用编辑命令并结合绘图命令制作复杂的图形。

技能目标

※ 掌握删除及撤销功能。
※ 熟练掌握一个对象变多个对象类编辑操作方法。
※ 熟练掌握改变对象实际形状或尺寸类编辑操作方法。
※ 掌握夹点编辑操作方法。
※ 掌握查询功能。

7.1　删除及撤销

在绘图的过程中用户常常会遇到这样两种情况：复杂图形删除了，重新制作耗费时间和精力；画出的图形存在“画蛇添足”或者粗糙现象。针对上述两种情况，我们可以分别使用删除和撤销功能。这些基本的操作我们在其他计算机软件中也有所涉及，虽然比较常见和基础，但很实用。

7.1.1　删　除

【删除】命令用于删除多余的或不要的对象。

操作方法：

（1）菜单栏：【修改】/【删除】。
（2）命令：Erase(E)。
（3）工具栏：【修改】工具栏第 1 个按钮。

（4）快捷菜单：选中要删除的对象，在绘图区域中单击鼠标右键，然后选择【删除】选项。

应用举例：

快速删除图 7-1（a）所示圆柱投影图，结果 7-1（b）所示。

点击右侧工具栏按钮，选中圆柱投影图，按回车键即可；或选中圆柱投影图，点击右侧工具栏按钮即可。

7.1.2　撤　销

在绘制图形过程中有时需要返回到之前的状态，即放弃一系列的操作，或者不小心删除了复杂的图形，我们可以通过【撤销】命令来实现，但是不能放弃对当前图形的外部操作（如打印或写入文件）。

操作方法：

（1）命令：Undo(U 或 Ctrl+Z)。

（2）工具栏：【标准】工具栏第 13 个按钮。

（3）快捷菜单：在无命令运行和无对象选定的状态下，在绘图区域单击鼠标右键，然后选择【放弃】选项。

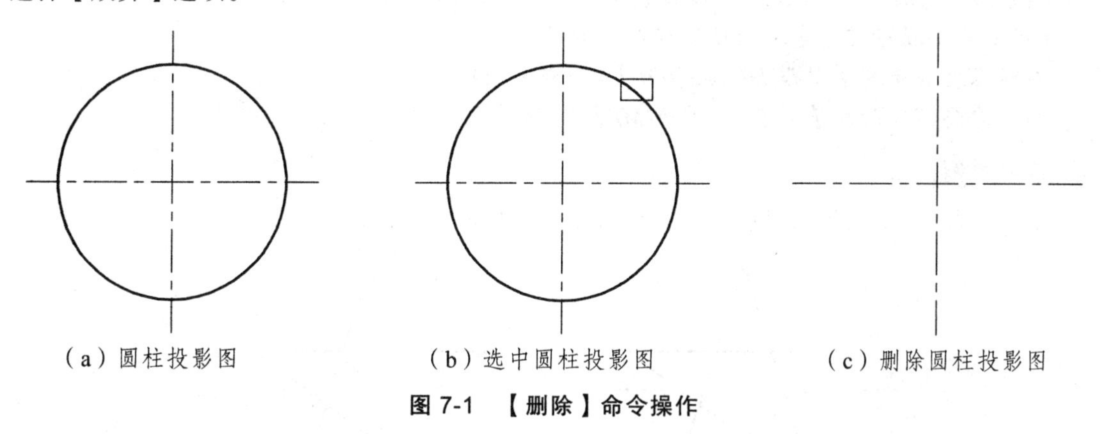

（a）圆柱投影图　　（b）选中圆柱投影图　　（c）删除圆柱投影图

图 7-1　【删除】命令操作

7.2　一个对象变多个对象类编辑

在图形的绘制过程中，用户经常遇到需要批量绘制完全一样的对象，为了节省时间，提高效率，常常可以通过一个对象变多个对象的方式来实现，这种操作主要包括复制、镜像、偏移及阵列命令。

7.2.1　复　制

【复制】命令用来复制一个已绘制的对象，并把它粘贴到任意指定位置，它与【移动】命令相似，所不同的是原对象还保留在它以前的位置。

操作方法：

（1）菜单栏：【修改】/【复制】。

（2）命令：Copy(Co)。

（3）工具栏：【修改】工具栏第 2 个按钮。

（4）快捷菜单：选择要复制的对象，在绘图区域中单击鼠标右键，单击【复制选择】。

操作步骤：

➢ 命令：_copy

➢ 选择对象：

（选中要进行复制的对象）

➢ 当前设置：复制模式=多个

➢ 指定基点或[位移(D)/模式(O)]<位移>：

（此处指定一个基点，注意该点是复制完成后粘贴时用以对准新位置的点）

➢ 指定第二个点或<使用第一个点作为位移>：

（指定第二个基点，即新位置点；如果在【指定第二个点】提示下按回车键，则第一个点将被认为是相对 X，Y，Z 位移。例如，如果指定基点坐标为（3，4），并在下一个提示下按回车键，对象将被复制到距其当前位置沿 X 方向 3 个单位，Y 方向 4 个单位的位置）

（指定的两点定义一个矢量，确定复制的对象移动的距离和方向）

（此处若要进行重复复制，可进行如下操作：

提示指定基点或【位移(D)/模式(O)】<位移>：O

输入复制模式选项【单个(S)/多个(M)】<多个>）

应用举例：

以轴心为基点，把五角星从 A 处复制到 B 处，如图 7-2 所示。

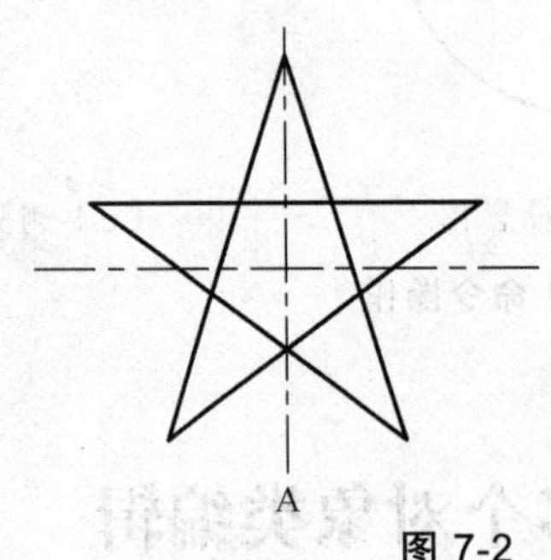

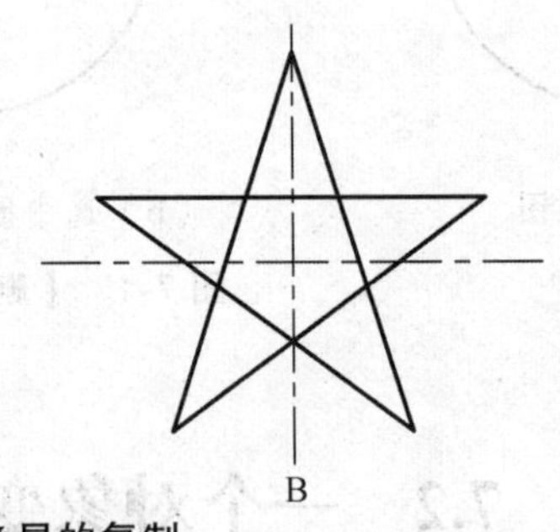

图 7-2　五角星的复制

操作步骤：

➢ 命令：_copy

➢ 选择对象：找到 5 个

（此处选中五角星）

➢ 选择对象：

（此处单击右键表示对象选择完毕）

➢ 指定基点或【位移(D)/模式(O)】<位移>：

（选择五角星所在的轴心）

➢ 指定第二个点或<使用第一个点作为位移>:

(此处可以打开正交选择五角星所在的轴心的竖向线上任一点)

➢ 指定第二个点或【退出(E)/放弃(U)】<退出>:

(按回车键退出)

提示：若要继续重复复制，在点回车键退出之前，可以继续选择要粘贴的位置；若按回车键退出以后要继续执行复制命令，可再次点击回车键。

7.2.2 镜　像

在绘图过程中常需绘制对称图形，调用【镜像】命令可以帮助用户完成具有对称性或部分对称性图样的绘制，将指定的对象按给定的镜像线（通常通过指定两点来指定对称轴线）镜像处理。对称线可以是任意方向的，镜像后用户可根据需要选择是否删除原对象。

操作方法：

（1）菜单栏：【修改】/【镜像】。

（2）命令：Mirror(Mi)。

（3）工具栏：【修改】工具栏第 3 个按钮。

操作步骤：

➢ 命令：_mirror

➢ 选择对象：

(使用对象选择方法选择对象并按回车键结束选择)

➢ 指定镜像线的第一点：

➢ 指定镜像线的第二点：

(指定的两个点将成为直线的两个端点，选定对象相对于这条直线被镜像)

➢ 要删除源对象吗？【是(Y)/否(N)】<否>:

(此处操作可以选择是否保留原对象，输入 N 或按回车键不删除原对象，输入 Y 则原对象被删除)

应用举例：

以直线 *CD* 为镜像线，镜像起居室沙发图形对象，原对象如图 7-3（a）所示，图 7-3（b）为不删除原对象效果，图 7-3（c）为删除原对象效果。

➢ 命令：_mirror

➢ 选择对象：找到 1 个

(点选沙发)

➢ 选择对象：

(此处单击右键表示对象选择完毕)

➢ 指定镜像线的第一点：

(捕捉点 C)

➢ 指定镜像线的第二点：

（捕捉点 D）

➢ 要删除源对象吗？【是(Y)/否(N)】<N>:

（保留原有图形，结果如图 7-3（b）所示）

（此处若按提示输入 Y 则删除原对象，结果如图 7-3（c）所示）

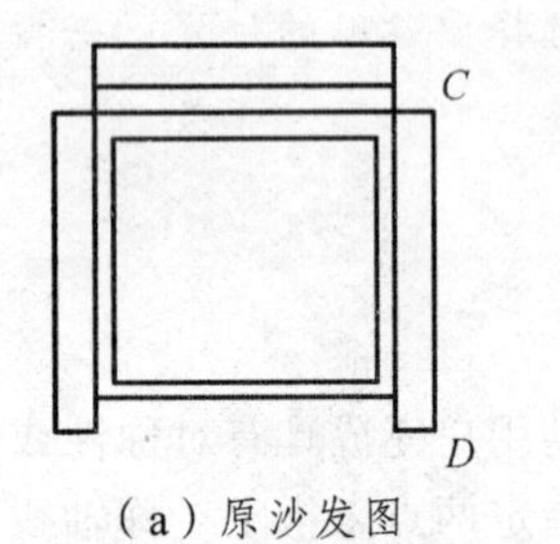

（a）原沙发图

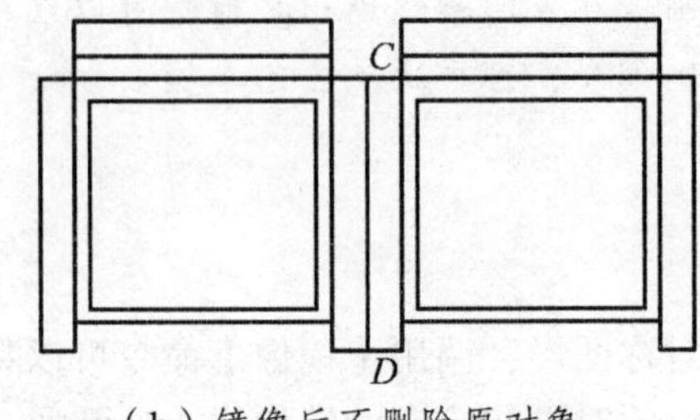

（b）镜像后不删除原对象

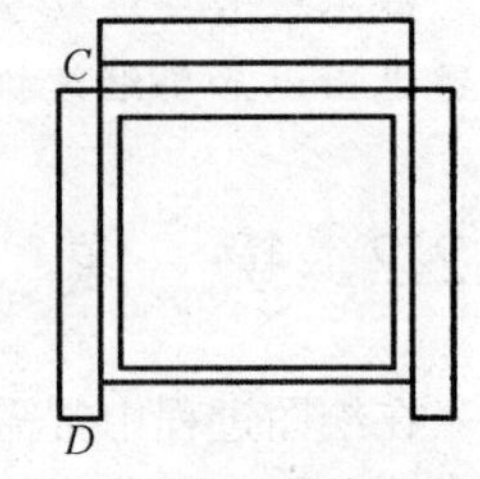

（c）镜像后删除原对象

图 7.3 【镜像】命令操作

提示：在 AutoCAD2008 中，使用系统变量 Mirrtext 可以控制文字对象的镜像方向。如果 Mirrtext 的值为 1，则文字对象完全镜像，镜像出来的文字变得不可读；如果 Mirrtext 的值为 0，则文字对象方向不镜像。系统默认值为 0。

7.2.3 偏 移

【偏移】命令可以创建与原始对象造型相平行的新对象。当等距偏移一个对象时，需指定等距偏移的距离和偏移方向，也可以指定一个偏移对象通过的点。在 AutoCAD2008 中，可以使用【偏移】命令，对指定的直线、圆弧、圆等对象作同心偏移复制。在实际应用中，常利用【偏移】命令的特性创建平行线或等距离分布图形。

操作方法：

（1）菜单栏：【修改】/【偏移】。

（2）命令：Offset(O)。

（3）工具栏：【修改】工具栏中第 4 个按钮。

操作步骤：

➢ 命令：_offset

➢ 当前设置：删除源=当前值图层=当前值 OFFSETGAPTYPE=当前值

➢ 指定偏移距离或【通过(T)/删除(E)/图层(L)】<当前>:

（此处输入偏移距离或选定两点，以两点间距为偏移距离；或通过【通过(T)】选项让平行对象通过一个定点；或通过【删除(E)】选项设定是否删除源对象；或通过【图层(L)】选项设定新对象所在的图层）

➢ 选择要偏移的对象或【退出(E)/放弃(U)】<退出>:

（此处选中要平行的对象，然后单击右键表示对象选择完毕）

➢ 指定要偏移的那一侧上的点，或【退出(E)/多个(M)/放弃(U)】<退出或下一个对象>:

（此处需点击对象要偏移一侧的位置；或通过【退出(E)】选项退出命令；或通过【多个

(M)】选项重复使用当前偏移距离多次进行偏移操作；或通过【放弃(U)】选项恢复到前一个偏移）

应用举例：

以绘制楼梯平面投影图为例，如图 7-4 所示。7-4（a）所示为偏移前的图，7-4（b）所示为偏移后的楼梯平面图。

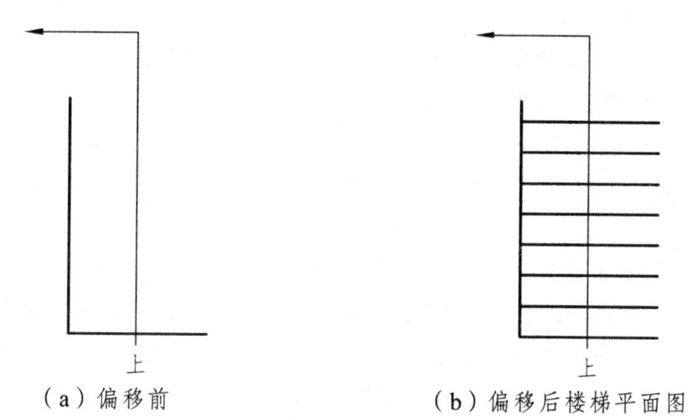

图 7-4　【偏移】命令操作

操作步骤：

➢ 命令：_offset

➢ 当前设置：删除源=否　图层=当前　OFFSETGAPTYPE=0

➢ 指定偏移距离，或【通过(T)/删除(E)/图层(L)】<1.0000>：150

（此处输入偏移距离 150）

➢ 选择要偏移的对象，或【退出(E)/放弃(U)】<退出>：

（此处选择偏移对象）

➢ 指定要偏移的那一侧上的点，或【退出(E)/多个(M)/放弃(U)】<退出>：

（此处点击要偏移一侧任意位置。此处已完成一次偏移）

➢ 选择要偏移的对象，或【退出(E)/放弃(U)】<退出>：

（此处已选择新偏移对象）

指定要偏移的那一侧上的点，或【退出(E)/多个(M)/放弃(U)】<退出>：

（点击偏移一侧任一位置，此处又完成一次偏移）

➢ 选择要偏移的对象，或【退出(E)/放弃(U)】<退出>：

（点击偏移一侧任一位置，此处又完成一次偏移）

➢ 指定要偏移的那一侧上的点，或【退出(E)/多个(M)/放弃(U)】<退出>：

（点击偏移一侧任一位置，此处又完成一次偏移）

➢ 选择要偏移的对象，或【退出(E)/放弃(U)】<退出>：

（选择新偏移对象）

➢ 指定要偏移的那一侧上的点，或【退出(E)/多个(M)/放弃(U)】<退出>：

（点击偏移一侧任一位置，此处又完成一次偏移）

（重复以上操作直到偏移完成结束）

提示：

（1）可偏移的对象包括直线、样条曲线、圆弧、圆、多边形和二维多段线，不能偏移的有面域对象、三维实体（表面除外）及文字。

（2）对直线、构造线、射线执行偏移命令时，实际是它们的平行线，长度不会发生变化；对圆和圆弧执行偏移命令后，圆弧的长度会发生变化，圆的半径会发生变化；对椭圆执行偏移命令后其轴长会发生变化。

（3）偏移多段线或样条曲线时，将偏移所有顶点设成控制点，如果把某个顶点偏移到样条曲线或多段线的一个锐角内时，则可能出错。

7.2.4 阵 列

在一张图中，需要在矩形或环形（圆形）阵列中创建对象的副本时，可采用【阵列】命令。比如，绘制建筑立面的门窗等。有时候虽然可以采用镜像、偏移或者复制等命令来完成，但是对于大量的等距复制，操作起来较浪费时间，这时候用户可以采用【阵列】命令来完成。【阵列】可以分为【矩形阵列】和【环形阵列】两种，【矩形阵列】是指所有对象排成矩形方阵，【环形阵列】是指所有对象绕某个圆心排成环状。

操作方法：

（1）菜单栏：【修改】/【阵列】命令。

（2）命令：Array（Ar）。

（3）工具栏：【修改】工具栏第 5 个按钮。

执行以上任一操作后将弹出如图 7-5 所示的对话框。

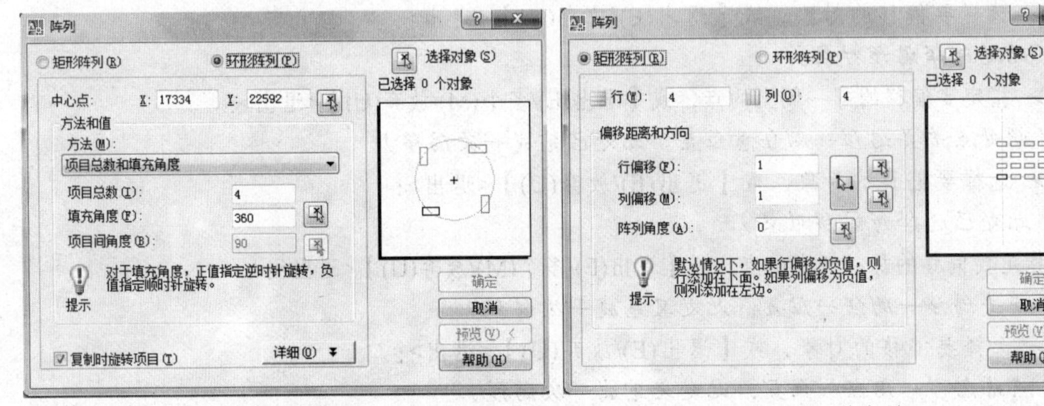

（a）矩形阵列　　　　（b）环形阵列

图 7-5 【阵列】对话框

图 7-5（a）和 7-5（b）分别为【矩形阵列】和【环形阵列】对话框。两对话框的各项含义说明如下：

1. 矩形阵列

【选择对象】指定用于构造阵列的对象。可以在【阵列】对话框显示之前或之后选择对象。

要在【阵列】对话框显示之后选择对象，请点击【选择对象】,【阵列】对话框将暂时关闭。返回 AutoCAD 绘图工作界面，用户可以选择要进行阵列处理的对象，完成选择对象后，单击右键返回【阵列】对话框，并且选定对象将显示在【选择对象】按钮下面，按回车键确认后返回【阵列】对话框。

【行】确定矩形阵列的行数。如果只指定了一行，则必须指定多列。如果为此阵列指定了许多行和许多列，它可能要花费一些时间来创建副本。默认情况下，在一个命令中可以生成的阵列元素最大数目为 100,000。该限制值由注册表中的 MAXARRAY 设置进行设置。例如，要将上限重设为 200,000，可在命令行提示下输入（setenv"MaxArray" "200000"）。

【列】确定矩形阵列的列数。如果只指定了一列，则必须指定多行。

【行偏移】确定矩形阵列的行间距。要向下添加行，请指定负值。要使用定点设备指定行间距，请用【拾取两者偏移】按钮或【拾取行偏移】按钮。

【列偏移】确定矩形阵列的列间距。要向左添加列，请指定负值。要使用定点设备指定列间距，请用【拾取两者偏移】按钮或【拾取列偏移】按钮。

【阵列角度】确定矩形阵列的旋转角度。此角度通常为 0，因此行和列与当前 UCS 的 *X* 和 *Y* 坐标轴正交。使用 UNITS 可以更改测量单位。阵列角度受 ANGBASE 和 ANGDIR 系统变量影响。

2. 环形阵列

【选择对象】与矩形阵列操作相同。

【中心点】用于设置环形阵列的圆心。用户可以在对应的文本框中直接输入 *x* 和 *y* 坐标，也可以单击“拾取中心点”按钮在绘图区域中直接选取，方便起见通常都采用拾取的方式。

【环形阵列设置的处理方式】在下拉菜单根据需要选择。AutoCAD 提供了 3 种方式：

◆【项目总数和填充角度】: 设置环形阵列中所需阵列对象数目及所围成的角度，例如项目总数是 10，填充角度为 270°，则每个阵列项目的夹角就是 30°，绕所选中心逆时针阵列，如图 7-6 所示的项目总数和填充角度阵列法。

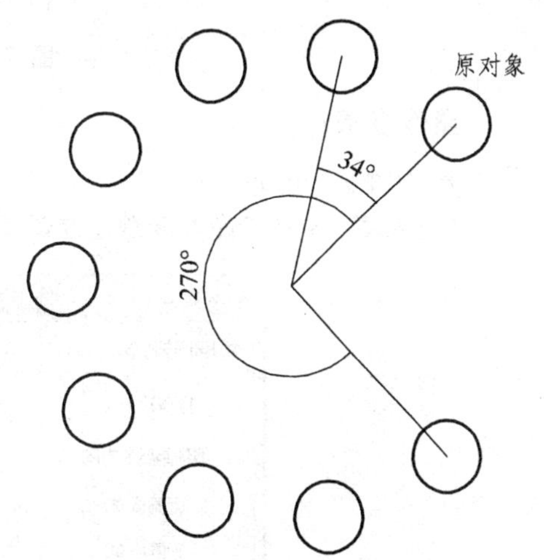

图 7-6　项目总数和填充角度阵列法

◆【项目总数和项目间的角度】: 设置环形阵列中所需阵列对象数目及对象之间的夹角。

◆【填充角度和项目间的角度】: 设置环形阵列围成的角度和阵列对象之间的夹角。

【复制时旋转项目】用于设置阵列对象时是否旋转对象。

应用举例：

➢ 矩形阵列

将图 7-7（a）所示的墙体立面玻璃装饰进行矩形阵列，结果如图 7-7（b）所示。

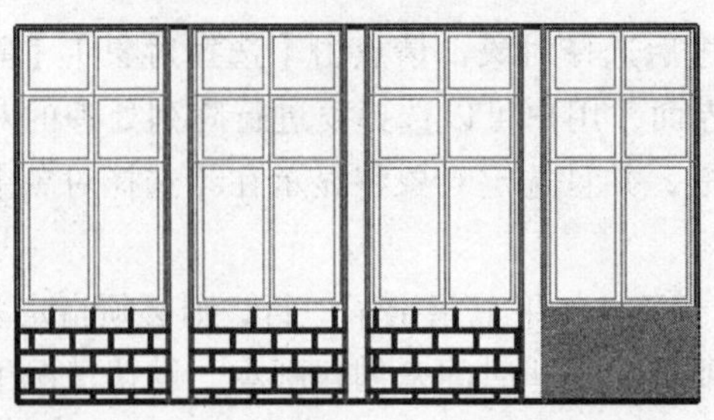

(a) 阵列前墙体立面玻璃装饰

(b) 阵列后墙体立面玻璃装饰

图 7-7 【矩形阵列】示例

操作步骤：

➢ 命令：_array

(进入图 7-8 所示的对话框进行设置，完成相关设置后单击【选择对象】按钮进行对象的选择)

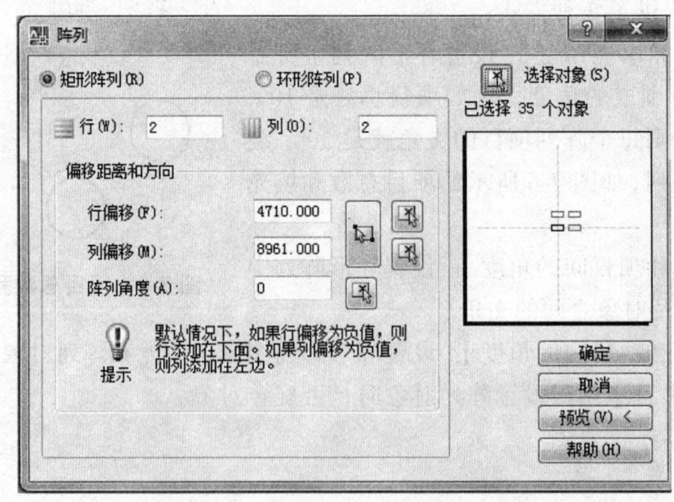

图 7-8 【矩形阵列】设置对话框

➢ 选择对象：指定对角点：找到 35 个

（选择图 7-7（a）所示图形）

➢ 选择对象：

（单击右键表示对象选择完毕，回到图 7-8 所示的对话框，单击【确定】按钮）

（2）环形阵列

将图 7-9（a）所示的路面装饰进行环形阵列，结果如图 7-9（b）所示。

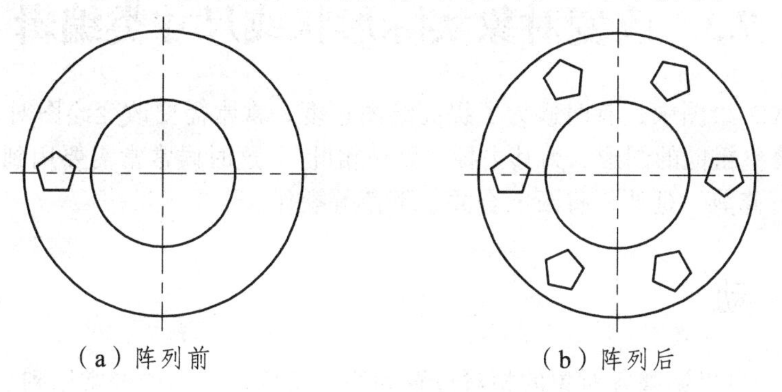

（a）阵列前　　（b）阵列后

图 7-9　路面装饰阵列操作

操作步骤：

➢ 命令：_array

（进入图 7-10 所示对话框进行设置，完成相关设置后单击【选择对象】按钮进行对象的选择）

➢ 选择对象：指定对角点：找到 35 个

（选择图 7-9（a）所示图形）

➢ 选择对象：

（单击右键表示对象选择完毕，回到图 7-10 所示的对话框，单击【确定】按钮）

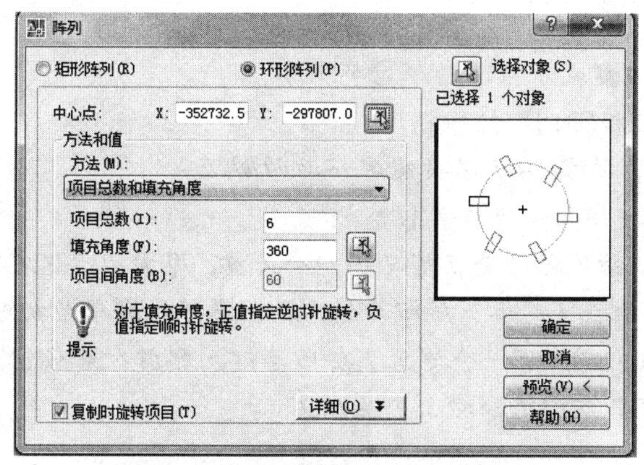

图 7-10　环形阵列设置对话框

提示：

（1）对矩形阵列而言，如果行间距为正数，则由原图向上排列；反之，向下排列。如果列间距为正数，则由原图向右排列；反之，向左排列。如果按单位网格阵列，则单位网格上两点的位置及点取的先后顺序确定了阵列方式。

（2）对环形阵列而言，如果输入角度为正值，则表示沿逆时针方向环形阵列；如果输入角度为负值，则表示沿顺时针方向环形阵列。如果选择“复制时旋转”按钮，则阵列每个对象时按位置旋转相应的角度。

（3）可以单独操作阵列中的每个对象。如果选择多个对象，则在进行复制和阵列操作过程中，这些对象将被视为一个整体进行处理。

7.3 改变对象实际形状或尺寸类编辑

在 AutoCAD 绘图中，有时候为了提高绘图速度，常常需要改变绘图对象的位置、形状等，或者需要修整粗糙的图形，为其去掉“繁枝粗叶”，这时候常常需要用到移动、旋转、比例缩放、拉长、修剪、延伸、打断、合并、倒角等操作。

7.3.1 移 动

【移动】命令可以调整各对象的相对位置和绝对位置，绘图中经常用到。

操作方法：

（1）菜单栏：【修改】/【移动】。

（2）命令：Move(M)。

（3）工具栏：【修改】工具栏第 6 个按钮✣。

（4）快捷键：选择要移动的对象，并在绘图区域中单击鼠标右键。选择【移动】选项。

操作步骤：

➢ 命令：_move

➢ 选择对象：

（选择对象，单击右键表示对象选择完毕）

➢ 指定基点或【位移(D)】<位移>：

（指定基点或通过【位移(D)】选项设定移动的间距）

➢ 指定第二点或<使用第一点作为位移>：

（指定要粘贴的点，指定的两个点定义了一个矢量，用于指示选定对象要移动的距离和方向，如果在【指定第二个点】提示下按回车键，第一点将被解释为相对 X，Y，Z 位移。例如，如果指定基点为（2，3）并在下一个提示下按回车键，则该对象从它当前的位置开始在 X 方向上移动 2 个单位，在 Y 方向上移动 3 个单位）

应用举例：

将图 7-11（a）所示的窗户投影图的 A 部分移动到图 7-11（b）中 B 的位置。

操作步骤：

➢ 命令：_move

➢ 选择对象：找到 33 个

（选择窗户投影 A 部分，如图 7-11（a）所示）

➢ *选择对象：*

（单击右键表示对象选择完毕）

➢ 指定基点或【位移(D)】<位移>:

（选择矩形 A 顶边中点）

➢ 指定第二个点或<使用第一个点作为位移>:

（选择矩形 B 顶边中点）

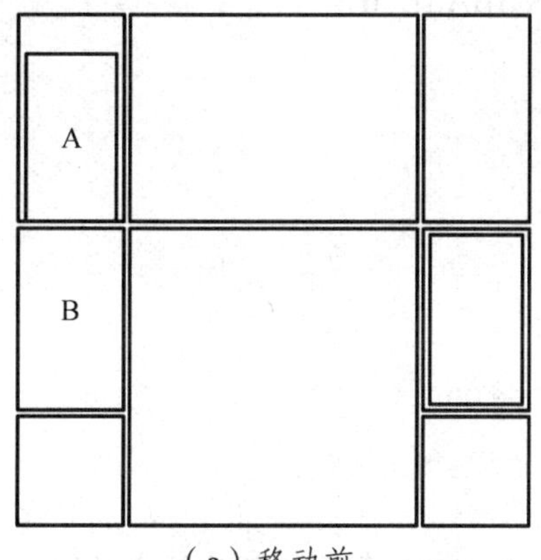

（a）移动前

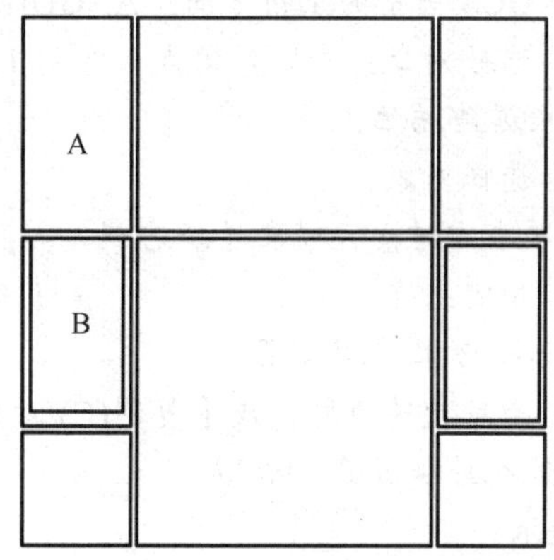

（b）移动后

图 7-11　窗户投影部分移动操作

7.3.2　旋　转

与【移动】命令类似，【旋转】命令可以将对象绕某个点进行旋转。

操作方法：

（1）菜单栏：【修改】/【旋转】。
（2）命令：Rota(Ro)。
（3）工具栏：【修改】工具栏第 7 个按钮。
（4）快捷键：选择要移动的对象，并在绘图区域中单击鼠标右键。选择【旋转】选项。

操作步骤：

➢ 命令：_rotate

➢ UCS 当前的正角方向：ANGDIR=当前值，ANGBASE=当前值

➢ 选择对象：

（选择要旋转的对象）

➢ 指定基点：

（指定对象旋转时的中心点位置）

➢ 指定旋转角度或【复制(C)/参照(R)】:

（此处输入对象将要绕基点旋转的角度；或通过【复制(C)】选项在旋转的同时执行【复制】命令，即多创建一个对象出来后再进行旋转；或通过【参照(R)】选项指定两点以重新指定一个参照方向，并通过指定该参照方向的新方向以实现对象的旋转）

应用举例：

将图 7-12（a）所示的盥洗池沿逆时针旋转 90°，到得如图 7-12（b）所示的图形。

操作步骤：

➢ 命令：_rotate

➢ UCS 当前的正角方向：ANGDIR=逆时针，ANGBASE=0

➢ 选择对象：指定对角点：找到 1 个

（框选盥洗池）

➢ 选择对象：

（单击右键表示对象选择完毕）

➢ 指定基点：

（选择对象中间位置）

➢ 指定旋转角度，或【复制(C)/参照(R)】<20>：－90

（输入旋转角度－90°）

提示：

（1）默认角度测量方向下，输入正数向逆时针旋转，输入负数向顺时针旋转。

（2）实际工作中【参照】旋转方式经常使用，因为可以大大节约用户计算旋转角度的时间。

（3）其中复制选项不删除原来位置的图形对象。

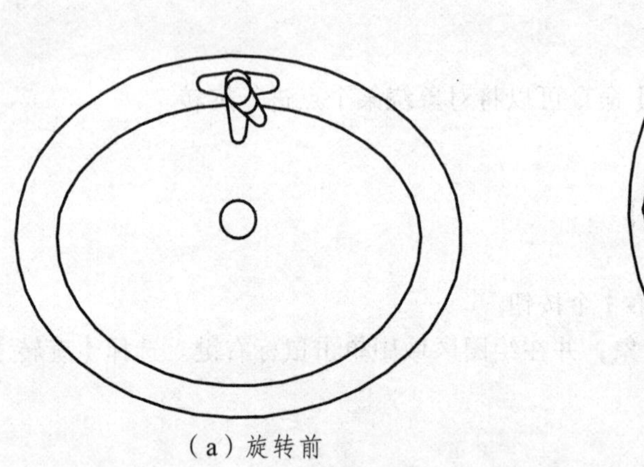

（a）旋转前

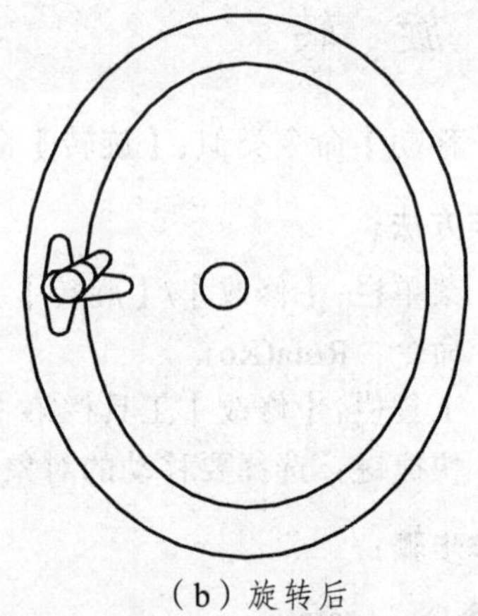

（b）旋转后

图 7-12　盥洗池旋转操作

7.3.3　比例缩放

【比例缩放】是一个非常有用且节省时间的编辑命令，它可按用户的需要将任意图形放大或缩小，而不需重画。该命令可以把选择的对象，在 *X*、*Y*、*Z* 方向以相同的比例放大或缩小，由于三个方向的缩放率相同，因此保证了缩放对象的形状不变。

操作方法：

（1）菜单栏：【修改】/【缩放】。

（2）命令：Scale(Sc)。

（3）工具栏：【修改】工具栏第 8 个按钮。

（4）快捷键：选择要移动的对象，并在绘图区域中单击鼠标右键。选择【缩放】选项。

操作步骤：

➢ 命令：_scale

➢ 选择对象：

（选择要进行缩放的对象）

➢ 指定基点：

（指定缩放的基点，放大对象时，所有轮廓远离基点，缩小图形时所有轮廓向基点靠拢）

➢ 指定比例因子或【复制(C)/参照(R)】:

（此处输入缩放的比例因子；或通过【复制(C)】选项复制出一个新的对象后再执行缩放命令；或通过【参照(R)】选项指定两点来确定一条参照线，然后再输入新的参照线长度以实现缩放对象，此时的比例因子由软件自动计算，比例因子等于=新参照线长度 /原参照线长度）

应用举例：

将图 7-13（a）所示的天井缩小一半，结果如图 7-13（b）所示。

操作步骤：

➢ 命令：_scale

➢ 选择对象：指定对角点：找到 3 个

（框选 7-13（a）所示轮廓）

➢ 选择对象：

（单击右键表示对象选择完毕）

➢ 指定基点：

（捕捉图形对象底部中点为基点，缩放将以所选的基点为中点进行）

➢ 指定比例因子或【复制(C)/参照(R)】<1.7881>：0.5

（输入比例因子 0.5，表示图形将缩小为原来的一半大小）

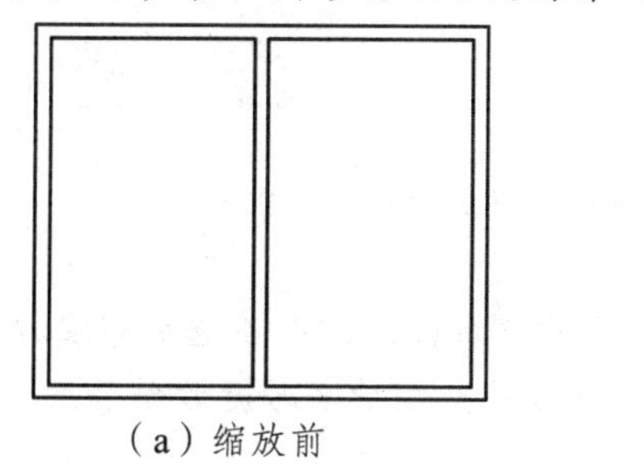

（a）缩放前

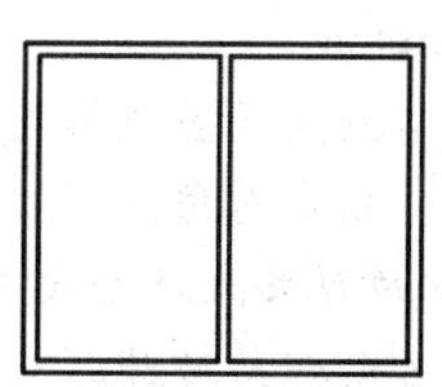

（b）缩放后

图 7-13　天井缩放操作

提示：

（1）缩放系数位于 0～1 时，对象将缩小；缩放系数大于 1，则对象放大；缩放系数等于 1 时，对象不变。

（2）将所选对象按参考的方式缩放。按命令执行完操作后，AutoCAD 会根据参考长度的值自动计算缩放系数，然后进行相应的缩放。

（3）使用缩放命令时若有文字，文字也随之缩放。

7.3.4 拉　伸

【拉伸】命令可以在任一个方向上按用户所确定的尺寸拉伸和移动以交叉窗口选定的图形，比如用户可以把正方形拉伸为长方形，但不改变图形的宽度。

操作方法：

（1）菜单栏：【修改】/【拉伸】。
（2）命令：Stretch(S)。
（3）工具栏：【修改】工具栏第 9 个按钮。

操作步骤：

➢ 命令：_stretch
➢ 以交叉窗口或交叉多边形选择要拉伸的对象...
（此处应以从右往左拉出的交叉选框来选择对象，要被拉伸变形的部分应与选框的边相交，要移动的部分应完全被选框框中）
➢ 选择对象：
（单击右键表示对象选择完毕）
➢ 指定基点或【位移(D)】<上次位移>:
（此处可以指定拉伸的第一个基点即起始点；或通过【位移(D)】选项指定要拉伸的距离）
➢ 指定第二点或<使用第一点作为位移>:
（此处可以指定拉伸对象的第二个基点，即拉伸的终点；或直接回车，将第一点的坐标值作为位移值）

应用举例：

将图 7-14（a）所示的床拉长，结果如图 7-14（b）所示。

操作步骤：

➢ 命令：_stretch
➢ 以交叉窗口或交叉多边形选择要拉伸的对象...
➢ 选择对象：指定对角点：找到 4 个
（选定要拉伸的对象，此处仅希望将床向右侧拉长，因此在选中对象时要注意，应按图 7-14（a）所示从右侧拉出虚线的交叉选框，然后完全框中床的最右侧轮廓，并让床的上下轮廓与虚线选框相交）
➢ 选择对象：
（单击右键表示对象选择完毕）
➢ 指定基点或【位移(D)】<位移>:
（选择拉伸基点）
➢ 指定第二个点或<使用第一个点作为位移>:
（确定拉伸终点）

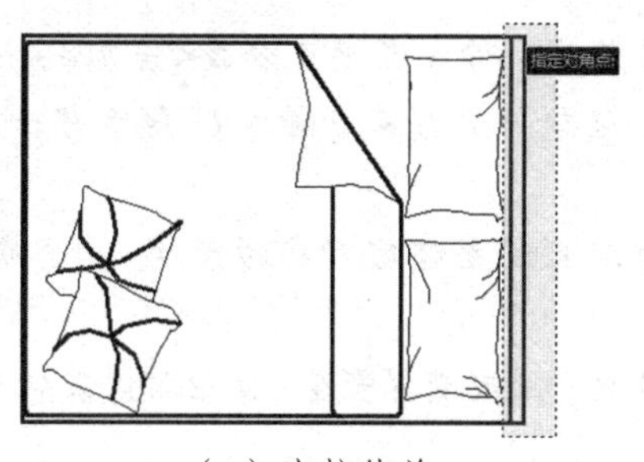

（a）床拉伸前

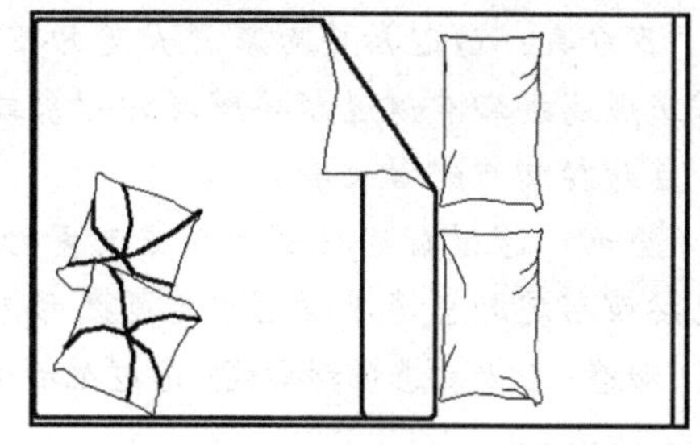

（b）床拉伸后

图 7-14　床的拉伸操作

提示：

（1）选取对象时，若整个实体都在选取窗口内，则执行的结果等同于执行【移动】命令；若只有一端在选取窗口内，另一端在选取窗口外，则遵循如下的拉伸规则：

◆对于线、等宽线、区域填充等图形，窗口外的端点不动，窗口内的端点移动，从而改变图形。

◆对于圆弧，窗口外的端点不动，窗口内的端点移动，圆弧的弦高保持不变，从而改变图形。

◆对于多段线，与直线、圆弧相似，同时，多段线的两端宽度切线方向以及曲线拟合信息都不改变。

◆对于圆、形、块、文本和属性定义，如果其定义点位于选取窗口内，则对象移动；否则不动。

（2）要拉伸对象必须以窗交或者圈交的方式进行。

7.3.5　拉　长

【拉长】命令用于修改对象（如直线、圆弧、不封闭的多段线、椭圆弧、不封闭的样条曲线）长度或圆弧的包含角。

操作方法：

（1）菜单栏：【修改】/【拉长】。

（2）命令：Lengthen。

操作步骤：

➢ 命令：_lengthen

➢ 选择对象或【增量(DE)/百分数(P)/全部(T)/动态(DY)】:

（此处可选择一个对象，将会显示其长度及包含角（若是圆弧）；或选择【增量(DE)】、【百分数(P)】、【全部(T)】、【动态(DY)】中的某个拉长类型）

➢ 当前长度：

（此处显示被选中对象的长度，若是圆弧类对象，则还显示其包含角）

➢ 选择对象或【增量(DE)/百分数(P)/全部(T)/动态(DY)】:

（输入选项增量以指定的增量来修改对象的长度，该增量从距离选择点最近的端点处开始测量。差值以指定的增量来修改圆弧的角度，该增量从距离选择点最近的端点处开始测量。正值为扩展对象，负值为修剪对象）

（百分数：通过指定对象总长度的百分数设置对象长度。输入长度百分数<当前>：输入非零正值或按回车键选择要修改的对象或【放弃(U)】：选择一个对象或输入 U 提示将一直重复，直到按回车键结束命令）

（全部：通过指定从固定端点测量的总长度的绝对值来设置选定对象的长度。“全部”选项也按照指定的总角度设置选定圆弧的包含角）

（动态：打开动态拖动模式。通过拖动选定对象的端点之一来改变其长度。其他端点保持不变）

应用举例：

拉长如图 7-15（a）所示的圆弧使之变成半圆，结果如图 7-15（b）所示。

操作步骤：

➢ 命令：_lengthen

➢ 选择对象或【增量(DE)/百分数(P)/全部(T)/动态(DY)】:

（此处选中 7-15（a）所示的圆弧，以查看其长度和包含角，以确定拉长类型）

➢ 当前长度：524.3674，包含角：90

（根据查看的参数，确定采用【增量】类型）

➢ 选择对象或[增量(DE)/百分数(P)/全部(T)/动态(DY)]：DE

（输入 DE 并回车，执行【增量】类型）

➢ 输入长度增量或【角度(A)】：A

（此处输入 A 选择角度增量）

➢ 输入角度增量：90

（此处输入要增加的角度增量 90）

➢ 选择要修改的对象或【放弃(U)】:

（此处再次选择要修改的圆弧，要注意，选中对象后，对象会朝选中对象时所点击到的位置所在的一侧进行变化，即以中点为分界，点击哪一侧，那一侧被修改）

（按回车键结束）

提示：

（1）角度增量只能对圆弧类对象进行操作，直线和多线段均不可用。

（2）【增量】类型输入的值表示对象要增加的长度或包含角，正数为增长，负数为缩短。

（3）【全部】类型输入的值是指对象最终要达到的长度或包含角，输入的值大于原值时增长，小于原值时缩短。

（4）【百分数】类型输入的值表示对象最终长度占原长度的百分比，输入的值大于 100 时增长，小于 100 时缩短。

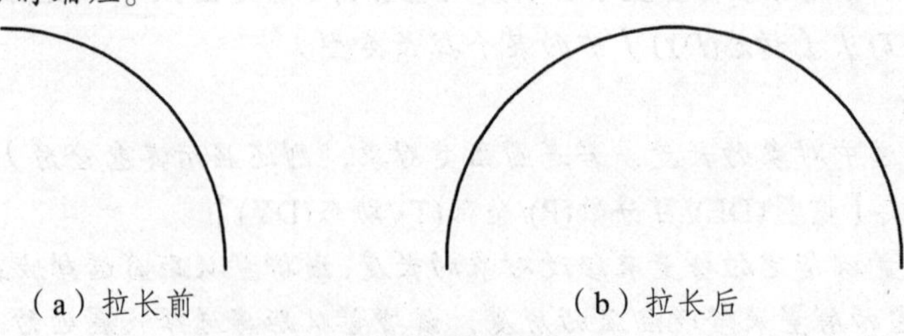

（a）拉长前　　（b）拉长后

图 7-15　【拉长】命令

7.3.6　修　剪

【修剪】命令可以剪切掉对象的某一部分。当对象某一部分多余，只需要去掉对象的一部分时，通过【删除】命令无法实现，可以选择采用修剪的方式完善图形。需要注意的是，修剪命令只能去掉对象的某一部分，不能删除整个对象，因此正常情况下不能当作删除命令来用，除非执行其二级命令【删除（R）】选项。

操作方法：

（1）菜单栏：【修改】/【修剪】。

（2）命令：Trim（Tr）。

（3）工具栏：【修改】工具栏第 10 个按钮-/--。

操作步骤：

➢ 命令：_trim

➢ 当前设置：投影=UCS，边=不延伸

（此处显示修剪模式当前设置）

➢ 选择剪切边...

➢ 选择对象或<全部选择>：

（此处选择作为剪切边界的对象，即指将对象分为保留部分和删除部分的边界对象，若直接回车键表示绘图区域中所有对象均作为剪切边界）

➢ 选择要修剪的对象或按住 Shift 键选择要延伸的对象或【栏选(F)/窗交(C)/投影(P)/边(E)/删除(R)/放弃(U)】：

（此处应用光标选择需要删除的部分对象；或按住【Shift】键执行【延伸】命令操作；或通过【栏选(F)】选择与栏选虚线条相交的对象；或通过【窗交】选项选择与选择框边相交或完全被选择框框中的对象；或通过【投影(P)】选项设定修剪对象时的投影方式；或通过【边(E)】选项设定是否将剪切边界的延长线作为延伸对象；或通过【删除(R)】选项删除整个选中对象；或通过【放弃(U)】选项放弃掉最近一次删除操作）

应用举例：

修剪如图 7-16（a）所示的图形，使之变成两个柱子投影图，结果如图 7-16（b）所示。

操作步骤：

➢ 命令：_trim

➢ 选择剪切边...

➢ 选择对象或<全部选择>：

（实际工作中，一般在此处直接回车或单击右键，将所有对象选择为剪切边界，方便后续操作）

➢ 选择要修剪的对象，或按住 Shift 键选择要延伸的对象，或【栏选(F)/窗交(C)/投影(P)/边(E)/删除(R)/放弃(U)】：

（鼠标左键点击多余部分完成修剪，可连续操作）

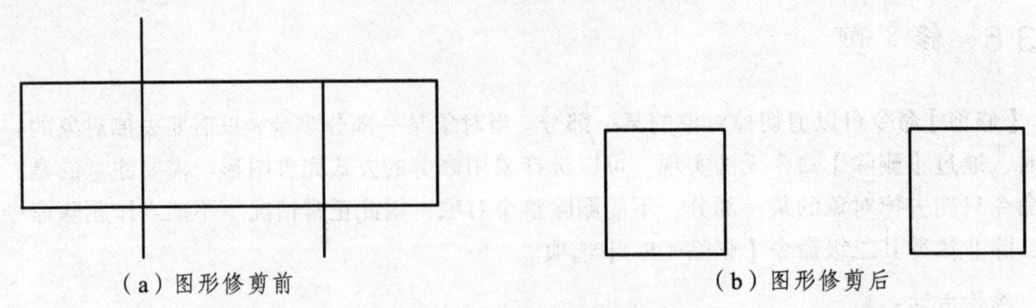
（a）图形修剪前　　（b）图形修剪后

图 7-16　【修剪】命令

提示：

（1）使用修剪命令修剪对象，第一次选取的对象是剪切边界而非被修剪对象。

（2）使用修剪命令不可以剪切尺寸线。

（3）修剪命令操作过程中按住【Shift】键相当于执行【延伸】命令，放掉后又切换回【修剪】命令。

7.3.7　延　伸

【延伸】命令可延长线性对象的长度到指定边界线位置。此命令和【修剪】命令的效果刚好相反，其实际操作是可以相互切换的。

操作方法：

（1）菜单栏：【修改】/【延伸】。

（2）命令：Extend（Ex）。

（3）工具栏：【修改】工具栏第 11 个按钮--/。

操作步骤：

➢ 命令：_extend

➢ 当前设置：投影=当前值，边=当前值

（此处显示延伸模式当前设置）

➢ 选择边界的边…

➢ 选择对象或<全部选择>：

（此处选择作为延伸边界的对象，即指对象要延长到的具体边界，若直接回车表示绘图区域中所有对象均作为延伸边界）

➢ 选择要延伸的对象，或按住 Shift 键选择要修剪的对象，或【栏选(F)/窗交(C)/投影(P)/边(E)/放弃(U)】：

（此处应用光标选择需要延伸的对象，并注意选中要延长的一端；或按住【Shift】键执行【修剪】命令操作；或通过【栏选(F)】选择与栏选虚线条相交的对象；或通过【窗交】选项选择与选择框边相交或完全被选择框框中的对象；或通过【投影(P)】选项设定延伸对象时的投影方式；或通过【边(E)】选项设定是否将延伸边界的延长线作为延伸边界）

应用举例：

将图 7-17（a）所示图形的直线 *A* 延伸，使之与直线 *B* 相接，结果如图 7-17（b）所示。

操作步骤：

➢ 命令：_extend

➢ 选择边界的边...

➢ 选择对象或<全部选择>：

（单击右键将所有对象选择为延伸边界）

➢ 选择要延伸的对象，或按住 Shift 键选择要修剪的对象，或【栏选(F)/窗交(C)/投影(P)/边(E)/放弃(U)】：

（选择要延伸对象需要延长的一端，即选择直线 A 中点靠右侧部位，结果如图 7-17（b）所示；继续点击直线 A 中点靠右侧部位，结果如图 7-17（c）所示；继续点击直线 A 中点靠右侧部位，结果如图 7-17（d）所示）

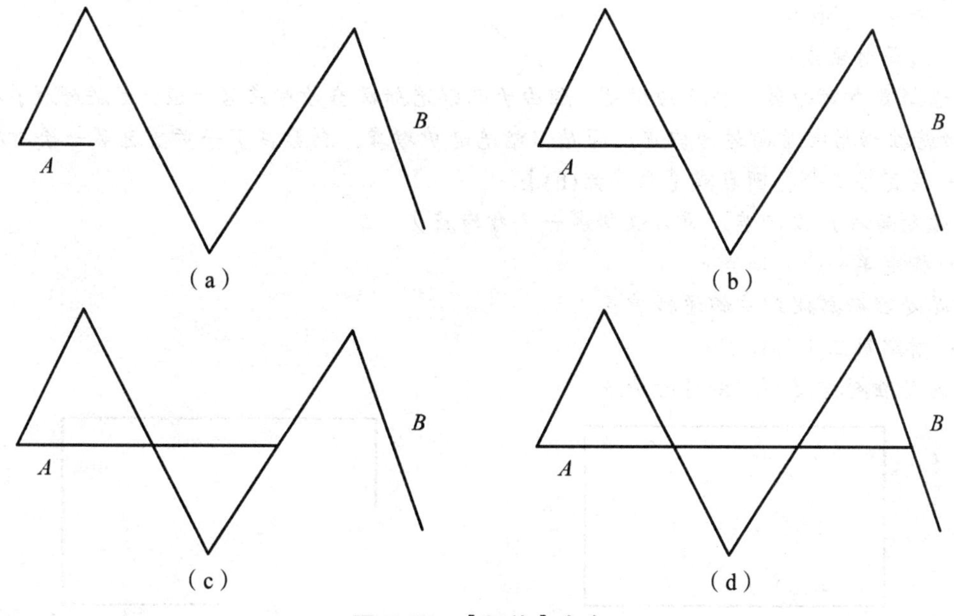

图 7-17　【延伸】命令

7.3.8　打　断

【打断】命令可以把线性对象中某一部分在选中的某点处或某两点间断开，进而删除或者把被选择的对象（可以是直线、弧、圆、多段线、椭圆、样条线、射线）分割成两个部分。

操作方法：

（1）菜单栏：【修改】/【打断】。

（2）命令：Break（Br）。

（3）工具栏：【修改】工具栏第 13 个按钮（【打断】）或第 14 个按钮（【打断于点】）。

提示：执行【打断于点】命令的操作结果可以通过【打断】命令的特殊操作方法得到，

实际工作中基本不用此处不作介绍。

操作步骤：

➢ 命令：_break

➢ 选择对象：

（此处可以选择对象，选中对象时与对象的交点会被默认为第一个打断点）

➢ 指定第二个打断点或【第一点(F)】：指定第二个打断点

（若接受上一步所确定的第一个打断点，则可以继续选择第二个打断点，系统会将两点之间的部分剪切掉；或通过【第一点(F)】选项重新选择第一个打断点）

应用举例：

如图 7-18（a）所示的矩形，将其相邻两边中点之间的部分剪切掉。结果如图 7-18（b）所示。

操作步骤：

➢ 命令：_break

➢ 选择对象或：

（选择要打断的第一个点的位置，但由于此时光标状态为对象选择框，无法通过【对象捕捉】功能准确捕捉左侧边的中点，因此只能先选中对象，然后在下一步重选第一个打断点）

➢ 指定第二个打断点或【第一点(F)】：

（此处输入 F 并回车，重新选择第一个打断点）

➢ 指定第一个打断点：

（此处准确捕捉到左侧边的中点）

➢ 指定第二个打断点：

（此处准确捕捉到下侧边的中点）

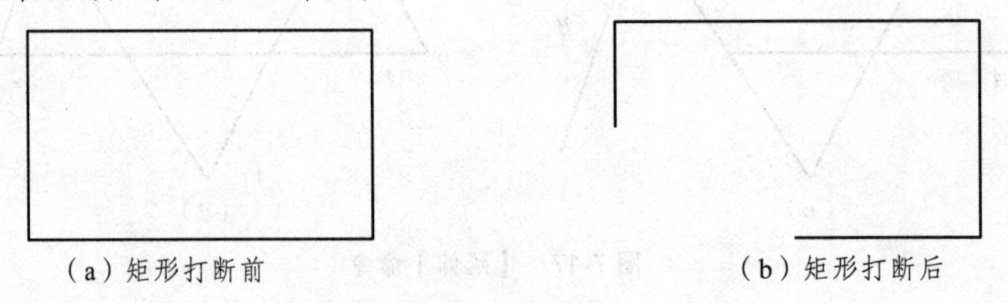

（a）矩形打断前　　　　（b）矩形打断后

图 7-18　【打断】命令

提示：

（1）若需要将对象在某点处分割成为两部分，则第一个打断点和第二个打断点都应指定为该点，或通过【打断于点】命令直接实现。

（2）打断点的拾取是有顺序要求的，默认剪切掉第一个打断点逆时针方向连向第二个打断点的部分。

7.3.9　合　并

【合并】命令可以把两个或多个对象合并成一个完整的对象。

操作方法：

（1）菜单栏：【修改】/【合并】。

（2）命令：Join（J）。

（3）工具栏：【修改】工具栏第 14 个按钮 ↠←。

根据选定的源对象不同，其操作前提不一致，介绍如下：

（1）源对象为直线：要合并的对象必须共线（位于同一无限长的直线上），但它们之间可以有间隙。

（2）源对象为多段线：合并对象可以是直线、多段线或圆弧。对象之间不能有间隙，并且必须位于与 UCS 的 *XY* 平面平行的同一平面上。

（3）源对象为圆弧或椭圆弧：对象必须位于同一圆周或椭圆周上，即为同一个圆或椭圆的几段弧。它们之间可以有间隙。

（4）源对象为样条曲线，合并的样条曲线和螺旋对象必须相接（端点对端点）。结果对象是单个样条曲线。

操作步骤：

➢ 命令：_join

➢ 选择对象：

◆ *（此处若选中直线对象，则下一步显示为）*

➢ 选择要合并到源的直线：选择一条或多条直线并按【Enter】键

（此处选中若干个共线的直线对象，其之间可以有间隙）

◆ *（此处若选中多段线对象，则下一步显示为）*

➢ 选择要合并到源的对象：选择一个或多个对象并按【Enter】键

（此处选中的对象之间不能有间隙，并且必须位于与 UCS 的 XY 平面平行的同一平面上）

◆ *（此处若选中圆弧对象，则下一步显示为）*

➢ 选择圆弧，以合并到源或进行【闭合(L)】：选择一个或多个圆弧并按 Enter 键，或输入 L

（此处选择的若干段圆弧必须位于同一个圆周上；或通过【闭合(C)】选项将该圆弧所在圆周完整还原，注意：合并两条或多条圆弧时，将从源对象开始按逆时针方向进行合并）

◆ *（此处若选中椭圆弧对象，则下一步显示为）*

➢ 选择椭圆弧，以合并到源或进行【闭合(L)】：选择一个或多个椭圆弧并按【Enter】键，或输入 L

（此处选择的若干段椭圆弧必须位于同一个椭圆周上；或通过【闭合(C)】选项将该圆弧所在椭圆周完整还原，注意：合并两条或多条椭圆弧时，将从源对象开始按逆时针方向进行合并）

◆ *（此处若选中样条曲线对象或螺旋线，则下一步显示如下）*

➢ 选择要合并到源的样条曲线或螺旋：选择一条或多条样条曲线或螺旋并按【Enter】键

（此处选择的样条曲线和螺旋对象必须相接(端点对端点)。合并后结果对象均为样条曲线）

应用举例：

将图 7-19（a）所示两段直线合并为一个整体，结果如图 7-19（b）所示。

操作步骤：

➢ 命令：_join

➢ 选择源对象：

（此处选择左侧直线）

➢ 选择要合并到源的直线：找到 1 个

（此处选择右侧直线）

➢ 选择要合并到源的直线：

（单击右键表示对象选择完毕，此时操作立即完成并同时自动退出命令）

➢ 已将 1 条直线合并到源的直线

（a）合并前　　（b）合并后

图 7-19　图形合并

7.3.10　倒　角

在 AutoCAD 绘图过程中，常常会遇到各种折线，这些折线可以直接用直线命令绘制，但实际工作中常用倒角命令来实现。倒角的方式有两种，一种是设定两个倒角距离，一种是设定一个倒角距离和一个倒角角度。

操作方法：

（1）菜单栏：【修改】/【倒角】。

（2）命令：Chamfer（Cha）。

（3）工具栏：【修改】工具栏第 15 个按钮。

操作步骤：

➢ 命令：_chamfer

➢（【修剪】模式）当前倒角距离 1 =0.0000，距离 2 =0.0000

（此处显示当前倒角设置；默认的参数为【修剪】模式，且两个倒角均为 0，若执行一次倒角命令后，此处显示上一次设置的倒角距离）

➢ 选择第一条直线或【放弃(U)/多段线(P)/距离(D)/角度(A)/修剪(T)/方式(E)/多个(M)】:

（此处选择要倒角的第一条线；或通过【放弃(U)】选项恢复在命令中执行的上一个操作；或通过【多段线(P)】选项设定要倒角的对象为多段线，之后若选中多段线，则其所有折线转角处均会按设置的倒角参数进行倒角；或通过【距离(D)】选项设定倒角模式为距离倒角，并设置两个倒角距离值；或通过【角度(A)】选项设定倒角模式为角度倒角，并设置一个倒角距离值及倒角角度；或通过【修剪(T)】选项设定是否将选定的边修剪到倒角直线的端点处；或通过【方式(E)】选项切换距离倒角和角度倒角模式；或通过【多个(M)】选项设定进行多组倒角）

提示：

（1）若倒角距离默认为 0 时，必须先对倒角距离值进行设定，否则直接进行倒角操作会失败，因为没有实际倒角距离。

（2）选择角边时，会将第一个倒角距离对应所选的第一条角边，第二个倒角距离对应所选的第二条角边。

应用举例：

（1）将图 7-20（a）所示的由【正多边形】命令创建的六边形进行倒角，结果如图 7-20（b）所示。

操作步骤：

➢ 命令：_chamfer

➢（“修剪”模式）当前倒角距离 1 = 0.0000，距离 2 = 0.0000

➢ 选择第一条直线或[放弃(U)/多段线(P)/距离(D)/角度(A)/修剪(T)/方式(E)/多个(M)]：D

（此处输入 D 并回车，进行两个倒角距离值的设置步骤）

➢ 指定第一个倒角距离<41.2677>：10

（此处输入第一个倒角距离值 10）

➢ 指定第二个倒角距离<10.0000>：10

（此处输入第二个倒角距离值 10）

➢ 选择第一条直线或[放弃(U)/多段线(P)/距离(D)/角度(A)/修剪(T)/方式(E)/多个(M)]：P

（此处由于是对多段线类对象所有转折处均要倒角，因此输入 P 并回车）

➢ 选择二维多段线：

（此处选择正六边形对象）

➢ 6 条直线已被倒角

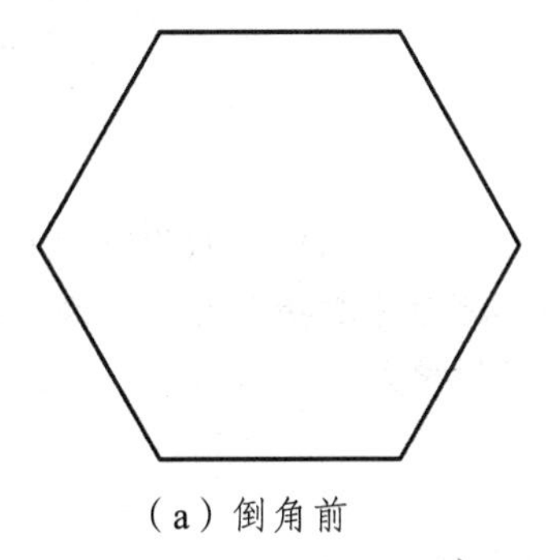

（a）倒角前　　　　（b）倒角后

图 7-20　多段线倒角

（2）对图 7-21（a）所示的两条相交直线进行距离倒角，结果如图 7-21（b）所示。

操作步骤：

➢ 命令：_chamfer

➢（“修剪”模式）当前倒角距离 1 = 0.0000，距离 2 = 0.0000

➢ 选择第一条直线或【放弃(U)/多段线(P)/距离(D)/角度(A)/修剪(T)/方式(E)/多个(M)】：d

（此处当前倒角模式已设置为距离倒角，因此可以不用进行倒角模式切换选择距离方式）

➢ 指定第一个倒角距离<0.0000>：100

（此处设定第一个倒角距离值 100）

➢ 指定第二个倒角距离<10.0000>：200

（此处设定第二个倒角距离值 200）

➢ 选择第一条直线或【放弃(U)/多段线(P)/距离(D)/角度(A)/修剪(T)/方式(E)/多个(M)】:

（选择斜边为第一条倒角边，此时倒角距离值 100 将对应该条边）

➢ 选择第二条直线，或按住 Shift 键选择要应用角点的直线：

（选择水平边卫第二条倒角边，此时倒角距离值 200 将对应该条边）

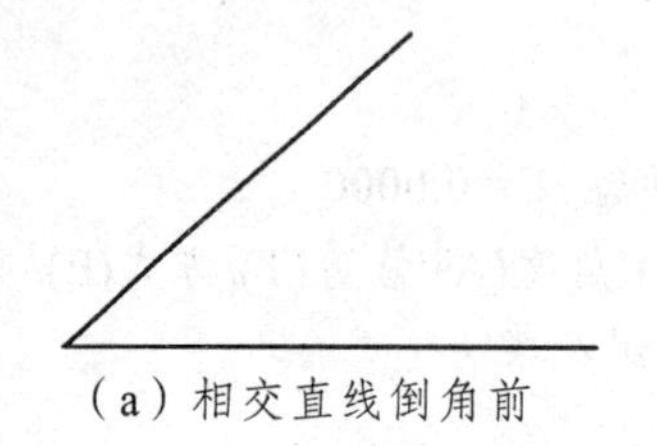

（a）相交直线倒角前　　　　（b）相交直线倒角后

图 7-21　距离倒角

（3）对图 7-22（a）所示两条相交直线进行角度倒角，结果如图 7-22（b）所示。

操作步骤：

➢ 命令：_chamfer

➢（“不修剪”模式）当前倒角距离 1 = 0.0000，距离 2 = 0.0000

➢ 选择第一条直线或【放弃(U)/多段线(P)/距离(D)/角度(A)/修剪(T)/方式(E)/多个(M)】：A

（此处输入 A 并回车，进入角度倒角参数设置）

➢ 指定第一条直线倒角长度<0.0000>：200

（此处输入一个倒角距离值 100）

➢ 指定第一条直线倒角角度<10.0000>：30

（此处指定倒角角度 30°）

➢ 选择第一条直线或【放弃(U)/多段线(P)/距离(D)/角度(A)/修剪(T)/方式(E)/多个(M)】:

(此处选择水平线，则倒角距离值对应该条直线，倒角角度指倒角线与该线的角度；本例中修剪模式设置为不修剪，因此倒角后角边没有被剪切掉)

提示：

（1）若两条直线平行则无法进行倒角。

（2）模式设置为【修剪】时，若进行倒角后倒角线原本无法与两条角边相交时，两条角边会自动延长至倒角线端点处。

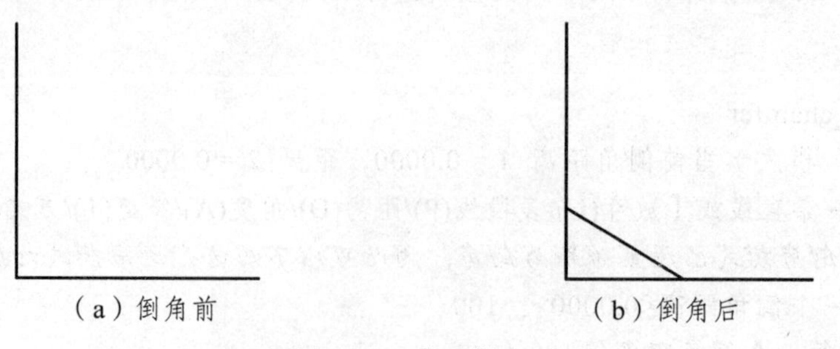

（a）倒角前　　　　（b）倒角后

图 7-22　角度倒角

7.3.11　圆　角

在实际工程中，有很多建筑为了不留直角或尖角而需要进行圆角，如泄洪渠道的转弯处、溢洪道的泄槽转弯处的平面投影等。可用 AutoCAD 中【圆角】命令来实现圆角操作，可用光滑的圆弧把两个线性对象光滑连接起来。

操作方法：

（1）菜单栏：【修改】/【圆角】。

（2）命令：Fillet（F）。

（3）工具栏：【修改】工具栏第 16 个按钮 。

提示：

AutoCAD 中的【倒角】和【圆角】命令的操作方式几乎一样，唯一的区别是【圆角】命令是用圆弧线来连接两条角边。因此，【圆角】命令需要设置圆弧段的半径值。

➢ 命令：_fillet

➢ 当前设置：模式 ＝ 不修剪，半径 ＝0.0000

（此处注意【模式】更改时，【倒角】和【圆角】命令通用，即改动其任一个操作的【模式】设置，两个操作的设置都会变动；此处半径值默认为 0，若要进行圆角必须先设置不为 0 的半径值，否则圆角失败）

➢ 选择第一个对象或[放弃(U)/多段线(P)/半径(R)/修剪(T)/多个(M)]:

（此处若半径值已设置好，可直接选择对象进行圆角；或通过【半径(R)】选项对圆角的半径值进行设定；其他选项操作方法和含义同【倒角】命令）

➢ 选择第二个对象，或按住 Shift 键选择要应用角点的对象：

（此处选择第二个倒角对象）

应用举例：

将图 7-23（a）所示的相交直线用半径为 50 的圆弧光滑连接，结果如图 7-23（b）所示。

操作步骤：

➢ 命令：_fillet

➢ 当前设置：模式 ＝ 不修剪，半径 ＝0.0000

➢ 选择第一个对象或【放弃(U)/多段线(P)/半径(R)/修剪(T)/多个(M)】：R

（此处输入 R 并回车，进行半径设置步骤）

➢ 指定圆角半径<0.0000>：50

（此处输入半径值 50）

➢ 选择第一个对象或【放弃(U)/多段线(P)/半径(R)/修剪(T)/多个(M)】：

（此处选择第一条角边）

➢ 择第二个对象，或按住 Shift 键选择要应用角点的对象：

（此处选择第二条角边；此时由于修剪模式设定为【不修剪】，因此图 7-23（b）所示的结果中角边没有被修剪掉）

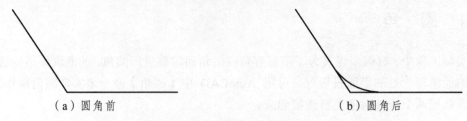

图 7-23　圆角操作

7.3.12　分　解

【分解】命令用于将图块对象、多段线类对象、尺寸标注对象、三维实体对象等分解为个体对象。

操作方法：

（1）菜单栏：【修改】/【分解】。

（2）命令：Explode（X）。

（3）工具栏：【修改】工具栏第 17 个按钮。

操作步骤：

➢ 命令：_explode

➢ 选择对象：找到 1 个

（此处选择要分解的对象）

➢ 选择对象：

（此处单击右键表示对象选择完毕，对象被分解的同时自动退出命令）

7.3.13　多线编辑

多线对象由 1 ~ 16 条平行线组成，这些平行线称为元素。前面的章节已经介绍过多线样式设置和多线绘制的方法，但实际工作中经常遇到需要将多个多线对象进行交接、断开等操作的情况，此时需要用到【多线编辑】命令来实现。

操作方法：

（1）菜单栏：【修改】/【对象】/【多线】。

（2）命令：Mledit。

（3）快捷操作：双击某个多线对象。

执行以上任一操作，将弹出如图 7-24 所示的【多线编辑工具】对话框，其中用图形与文字说明一起界定了多种多线编辑类型，用户可以在其中进行多线编辑类型的选择。

操作步骤：

首先单击相应编辑类型的图标按钮以确定选择何种编辑类型，然后系统自动切换到绘图界面，此时需要用户选择要进行编辑的两条或多条多线对象。下面对各多线编辑类型进行详细介绍。

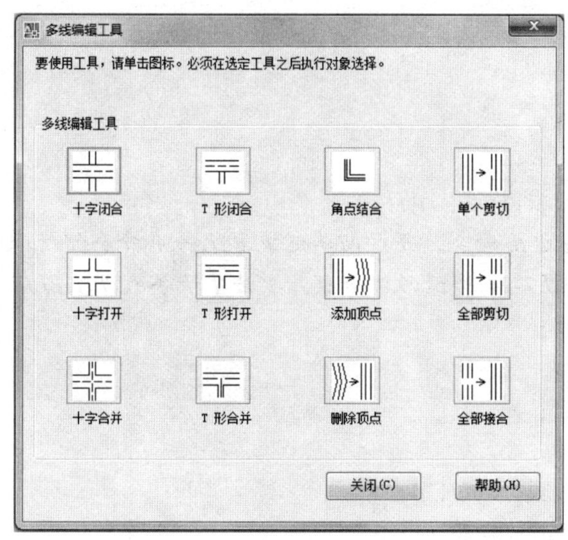

图 7-24　【多线编辑工具】对话框

【十字闭合】选中的第一条多线对象保持原状，第二条多线所有元素都被其断开。

【十字打开】选中的两条多线对象的最外侧元素均断开且刚好相接，但所选第一条多线对象的内部元素被断开，第二条多线的对象的内部元素保持原状。

【十字合并】选中的两条多线对象的所有元素均刚好剪切到相交的状态，因此选择多线对象时的顺序可不分先后。

【T 形闭合】将选中的第二条多线对象作为剪切边界，将第一条多线修剪掉，但其交界处是封闭的。

【T 形打开】将选中的第二条多线对象作为剪切边界，将第一条多线修剪掉，但第二条多线对象外侧元素在交界处被打开。

【T 形合并】将选中的第二条多线对象作为剪切边界，将第一条多线修剪掉，且两条多线对象的所有元素对应相交。

【角点接合】会将两条多线对象完成转角相交，其所有元素对应相交形成转角形状，多余的部分被修剪掉。

【添加顶点】可在多线对象的任意位置创建新的顶点，即转折点。

【删除顶点】可删除多线对象的任意中顶点，相当于将删除的顶点两侧的顶点连接起来。

【单个剪切】可以在多线对象的任意一个元素上指定两个点，并删除掉该元素两点之间的部分。

【全部剪切】可以在多线对象的任意一个元素上指定两个点，并将两点间多线对象的所有元素全部删除掉。

【全部接合】可将被剪切开的多线对象的所有元素接合起来。

应用举例：

将图 7-25（a）所示的多线进行编辑，要求结果如图 7-26（b）所示。

操作步骤：

➢ 命令：_mledit

（此处会弹出如图 7-24 所示的对话框，单击【十字闭合】图标）

➢ 选择第一条多线：
（此处拾取 2 位置）
➢ 选择第二条多线：
（此处拾取 1 位置）
➢ 选择第一条多线或[放弃(U)]:
（此处按【Esc】键退出命令，并按回车键重复上一个命令继续进行多线编辑）
（此处再次弹出如图 7-24 所示的对话框，单击【十字打开】图标）
➢ 选择第一条多线：
（此处拾取 3 位置）
➢ 选择第二条多线：
（此处拾取 4 位置）
➢ 选择第一条多线或[放弃(U)]:
（此处按【Esc】键退出命令）

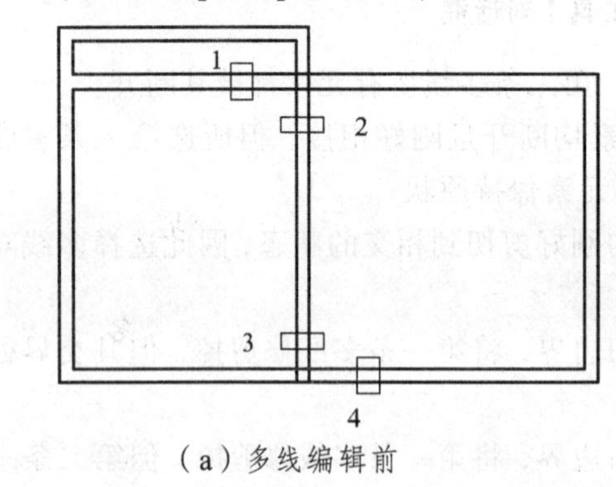

（a）多线编辑前

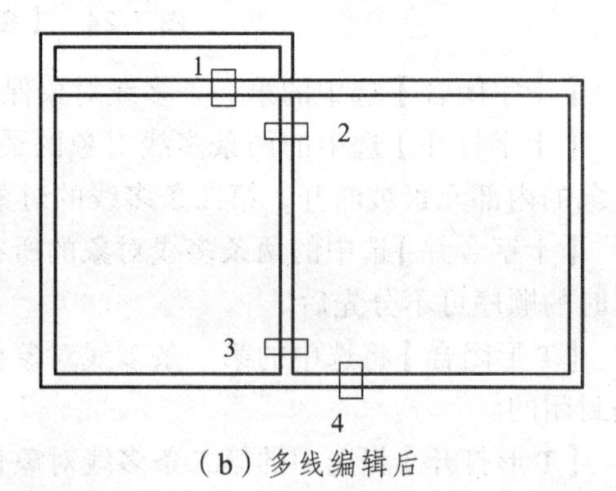

（b）多线编辑后

图 7-25　多线编辑操作

7.3.14　特性匹配

在绘图过程中，若忘记改变当前图层，就会将所绘制图形放进不对应的图层中，此时需要快速将对象放进其对应的图层，或需要临时更改一些对象的特性时，可以采用【对象匹配】命令来实现。特性匹配不能改变图形的位置和尺寸，只改变图形的基础特性和对应样式。

操作方法：

（1）菜单栏：【修改】/【特性匹配】。
（2）命令：Matchprop（Ma）。
（3）工具栏：【标准】工具栏第 11 个按钮。

操作步骤：

➢ 命令：_matchprop
➢ 选择源对象：
（此处应选择源对象，系统将提取该对象所有特性、样式、所在图层等相应信息）
➢ 当前活动设置：颜色 图层 线型 线型比例 线宽 厚度 打印样式 标注 文字 填充图

案 多段线 视口 表格材质 阴影显示 多重引线

➢ 选择目标对象或[设置(S)]:

（此处选择需要编辑更改的对象）

➢ 选择目标对象或[设置(S)]:

（此处按【Esc】键退出命令）

应用举例：

将图 7-26（a）所示的用细虚线绘制的矩形对象更改为与右侧图形线条一致的对象，结果如图 7-26（b）所示。

操作步骤：

➢ 命令：_matchprop

➢ 选择源对象：

（此处选择图 7-26（a）所示的右侧小矩形）

➢ 选择目标对象或【设置】:

（此处选择图 7-26（a）所示的左侧大矩形，此时已完成操作，左侧矩形和右侧矩形的线条特性完全变为一致）

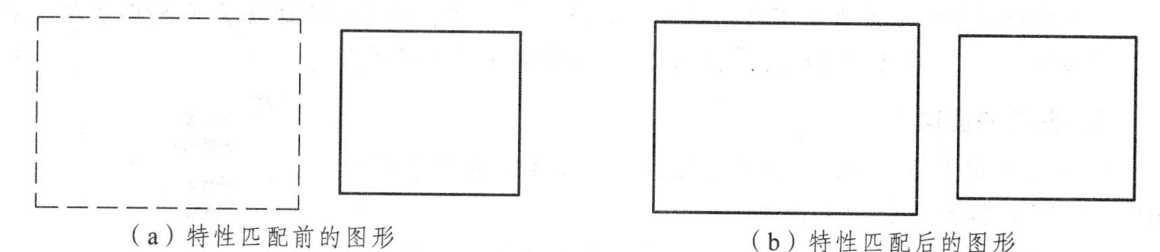

（a）特性匹配前的图形　　（b）特性匹配后的图形

图 7-26 【特性匹配】操作

7.4 夹点编辑

绘图和编辑是 AutoCAD 涉及的重要操作，用户常常要进行复制、拉伸、移动、镜像、缩放等上面介绍的编辑操作。除了应用前面介绍的编辑方法外，AutoCAD 还提供了夹点功能以方便用户快捷地编辑对象。

7.4.1 夹点概述

用户在未执行任何命令的情况下选中对象后，该对象会在一些特定的位置出现蓝色（系统默认）的点位，这些点位称为夹点，如图 7-27 所示。不同的几何对象，夹点的个数和具体位置是不相同的，一般出现在对象的中心点、边中点、顶点、端点等特殊位置。

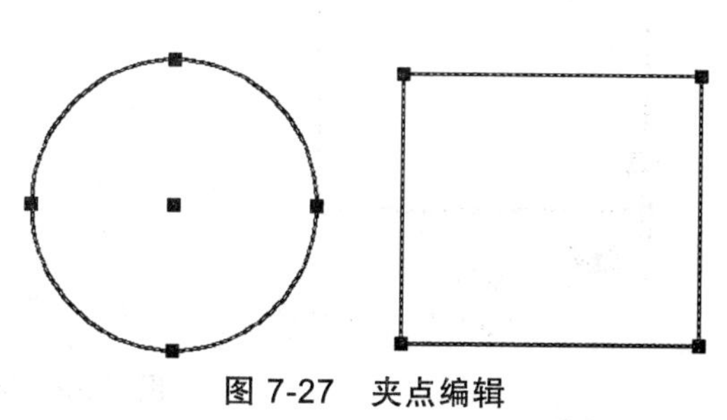

图 7-27 夹点编辑

夹点有以下三种状态：

（1）显示状态：选中对象后，系统默认显示为蓝色夹点，此时可以观察对象夹点所处的位置。

（2）悬停状态：当光标移动到某个夹点处，且有没有点击鼠标时，系统默认显示为绿色夹点。此时表示该夹点可以被选中进行操作。

（3）选中状态：当光标单击点中某个夹点时，系统默认状态下显示为红色夹点。此时可以通过该夹点对对象进行复制、移动、旋转、比例缩放、镜像等快捷操作。

提示：由于夹点操作的激活要通过选中某个夹点来实现，但是系统默认此时是对该夹点为基点进行操作，但有时需要的基点是其他位置，此时必须执行【基点（B）】选项才能更改此次操作的基点。

7.4.2 夹点操作

1. 夹点基本操作

操作方法：

当选中某个夹点时，命令行会有如下提示：

➢ 指定拉伸点或[基点(B)/复制(C)/放弃(U)/退出(X)]:

（此处若直接拉动夹点改变夹点位置，则执行【拉伸】操作；或通过【基点(B)】选项重新选择新的位置为基点；或通过【复制(C)】选项执行复制操作）

2. 夹点快速操作

（1）选中夹点后可单击鼠标右键激活快捷菜单，并在菜单中选择需要的操作，如图 7-28 所示。

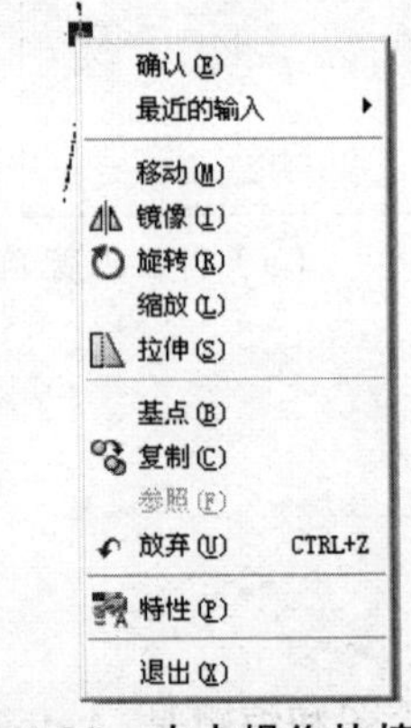

图 7-28 夹点操作快捷菜单

（2）从菜单中可以看出，夹点编辑中能够执行的操作主要有【移动】、【镜像】、【旋转】、【缩放】、【拉伸】和【复制】等几种，直接执行相当于【拉伸】操作，【复制】操作可以在执行其他操作的同时叠加执行，因此主要对其余四种操作的快捷方式进行介绍。

【移动】：选中夹点后，按 1 次空格键，等同于执行【移动】操作。

应用举例：

利用夹点操作将图 7-29（a）所示的四边形从 *A* 点移动到 *B* 点，结果如图 7-29（b）所示，其操作如下：

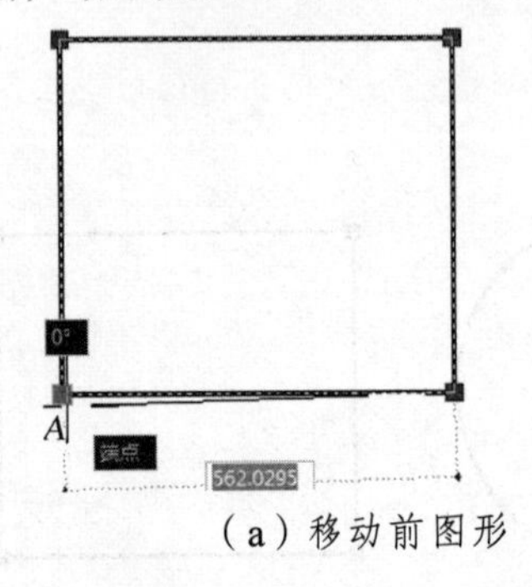

（a）移动前图形

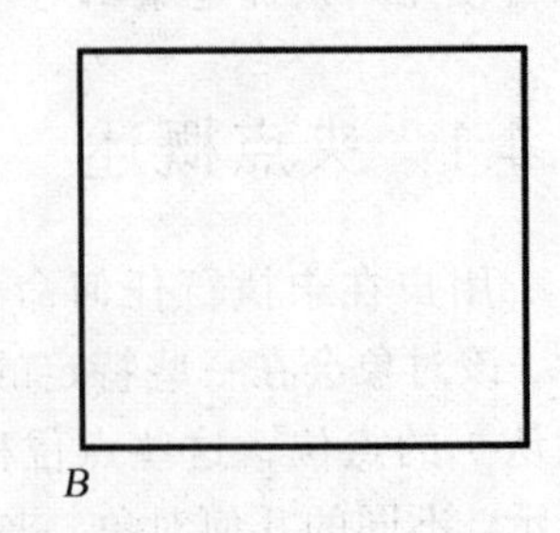

（b）移动后图形

图 7-29 通过夹点移动对象

➢ 先选中该对象，当显示为蓝色夹点状态时，选择 *A* 位置夹点，然后单击 1 次空格键，将光标移动到 *B* 点，单击左键，操作完成。

【旋转】：选中夹点后，单击 2 次空格键，等同于执行【旋转】操作。

应用举例：

利用夹点操作将图 7-30（a）所示的四边形进行旋转，结果如图 7-30（b）所示，其操作如下：

➢ 先选中该对象，当显示为蓝色夹点状态时，选择 *A* 位置夹点，然后连续单击 2 次空格键，输入一个需要的角度值并回车，操作完成。

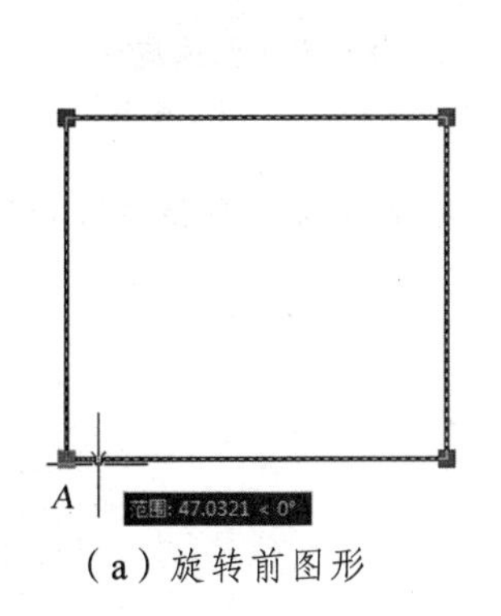

（a）旋转前图形

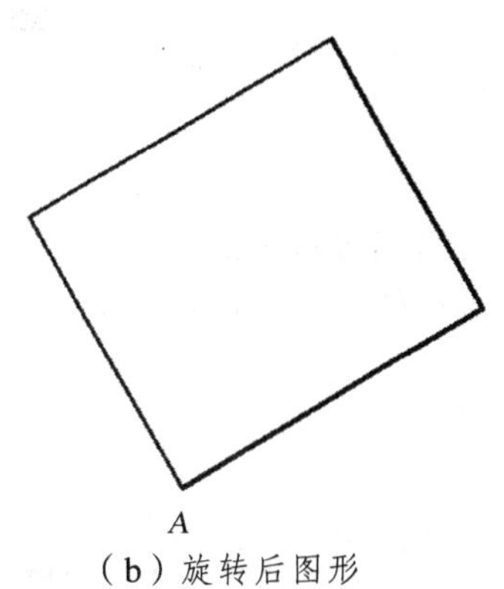

（b）旋转后图形

图 7-30　通过夹点旋转对象

【缩放】选中夹点后，单击 3 次空格键，等同于执行【缩放】操作。

应用举例：

利用夹点操作将图 7-31（a）所示的四边形缩小为原来的一半大小，结果如图 7-31（b）所示，其操作如下：

➢ 先选中该对象，当显示为蓝色夹点状态时，选择 *A* 位置夹点，然后连续单击 3 次空格键，然后输入缩放比例 0.5 并回车，操作完成。

【镜像】：选中夹点后，单击 4 次空格键，等同于执行【镜像】操作。应注意此处镜像操作系统会自动删除源对象，若希望保留源对象，应同时执行【复制】操作。

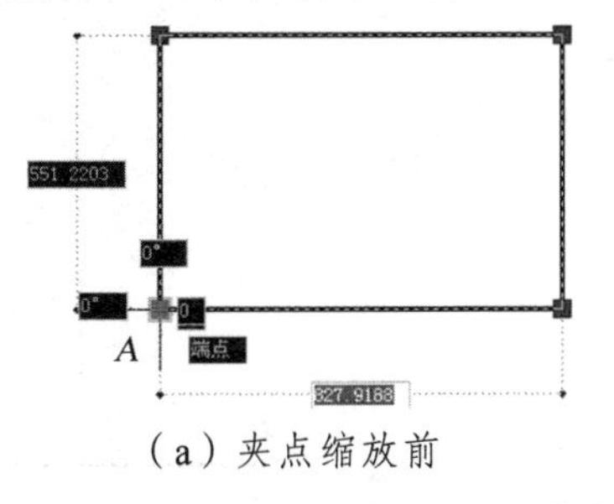

（a）夹点缩放前

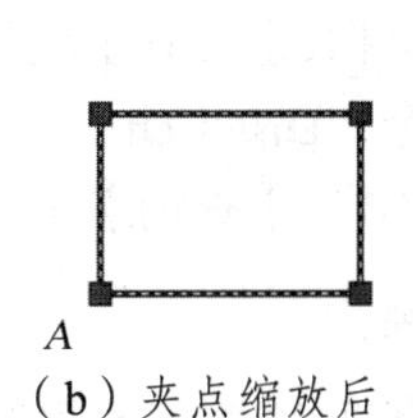

（b）夹点缩放后

图 7-31　夹点缩放操作应用举例

应用举例：

利用夹点操作将图 7-32（a）所示的三角形进行镜像，结果如图 7-32（b）所示，其操作如下：

➢ 先选中该对象，当显示为蓝色夹点状态时，选择 *A* 位置夹点，然后连续单击 4 次空格键，并指定竖直方向上另外一点来与夹点一起确定出镜像线的方向，操作完成。

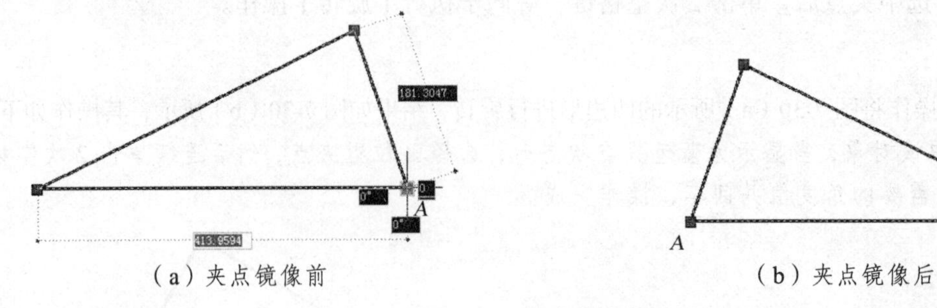

（a）夹点镜像前　　　（b）夹点镜像后

图 7-32　夹点镜像操作

提示：若同时选中多个对象后进行夹点操作，表示将多个对象作为一个整体进行【移动】、【镜像】、【旋转】、【缩放】操作。

7.5　查询工具

AutoCAD 中提供了多种查询功能，包括点坐标（ID）、距离（Distance）、面积（area）、质量特性（Massprop）、时间（Time）等功能的查询，这些功能基本都集中在【查询】工具栏上，如图 7-33 所示。应用这些查询命令可以方便地了解系统的运行状态、图形对象的数据信息及几何信息，善用这些查询功能可给用户绘制图纸带来很大的方便。

图 7-33　【查询】工具栏

7.5.1　查询长度

通过该操作，可以查询到两点间连线的长度、角度及该两点在 *X*、*Y*、*Z* 三个方向的坐标增量。

提示：此处查询到的是对象在系统中绘制的大小，与尺寸标注数据无关。

操作方法：

（1）菜单栏：【工具】/【查询】/【距离】。

（2）命令：Dist（Di）。

（3）工具栏：【查询】工具栏第 1 个按钮。

应用举例：

查询如图 7-34 所示矩形的长度。

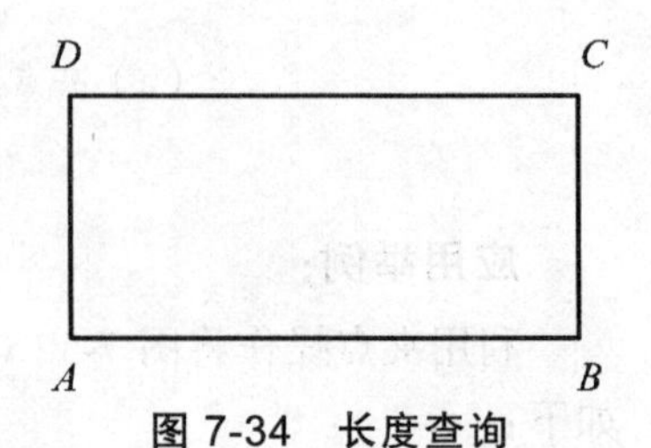

图 7-34　长度查询

操作步骤：

➢ 命令：_dist

➢ 指定第一点：

（此处选择 A 点）

➢ 指定第二点：

（此处选择 B 点）

➢ 距离 ＝413.9594，XY 平面中的倾角 ＝0，与 XY 平面的夹角 ＝0

X 增量 ＝413.9594，Y 增量 ＝0.0000，Z 增量 ＝0.0000

（此处显示了 A、B 两点间的距离；显示了 AB 连线在 XY 平面中的倾角；显示了 AB 连线与 XY 平面的夹角；显示了 A、B 两点的 XYZ 三个方向上的坐标增量）

7.5.2　查询面积

通过该操作，可以查询到对象的面积和周长。

操作方法：

（1）菜单栏：【工具】/【查询】/【面积】。

（2）命令：Arae（Aa）。

（3）工具栏：【查询】工具栏第 2 个按钮。

操作步骤：

➢ 指定第一个角点或[对象(O)/加(A)/减(S)]：

（此处可连续选择多个点，系统将测量所有点用直线相连后所形成区域的面积和周长，无论用户绘制的是不是直线封闭的区域；或通过【对象(O)】选项选择一个封闭的整体对象，以获取其面积和周长，主要用于查询带有曲线边界的对象的面积和周长；或通过【加(A)】选项在查询的过程中计算多个对象的面积和；或通过【减(S)】选项在查询过程中计算多个对象的面积差）

提示：系统在执行操作的时候，都会默认用“0 面积”去加或减用户选中的第一个对象的面积，然后继续执行面积加法或减法。由此可以看出，若执行加法则是“0+面积 1+面积 2……”，不会出现错误；但是若执行减法则是“0－面积 1－面积 2……”，面积最终结果的绝对值会越来越大，出现了错误。因此若要执行减法，应先执行一次加法，将面积 1 变为正数，然后再执行减法，用面积 1 减去后面对象的面积。

应用举例：

查询如图 7-34 所示矩形的面积。方法和步骤如下：

➢ 命令：_area

➢ 指定第一个角点或【对象(O)/加(A)/减(S)】：O

（该矩形是一个整体，此处执行【对象(O)】选项后直接选中矩形 ABCD）

➢ 面积 ＝35483.7192，周长 ＝989.4536

7.5.3　查询面域/质量特性

可查询面域对象或三维实体对象的质量特性。

操作方法：

（1）菜单栏：【工具】/【查询】/【面域/质量特性】。

（2）命令：Massprop。

（3）工具栏：【查询】工具栏第 3 个按钮。

应用举例：

绘制一个矩形 *ABCD*，查询矩形的质量特性。

操作步骤：

（首先将矩形 ABCD 创建成面域对象）

➢ 命令：_region

➢ 选择对象：

（选择矩形 ABCD 并回车）

➢ 已创建 1 个面域。

（此处已成功创建面域对象）

➢ 命令：_massprop

➢ 选择对象：找到 1 个

（此处选择所建面域对象，会弹出如图 7-35 所示的文本窗口，用户可以在文本窗口查看到与对象质量特性相关的数据和信息）

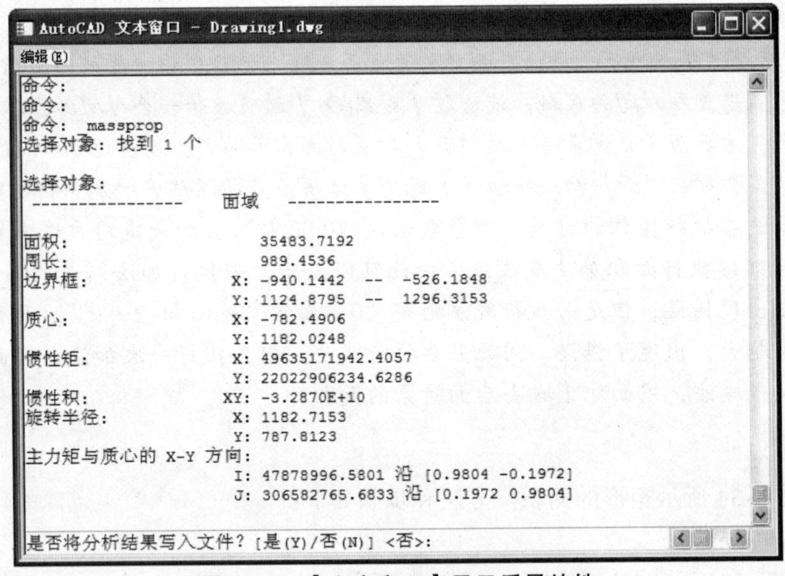

图 7-35 【文本窗口】显示质量特性

7.5.4 列表显示

可将选中的对象的基本特性及数据通过文本窗口列表显示出来。

操作方法：

（1）菜单栏：【工具】/【查询】/【列表显示】。

（2）命令：List（Li）。

（3）工具栏：【查询】工具栏第 4 个按钮。

执行以上任一操作后，选中需要查看的对象，然后回车，会弹出图 7-36 所示的文本窗口。

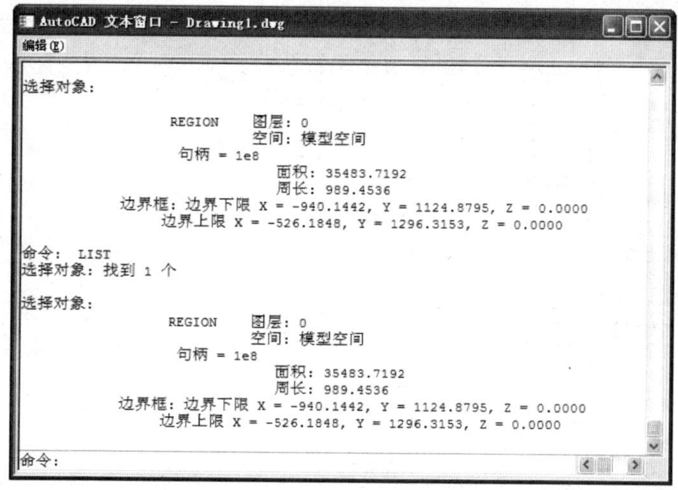

图 7-36　【文本窗口】列表显示

7.5.5　查询点坐标

可查询绘图区域中任意位置点的三维坐标值。

操作方法：

（1）菜单栏：【工具】/【查询】/【点坐标】。
（2）命令：ID。
（3）工具栏：【查询】工具栏第 5 个按钮。

操作步骤：

➢ 命令：_id
➢ 指定点：
（此处选中绘图区域中需要查看坐标的点，然后回车）
➢X=－940.1442　　Y= 1124.8795　　Z= 0.0000
（此处显示该点的三维坐标值）

7.5.6　查询时间

可通过此操作查询文件的创建时间、上次更新时间、累计编辑时间、下次自动保存时间等时间参数。

操作方法：

（1）菜单栏：【工具】/【查询】/【时间】。
（2）命令：Time。
执行以上任一操作后将弹出如图 7-37 所示的文本窗口，具体内容见图中所示。
提示： 此项操作显示出来的日期和时间与计算机设置时间同步，而不一定是实际时间。

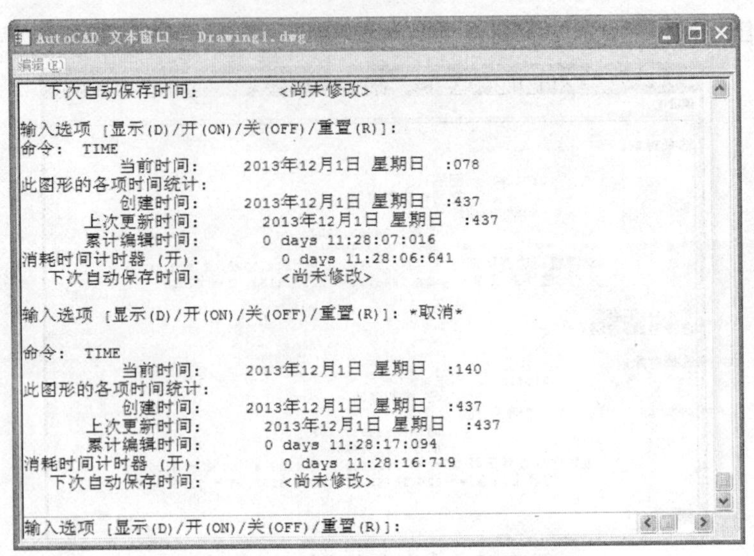

图 7-37 【文本窗口】显示时间参数

7.5.7 查询状态

此项操作可对当前图形文件的各种状态进行计算，并通过文本窗口显示出来。它计算的范围包括图形的各类统计信息、模式及范围等，执行此命令后，系统将打开文本窗口，并在该窗口中显示查询结果。

操作方法：

（1）菜单栏：【工具】/【查询】/【状态】。

（2）命令：Status。

执行以上任一操作后将弹出如图 7-38 所示的文本窗口，具体内容见图中所示。

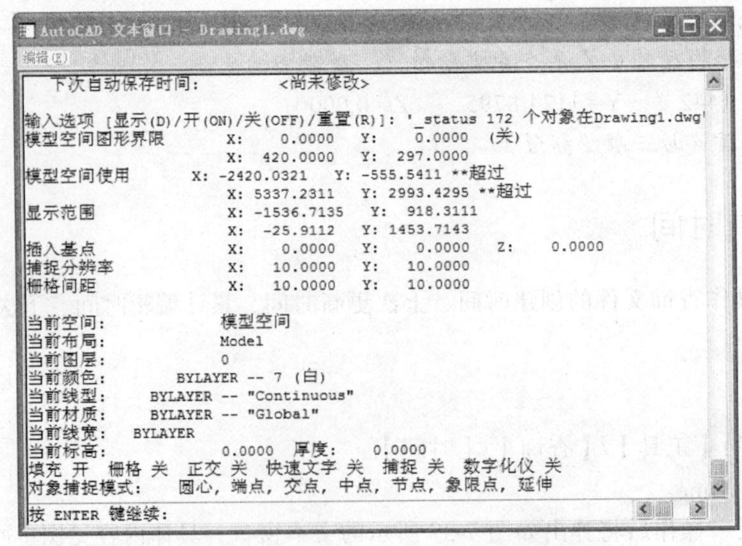

图 7-38 【文本窗口】显示当前系统状态

第 8 章　尺寸标注

学前导读

本章重点介绍 AutoCAD 尺寸标注的设置操作方法。读者应首先了解尺寸标注的设置方法、规则和组成，其次掌握线性尺寸标注、对齐标注、半径直径标注、角度、弧长标注等的标注方法。同时熟悉尺寸标注的编辑方法。

技能目标

※ 掌握线性、对齐、半径直径、角度弧长常用的标注方法。
※ 掌握尺寸标注的编辑方法。
※ 熟悉尺寸标注的设置方法。
※ 理解尺寸标注相关选项卡的设置。

8.1　尺寸标注样式的设置

标注样式是标注设置的命名集合，可用来控制标注的外观，如箭头样式，文字位置和尺寸公差等。用户可以创建标注样式以快速指定标注的格式，并确保标注符合行业或项目标准，与标注相关的命令基本都能在【标注】工具栏中实现，如图 8-1 所示。

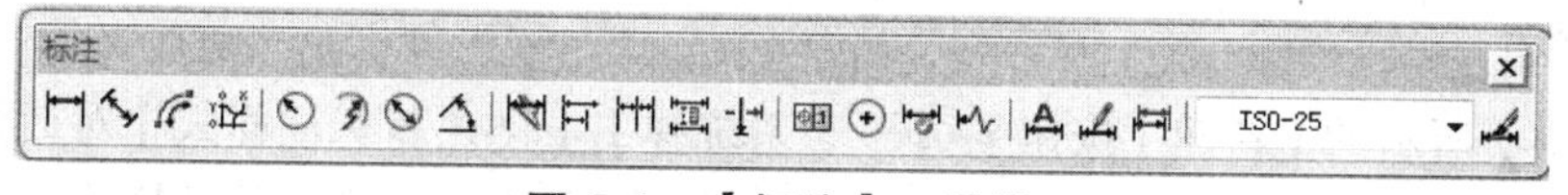

图 8-1　【标注】工具栏

8.1.1　标注样式管理器

操作方法：

（1）菜单栏：【标注】/【标注样式】。

（2）菜单栏：【格式】/【标注样式】。

（3）命令：Dimstyle（D）。

（4）工具栏：【标注】工具栏上最右侧按钮。

以上四种方法都可以打开如图 8-2 所示的【标注样式管理器】对话框，可对标注样式进行设置和修改。

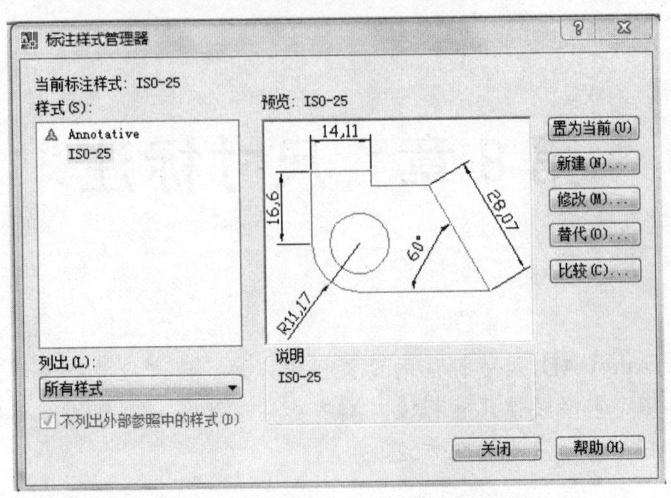

图 8-2 【标注样式管理器】对话框

【置为当前】用于把在【样式】列表中选中的样式设置为当前样式。

【新建】用于定义一个新的尺寸样式。

【修改】用于修改已经存在的标注样式。

【替代】用于创建当前标注样式的替代样式。只对指定的尺寸标注起作用，不影响当前尺寸变量的设置。

【比较】用于比较两个尺寸标注样式在参数上的区别或者浏览一个尺寸标注样式的参数设置。

8.1.2 创建新标注样式

虽然系统默认了一个标注样式，但是绘图时经常需要设置新的标注样式，一个图形文件中常常不止一种标注样式，因此用户要掌握新建标注样式的方法。

操作方法：

单击图 8-2 所示的【新建】按钮 新建(N)...，系统弹出【创建新标注样式】对话框，如图 8-3 所示。创建一个新样式，例如命名为“水利标注”，用于所有标注，基础样式为 ISO-25，如图 8-4 所示。

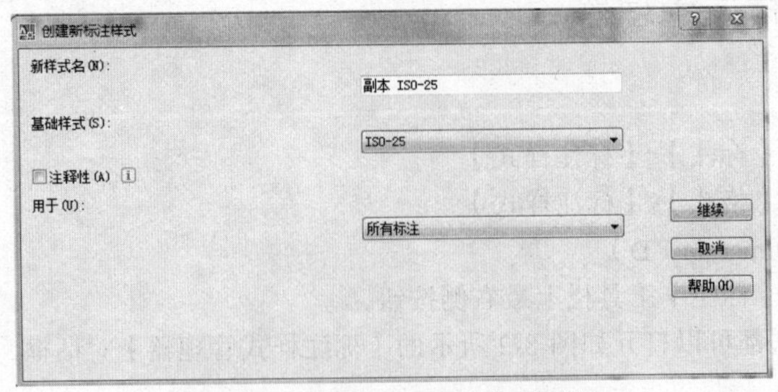

图 8-3 【新建标注样式】对话框

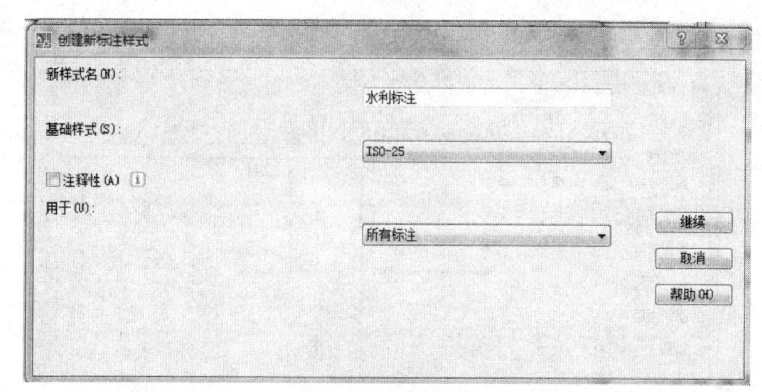

图 8-4　【创建新的标注样式】对话框

提示：基础样式类似于样式模板，比如用 ISO-25 作为模板，则新样式的所有设置均与 ISO-25 相同，用户只更改需要不相同的地方即可。选择相近的样式作为基础样式可以提高新建样式的速度。

再创建一个标注样式的版本，该样式仅用于半径标注，如图 8-5 所示。

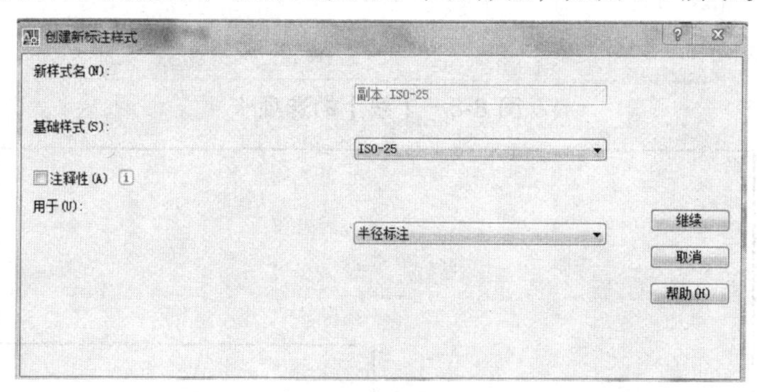

图 8-5　仅用于半径标注的子样式

提示：此处可以选择是用于所有的尺寸标注还是仅用于某种类型的尺寸标注。

8.1.3　设置直线格式

操作方法：

在新建标注样式对话框中，单击【线】的选项卡。设置尺寸线、尺寸界线的格式和特性，如图 8-6 所示。

1. 尺寸线

【尺寸线】用于设置尺寸的颜色、线型、线宽、基线间距等属性。各选项具体说明如下：

- 【颜色】用于设置尺寸线的颜色。可直接输入颜色名称，也可从下拉框中选择。
- 【线型】用于设置尺寸线的线型。下拉框中列出了各种线型的名称。
- 【线宽】用于设置尺寸线的线宽。下拉框中列出了各种线宽的名称和宽度。
- 【超出标记】用于设置尺寸线超出尺寸界线的距离。
- 【基线间距】指控制使用基线型尺寸标注时，两条尺寸线之间的距离，如图 8-7 所示。采用基线标注方法标注的两条尺寸线间的间距就为基线间距。

➢【隐藏】用于确定是否隐藏尺寸线。

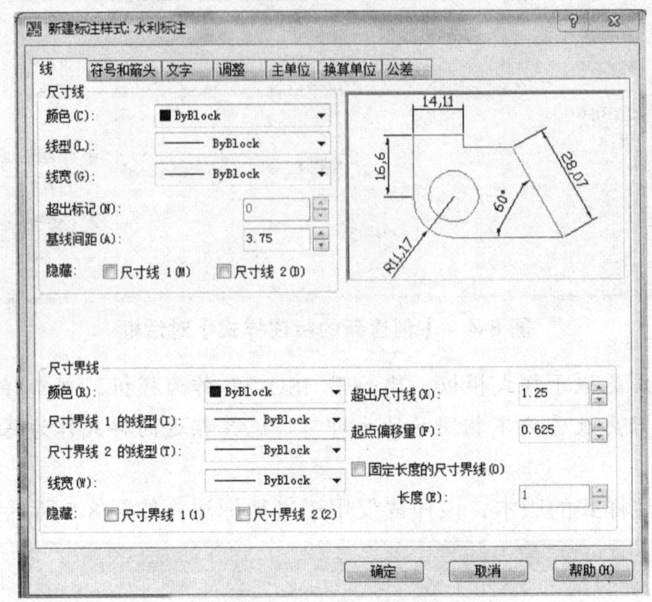

图 8-6 【线】的选项卡

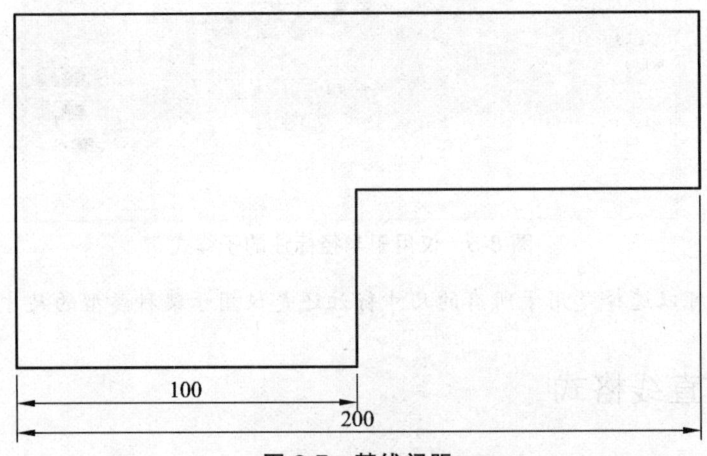

图 8-7 基线间距

操作方法：

鼠标左键单击勾选尺寸线 1 和尺寸线 2 前的复选框。勾选【尺寸线 1】即隐藏第一条尺寸线（尺寸数字左边的尺寸线），如图 8-8 所示。勾选【尺寸线 2】即隐藏第二条尺寸线（尺寸数字右边的尺寸线），如图 8-9 所示。当尺寸线 1 和尺寸线 2 都被隐藏时，就只显示尺寸数字。

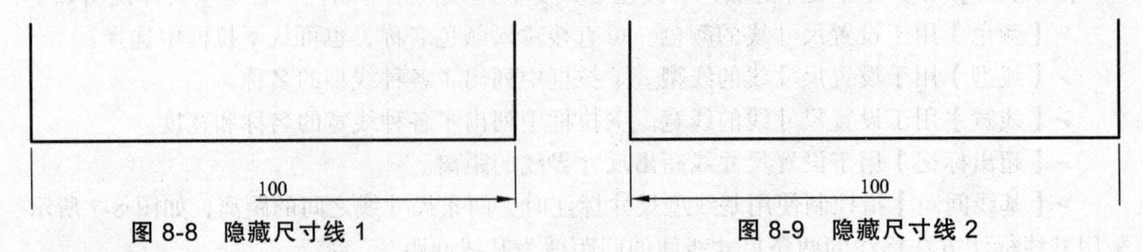

图 8-8 隐藏尺寸线 1　　　　图 8-9 隐藏尺寸线 2

2. 尺寸界线

【尺寸界线】用于确定尺寸界线的形式。各选项含义说明如下：

➢【颜色】用于设置尺寸界线的颜色。

➢【尺寸界线 1 的线型】用于设置尺寸界线 1 的线型。

➢【尺寸界线 2 的线型】用于设置尺寸界线 2 的线型。

➢【线宽】用于设置尺寸界线的线宽。

➢【超出尺寸线】用于确定尺寸界线超出尺寸线的距离。

➢【起点偏移量】用于确定尺寸界线的实际起点相对于指定的尺寸界线的起始点的偏移量。

➢【固定长度的尺寸界线】选中该复选框，系统将以固定长度的尺寸界线标注尺寸。可在下面的【长度】微调框中输入长度值。

➢【隐藏】用于确定是否隐藏尺寸界线。

操作方法：

鼠标左键单击勾选尺寸线 1 和尺寸线 2 前的复选框。勾选【尺寸界线 1】即隐藏第一条尺寸界线（左边的尺寸界线），如图 8-10 所示。勾选【尺寸界线 2】即隐藏第二条尺寸界线（右边的尺寸界线），如图 8-11 所示。当尺寸界线 1 和尺寸界线 2 都被隐藏时，就只显示尺寸线和尺寸数字。

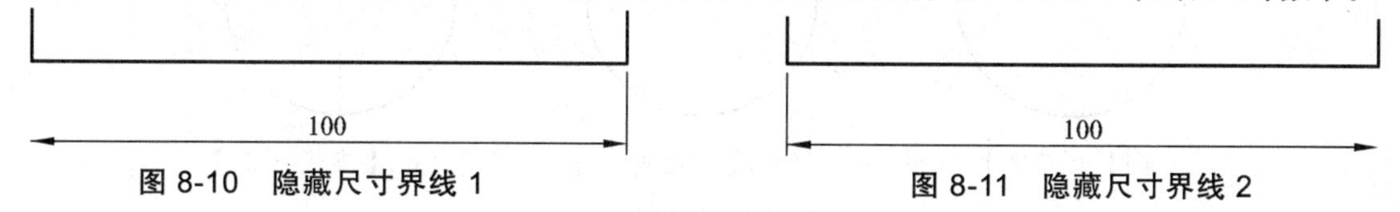

图 8-10　隐藏尺寸界线 1　　　　图 8-11　隐藏尺寸界线 2

8.1.4　设置符号和箭头

操作方法：

在【新建（修改）标注样式】对话框中，单击符号和箭头的选项卡。设置箭头、圆心标记、弧长符号和折弯半径等标注的格式和位置，如图 8-12 所示。

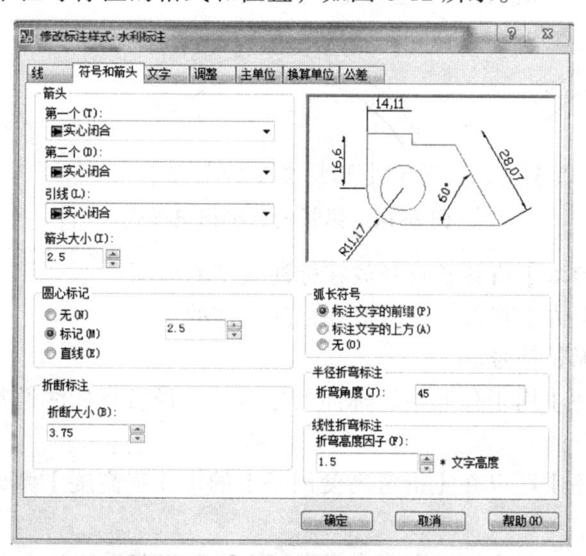

图 8-12　【符号和箭头】选项卡

1. 箭　头

【箭头】用于设置尺寸箭头和引线箭头的类型和大小等。

➢【第一个】用于设置第一个尺寸箭头的形式。可在下列框中选择。

➢【第二个】用于设置第二个尺寸箭头的形式。可在下列框中选择。

➢【引线】确定引线的形式。

➢【箭头大小】可在微调框中设置箭头的大小。

注意：当改名第一个箭头类型时，第二个将自动改变。用得较多的是实心闭合箭头和倾斜。

2. 圆心标记

【圆心标记】可设置三种不同样式，如图 8-13 所示。

➢【无】既不产生中心标记也不产生中心线。

➢【标记】中心标记为一个记号。可在微调框中确定。

➢【直线】中心标记为直线的形式。可在微调框中确定。

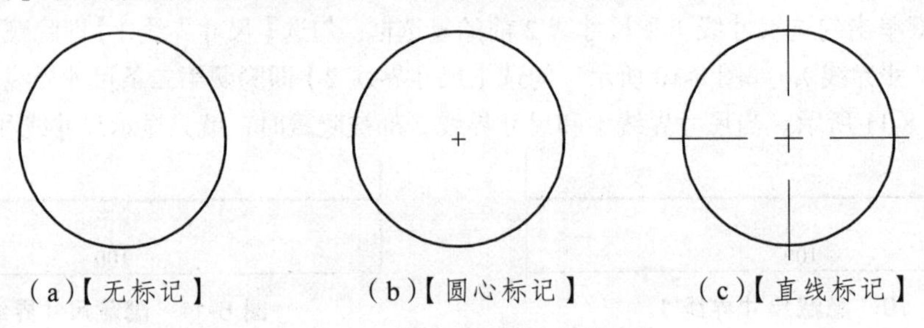

（a）【无标记】　　（b）【圆心标记】　　（c）【直线标记】

图 8-13　圆心标记的三种样式

提示：当选择【标记】或【直线】单选按钮时，可以在【大小】文本框中设置圆心标记的大小。

3. 弧长符号

【弧长符号】三种不同的样式，如图 8-14 所示。

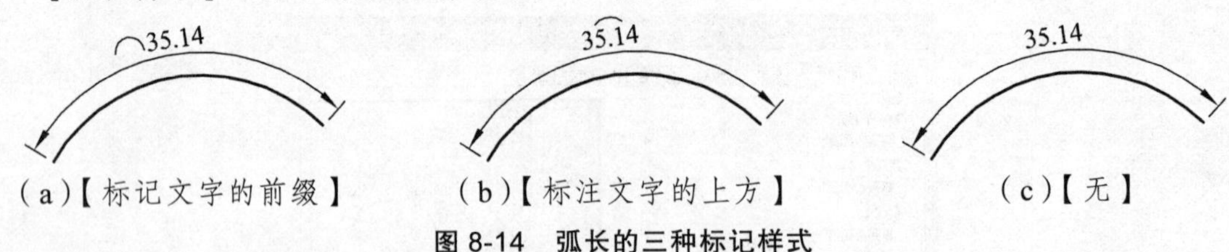

（a）【标记文字的前缀】　　（b）【标注文字的上方】　　（c）【无】

图 8-14　弧长的三种标记样式

➢【标记文字的前缀】将弧长符号放在标注文字的前面。

➢【标记文字的上方】将弧长符号放在标注文字的上方。

➢【无】不显示弧长符号。

➢【半径折弯标注】用于控制半径标注的显示。半径折弯标注通常在中心点位于页面外部时创建。

➢【线型折弯标注】可以在【折弯高度因子】的【文字高度】微调框中设置折弯高度因子的文字的高度。

➢【折断标注】可以在【折断大小】微调框中设置折断标注的大小。

8.1.5　文　字

操作方法：

在【新建标注样式】对话框中，单击【文字】选项卡，设置标注文字的外观、位置和对齐方式，如图 8-15 所示。

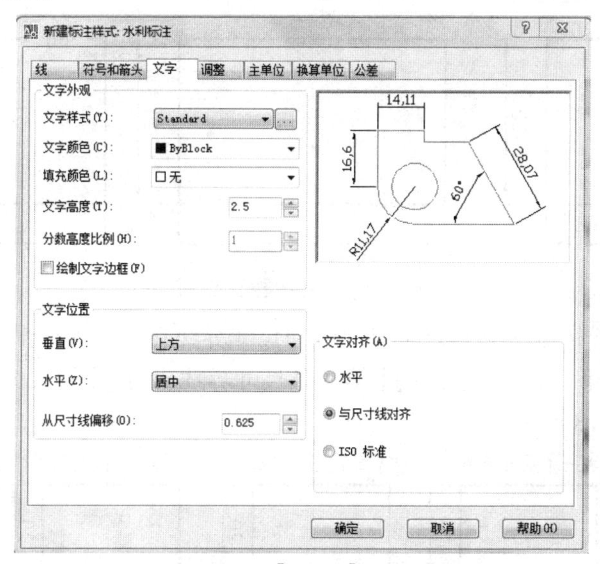

图 8-15　【文字】选项卡

1. 文字外观

【文字外观】可以设置文字样式、文字颜色、文字高度、分数高度比例以及是否绘制文字边框等。

- 【文字样式】是标注文字的样式选择，也可以点击[...]，新建或修改文字样式。
- 【文字颜色】是用于设置标注文字的颜色。
- 【文字高度】是用于设置标注文字的大小。
- 【填充颜色】是用户设置标注文字的背景颜色。
- 【分数高度比例】是文本框设置分数与其他标注文字的大小比例。
- 【绘制文字边框】是复选框设置是否给标注文字加边框。

以上所有设置在右边的预览框中都可以预览效果，如图 8-16 所示。

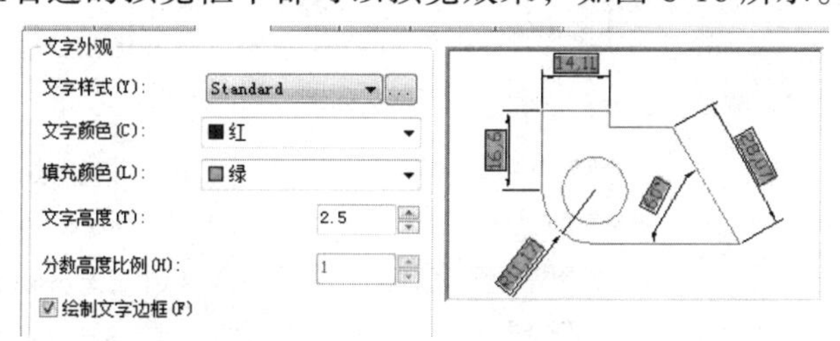

图 8-16　文字外观预览效果

2. 文字位置

【文字位置】可以设置标注文字相对于尺寸线、尺寸界线的位置。

➢【垂直】用于设置标注文字相对于尺寸线在垂直方向的相对位置，如图 8-17 所示。

【置中】表示标注文字位于尺寸线的中间。

【上方】表示标注文字位于尺寸线上方。

【外部】表示标注文字位于远离第一个尺寸定义点的一侧。

【JIS】表示按照 JIS（日本工业标准）规则放置标注文字。

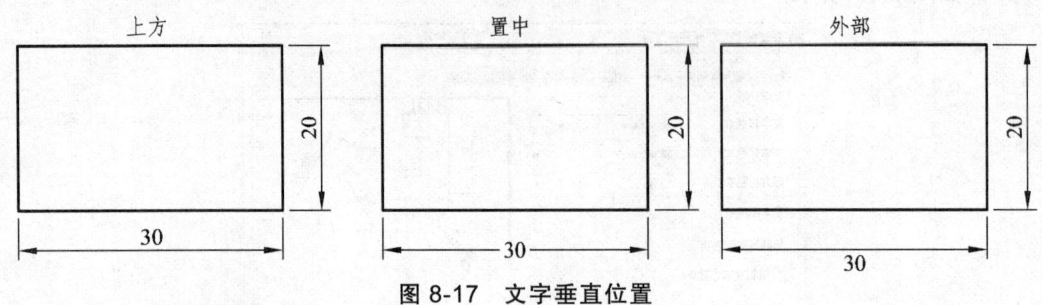

图 8-17　文字垂直位置

➢【水平】是设置标注文字相对于尺寸线和尺寸界线在水平方向的相对位置，有【置中】【第一条尺寸边界】【第二条尺寸边界】【第一条尺寸界线上方】【第二条尺寸界线上方】等选项，具体效果如图 8-18 所示。

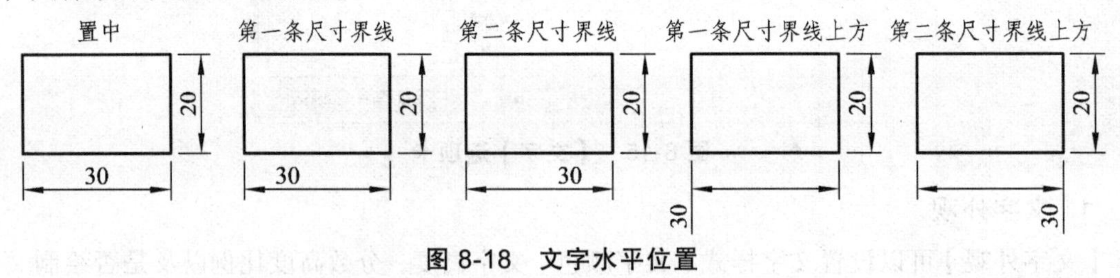

图 8-18　文字水平位置

➢【从尺寸线偏移】文本框是设置文字与尺寸线之间的距离。

3. 文字对齐

【文字对齐】用于设置标注文字水平放置或与尺寸线平行，如图 8-19 所示。

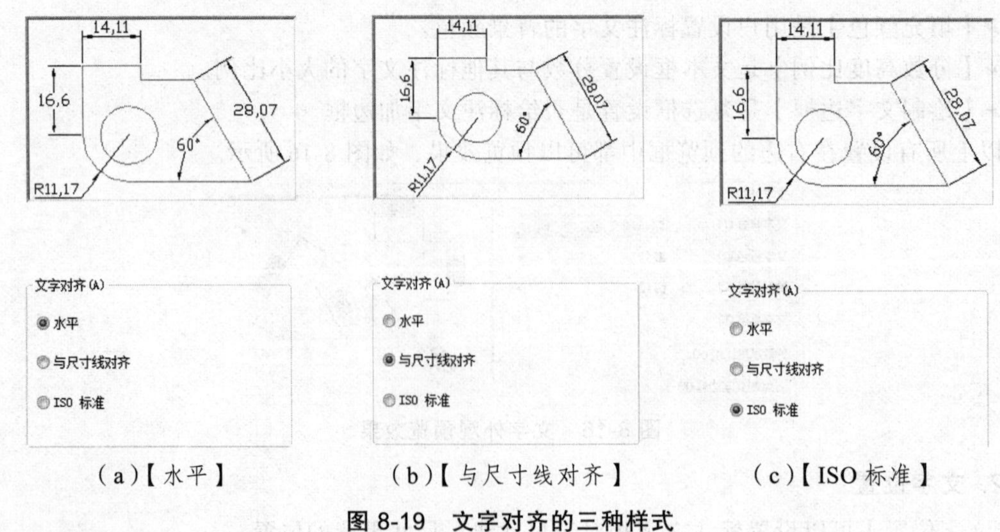

（a）【水平】　（b）【与尺寸线对齐】　（c）【ISO 标准】

图 8-19　文字对齐的三种样式

➢【水平】设置标注文字水平放置。

➢【与尺寸线对齐】设置标注文字平行于尺寸线。

➢【ISO 标准】设置标注文字按照 ISO 标准放置。当标注文字在尺寸界线之内时，水平放置；当标注文字在尺寸界线之外时，与尺寸线平行。

8.1.6 调 整

操作方法：

在【新建标注样式】对话框中，单击【调整】选项卡。它由调整选项、文字位置、标注特征比例、优化 四 个选项组构成，如图 8-20 所示。

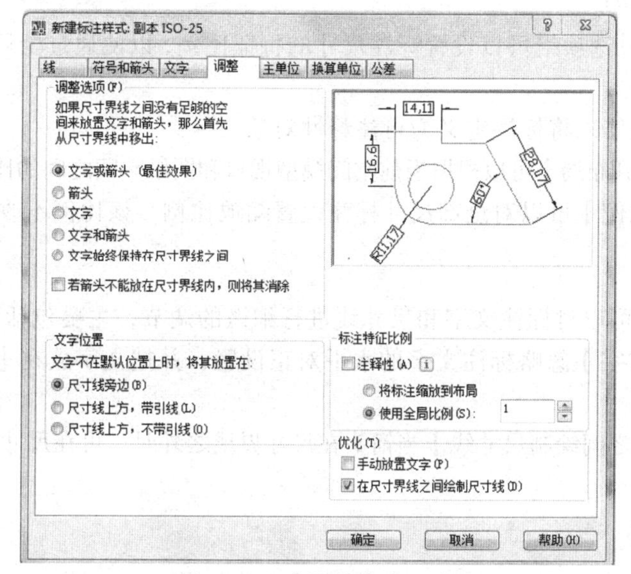

图 8-20 【调整】选项卡

1. 调整选项

【调整选项】选项组用于当尺寸界线之间没有足够空间放置标注文字和箭头时，选择从尺寸界线中移出对象，可以选择移出箭头或移出文字，如图 8-21 所示。

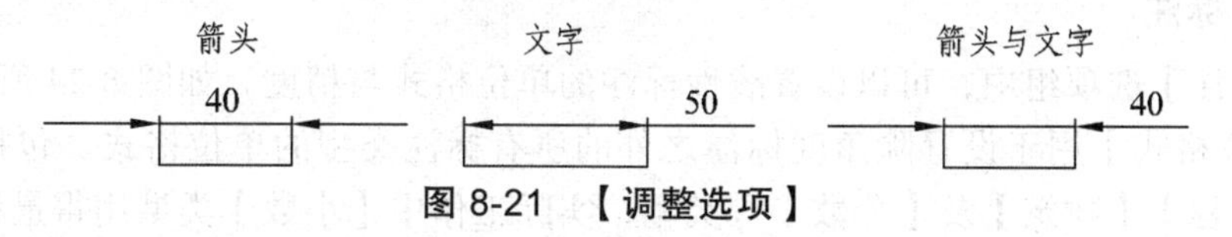

图 8-21 【调整选项】

➢【文字或箭头】按照最佳效果将文字或线箭头移到延伸线之外。

➢【箭头】先将箭头移到延伸线以外，然后移动文字。

➢【文字和箭头】用于将箭头和文字移到延伸线以外。

➢【文字始终保持在尺寸界线之间】用于将文字始终保持在尺寸界线之内。

➢【若箭头不能放在尺寸界线内，则将其消除】选中此复选框，如果尺寸界线之间的空间不足以容纳箭头，则不显示标注箭头。

2. 文字位置

【文字位置】选项组可以设置标注文字的位置，如图 8-22 所示的三种不同位置。

➢【尺寸线旁边】只要移动标注文字尺寸线就会随之移动。

➢【尺寸线上方，带引线】将文本放在尺寸线的上方，并带上引线。

➢【尺寸线上方，不带引线】将文本放在尺寸线的上方，但不带引线。

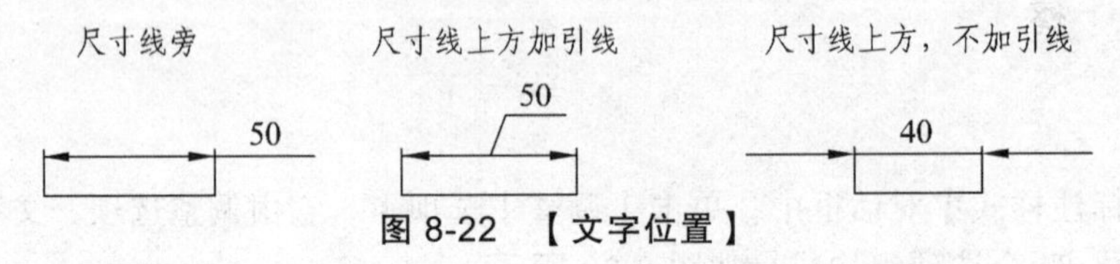

图 8-22 【文字位置】

3. 标注特征比例

【标注特征比例】选项组可以设置标注尺寸的特征比例，以便通过全局变量因子来改变标注的大小。

➢【注释性】用于以将标注定义为可注释性对象。

➢【将标注缩放到布局】可以根据当前空间模型视口和图纸空间之间的比例来确定比例因子。

➢【使用全局比例】可以对全部尺寸标注设置缩放比例，该比例不改变尺寸的测量值。

4. 优 化

【优化】选项组可以对标注文字和尺寸线进行细微的调节，主要包括两个复选框。

➢【手动放置文字】忽略标注文字的水平对正设置，并把文字放在【尺寸线位置】提示下指定的位置。

➢【在尺寸界线之间绘制尺寸线】当箭头在尺寸界线之外时，可在尺寸界线内绘制尺寸线。

8.1.7 主单位

操作方法：

在【新建标注样式】对话框中，可以使用【主单位】选项卡设置主单位的格式与精度等属性，如图 8-23 所示。

1. 线性标注

【线性标注】选项组中，可以设置线性标注的单位格式与精度，如图 8-24 所示。

➢【单位格式】用于设置除角度标注之外的所有标注类型的单位格式。包括：【科学】、【小数】、【工程】、【建筑】及【分数】等类型，实际工作中【小数】类型用得最多。

➢【精度】用于设置标注文字中的小数位数。

➢【分数格式】当单位格式是分数时，用于设置分数的格式。

➢【小数分隔符】当单位格式是小数时，用于设置小数的分隔符。

➢【舍入】用于设置除角度标注之外的尺寸测量值的舍入规则。

➢【前缀】用于设置标注文字的前缀，在相应的文本框中输入字符即可。

➢【后缀】用于设置标注文字的后缀，在相应的文本框中输入字符即可。

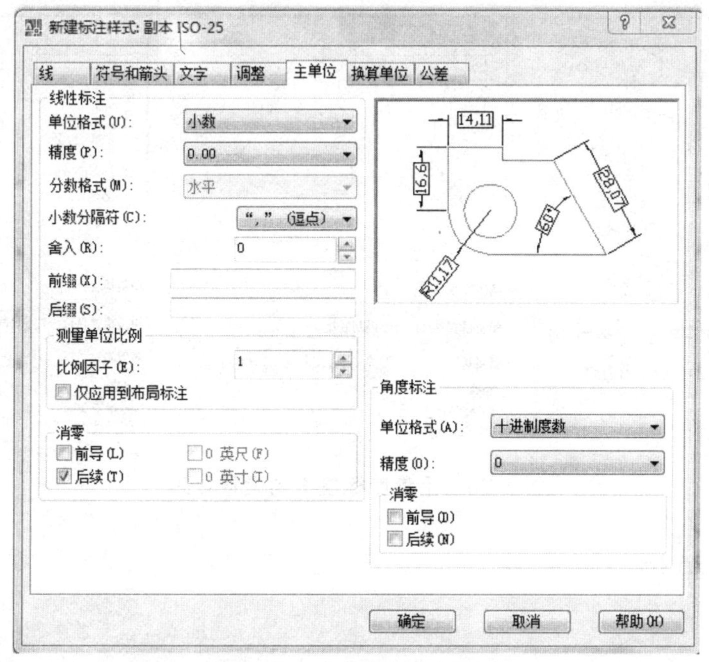

图 8-23　【主单位】选项卡

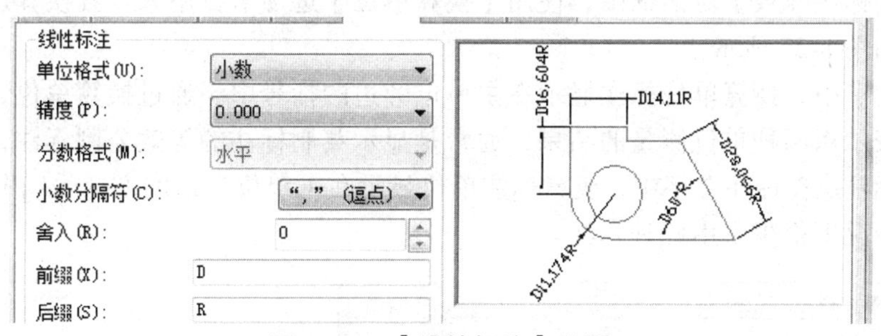

图 8-24　【线性标注】设置

➢【测量单位比例】使用【比例因子】文本框可以设置测量尺寸的缩放比例。AutoCAD 的实际标注值为测量值与该比例的乘积。选定【仅应用到布局标注】选项，可以设置该比例关系仅使用于布局，如图 8-25 所示，同一条线段，比例因子为 1 和 100 时的标注效果。

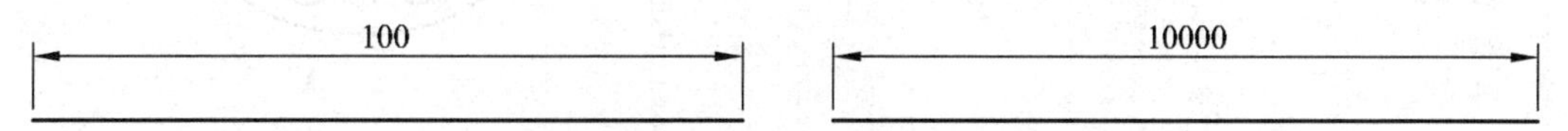

图 8-25　不同比例因子标注效果

➢【消零】可以设置是否显示尺寸标注中的【前导】和【后续】0。

2. 角度标注

【角度标注】设置标注角度时的角度单位格式、精度等参数，如图 8-26 所示。

➢【单位格式】可以设置标注角度的单位，实际工作中【十进制度数】类型用得最多。

➢【精度】可以设置标注角度的尺寸精度。

➢【消零】可以设置是否消除角度尺寸的前导和后续消零。

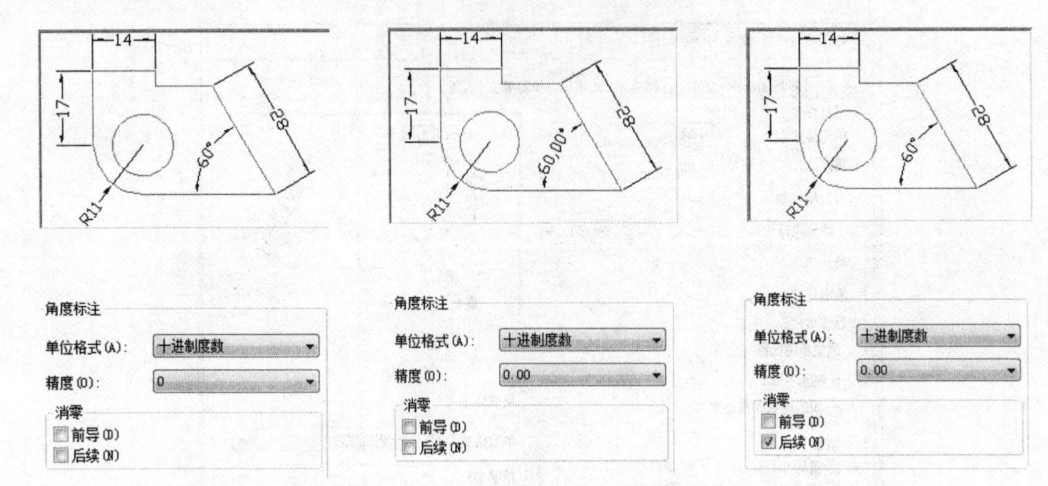

图 8-26 【角度标注】的设置效果

8.1.8 换算单位

操作方法：

在【新建标注样式】对话框中，使用【换算单位】选项卡，用来设置换算尺寸单位的格式和精度，如图 8-27 所示。

在标注文字中，换算单位标注显示在主单位旁边的括号中。通过换算单位，用户可以在同一尺寸上表示用两种单位测量的结果，通常是显示英制标注的等效公制标注，或公制标注的等效英制标注。在标注文字中，换算标注单位显示在主单位旁边的方括号[ ]中，如图 8-28 所示，一般情况下很少采用此种标注。

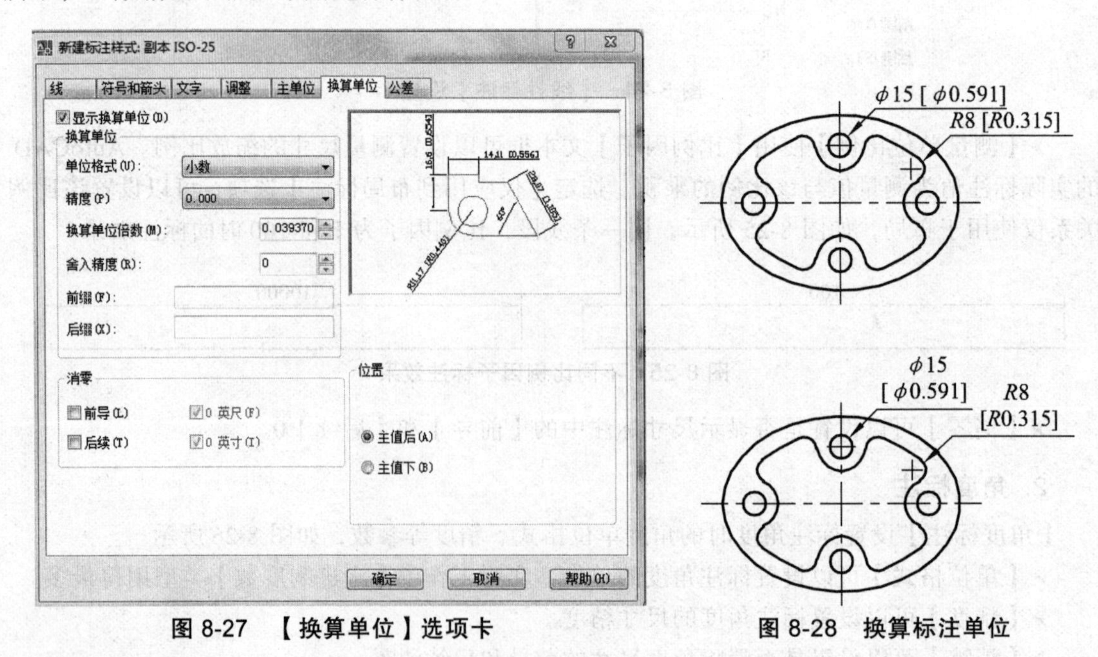

图 8-27 【换算单位】选项卡　　　　图 8-28 换算标注单位

【显示换算单位】勾选复选框后，该选项组的其他选项才可用。

【换算单位】

➢【单位格式】选取替换单位采用的单位制。
➢【精度】用于设置替换单位的精度。
➢【换算单位倍数】微调框，用于指定主单位和替换单位的转换因子。
➢【舍入精度】微调框，用于设定替换单位的完整规则。
➢【前缀】用于设置替换单位文本的固定前缀。
➢【后缀】用于设置替换单位文本的固定后缀。

【消零】用于设置是否省略尺寸标注中的 0。

【位置】用于设置替换单位尺寸标注的位置。

➢【主值后】将替换单位尺寸标注放置在主单位标注的后面。
➢【主值下】将替换单位尺寸标注放置在主单位标注的下面。

8.1.9　公　差

操作方法：

在【新建标注样式】对话框中，可以使用【公差】选项卡设置是否标注公差，以及以何种方式进行标注，如图 8-29 所示。

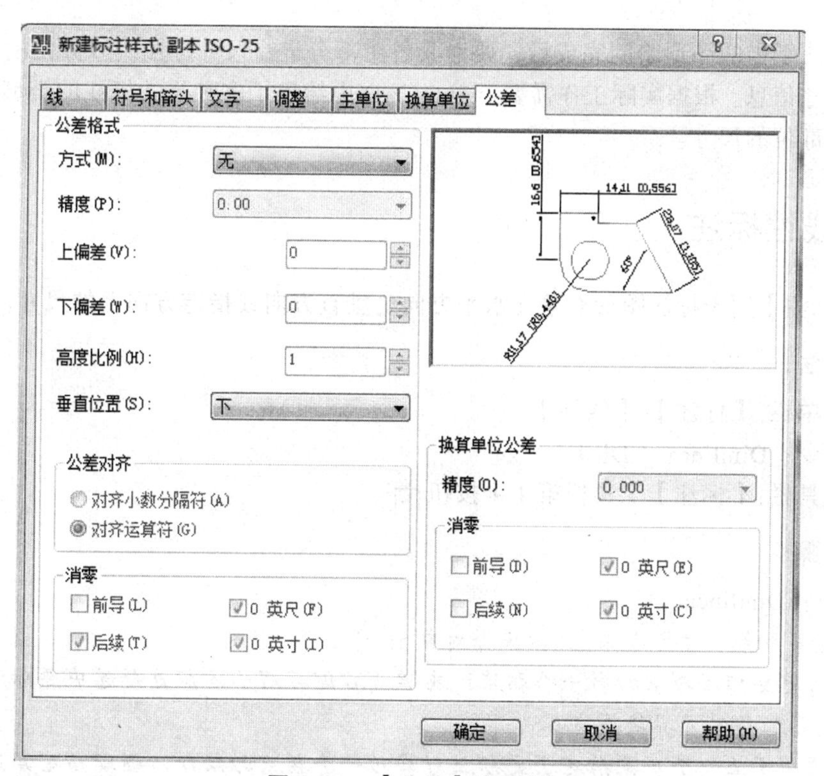

图 8-29　【公差】选项卡

1. 公差格式

【公差格式】用于设置公差的标注方式。

➢【方式】共有 5 种方式，分别是【无】、【对称】、【极限偏差】、【极限尺寸】、【基本尺寸】。

➢【精度】根据具体工作环境要求，设置相应精度。

➢【上偏差】输入上偏差值。在方式为无和基本尺寸时，此文本框不可输入。

➢【下偏差】输入下偏差值。在方式为无，对称和基本尺寸时，此文本框不可输入。

➢【高度比例】缺省为 1，可调整。在方式为无和基本尺寸时，此文本框不可输入。

➢【垂直位置】有下、中、上 3 个位置，可调整。

➢【公差对齐】在方式为无、对称和基本尺寸时，此选卡不可选择。只在极限偏差和极限尺寸状态下可用。

➢【消零】在方式为无和基本尺寸时，此选卡不可选择。在其他方式时，同【主单位】的同类选项卡，不再累述。

2. 换算单位公差

【换算单位公差】在方式为无时，此选卡不可选择。在其他方式时，可以设置换算单位精度和是否消零，同【主单位】的同类选项卡，此处不再累述。

8.2 尺寸标注类型

当工程图纸中的图形绘制完成后，要对其各个部分进行尺寸标注，以方便读图人员掌握其具体的尺寸信息。根据实际工作需要，AutoCAD 中给出了多种尺寸标注的类型，以方便用户标注不同部位的尺寸。

8.2.1 线性标注

【线性标注】用于标注图形对象在水平方向、垂直方向或指定方向上的尺寸。

操作方法：

（1）菜单栏：【标注】/【线性】。

（2）命令：Dimlinear（Dli）。

（3）工具栏：【标注】工具栏第 1 个按钮 ⊢⊣。

操作步骤：

➢ 命令：Dimlinear

➢ 指定第一条尺寸界线原点或<选择对象>:

（此处指定要标注对象的第一个端点；或单击右键后用小方框直接选中要标注的对象）

➢ 指定第二条尺寸界线原点：

（此处适用于上一个步骤指定了要标注对象的一个端点的操作，继续指定其第二个端点）

➢ 创建了无关联的标注。

➢ 指定尺寸线位置或[多行文字(M)/文字(T)/角度(A)/水平(H)/垂直(V)/旋转(R)]:

（此处可在绘图区域拖动鼠标指定尺寸线的位置；或通过【多行文件(M)】选项以多行文

字模式更改其标注数据；或通过【文字(T)】选项以单行文字模式更改其标注数据；或通过【角度(A)】选项更改数据文字的倾斜角度；或通过【水平(H)】选项强制标注对象的水平投影长度；或通过【垂直(V)】选项强制标注对象的竖向投影长度；或通过【旋转(R)】选项更改尺寸线的倾斜角度）

➢ 标注文字 ＝216.06

（此处显示本次标注所显示的文字）

应用举例：

标注三角形的底边和斜边长度，结果如图 8-30 所示。

➢ 命令：_dimlinear

➢ 指定第一条尺寸界线原点或<选择对象>:

（选择底边一端点）

➢ 指定第二条尺寸界线原点：

（选择底边另一端点）

➢ 指定尺寸线位置或其他[多行文字(M)/文字(T)/角度(A)/水平(H)/垂直(V)/旋转(R)]:

（此处鼠标拖动并单击放在合适的位置）

➢ 命令：_dimlinear

➢ 指定第一条尺寸界线原点或<选择对象>:

（选择斜边一端点）

➢ 指定第二条尺寸界线原点：

（选择斜边另一端点）

➢ 指定尺寸线位置或其他[多行文字(M)/文字(T)/角度(A)/水平(H)/垂直(V)/旋转(R)]：R

➢ 指定尺寸线的角度：

（选择斜边一端点）

➢ 指定第二点：

（选择斜边另一端点）

➢ 指定尺寸线位置或其他[多行文字(M)/文字(T)/角度(A)/水平(H)/垂直(V)/旋转(R)]:

（此处鼠标拖动并单击放在合适的位置）

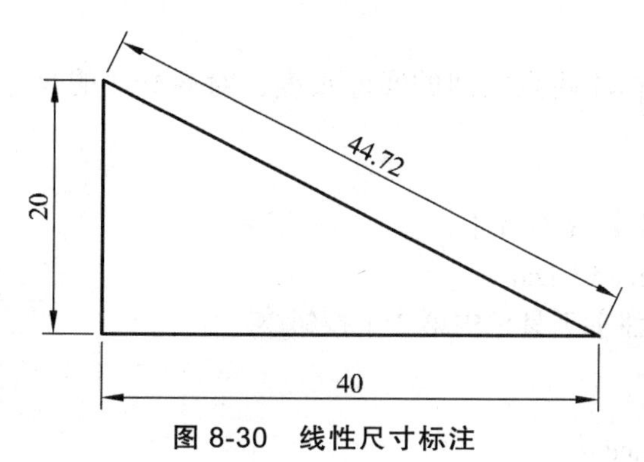

图 8-30　线性尺寸标注

二级选项说明：

【多行文字（M）】在线性标注的命令提示行中输入 M，可打开【多行文字编辑器】对话框，如图 8-31 所示。通常情况下，当需要在标注尺寸中添加其他文字或符号时，如在尺寸前加ϕ等，需要选择此选项。

图 8-31　使用多行文字编辑器修改或添加文字

【文字（T）】在命令提示行中输入 T，可直接在命令提示行输入新的标注文字。此时可修改标注尺寸或添加新的内容。

【角度（A）】在命令提示行中输入 A，可指定标注文字的角度，如图 8-32 所示。

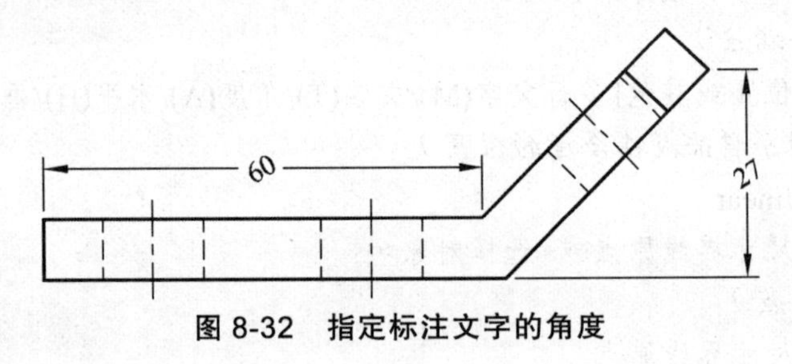

图 8-32　指定标注文字的角度

【水平（H）】在命令提示行中输入 H，不管标注什么方向的线段，尺寸线都会被水平方向放置。

【垂直（V）】在命令提示行中输入 V，不管标注什么方向的线段，尺寸线都会被垂直方向放置。

提示：几乎所有的标注类型都有【多行文字（M）】、【文字（T）】和【角度（A）】三个二级选项，不再累述。

8.2.2　对齐标注

【对齐标注】用于标注两点之间的实际长度。对齐标注的尺寸线平行于两点的连线。

操作方法：

（1）菜单栏：【标注】/【对齐】。

（2）命令：Dimaligned（Dal）。

（3）工具 栏：【标注】工具栏中第 2 个按钮。

操作步骤：

➢ 命令：_dimaligned

➢ 指定第一条尺寸界线原点或<选择对象>:

（此处指定要标注对象的第一个端点；或单击右键后用小方框直接选中要标注的对象）

➢ 指定第二条尺寸界线原点：

（此处适用于上一个步骤指定了要标注对象的一个端点的操作，继续指定其第二个端点）

➢ 指定尺寸线位置或[多行文字(M)/文字(T)/角度(A)]:

（此处可在绘图区域拖动鼠标指定尺寸线的位置；或通过【多行文件(M)】选项以多行文字模式更改其标注数据；或通过【文字(T)】选项以单行文字模式更改其标注数据；或通过【角度(A)】选项更改数据文字的倾斜角度）

应用举例：

标注五边形的边长，结果如图 8-33 所示。

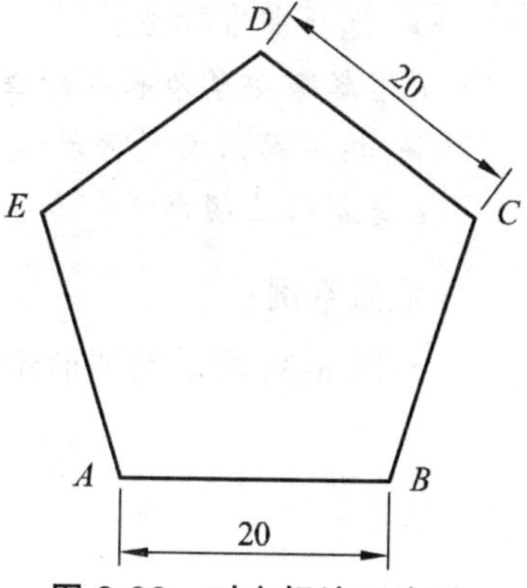

图 8-33 对齐标注五边形

➢ 命令：_dimaligned

➢ 指定第一条尺寸界线原点或<选择对象>:

（选择底边端点 A）

➢ 指定第二条尺寸界线原点：

（选择底边另一端点 B）

➢ 指定尺寸线位置或[多行文字(M)/文字(T)/角度(A)/水平(H)/垂直(V)/旋转(R)]:

（此处拖动鼠标单击放在合适的位置，第一次标注已经完成，已自动退出命令）

（按回车键重复执行对齐标注命令）

➢ 指定第一条尺寸界线原点或<选择对象>:

（选择端点 C）

➢ 指定第二条尺寸界线原点：

（选择另一端点 D）

➢ 指定尺寸线位置或 [多行文字(M)/文字(T)/角度(A)/水平(H)/垂直(V)/旋转(R)]:

（鼠标拖动并单击放在合适的位置）

8.2.3 基线标注

【基线标注】用于以某一个标注的第一条尺寸界线为基准，连续标注多个线性尺寸。每个新尺寸的尺寸线会自动向外侧偏移一个距离，该距离在【尺寸标注样式管理器】中可以进行设定。

提示：要使用【基线标注】，必须是已经有标注好的其他线性标注。

操作方法：

（1）菜单栏：【标注】/【基线】。

（2）命令：Dimbaseline（Dba）。

（3）工具栏：【标注】工具栏中的第 10 个按钮。

操作步骤：

➢ 命令：_dimbaseline

➢ 指定第二条尺寸界线原点或[放弃(U)/选择(S)]<选择>:

（系统将自动以最后一次标注的第一条界线为基准来创建标注，并提示用户指定第二条界线端点位置，捕捉需要进行标注的某一对象的端点）

➢ 指定第二条尺寸界线原点或[放弃(U)/选择(S)]<选择>：S

（此处输入 S 并回车或直接回车，可重新选择基准标注）

➢ 选择基准标注：

（选择需要作为基准标注的尺寸标注）

➢ 指定第二条尺寸界线原点或[放弃(U)/选择(S)]<选择>：

（重复以上操作）

应用举例：

对图 8-34 所示的图形轮廓进行基线标注。

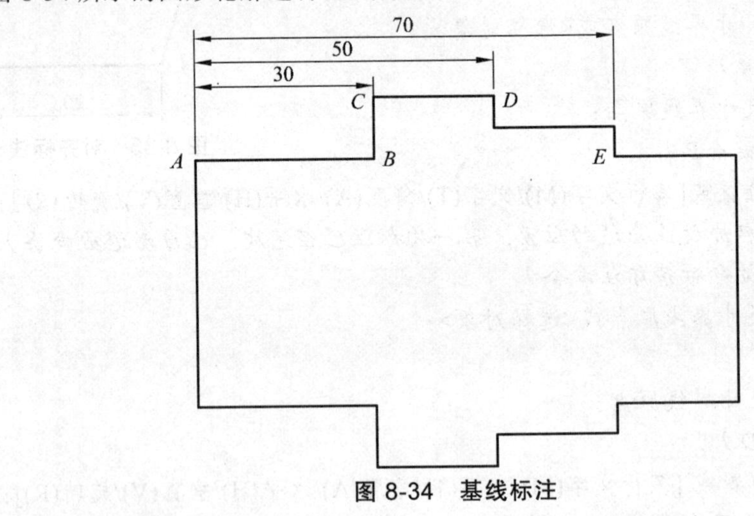

图 8-34　基线标注

➢ 命令：_dimlinear

➢ 指定第一条尺寸界线原点或<选择对象>：

（捕捉点 A）

➢ 指定第二条尺寸界线原点：

（捕捉点 C）

➢ 指定尺寸线位置或 [多行文字(M)/文字(T)/角度(A)/水平(H)/垂直(V)/旋转(R)]：

（此处拖动鼠标并单击放在合适的位置）

➢ 标注文字=30

（此处已完成一次线性标注。此步骤是为了先创建一个线性标注，以作为基线标注的基准）

➢ 命令：_dimbaseline

➢ 指定第二条尺寸界线原点或[放弃(U)/选择(S)]<选择>：

（系统将自动以最后一次标注的第一条界线为基准来创建标注，即将 A 点位置的尺寸界线作为基准界线，并提示用户指定第二条界线，此时指定 D 点）

➢ 标注文字=50

➢ 指定第二条尺寸界线原点或[放弃(U)/选择(S)]<选择>：

（此处捕捉点 E）

➢ 标注文字=70

➢ 指定第二条尺寸界线原点或[放弃(U)/选择(S)]<选择>:

(此处按【Esc】键退出命令)

8.2.4　连续标注

【连续标注】用于创建一系列首尾相连放置的标注，每个连续标注都从前一个标注的第二条尺寸界线处开始。

操作方法：

（1）菜单栏：【标注】/【连续】。

（2）命令：Dimcontinue（Dco）。

（3）工具栏：【标注】工具栏中第 11 个按钮。

操作步骤：

➢ 命令：Dimcontinue

➢ 指定第二条尺寸界线原点或[放弃(U)/选择(S)]<选择>:

(系统将自动以前一次标注的第二条界线为基准来创建标注，并提示用户指定第二条界线，捕捉需要进行标注的某一对象的端点)

➢ 指定第二条尺寸界线原点或[放弃(U)/选择(S)]<选择>：S

(此处输入 S 并回车或者直接回车，可重新选择基准标注)

➢ 选择基准标注：

(选择需要作为基准标注的尺寸标注)

➢ 指定第二条尺寸界线原点或[放弃(U)/选择(S)]<选择>:

(重复以上操作)

应用举例：

对图 8-35 所示的图形进行连续标注。

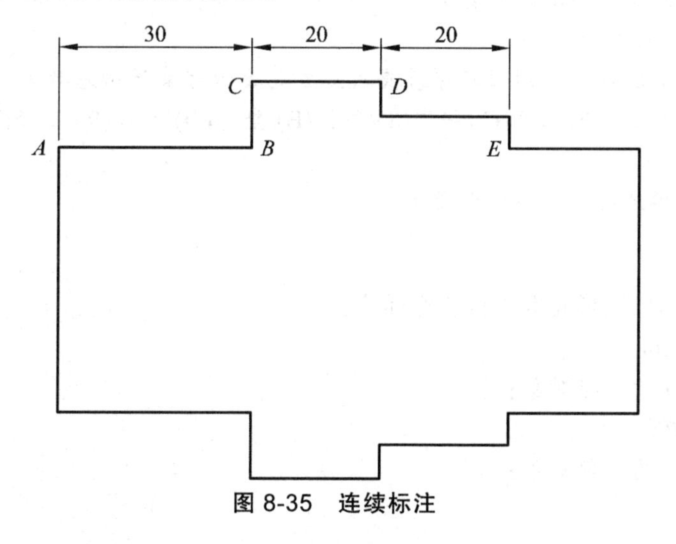

图 8-35　连续标注

➢ 命令：Dimlinear
➢ 指定第一条尺寸界线原点或<选择对象>：捕捉点 *A*
➢ 指定第二条尺寸界线原点：捕捉点 *C*
➢ 指定尺寸线位置或 [多行文字(M)/文字(T)/角度(A)/水平(H)/垂直(V)/旋转(R)]：
（此处拖动鼠标单击放在合适的位置）
➢ 标注文字=30
➢ 命令：Dimcontinue
➢ 指定第二条尺寸界线原点或[放弃(U)/选择(S)]<选择>：捕捉点 *D*
（系统将自动以前一次标注的第二条界线为基准来创建标注，并提示用户指定第二条界线）
➢ 标注文字=20
➢ 指定第二条尺寸界线原点或[放弃(U)/选择(S)]<选择>：捕捉点 *E*
➢ 标注文字=20
➢ 指定第二条尺寸界线原点或[放弃(U)/选择(S)]<选择>：按回车结束

8.2.5 快速标注

【快速标注】用于同时快速标注多个对象。

操作方法：

（1）菜单栏：【标注】/【快速标注】。
（2）命令：Ddim。
（3）工具栏：【标注】工具栏中第 9 个按钮。

操作步骤：

➢ 命令：_ddim
➢ 关联标注优先级 = 端点
➢ 选择要标注的几何图形：
（选择需要进行尺寸标注的对象）
➢ 选择要标注的几何图形：
（继续选择需要进行尺寸标注的对象或点击右键表示对象选择完毕）
➢ 指定尺寸线位置或[连续(C)/并列(S)/基线(B)/坐标(O)/半径(R)/直径(D)/基准点(P)/编辑(E)/设置(T)]<连续>：
（鼠标拖动并单击确定合适的位置）

应用举例：

对图 8-36 所示的图形轮廓进行快速标注。

➢ 命令：_ddim
➢ 选择要标注的几何对象：
（选择线段 AB）
➢ 选择要标注的几何对象：

（选择线段 CD）

➢ 选择要标注的几何对象：

（选择线段 DE）

➢ 选择要标注的几何对象：

（选择线段 EF，选择完毕后单击右键表示对象选择完毕）

➢ 指定尺寸线的位置或[连续(C)/并列(S)/基线(B)/坐标(O)/半径(R)/直径(D)/基准点(P)/编辑(E)/设置(T)]<连续>：

（此处拖动鼠标单击放在合适的位置）

➢ 标注文字=30，20，20，20

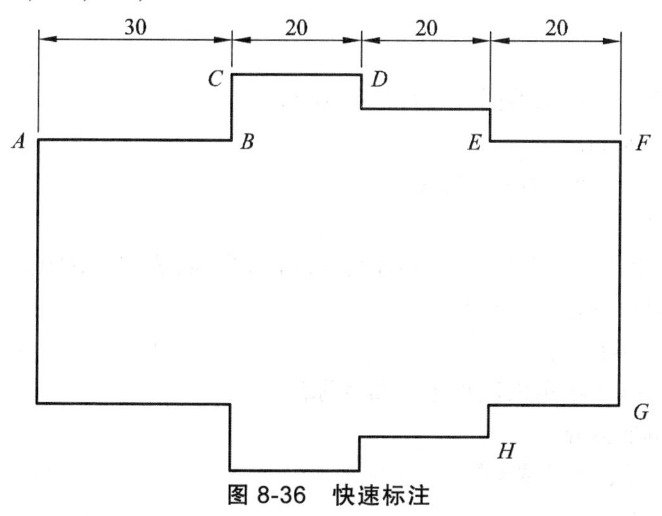

图 8-36　快速标注

其他二级操作说明：

【连续（C）】同时创建多个连续标注。

【并列（S）】创建一系列并列标注。

【基线（B）】同时创建多个基线标注。

【半径（R）】同时创建多个半径标注。

【直径（D）】同时创建多个直径标注。

【基准点（P）】为基线标注和连续标注确定一个新的基准点。

【编辑（E）】编辑一系列标注。从现有标注中添加或删除标注点。

【设置（T）】为指定尺寸界线原点设置默认的对象捕捉方式。

8.2.6　角度标注

【角度标注】用于标注两条不平行直线之间的角度、圆和圆弧的角度或三点之间的角度。

操作方法：

（1）菜单栏：【标注】/【角度】。

（2）命令：Dimanglar（Dan）。

（3）工具栏：【标注】工具栏中第 8 个按钮。

操作步骤：

➢ 命令：_dimangular

➢ 选择圆弧、圆、直线或<指定顶点>:

（此处选择直线构成的夹角边或圆弧；或直接回车改为先指定角的顶点位置）

➢ 选择第二条直线：

（此处适用于上一个步骤选择的直线边的操作，此处选择角度的另一条边）

➢ 指定标注弧线位置或[多行文字(M)/文字(T)/角度(A)/象限点(Q)]:

（此处拖动鼠标将角度标注放在合适的位置；或通过【象限点(Q)】选项设定角度标注锁定到某个象限）

应用举例：

（1）对图 8-37（a）所示的图形进行角度标注。

➢ 命令：_dimangular

➢ 选择圆弧、圆、直线或<指定顶点>:

（选择圆弧）

➢ 指定标注弧线位置或[多行文字(M)/文字(T)/角度(A)/象限点(Q)]:

（鼠标拖动并单击确定合适的位置）

➢ 标注文字 =244

（2）对图 8-37（b）所示的图形进行角度标注。

➢ 命令：_dimangular

➢ 选择圆弧、圆、直线或<指定顶点>:

（选择圆）

➢ 指定角的第二个端点：

（捕捉直径端点）

➢ 指定标注弧线位置或[多行文字(M)/文字(T)/角度(A)/象限点(Q)]:

（鼠标拖动并单击确定合适的位置）

➢ 标注文字 =54

（3）对图 8-37（c）所示的图形进行角度标注。

➢ 命令：_dimangular

➢ 选择圆弧、圆、直线或<指定顶点>:

（选择角的一条边）

➢ 选择第二条直线：

（选择角的另一条边）

➢ 指定标注弧线位置或[多行文字(M)/文字(T)/角度(A)/象限点(Q)]:

（此处拖动鼠标单击放在合适的位置）

➢ 标注文字 =35

（4）对图 8-37（d）所示的图形用顶点模式进行角度标注。

➢ 命令：_dimangular

➢ 选择圆弧、圆、直线或<指定顶点>:

（此处直接回车或单击右键）

➢ 选择圆弧、圆、直线或<指定顶点>:

➢ 指定角的顶点:

（捕捉端点 A）

➢ 指定角的第一个端点:

（捕捉端点 B）

➢ 指定角的第二个端点:

（捕捉端点 C）

➢ 指定标注弧线位置或[多行文字(M)/文字(T)/角度(A)/象限点(Q)]:

（此处拖动鼠标单击放在合适的位置）

➢ 标注文字= 61

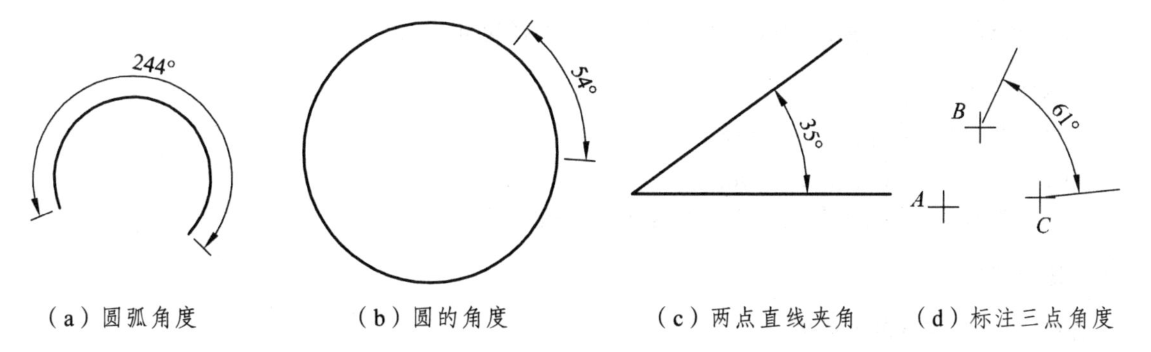

（a）圆弧角度　（b）圆的角度　（c）两点直线夹角　（d）标注三点角度

图 8-37　角度标注

8.2.7　半径标注

【半径标注】用于标注圆或小于半圆圆弧的半径尺寸。

操作方法：

（1）菜单栏:【标注】/【半径】。

（2）命令：Dimradius（Dra）。

（3）工具栏:【标注】工具栏中第 6 个按钮。

操作步骤：

➢ 命令：_dimradius

➢ 标注文字 =90.05

（此处显示被标注对象的半径值）

➢ 选择圆弧或圆:

（此处选择需要进行半径标注的圆弧或者圆）

➢ 指定尺寸线位置或[多行文字(M)/文字(T)/角度(A)]:

（此处拖动鼠标将半径标注放在合适的位置）

➢ 指定尺寸线位置或[多行文字(M)/文字(T)/角度(A)]：T

应用举例：

对图 8-38 所示的圆弧进行半径标注。

➢ 命令：_dimradius

➢ 选择圆弧或圆：

（此处选择右上角位置的圆弧对象）

➢ 标注文字 =5

➢ 指定尺寸线位置或[多行文字(M)/文字(T)/角度(A)]:

（此处拖动鼠标单击放在合适的位置）

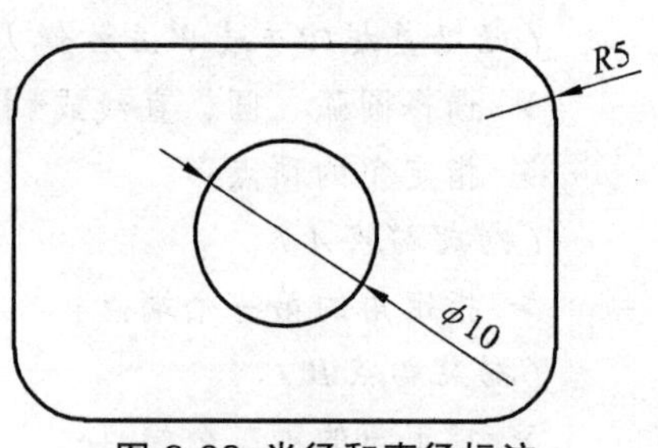

图 8-38 半径和直径标注

8.2.8 直径标注

【直径标注】用于标注圆或大于半圆圆弧的直径尺寸。

操作方法：

（1）菜单栏：【标注】/【直径】。

（2）命令：Dimdiameter（Ddi）。

（3）工具栏：【标注】工具栏中第 5 个按钮。

操作步骤：

➢ 命令：_dimdiameter

➢ 选择圆弧或圆：

（此处选择需要进行半径标注的圆弧或者圆）

➢ 标注文字= 180.1

（此处显示被标注对象的半径值）

➢ 指定尺寸线位置或[多行文字(M)/文字(T)/角度(A)]:

（此处拖动鼠标将角度标注放在合适的位置）

应用举例：

对图 8-38 所示的圆进行直径标注。

➢ 命令：_dimdiameter

➢ 选择圆弧或圆：选择圆

（此处选择图形中部的圆对象）

➢ 标注文字 =10

➢ 指定尺寸线位置或[多行文字(M)/文字(T)/角度(A)]:

（此处拖动鼠标单击放在合适的位置）

8.2.9 弧长标注

【弧长标注】用于标注圆弧线段或多段线圆弧线段部分的弧长。

操作方法：

（1）菜单栏：【标注】/【弧长】。

（2）命令：Dimarc。

（3）工具栏：【标注】工具栏中第 3 个按钮 。

操作步骤：

➢ 命令：_dimarc

➢ 选择弧线段或多段线弧线段：

（此处选择需要进行弧长标注的圆弧）

➢ 指定弧长标注位置或[多行文字(M)/文字(T)/角度(A)/部分(P)/]:

（此处拖动鼠标将弧长标注放在合适的位置；或通过【部分(P)】选项重新设定标注该圆弧对象的某一部分的长度）

➢ 标注文字 ＝189.99

应用举例：

（1）对图 8-39 所示的弧线进行弧长标注。

➢ 命令：_dimarc

➢ 选择弧线段或多段线弧线段：

（选择弧线段）

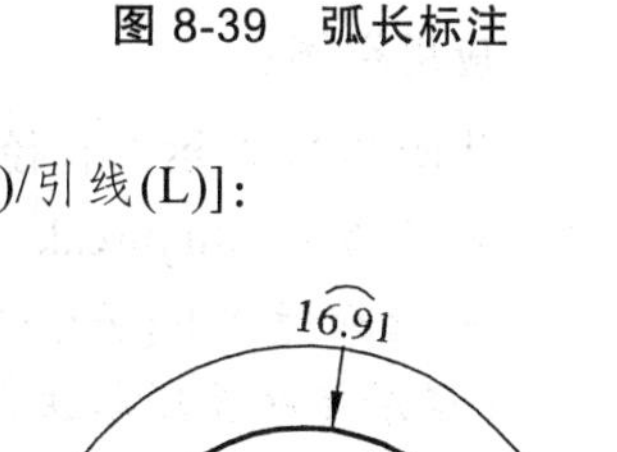

图 8-39　弧长标注

➢ 指定弧长标注位置或[多行文字(M)/文字(T)/角度(A)/部分(P)/引线(L)]:

（此处拖动鼠标单击放在合适的位置）

➢ 标注文字 ＝16.91

（2）对图 8-40 所示的弧线进行弧长标注，要求设置引线。

➢ 命令：_dimarc

➢ 选择弧线段或多段线弧线段：

（选择弧线段）

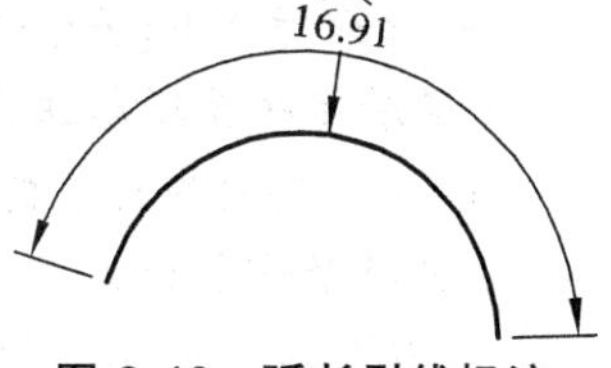

图 8-40　弧长引线标注

➢ 指定弧长标注位置或[多行文字(M)/文字(T)/角度(A)/部分(P)/引线(L)]：L

（引线是按径向绘制的，指向所标注圆弧的圆心的标记。此处输入 L 并回车，可执行引线操作）

➢ 指定弧长标注位置或[多行文字(M)/文字(T)/角度(A)/部分(P)/无引线(N)]:

（此处拖动鼠标单击放在合适的位置）

➢ 标注文字 ＝16.91

8.2.10　折断标注

使用【折断标注】可以使标注、尺寸延伸线或引线不显示。

操作方法：

（1）菜单栏：【标注】/【标注打断】。

（2）命令：Dimbreak。

（3）工具栏：【标注】工具栏中第 13 个按钮 。

操作步骤：

➢ 命令：_dimbreak

➢ 选择标注或[多个(M)]:

（此处选择需要打断的尺寸标注；或者通过【多个(M)】选项选择多个需要打断的标注）

➢ 选择要打断标注的对象或[自动(A)/恢复(R)/手动(M)]<自动>:

（此处选择要打断标注的对象；或通过【自动(A)】选项自动将折断标注放置在与选定标注相交的对象的所有交点处；或通过【恢复(R)】选项在选定的标注中删除所有折断标注；或通过【手动(M)】选项指定折断标注的两个点）

➢ 选择要打断标注的对象或[自动(A)/恢复(R)/手动(M)]<自动>：M

（此处输入 M，表示手动打断）

➢ 指定第一个打断点:

（此处捕捉第一个打断点）

➢ 指定第二个打断点:

（此处捕捉第二个打断点）

➢ 选择要打断标注的对象或[自动(A)/恢复(R)/手动(M)]<自动>：R

（此时可恢复被打断的标注）

应用举例：

将图 8-41 所示的直径标注在矩形处打断，结果如图 8-42 所示。

➢ 命令：_dimbreak

➢ 选择标注或[多个(M)]:

（选择圆的直径标注）

➢ 选择要打断标注的对象或[自动(A)/恢复(R)/手动(M)]<自动>:

（选择外部矩形）

➢ 选择要打断标注的对象或[自动(A)/恢复(R)/手动(M)]<自动>:

（此处可继续选择用于打断标注的对象，或单击右键退出命令）

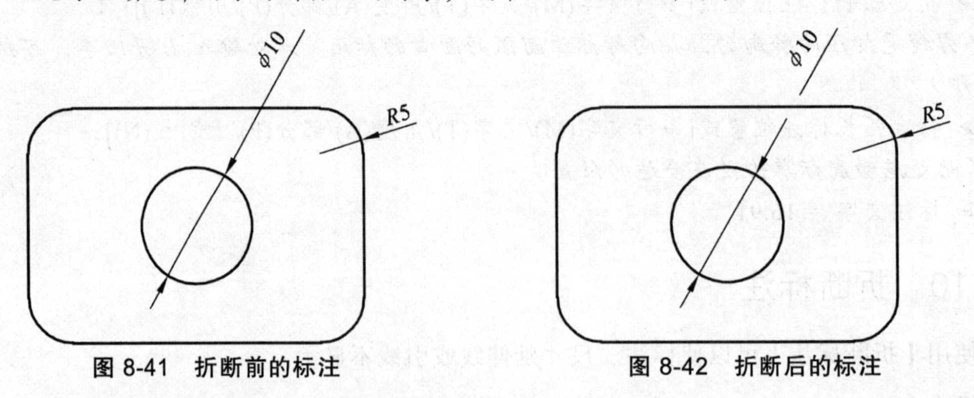

图 8-41　折断前的标注　　　　图 8-42　折断后的标注

8.2.11　折弯线性标注

折弯线性标注指将折弯符号添加到线性类标注的尺寸线中。

操作方法：

（1）菜单栏：【标注】/【折弯线性】。

（2）命令：Dimjogline。

（3）工具栏：【标注】工具栏中第 17 个按钮。

操作步骤：

➢ 选择要添加折弯的标注或[删除(R)]：

（此处选择需要折弯的线型标注，注意一定是线性类标注；或通过【删除(R)】选项去掉之前在某个标注中执行的折弯效果）

➢ 指定折弯位置（或按回车键）：

（在标注的尺寸线上制定折弯的位置）

应用举例：

将图 8-43 所示的线性标注改为折弯线性标注，结果如图 8-44 所示。

➢ 命令：dimjogline

➢ 选择要添加折弯的标注或[删除(R)]：选择线性尺寸 30

➢ 指定折弯位置(或按回车键)：

（此处拖动鼠标单击放在合适的位置）

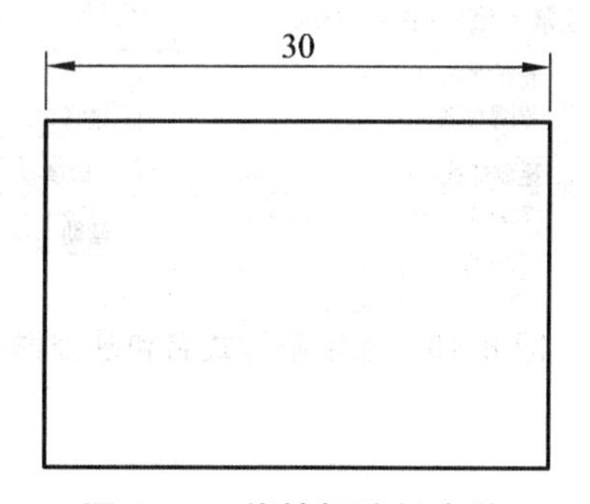

图 8-43 线性标注折弯前

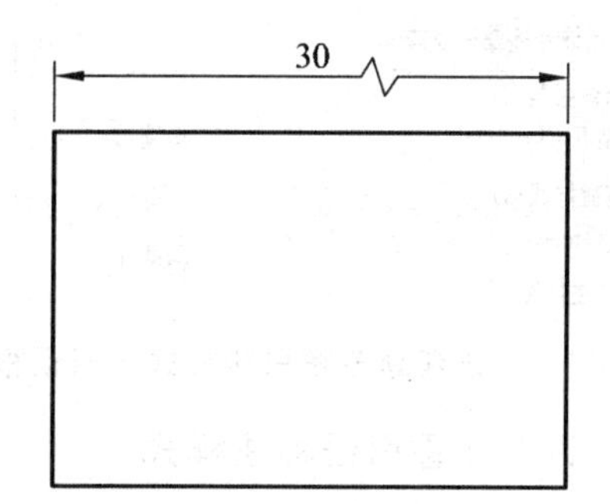

图 8-44 折弯线性标注

8.3 多重引线标注

8.3.1 多重引线标注样式设置

【多重引线样式管理器】可对引线的样式进行新建、修改等编辑和管理操作，引线的相关操纵都集中在【多重引线】工具栏中，如图 8-45 所示。

操作方法：

（1）菜单栏：【格式】/【多重引线样式】。

（2）命令：Mleaderstyle。

（3）工具栏：【多重引线】工具栏最右侧按钮。

执行以上任一操作后将弹出【多重引线样式管理器】对话框，如图 8-45 所示。下面对其具体操作内容进行详细介绍：

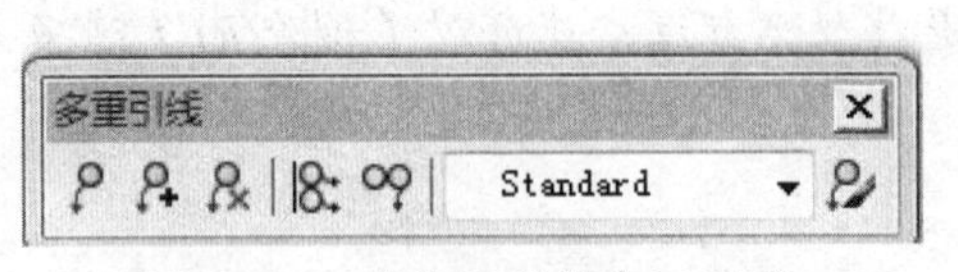

图 8-45 【多重引线】工具栏

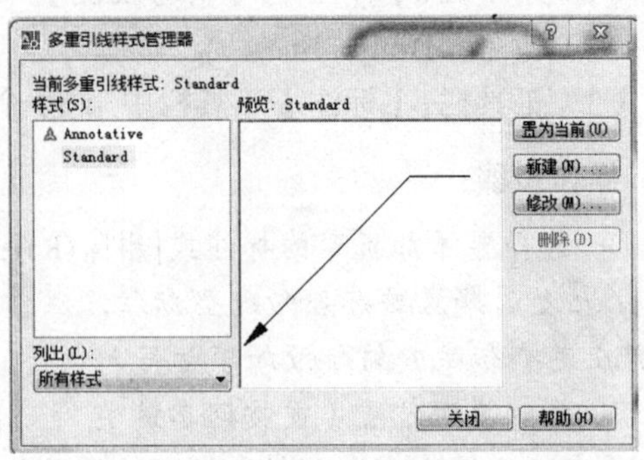

图 8-46 【多重引线样式管理器】对话框

1. 创建新多重引线样式

操作方法：

单击如图 8-46 所示的【新建】按钮会弹出如图 8-47 所示的【创建新多重引线样式】对话框。用户可以通过对话框中的【新样式名】对话框指定新样式的名称；通过【基础样式】下拉列表框确定用于创建新样式的基础样式，如图 8-48 所示。

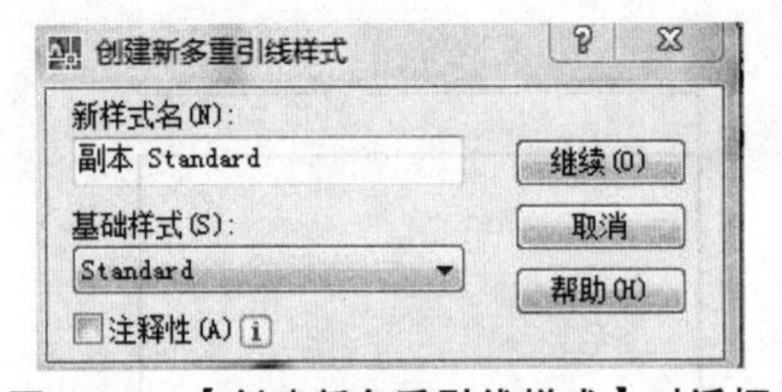

图 8-47 【创建新多重引线样式】对话框

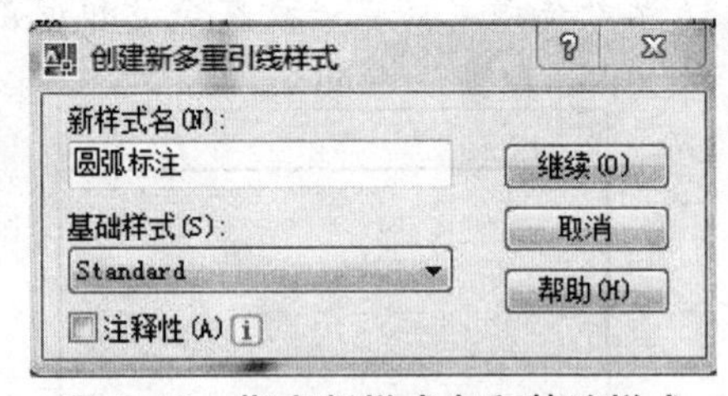

图 8-48 指定新样式名和基础样式

2. 设置多重引线标注样式

操作方法：

单击如图 8-48 所示【继续】按钮将弹出【修改多重引线样式】对话框，如图 8-49 所示。

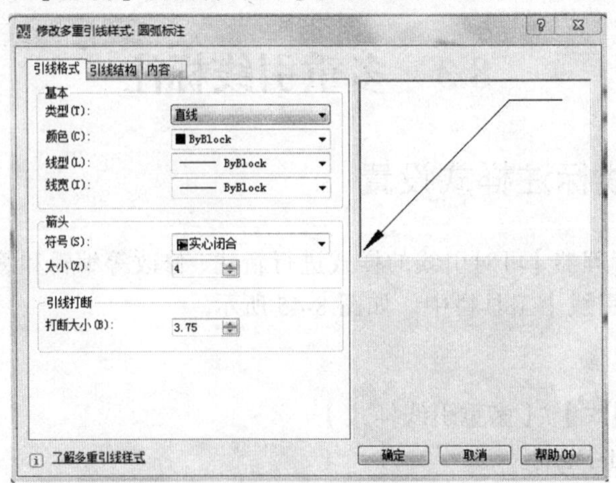

图 8-49 【修改多重引线样式】对话框

（1）【引线格式】选项卡

【引线格式】用于设置引线的格式，如图 8-49 所示。

【基本】用于设置引线的外观、颜色、线型、线宽等。

【箭头】选项组用于设置箭头的样式与大小。

【引线打断】选项用于设置引线打断时的距离值。

右侧部位为预览框，用于预览对应的引线样式。

（2）【引线结构】选项卡

【引线结构】用于设置引线的结构，如图 8-50 所示。

【约束】用于控制多重引线的结构。

【基线设置】用于设置多重引线中的基线。

【比例】用于设置多重引线标注的缩放关系。

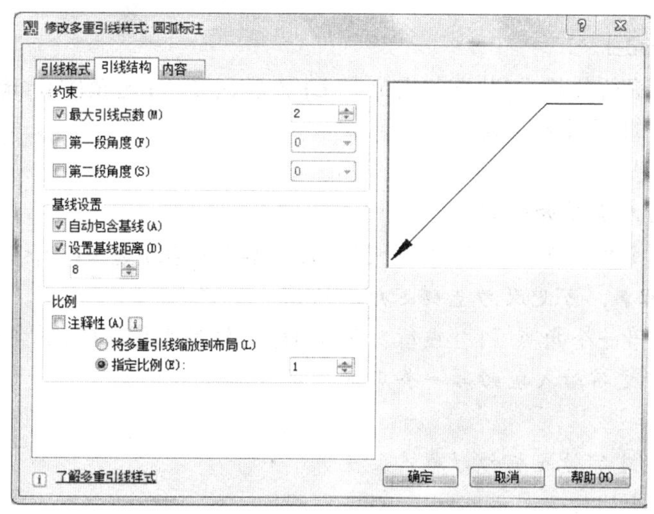

图 8-50　【引线结构】选项卡

（3）【内容】选项卡

【内容】选项卡用于设置多重引线标注的内容，如图 8-51 所示。

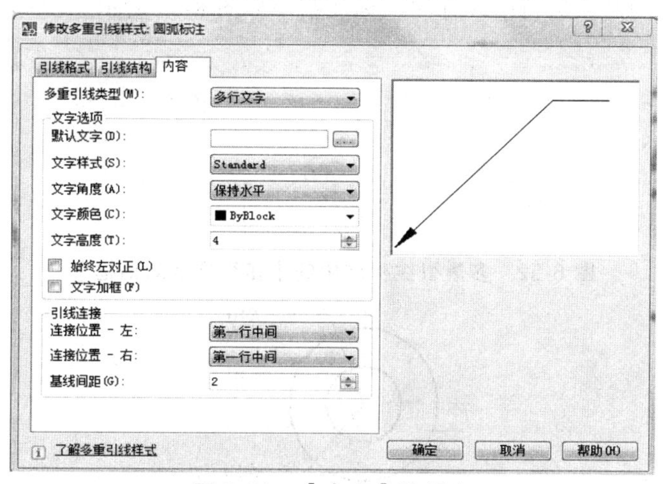

图 8-51　【内容】选项卡

【多重引线类型】用于设置多重引线标注的类型。

【文字选项】用于设置多重引线标注的文字内容。

【引线连接】选项组一般用于设置标注出的对象沿垂直方向相对于引线基线的位置。

8.3.2 多重引线标注

操作方法:

(1)菜单栏:【标注】/【多重引线】。

(2)命令: Mleader。

(3)工具栏:【多重引线】工具栏中第 1 个按钮 。

操作步骤:

➢ 命令: _mleader

➢ 指定引线箭头的位置或[引线基线优先(L)/内容优先(C)/选项(O)]<选项>:

(此处可指定引线箭头的位置)

➢ 指定引线基线的位置:

(此处可指定引线基线的位置)

➢ 指定引线基线的位置或[引线箭头优先(H)/内容优先(C)/选项(O)]<选项>: C

(此处输入 C 回车,可更改为先确定标注内容)

➢ 指定文字的第一个角点或[引线箭头优先(H)/引线基线优先(L)/选项(O)]<选项>:

(此处指定多行文字输入框的第一个角点位置)

➢ 指定对角点:

(此处指定多行文字输入框的对角点位置)

➢ 指定引线箭头的位置:

(此处指定引线箭头的位置)

应用举例:

将图 8-52 所示的圆弧进行引线标注,标注结果如图 8-53 所示。

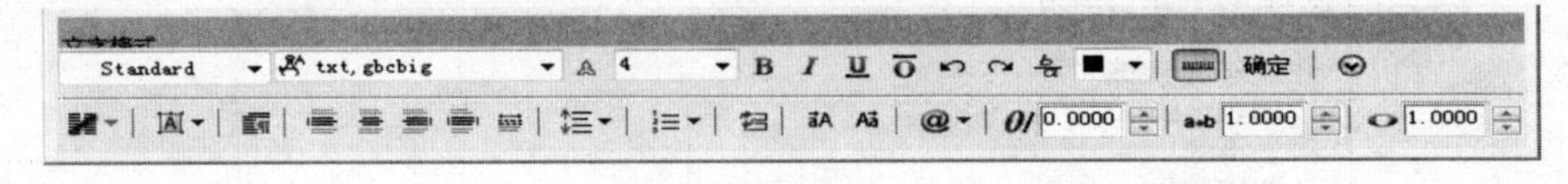

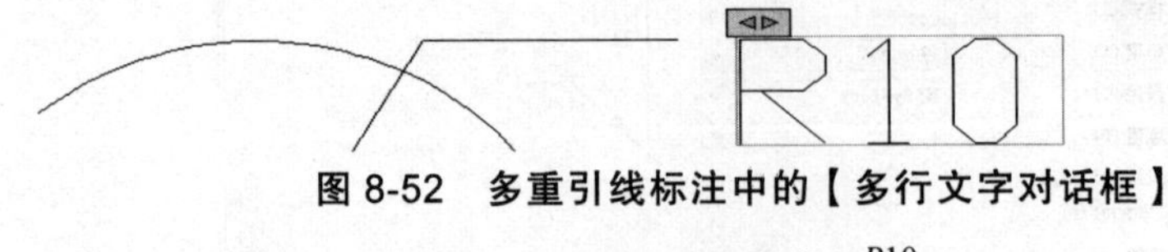

图 8-52 多重引线标注中的【多行文字对话框】

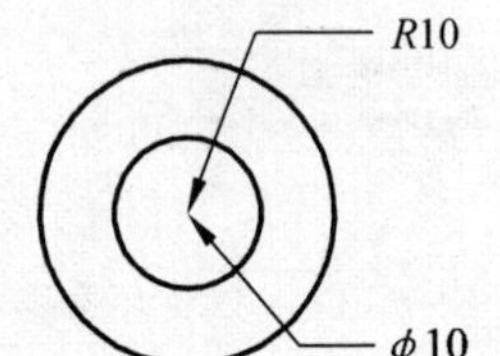

图 8-53 引线标注效果

➢ 命令：Mleader

➢ 指定引线箭头的位置或[引线基线优先(L)/内容优先(C)/选项(O)]<选项>:

（指定圆心）

➢ 指定引线基线的位置：

（此处拖动鼠标单击放在合适的位置）

（键盘输入 R10 后点击【多行文字对话框】中的【确定】按钮）

（按回车键重复多重引线标注命令）

➢ 指定引线箭头的位置或[引线基线优先(L)/内容优先(C)/选项(O)]<选项>:

（指定圆心）

➢ 指定引线基线的位置：

（此处拖动鼠标单击放在合适位置）

（键盘输入ϕ10 后点击【多行文字对话框】中的【确定】按钮）

8.4　编辑尺寸标注

尺寸标注的编辑包括对已标注尺寸的标注位置、文字位置、文字内容及标注样式等内容进行修改。

8.4.1　编辑标注文字的角度

用户要对已存在的尺寸标注进行修改，可不必将需要修改的对象删除再进行重新标注，可以用一系列尺寸标注编辑命令进行修改。

操作方法：

（1）菜单栏：【标注】/【对齐文字】。

（2）命令：Dimedit。

（3）工具栏：【标注】工具栏中的第 18 个按钮。

操作步骤：

➢ 命令：_dimedit

➢ 输入标注编辑类型[默认(H)/新建(N)/旋转(R)/倾斜(O)]<默认>:

（可通过【默认(H)】选项将标注的数字放到尺寸标注样式所设定的默认位置；或通过【新建(N)】选项后修改尺寸标注的数字；或通过【(旋转)】选项更改标注数字的倾斜方向；或通过【倾斜(O)】选项更改尺寸界线的倾斜方向）

➢ 选择对象：

（选择需要修改尺寸数字的尺寸标注，可选择多个，按回车键确认）

应用举例：

将图 8-54（a）所示的图形标注的文字旋转 30°，并将尺寸界线倾斜 30°，结果如图 8-54（b）所示。

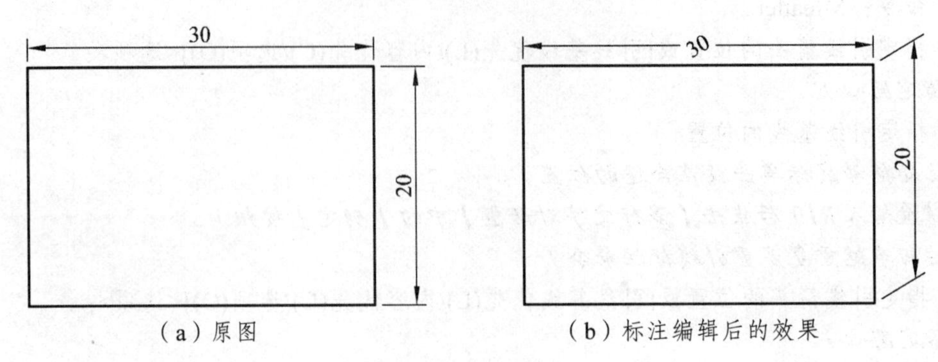

（a）原图　　（b）标注编辑后的效果

图 8-54　编辑标注

➢ 命令：_dimedit

➢ 输入标注编辑类型[默认(H)/新建(N)/旋转(R)/倾斜(O)]<默认>：R

（输入 R 并回车，进入更改标注数字的旋转角度的操作）

➢ 指定标注文字的角度：30

（输入旋转角度值 30°）

➢ 选择对象：找到 1 个

（选中要编辑的尺寸标注）

➢ 选择对象：

（选择完毕单击右键，操作完成并自动退出命令）

（按回车键重复编辑标注命令）

➢ 命令：_dimedit

➢ 输入标注编辑类型[默认(H)/新建(N)/旋转(R)/倾斜(O)]<默认>：O

（输入 O 并按回车键，进入更改尺寸界线倾斜角度的操作）

➢ 选择对象：找到 1 个

（选择尺寸 20）

➢ 选择对象：

（单击右键表示对象选择完毕）

➢ 输入倾斜角度：

（输入尺寸界线倾斜角度值 30°，按回车键后操作完成并自动退出命令）

8.4.2　编辑标注文字的位置

用于移动和旋转标注文字。可以使其位于尺寸线上面左端、右端或中间，也可以使文本倾斜一定角度。

操作方法：

（1）菜单栏：【标注】/【对齐文字】。

（2）命令：Dimtedit。

（3）工具栏：【标注】工具栏中的第 19 个按钮。

操作步骤：

➢ 命令：_dimtedit

➢ 选择标注：

（此处选择需要编辑的尺寸标注）

➢ 指定标注文字的新位置或[左(L)/右(R)/中心(C)/默认(H)/角度(A)]：

（此处可直接拖动到标注文字的新位置单击左键；或通过【左(L)】、【右(R)】、【中心(C)】三个选项分别将标注文字放到左侧、右侧或中间位置；或通过【默认(H)】选项将文字放到尺寸标注样式设置的默认位置；或通过【角度(A)】选项更改标注文字的角度）

应用举例：

将图 8-55（a）所示的图形的标注进行调整，结果如图 8-55（b）所示。

➢ 命令：_dimtedit

➢ 选择标注：

（选中尺寸 30）

➢ 指定标注文字的新位置或[左(L)/右(R)/中心(C)/默认(H)/角度(A)]：L

（输入 L 并按回车键，操作结束并自动退出命令）

（此处直接回车重复上一次执行的编辑文字命令）

➢ 命令：_dimtedit

➢ 选择标注：

（选择尺寸 20）

➢ 指定标注文字的新位置或[左(L)/右(R)/中心(C)/默认(H)/角度(A)]：R

（输入 R 并按回车键）

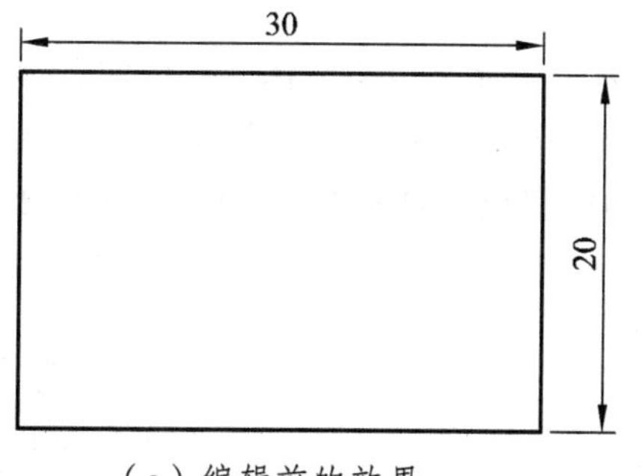

（a）编辑前的效果

（b）编辑后的效果

图 8-55　编辑标注文字

第 9 章　图块、外部参照及设计中心

学前导读

在绘制图形时，如果图形中有大量相同或相似的内容，或者所绘制的图形与已有的图形文件相同，则可以把要重复绘制的图形创建成块（也称为图块），并根据需要为块创建属性，指定块的名称、用途及设计者等信息，在需要时直接插入它们，从而提高绘图效率。当然，用户也可以把已有的图形文件以参照的形式插入当前图形中（即外部参照），或是通过 AutoCAD 设计中心浏览、查找、预览、使用和管理 AutoCAD 图形、块、外部参照等不同的资源文件。

技能目标

※ 熟练掌握块的创建与编辑。
※ 熟练掌握编辑和管理块属性的方法。
※ 掌握 AutoCAD 设计中心的应用。

9.1　内部块的创建与编辑

图块的定义就是将图形中的一个或多个独立的对象定义为一个整体，并给定名字进行保存。在以后的图形绘制和编辑过程中，系统将其视为一个特殊的对象在图形中进行调用和整体性编辑（如选择其中任意一个组成对象，则图块的所有组成对象都被选取）。图块分为内部块和外部块两类。

9.1.1　创建内部块

在图形中定义块后，可以在图形中根据需要多次插入块。内部块只能在定义图块的图形文件中调用，而不能被其他图形文件调用。

操作方法：

（1）菜单栏：【绘图】/【块】/【创建】。
（2）命令：Block（B）/Bmake。
（3）工具栏：【绘图】工具第 13 个按钮。

执行以上任一操作后，弹出【块定义】对话框，如图 9-1 所示。下面对其中主要操作进行详细介绍：

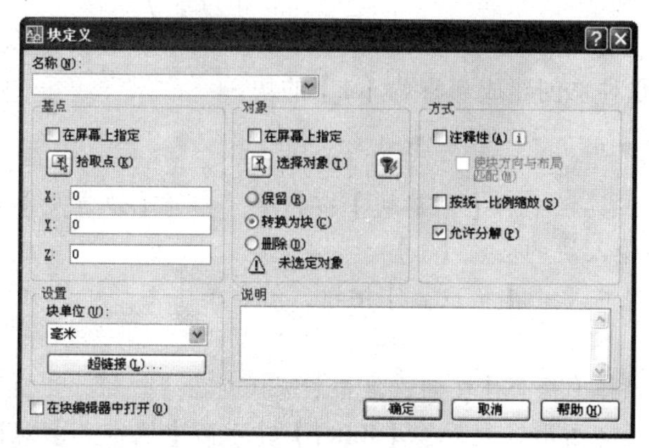

图 9-1　【块定义】对话框

【名称】可输入新建图块的名称。单击箭头下拉列表，打开列表框，该列表中显示了当前图形文件中的所有内部块。

【基点】可设置块的插入基点位置。用户可以在【X】/【Y】/【Z】的输入框中直接输入插入点的 X、Y、Z 坐标值；也可以单击【拾取点】按钮，用十字光标直接在绘图区域点击以拾取坐标值。实际工作中，为了在插入块时能比较准确方便，创建块时应选取对象特征点作为插入点，如中心点、右下角等。

【对象】设置组成块的对象。单击【选择对象】按钮，AutoCAD 会切换到绘图窗口，用户可在绘图区中选择构成图块的图形对象。选择图形对象后，在【名称】右方会显示选中对象的预览效果。

➢【保留】指保留原对象的属性，其仍是单独的对象。

➢【转换为块】指将原对象也转化为块。

➢【删除】指删除所选取的原对象。

【方式】可设置组成块的对象的显示方式。

➢【注释性】指定块为【annotative】。

➢【使块方向与布局匹配】指定在图纸空间视口中的块参照的方向与布局的方向匹配。如果未选择【注释性】选项，则该选项不可用。

➢【按统一比例缩放】指定是否阻止块参照不按统一比例缩放。在对应的复选框中勾选或取消勾选。如果勾选该项，表示所创建的块在插入时 X、Y、Z 的缩放比例一致；取消勾选，表示所创建的块在插入时可以对块 X、Y、Z 进行不同比例的缩放。

➢【允许分解】指定块参照是否可以被分解。在对应的复选框中勾选或取消勾选。勾选表示可以分解，取消勾选表示不能被分解，默认设置为可以分解，实际工作中根据需要而定。

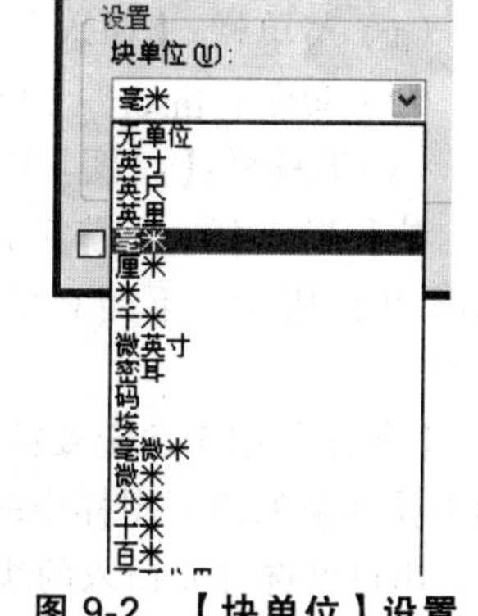

图 9-2　【块单位】设置

【设置】是指插入块的单位。单击箭头下拉列表，将出现下拉列表选项，用户可从中选取所插入块的单位。实际工作中一般选择毫米，如图 9-2 所示。

【说明】是指图块的详细描述。用户可以在说明下面的输入框中详细描述所定义图块的资料。

应用举例：

将图 9-3 所示的原对象创建成名称为【1】的块。

操作方法：

➢ 单击【绘图】工具栏中的【创建块】按钮，打开【块定义】对话框。

➢ 在【名称】中输入块的名称【1】。

➢ 在【基点】选项中单击【拾取点】按钮，然后单击图形中的 *A* 点，确定基点位置，如图 9-4 所示。

➢ 在【对象】下选择【保留】按钮，单击【选择对象】按钮，切换到绘图窗口，单击【选择对象】按钮，选择所有图形，然后按【Enter】键返回【块定义】对话框。

➢ 在【块单位】下拉列表框中，选择【毫米】选项，将单位设置为毫米。

➢ 在【说明】中输入对图块的说明，如【粗糙度】，也可不输入。

➢ 单击【确定】按钮保存设置，块创建成功。

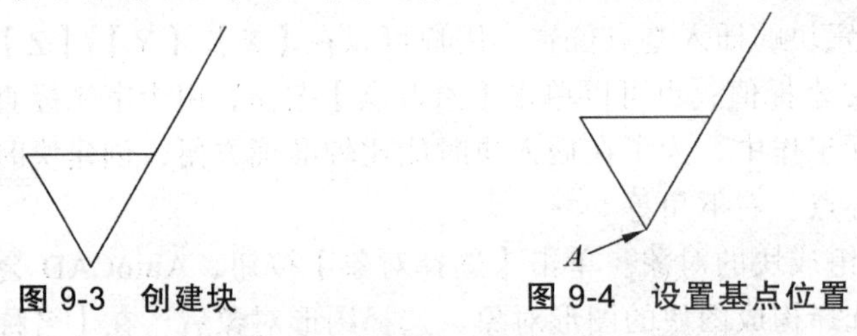

图 9-3　创建块　　　　图 9-4　设置基点位置

9.1.2　单个插入内部块与阵列插入内部块

1. 单个插入

在当前图形或其他图形文件中插入块，无论块或所插入的图形多么复杂，AutoCAD 都将它们作为一个单独的对象，如果用户需编辑其中的单个图形元素，就必须分解图块或文件块。

操作方法：

（1）菜单栏：【插入】/【块】。

（2）命令：Insert（I）/Dinsert。

（3）工具栏：【绘图】工具栏第 12 个按钮。

执行以上任一操作后弹出【插入】对话框，如图 9-5 所示。下面对其中主要操作进行详细介绍：

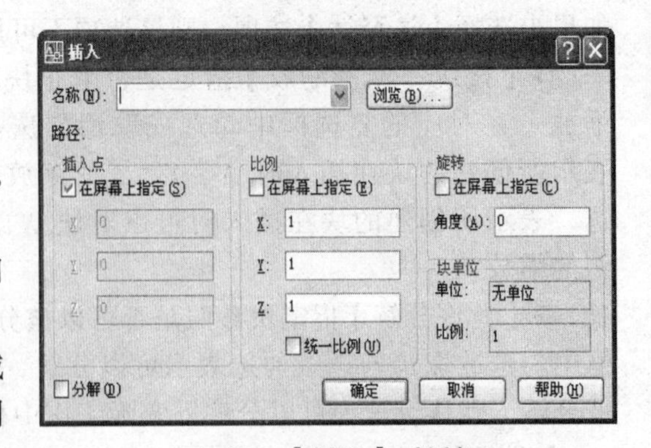

图 9-5　【插入】对话框

【名称】用于选定要插入块的名称。该区域的下拉列表列出了图样中的所有图块，通过该列表，用户可选择要插入的块。如果要把图形文件插入当前图形中，请单击【浏览】按钮，然后根据文件保存路径选择要插入的文件。

【插入点】是确定图块的插入点，即新位置。可直接在 *X*、*Y*、*Z* 文本框中输入插入点的绝对坐标值，或是选中【在屏幕上指定】选项，然后在屏幕上指定。实际工作中一般是直接在屏幕上指定。

【比例】可设定块的缩放比例。可直接在 X、Y、Z 文本框中输入沿这 3 个方向的缩放比例因子，也可选中【在屏幕上指定】选项，然后在屏幕上指定。如果在创建块时选择了【按统一比例缩放】，则此时只能输入 X 的值，Y 和 Z 的值变得与 X 的相同，实际工作中常在对话框中设定。

【统一比例】设定块沿 X、Y、Z 方向的缩放比例是否相同。

【旋转】是指定插入块时的旋转角度。在【角度】选项中输入图块的旋转角度，或是通过【在屏幕上指定】选项在屏幕上指定。

【分解】是指定是否在插入图块时将其组成对象拆散（分解）成原有的独立状态，而不再作为一个整体。选择该项，表示插入块时，图块中的对象被分解成单个独立的对象；不选该项，表示插入块时，图块不会被分解，是一个整体。

2. 阵列插入内部块

阵列插入内部块是将图块以矩阵排列方式复制插入，并将以图块为单元的矩阵视为一个对象。可理解为将图块插入的操作和矩形阵列的操纵组合成了一个新操作。

操作方法：

➢ 命令：Minsert。

操作步骤：

➢ 命令：_Minsert

➢ 输入块名或【?】:

（此处输入块的名称，即创建块时用的名称）

➢ 指定插入点或【基点(B)/比例(S)/旋转(R)】:

（此处可以指定块的插入点；或执行【基点(B)】选项重新设置插入时的基点位置；或通过【比例(S)】选项设定插入块的 XYZ 方向的比例值；或通过【旋转(R)】选项指定整个矩形阵列旋转的角度值）

➢ 输入 X 比例因子，指定对角点，或【角点(C)/XYZ(XYZ)】<1>:

（此处可输入 X 轴方向的比例值；或执行【角点(C)】或【XYZ（XYZ）】设定比例）

➢ 输入 Y 比例因子或<使用 X 比例因子>:

（此处可以输入数值，如果 Y 和 X 的比例因子一样，则可以直接回车）

➢ 指定旋转角度<0>:

（输入整个矩形整列的旋转角度，如果不需要旋转则直接回车）

➢ 输入行数(---)<1>:

（此处输入插入块的行数）

➢ 输入列数(|||)<1>:

（此处输入插入块的列数）

➢ 输入行间距或指定单位单元(---):

（此处输入插入块的行间距离）

➢ 指定列间距(|||):

（此处输入插入块的列间距离）

应用举例：

采用阵列插入在窗口画 5 行 4 列如图 9-6 所示图块【1】的图形，图形缩小一倍，行间距为 20，列间距为 30。结果如图 9-7 所示。

➢ 命令：-Minsert

➢ 输入块名或【?】<1>：1

（此处输入块名称“1”）

➢ 指定插入点或【基点(B)/比例(S)/X/Y/Z 旋转(R)】：0，0

（此处在屏幕指定一个插入点或输入点的坐标值）

➢ 输入 X 的比例因子，指定对角点，或【角点(C)/X/Y/Z(XYZ)】：0.5

（此处输入比例因子“0.5”）

➢ 输入 Y 的比例因子或<使用 X 比例因子>：0.5

（此处输入比例因子“0.5”；或直接回车默认 Y 轴与 X 轴比例因子相同）

➢ 指定旋转角度<0>：0

➢ 输入行数(---)<1>：5

（此处输入矩形阵列的行数“5”）

➢ 输入列数(|||)<1>：4

（此处输入矩形阵列的列数“4”）

➢ 输入行间距或指定单位单元(---)：20

（此处输入矩形阵列行间距离“20”）

➢ 指定列间距(|||)：30

（此处输入矩形阵列列间距离“30”）

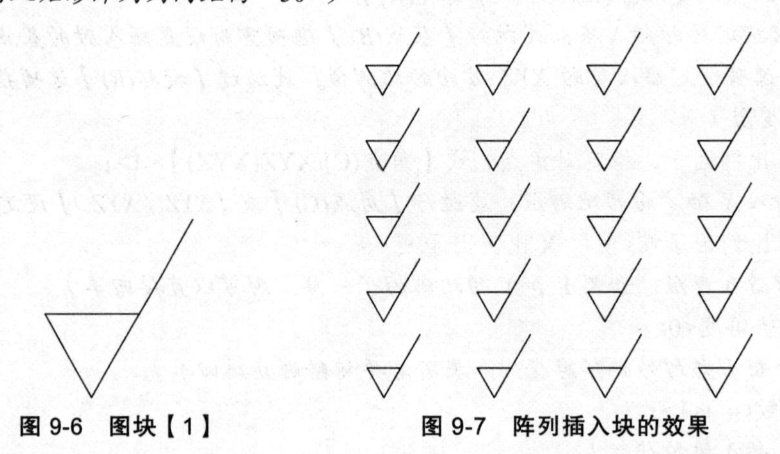

图 9-6 图块【1】　　图 9-7 阵列插入块的效果

9.1.3 写 块

写块是将图形文件中的整个图形、内部块或某些对象写入一个新的图形文件，其他图形文件均可以将它作为块调用。该图块是一个独立存在的图形文件，被称为外部块。

操作方法：

➢ 命令：Wblock（W）。

启动 Wblock 命令后，将弹出【写块】对话框，如图 9-8 所示。下面对其中主要操作进行详细介绍：

【源】是用户可以通过【块】、【整个图形】、【对象】3 个单选按钮来确定外部块的来源。

➢【块】是指将之前创建的内部块作为外部块的对象。选择该选项，【基点】和【对象】均不可用。

➢【整个图形】是指以当前绘图窗口中的所有图形作为外部块的对象。选择该选项，【基点】和【对象】均不可用。

➢【对象】是指在绘图窗口中直接选择图形对象作为外部块的对象。

【基点】是设定插入的基点。可直接点击【拾取点】按钮，也可直接输入基点坐标值。

【对象】用于选取作为块的图形对象。

【文件名和路径】是设置输出文件名及路径。点击按钮，将弹出【浏览图形文件】对话框，在此对话框中，可以改变保存文件的路径和文件名称。

【插入单位】可设定插入块的单位，一般选择毫米。

提示：用户在执行 Wblock 命令时，不必先定义一个块，只要直接将所选的图形对象作为一个图块保存在磁盘上即可。当所输入的块不存在时，AutoCAD 会显示【AutoCAD 提示信息】对话框，提示块不存在，是否要重新选择。在多视窗中，Wblock 命令只适用于当前窗口。

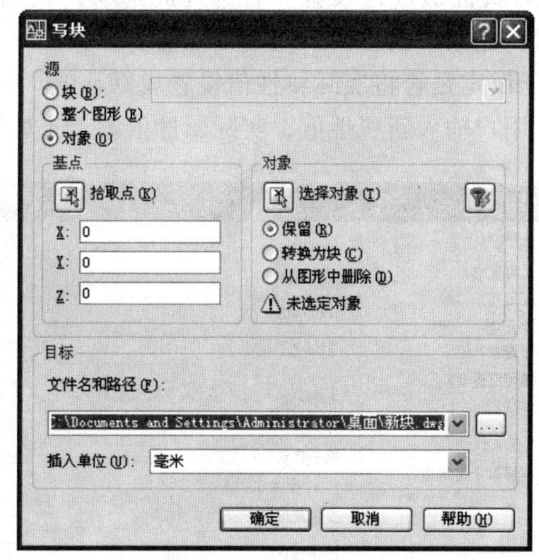

图 9-8　【写块】对话框

9.2　管理与编辑块的属性

一个对象除自身的几何形状外，有时还包含很多参数和文字说明信息，AutoCAD 系统将图块所含的附加信息称为属性，如说明等，而具体的信息内容则称为属性值。属性为可见或隐藏，隐藏属性既不显示也不出图，但该信息储存于图面中，并在被提取时写入文件。属性是图块的附属物，它必须依赖于图块而存在，没有图块就没有属性。

9.2.1　定义带有属性的块

要创建属性，首先创建包含属性特征的属性定义。特征包括标记（标识属性的名称）、插入块时显示的提示、值的信息、文字格式、块中的位置和所有可选模式（不可见、常数、验证、预置、锁定位置和多线）。如果计划提取属性信息在零件列表中使用，可能需要保留所创建的属性标记列表。以后创建属性样板文件时，将需要此标记信息。

操作方法：

（1）菜单栏：【绘图】/【块】/【定义属性】。

（2）命令：Attdef（Att）。

执行以上任一操作后会弹出【属性定义】对话框，如图 9-9 所示。下面对其中主要操作进行详细介绍：

【模式】选项中可以设置属性的模式。

➤【不可见】控制属性值在图形中的可见性。如果想使图中包含属性信息，但不想使其在图形中显示出来，就可选中该选项。

➤【固定】选中该选项，属性值将为常量。

➤【验证】设置是否对属性值进行校验。若选择此选项，则插入块并输入属性值后，AutoCAD 将再次给出提示，让用户校验输入值是否正确。

➤【预置】该选项用于设定是否将实际属性值设置成默认值。若选中此选项，则插入块时，AutoCAD 将不再提示用户输入新属性值，实际属性值等于【属性】中的默认值。

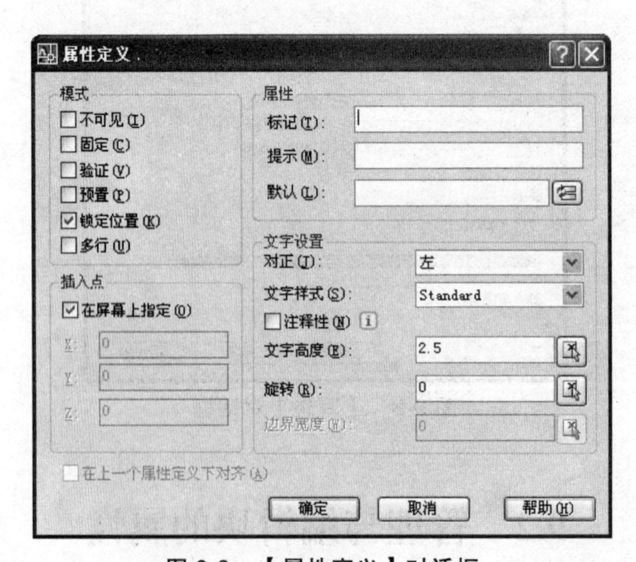

图 9-9　【属性定义】对话框

➤【锁定位置】锁定块参照中属性的位置。解锁后，属性可以相对于使用夹点编辑的块的其他部分移动，并且可以调整多行属性的大小。

➢【多行】指定属性值可以包含多行文字。选定此选项后，可以指定属性的边界宽度。

【属性】可以定义文字的属性。

➢【标记】输入属性标志。

➢【提示】输入属性提示。

➢【默认】输入属性的缺省值。

【插入点】可用于文本的插入点。

➢【在屏幕上指定】是直接在绘图窗口中指定插入点的位置。

➢【X、Y、Z 文本框】在这三个框中分别输入属性插入点的 X、Y 和 Z 坐标值。

【文字设置】可以设置属性文字的格式。

➢【对正】该下拉列表中包含了十多种属性文字的对齐方式。

➢【文字样式】从该下拉列表中选择文字样式。

➢【高度】用户可直接在文本框中输入属性文字高度，或单击【高度】按钮切换到绘图窗口，在绘图区中拾取两点以指定高度。

➢【旋转】设定属性文字旋转角度。

➢【边界宽度】换行前用以指定多线属性中文字行的最大长度。0.000 值表示对文字行的长度没有限制。此选项不适用于单线属性。

9.2.2　修改属性定义

创建属性后，在属性定义与块相关联之前，用户可对其进行编辑。

操作方法：

（1）菜单栏：【修改】/【对象】/【文字】/【编辑】。

（2）命令：Ddedit。

进入 Ddedit 命令后，AutoCAD 提示【选择注释对象】，选取属性定义标记后，弹出【编辑属性定义】对话框，如图 9-10 所示。使用【标记】、【提示】和【默认】文本框可以编辑块中定义的标记、提示及默认值属性。

图 9-10　【编辑属性定义】对话框

9.2.3　编辑块的属性

当属性被定义到图块中，甚至图块被插入到图形中之后，用户还可以对属性进行编辑。利用 Eattedit 命令可以通过对话框对指定图块的属性值进行修改，也可以对属性的位置、文本等其他设置进行编辑。

操作方法：

（1）菜单栏：【修改】\【对象】\【属性】\【单个】。

（2）命令：Eattedit。

执行以上任一操作后，选择块，弹出【增强属性管理器】对话框，如图 9-11 所示。

【属性】显示了块中每个属性的标识、提示和值。在列表框中选择某一属性后，在【值】文本框中将显示出该属性对应的属性值，也可以通过它来修改属性值，如图 9-11 所示。

【文字选项】用于修改属性文字的格式，如图 9-12 所示。

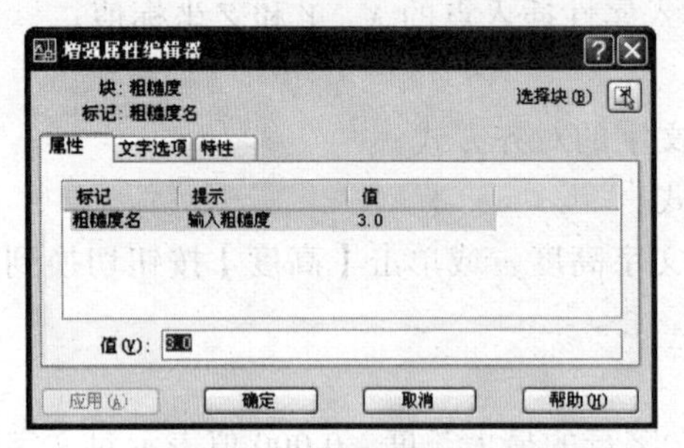

图 9-11 【增强属性管理器】

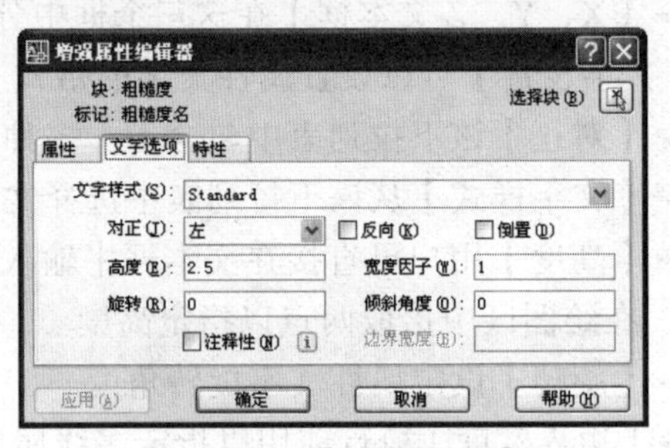

图 9-12 【文字选项】

在【文字选项】中，可以对【文字样式】、【对正】、【高度】、【旋转】、【宽度因子】、【倾斜角度】几项分别设定文字的样式和大小。

【特性】用于修改属性文字的图层以及他的线宽、线型、颜色及打印样式等，如图 9-13 所示。

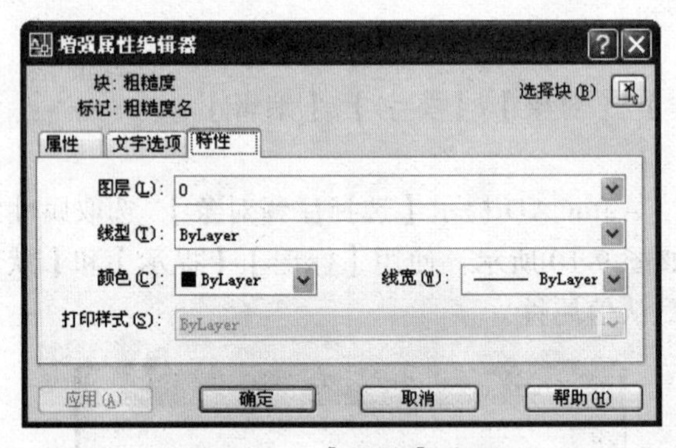

图 9-13 【特性】选项

提示： 只有被属性定义过的块才能进行块属性的编辑。

9.2.4 块属性管理器

用户可以在块属性管理器中编辑属性定义、从块中删除属性以及更改插入块时系统提示用户输入属性值的顺序。选定块的属性显示在属性列表中。默认情况下，标记、提示、默认值、模式和注释性属性特性显示在属性列表中。选择【设置】，可以指定要在列表中显示的属性特性。对于每一个选定块，属性列表下的说明都会标识在当前图形和在当前布局中相应块的实例数目。

操作方法：

（1）菜单栏：【修改】\【对象】\【属性】\【块属性管理器】。

（2）命令：Battman。

执行以上任一操作后弹出【块属性管理器】对话框，如图 9-14 所示。下面对其中主要操作进行详细介绍：

【选择块】是在绘图窗口中选择需要操作的块。如果选择该选项，对话框将关闭，直到用户从图形中选择块或按【Esc】键取消，返回【快属性管理器】对话框。

【块】是列出具有属性的当前图形中的所有块定义。选择要修改属性的块。

【属性】列表显示了所选块中每个属性的特性。包括标识、提示、默认值和模式等。

【同步】可以更新已修改的属性特性。

【上移】可以将在属性列表框中选中的属性行向上移动一行。但对属性值为定值的行不起作用。

【下移】可以将在属性列表框中选中的属性行向下移动一行。

【编辑】将打开【编辑属性】对话框，在该对话框中可以重新设置属性定义的构成、文字特性和图形特性等，如图 9-15 所示。

【删除】可以从块定义中删除在属性列表框中选中的属性定义，并且块中对应的属性值也被删除。

【设置】将打开【块属性设置】对话框，可以设置在【块属性管理器】对话框中的属性列表框中能够显示的内容，如图 9-16 所示。

图 9-14　【块属性管理器】对话框

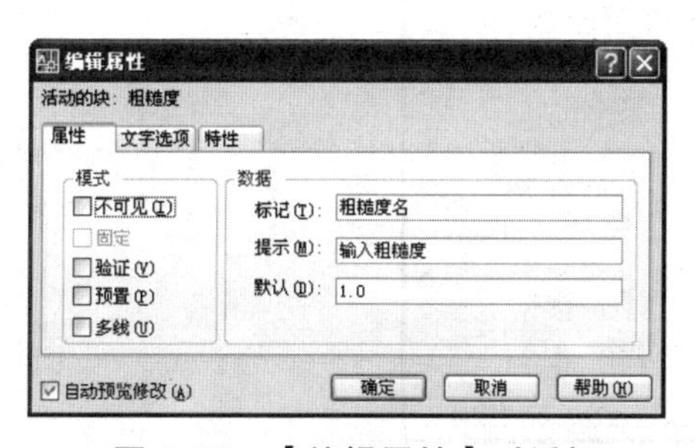

图 9-15　【编辑属性】对话框

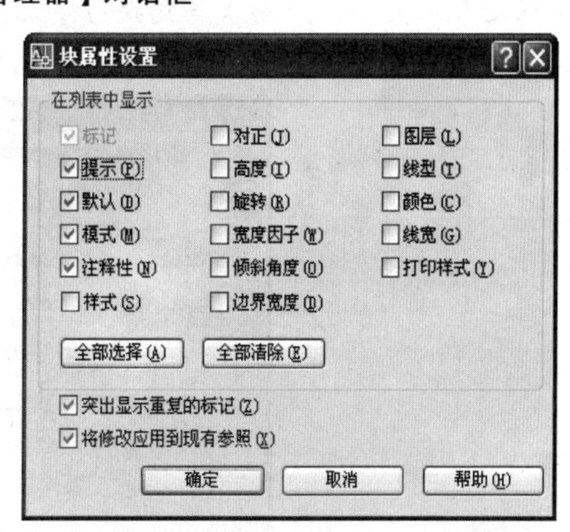

图 9-16　【块属性设置】对话框

9.3 外部参照的使用与管理

外部参照与块有相似之处，但主要区别是：把图形作为块插入时，块定义和所有相关联的几何图形都将存储在当前图形数据库中，并且修改原图形后，块不会随之更新。外部参照提供了另一种更为灵活的图形引用方法。使用外部参照可以将多个图形链接到当前图形中，并且作为外部参照的图形会随着原图形的修改而更新。

当一个图形文件被作为外部参照插入到当前图形中时，外部参照中每个图形的数据仍然分别保存在各自的源图形文件中，当前图形中所保存的只是外部参照的名称和路径。无论一个外部参照文件多么复杂，AutoCAD 都会把它作为一个单一对象来处理，而不允许进行分解。用户可对外部参照进行比例缩放、移动、复制、镜像或旋转等操作，还可以控制外部参照的显示状态，但这些操作都不会影响到原图文件。当打开或打印附着有外部参照的图形文件时，AutoCAD 自动对每一个外部参照图形文件进行重载，从而确保每个外部参照图形文件反映的都是它们的最新状态。

9.3.1 附着外部参照

将图形作为外部参照附着时，会将该参照图形链接到当前图形。打开或重载外部参照时，对参照图形所做的任何修改都会显示在当前图形中。

操作方法：

（1）菜单栏：【插入】/【DWG 参照】。

（2）命令行：Xattach。

（3）工具栏：【参照】工具栏第 2 个按钮。

操作步骤：

➢ 命令：_Xattach

弹出【选择参照文件】对话框，在对话框中选择要插入的图形文件。弹出【外部参照】对话框，如图 9-17 所示，设置对话框中的选项。

➢ 指定插入点或【比例(S)/X/Y/Z/旋转(R)/预览比例(PS)/PX/PY/PZ/预览旋转(PR)】:

（此处可以直接指点插入点或执行【比例(S)】或【X】或【Y】或【Z】或【旋转(R)】或【预览比例（PS）】或【PX】或【PY】或【PZ】/或预览旋转（PR）】后再指定插入点）

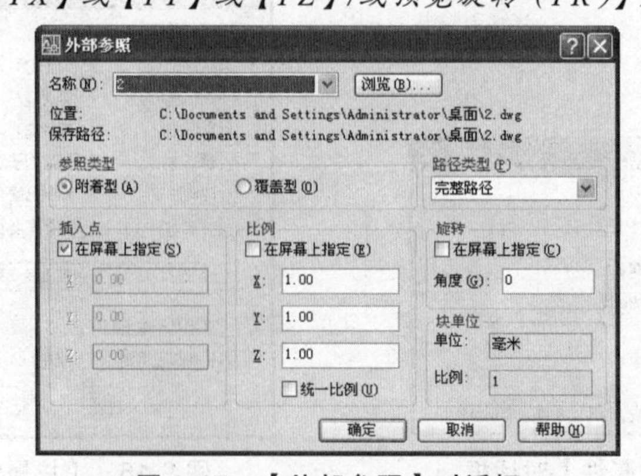

图 9-17 【外部参照】对话框

从图 9-17 可以看出，在图形中插入外部参照的方法与插入块的方法相同，只是【外部参照】对话框多了几个特殊选项：

【参照类型】用于确定外部参照的类型，包括【附着型】和【覆盖型】两种类型。其中，选择【附着型】，将显示出嵌套参照中的嵌套内容；选择【覆盖型】则不显示嵌套中的嵌套内容。

【路径类型】用于选择保存外部参照的路径类型，包括【完整路径】、【相对路径】、【无路径】三种类型。

9.3.2　管理外部参照

对于图形中所引用的外部参照，AuotoCAD 主要是通过【外部参照】选项板管理快捷菜单来进行管理的，可以实现打开、附着、绑定、重载、卸载和拆离等管理，如图 9-18 所示。

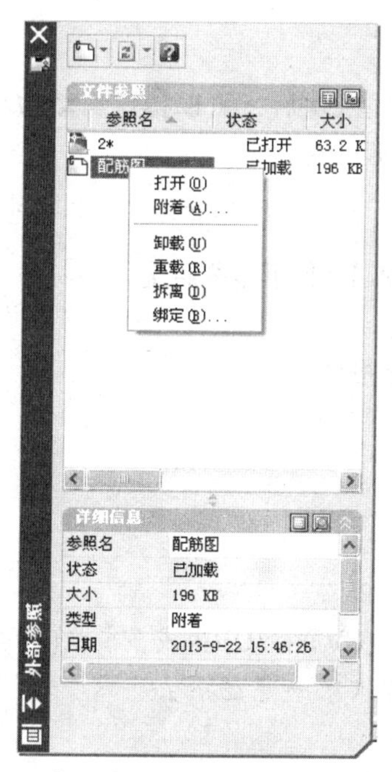

图 9-18　【外部参照】选项板管理快捷菜单

操作方法：

（1）菜单栏：【工具】/【选项板】/【外部参照】。

（2）命令：Xref。

（3）工具栏：【参照】工具栏第 1 个按钮。

（4）快捷菜单：选择外部参照对象后单击右键，选择【外部参照（N）】。

操作方法：

在弹出的【外部参照】对话框中，可以选择需要插入到当前图形中的外部参照图形，方法如附着外部参照。

【打开】是打开相应的参照图形。

【附着】是插入外部参照。

【卸载】是在当前图形中删除该外部参照图形显示，但保留该外部参照的路径，希望再参照该图形时，单击右键选择【重载】按钮即可。

【重载】是对已经卸载的外部参照图形进行重新加载，如果该外部参照图形没有卸载，则更新该外部参照图形。

【拆离】是将当前图形中删除不再需要的外部参照图形。不保留该外部参照的路径。

【绑定】是将外部参照图形转换成为一个图块，即将所参照的图形永久插入到当前图形中，同时，当前文件中存在了一个与参照图形名相同名称的图块。

提示： *在应用【拆离】和【绑定】时要注意，一旦外部参照被拆离或绑定，当前文件与参照文件之间的路径将被断开，用户将不能再重载图形，绑定后的图形只能保存绑定之前最后一次重载时的显示，不能保证是最新版本。*

9.3.3 剪裁外部参照

将图形作为外部参照附着或插入块后，可以指定剪裁边界。被剪裁后，在剪裁边界内的外部参照和块可见，其余部分则不可见。

操作方法：

（1）菜单栏：【修改】/【裁剪】/【外部参照】。

（2）命令：Xclip。

（3）工具栏：【参照】第 3 个按钮。

操作步骤：

➢ 命令：_Xclip

➢ 选择对象：

（选定要剪裁的图形对象）

➢【开(ON)/关(OFF)/剪裁深度(C)/删除(D)/生成多段线(P)/新建边界(N)】<新建边界>:

（输入 N 或直接按 Enter 键进入【新建边界】）

➢ 指定剪裁边界或选择反向选项：

【选择多段线(S)/多边形(P)/矩形(R)/反向剪裁(I)】<矩形>:

（输入 R 或直接按【Enter】键创建矩形裁剪边界；或通过【选择多段线(S)】选项指定多段线作为裁剪边界；或通过【多边形(P)】选项指定多边形作为裁剪边界）

➢ 指定第一个角点：

（此处适用于上一个步骤确定为矩形剪裁边界的操作，需确定矩形边界的一个对角点位置）

➢ 指定对角点：

（此处需确定矩形边界的第二个对角点位置，即可创建裁剪边界）

操作中部分二级命令的作用：

【开（ON）】是用于打开外部参照剪裁功能。在主图形中显示外部参照或块的被剪裁部分。

【关（OFF）】是用于关闭外部参照剪裁功能。在主图形中显示外部参照或块的全部几何信息，忽略剪裁边界。

【剪裁深度（C）】在外部参照或块上设置前剪裁平面和后剪裁平面，将不显示由边界和指定深度所定义的区域外的对象。

【删除（D)】是用于删除指定外部参照的剪裁边界。

【生成多段线（P)】是用于自动生成一条与剪裁边界重合的多段线。

【新建边界（N)】是用于设置新的剪裁边界。

提示：如果想显示外部参照的全部图形，可以在执行【Xclip】命令，选择对象后，输入【Off】即可。

9.3.4　编辑外部参照

当用户在当前图形中插入了外部参照，而发现参照图形存在设计上的纰漏，可以通过在位编辑外部参照，对当前图形中的参照和参照源图形进行修改，这种修改可以实现修改当前图形的同时也修改源图形（前提是源图形没有加锁）。

操作方法：

（1）菜单栏：【工具】/【外部参照和块在位编辑】/【在位编辑外部参照】。

（2）命令：Refedit。

（3）快捷菜单：右键点击外部参照图形，选择【在位编辑外部参照】或双击外部参照图形。

执行以上任一操作后将弹出【参照编辑】对话框，如图 9-19 所示。

操作步骤：

➢ 命令：_Refedit

➢ 在当前图形中选择要编辑的参照。

➢ 在【标识参照】中，选择要进行编辑的参照名。

➢ 单击【确定】。

➢ 在参照中选择要编辑的对象，并按【Enter】键。选定的对象将成为工作集。默认情况下，所有其他对象都将锁定和褪色。

➢ 编辑工作集中的对象。单击【参照编辑】中的【保存参照】按钮，如图 9-20 所示。工作集中的对象将保存到参照中，外部参照或块将被更新。

图 9-19　【参照编辑】对话框

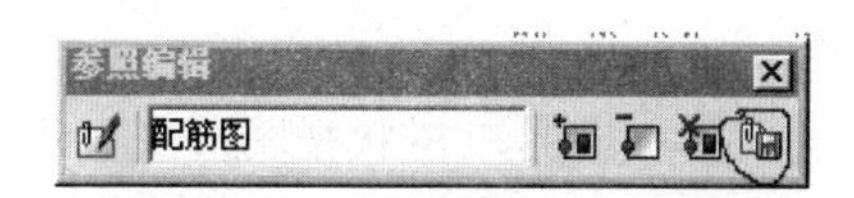

图 9-20　【参照编辑】工具栏

提示：使用外部参照的在位编辑需要谨慎，一旦对图形参照对象进行了在位编辑，源图形将自动作出相应的修改，只有确定需要在改动当前图形的同时也要改动源图形时，才可以在位编辑外部参照。如果仅仅要改动当前图形中的参照显示而不需要编辑源图形时，可以先将外部参照绑定，使该外部参照变成当前图形的块，然后再编辑块。

9.4 AutoCAD 设计中心

9.4.1 设计中心概述

AutoCAD 设计中心（AutoCAD Design Center，ADC）为用户提供了一个直观且高效的工具，它与 Windows 资源管理器类似。通过设计中心，用户可以组织对图形、块、图案填充和其他图形内容的访问。可以将源图形中的任何内容拖动到当前图形中。可以将图形、块和填充拖动到工具选项板上。源图形可以位于用户的计算机上、网络位置或网站上。另外，如果打开了多个图形，则可以通过设计中心在图形之间复制和粘贴其他内容（如图层定义、布局和文字样式）来简化绘图过程。

设计中心主要功能：

◆浏览用户计算机、网络驱动器和 Web 页上的图形内容（例如图形或符号库）。

◆在定义表中查看图形文件中命名对象（例如块和图层）的定义，然后将定义插入、附着、复制和粘贴到当前图形中。

◆更新（重定义）块定义。

◆创建指向常用图形、文件夹和 Internet 网址的快捷方式。

◆向图形中添加内容（例如外部参照、块和填充）。

◆在新窗口中打开图形文件。

◆将图形、块和填充拖动到工具选项板上以便于访问。

9.4.2 设计中心选项板界面

操作方法：

（1）菜单栏：【工具】/【选项板】/【设计中心】。

（2）命令：Adcenter。

（3）工具栏：【标准】工具栏第 20 个按钮▦。

（4）快捷键：Ctrl+2。

执行以上任一操作后将弹出【设计中心】选项板，如图 9-21 所示。

设计中心由六个主要部分组成：工具栏、选项卡、内容区、树状视图、预览视图及说明视图。

【文件夹】是以树状视图形式显示当前的文件夹。

【打开的图形】可以显示 AutoCAD 设计中心当前打开的所有图形。

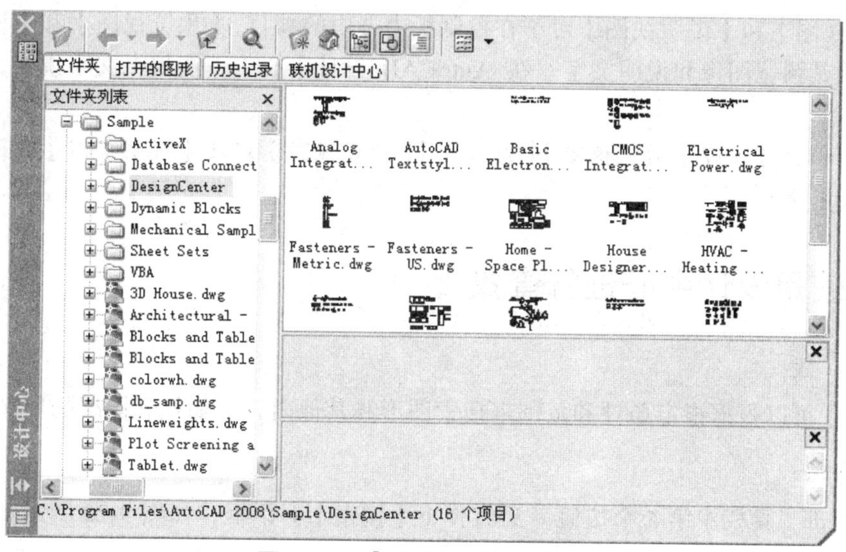

图 9-21　【设计中心】选项板

【历史记录】可以显示最近在设计中心打开的文件的列表。

【联机设计中心】是访问联机设计中心网页。即以导航的形式提供在线有关 AutoCAD 设计中心的帮助资料。

【搜索】可以通过【搜索】对话框查找图形。

【树状窗口】显示本地和网络驱动器上打开的图形、自定义内容、历史记录和文件夹。

【控制板窗口】显示树状视图中选定层次结构中项目的内容。

【预览窗口】显示选定项目的预览图像。如果该项目没有保存预览图像，则为空。

【说明窗口】显示选定项目的文字说明。

提示： Adcenter 命令可透明地使用。在【历史记录】模式下不能切换树状视图的显示状态。

9.4.3　使用设计中心查看内容

【树状视图】是显示本地和网络驱动器上打开的图形、自定义内容、历史记录和文件夹等内容。其显示方式与 Windows 系统的资源管理器类似，为层次结构方式。双击层次结构中的某个项目可以显示其下一层次的内容；对于具有子层次的项目，则可单击该项目左侧的加号【 + 】或减号【 - 】来显示或隐藏其子层次。

【内容区】是用户在树状视图中浏览文件、块和自定义内容时，则【内容区】中将显示打开图形和其他文件的内容。

例如，如果在【树状视图】中选择了一个图形文件，则【内容区】中显示表示图层、块、外部参照和其他图形内容的按钮。如果在【树状视图】中选择图形的图层按钮，则【内容区】中将显示图形中各个图层的按钮。用户也可以在 Windows 的资源管理器中直接将需要查看的内容拖放到控制板上来显示其内容。用户在【内容区】上单击右键弹出快捷菜单，选择【刷新】项可对【树状视图】和【内容区】中显示的内容进行刷新以反映其最新的变化。

【预览视图】和【说明视图】对于在控制板中选中的项目，【预览视图】和【说明视图】将分别显示其预览图像和说明文字。在 AutoCAD 设计中心中不能编辑文字说明，但可以选择并复制。

提示： 用户可通过【树状视图】【内容区】【预览视图】以及【说明视图】之间的分隔栏来调整其相对大小。

9.4.4 使用设计中心进行查找

1. 查 找

【查找】可以根据指定条件和范围来搜索图形和其他内容（如块和图层的定义等）。

操作方法：

单击上部工具栏中第 5 个按钮后将弹出【搜索】对话框，如图 9-22 所示。

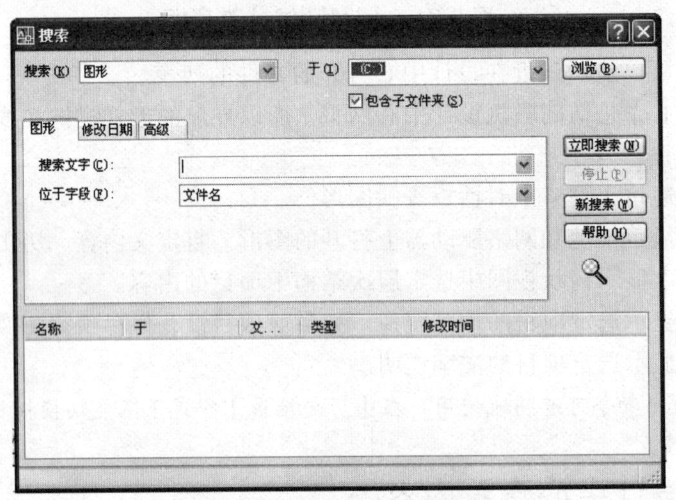

图 9-22 【搜索】对话框

【搜索】下拉列表中给出了该对话框可查找的对象类型。

【于（I）】显示了当前的搜索路径。用户可以自己选择搜索路径。

完成对搜索条件的设置后，用户可单击立即搜索(N)按钮进行搜索，并可在搜索过程中随时单击停止(P)按钮来中断搜索操作。如果用户单击新搜索(W)按钮，则将清除搜索条件来重新设置。如果查找到了符合条件的项目，则将显示在对话框下部的搜索结果列表中。

用户可通过如下方式将其加载到内容区中：

直接双击指定的项目；将指定的项目拖到内容区中；在指定的项目上单击右键弹出快捷菜单，选择【加载到内容区中】。

2. 使用收藏夹

AutoCAD 系统在安装时，自动在 Windows 系统的收藏夹中创建一个名为【Autodesk】的子文件夹，并将该文件夹作为 AutoCAD 系统的收藏夹。在 AutoCAD 设计中心中可将常用内容的快捷方式保存在该收藏夹中，以便在下次调用时进行快速查找。

如果选定了图形、文件或其他类型的内容，并单击右键弹出快捷菜单，选择【添加到收藏夹】，就会在收藏夹中为其创建一个相应的快捷方式。

操作方法：

（1）单击上部工具栏中第 6 个按钮。

（2）在树状视图中选择 Windows 系统的收藏夹中的【Autodesk】子文件夹。

（3）在内容区上单击右键弹出快捷菜单，选择【添加到收藏夹】。

9.4.5　使用设计中心打开图形

如图 9-23 所示，对于内容区中或【搜索】对话框中指定的图形文件，用户可以在 AutoCAD 系统中打开。

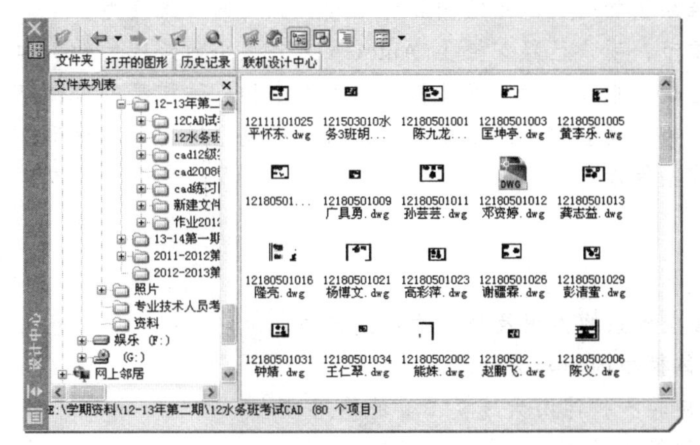

图 9-23　打开图形文件

操作方法：

（1）将图形拖放到绘图区域的空白处。

（2）单击树状视图中相应的文件夹，在内容区中选中相应的文件按钮，单击右键弹出快捷菜单，选择【在应用程序窗口中打开】。

提示：使用拖放方式时不能将图形拖到另一个打开的图形上，否则将作为块插入到当前图形文件中。

9.4.6　通过设计中心更新块定义

与外部参照不同，当更改块定义的源文件时，包含此块的图形的块定义并不会自动更新。通过设计中心，可以决定是否更新当前图形中的块定义。块定义的源文件可以是图形文件或符号库图形文件中的嵌套块。

操作方法：

在内容区中的块或图形文件上单击鼠标右键，然后单击显示的快捷菜单中的【仅重定义】或【插入并重定义】，可以更新选定的块。

第 10 章　绘制三维模型

学前导读

由于工程图是二维平面图，要具有专业技术知识的人员才能正确地识读。而三维模型是具有立体感的立体模型，能形象直观地展示出建筑物的空间结构，非专业人员也能看懂。随着计算机软硬件技术的发展，三维实体造型和效果显示越来越方便快捷，在 AutoCAD 中，用户可以利用三维绘图和编辑命令绘制较为精确、逼真的三维模型。

通过前面的章节，用户已经掌握了 AutoCAD 二维平面绘图的知识和技能，为学习创建三维模型打下了基础。本章将对三维建模的基本命令和三维模型的编辑修改命令进行介绍，掌握创建基本三维实体模型和水工模型，可以对三维模型进行各种编辑，对表面模型和实体模型进行着色和渲染等操作。

技能目标

※ 掌握 UCS 坐标系的作用及视图的切换方法。
※ 掌握基本体模型的创建方法。
※ 熟练掌握旋转和拉伸两大建模工具的使用方法。
※ 熟悉布尔运算的规则和培养建模思路。
※ 掌握三维模型的渲染及效果图输出。

三维绘图要求具有较好的二维绘图基础，能够熟练的绘制各类二维图形，因为大多数三维模型是用二维图形来生成的。三维绘图过程中，最重要的不是命令的使用，而是建模的思路，即如何从二维图形生成三维模型的思路。

建模过程中主要会用到三维建模命令、实体编辑命令、UCS 坐标操作、视图视口操作、视觉样式切换操作等。用户在掌握这些操作的方法后，配合自己养成的建模思路和习惯，就能够绘制出精确的三维模型。

AutoCAD 的三维功能并不是它的强项，和一些专业的三维模型软件相比，它创建三维模型的方法比较有限，操作不够简便，例如在创建一些不太规则的三维模型时就不太方便，模型也不够逼真。但是其建立的模型精确度高，因此用来绘制规则的、精确度高的建筑物还是比较合适的。

10.1　UCS 在三维建模中的应用

前面的章节已经讲过世界坐标系【WCS】，绘制二维图形时，世界坐标系已经可以完全

满足用户的需要。在绘制三维模型的过程中涉及的不再是一个平面的图形，而是一个具有多个表面的空间实体，很多情况下用户可能需要在不同的表面或方向上绘制一些二维图形，世界坐标系的固定坐标轴就远远不能满足这个需要，此时用户就应该建立自己专用的坐标系，即用户坐标系【UCS】，以最大限度地满足三维建模的需要。

【UCS】的用法总的来说就是根据用户需要，在不同的位置建立起新的三维坐标系，每个坐标系的原点位置和 *X*、*Y*、*Z* 轴的方向都是可以不同的，但要注意 *X*、*Y*、*Z* 三条坐标轴之间仍然保持相互垂直的关系。用户应该尽可能多地将操作转换到当前坐标系的 *XY* 平面或与其平行的平面中来。因此可以看出，要学会绘制三维模型，必须先熟练地掌握【UCS】的建立和转换方法。

操作方法：

（1）菜单栏：【工具】/【新建 UCS】，如图 10-1 所示。

（2）命令：Ucs，如图 10-2 所示。

（3）工具栏：【UCS】工具栏，如图 10-3 所示。

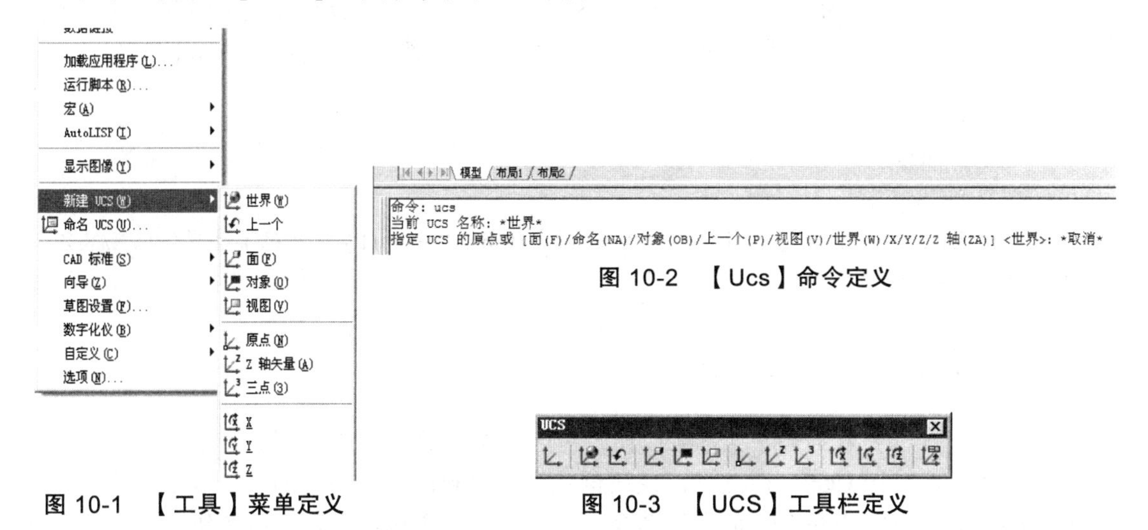

图 10-2　【Ucs】命令定义

图 10-1　【工具】菜单定义

图 10-3　【UCS】工具栏定义

AutoCAD 中有多种定义【UCS】的方式，基本都集中在【UCS】工具栏中。因此，在实际工作中【UCS】工具栏使用最为广泛。

10.1.1　【UCS】按钮

【UCS】工具栏上第 1 个按钮名为【UCS】，作用是执行【Ucs】命令。命令执行后的二级命令选项如图 10-2 所示，其内容后面作介绍。

操作方法：

➢ 命令：_ucs

➢ 当前 UCS 名称：*世界*

➢ 指定 UCS 的原点或【面(F)/命名(NA)/对象(OB)/上一个(P)/视图(V)/世界(W)/X/Y/Z/Z 轴(ZA)】<世界>:

（此处的【UCS】原点可以指定一点、两点、三点。如果指定单个点，当前 UCS 的原点将会移动到指定的新点位置，但不会更改 X、Y 和 Z 轴的方向，指定第一点后直接回车即表示接受当前显示位置）

➢ 指定 X 轴上的点或<接受>:

（如果指定第二点，则第二点与第一点连线方向将被认为是指定的 X 轴的正方向。指定第二点后直接回车即表示接受当前显示位置）

➢ 指定 XY 平面上的点或<接受>:

（如果指定第三点，则第三点与第一点连线方向将被认为是指定的 Y 轴的正方向。

10.1.2 【世界】按钮

【UCS】工具栏上第 2 个按钮名为【世界】，作用是从当前 UCS 状态回到 WCS 状态。直接点击该按钮，操作直接完成，即点击后立即回到 WCS 状态。实际工作中常在 UCS 坐标系使用过后，需要回复到 WCS 状态的时候使用。【世界】按钮对应【Ucs】命令中的二级命令【世界（W）】选项，点击该按钮后，软件会自动执行二级命令【世界（W）】选项。

操作方法：

➢ 命令：_ucs

➢ 当前 UCS 名称：*世界*

➢ 指定 UCS 的原点或【面(F)/命名(NA)/对象(OB)/上一个(P)/视图(V)/世界(W)/X/Y/Z 轴(ZA)】<世界>：_w

10.1.3 【上一个 UCS】按钮

【UCS】工具栏上第 3 个按钮名为【上一个 UCS】，作用是恢复到上一个 UCS。系统总共可以保留最近十个 UCS，因此可以使用该选项退回到前面使用过的多个 UCS。【上一个 UCS】按钮对应【Ucs】命令中的二级命令【上一个（P）】选项，点击该按钮后，软件会自动执行二级命令【上一个（P）】选项，UCS 状态直接往上一个 UCS 退回。

操作方法：

➢ 命令：_ucs

➢ 当前 UCS 名称：*没有名称*

➢ 指定 UCS 的原点或【面(F)/命名(NA)/对象(OB)/上一个(P)/视图(V)/世界(W)/X/Y/Z/Z 轴(ZA)】<世界>：_p

10.1.4 【面 UCS】按钮

【UCS】工具栏上第 4 个按钮名为【上一个 UCS】，作用是将 UCS 与三维实体上选定的某表面对齐。要选择一个面，请在此面的边界内或面的边上单击，被选中的面将高亮显示，UCS 的 *X* 轴将与找到的第一个面上的最近的边对齐，根据命令行的提示，还可以进行 UCS

位置的选择。【上一个 UCS】按钮对应【Ucs】命令中的二级命令【面（F）】选项，点击该按钮后，软件会自动执行二级命令【面（F）】选项。

操作方法：

➢ 命令：_ucs

➢ 当前 UCS 名称：*没有名称*

➢ 指定 UCS 的原点或【面(F)/命名(NA)/对象(OB)/上一个(P)/视图(V)/世界(W)/X/Y/Z/Z 轴(ZA)】<世界>：_fa

➢ 选择实体对象的面：

（此时应在实体对象上选择一个表面，如图 10-4 所示）

图 10-4　【面 UCS】选择实体表

➢ 输入选项【下一个(N)/X 轴反向(X)/Y 轴反向(Y)】<接受>：N

（此时执行 N 是为了选择一个合适的坐标方向，如果选定可直接回车接受当前显示方向）

➢ 输入选项【下一个(N)/X 轴反向(X)/Y 轴反向(Y)】<接受>：X

（此时执行 X 是为了将 UCS 绕 X 轴旋转 180°，如果选定可直接回车接受当前显示方向）

➢ 输入选项【下一个(N)/X 轴反向(X)/Y 轴反向(Y)】<接受>：Y

（此时执行 Y 是为了将 UCS 绕 Y 轴旋转 180°，如果选定可直接回车接受当前显示方向）

➢ 输入选项【下一个(N)/X 轴反向(X)/Y 轴反向(Y)】<接受>：

（回车即可接受当前显示方向）

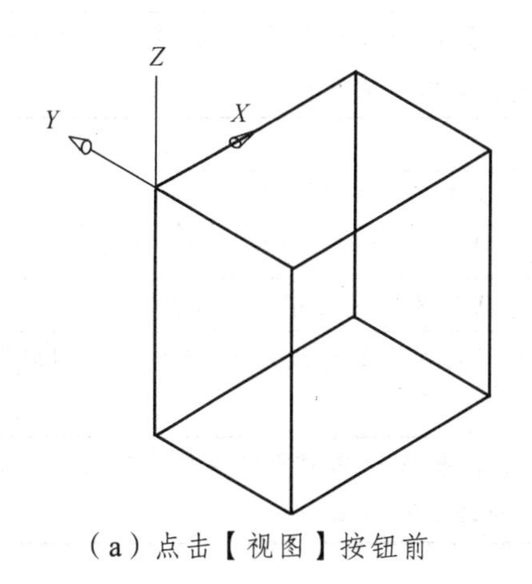

（a）点击【视图】按钮前

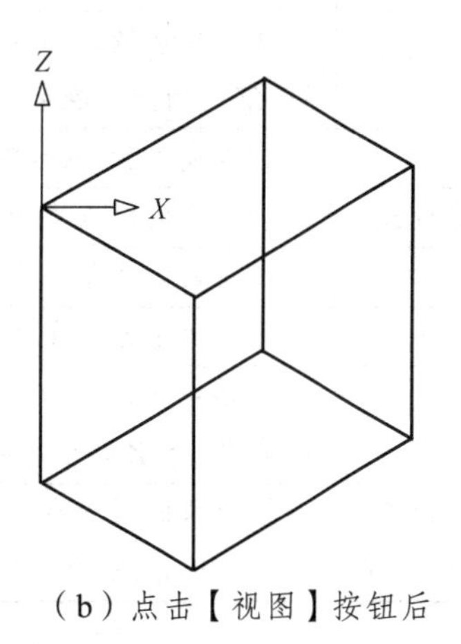

（b）点击【视图】按钮后

图 10-5　【视图】按钮功能效果

10.1.5　【对象】按钮

【UCS】工具栏上第 5 个按钮名为【对象 UCS】，作用是根据选定的三维对象定义新的坐标系。新建【UCS】的拉伸方向（*Z* 轴正方向）与选定对象的拉伸方向相同，新的原点及 *X* 轴因实体的类型不同而不同。新的 *Y* 轴根据确定的 *X* 和 *Z* 轴按右手法则确定（大拇指指向 *Z* 轴，手掌指向 *X* 轴，其余四根手指并拢弯曲与手掌垂直，即 *Y* 轴方向）。可以作为该功能选择对象的有：圆、圆弧、直线、点、尺寸、三维实体等，但不可以是椭圆、椭圆弧、射线、构造线、样条曲线、面域等对象，具体介绍见表 10-1。【对象 UCS】按钮对应【Ucs】命令中的二级命令【对象（OB）】选项，点击该按钮后，软件会自动执行二级命令【对象（OB）】选项。

操作方法：

➢ 命令：_ucs

➢ 当前 UCS 名称：*没有名称*

➢ 指定 UCS 的原点或【面(F)/命名(NA)/对象(OB)/上一个(P)/视图(V)/世界(W)/X/Y/Z/Z 轴(ZA)】<世界>：_ob

➢ 选择对齐 UCS 的对象：

（此时选择一个可以作为该功能对象的图形即可）

表 10-1　各种类型对象及其与 UCS 定义的关系

通过选择对象来定义 UCS	
对象类型	确定 UCS 的方法
圆　弧	圆弧的圆心成为新 UCS 的原点。*X* 轴通过距离选择点最近的圆弧端点
圆	圆的圆心成为新 UCS 的原点。*X* 轴通过选择点
标　注	标注文字的中点成为新 UCS 的原点。新 *X* 轴的方向平行于当绘制该标注时生效的 UCS 的 *X* 轴
直　线	离选择点最近的端点成为新 UCS 的原点。将设置新的 *X* 轴，使该直线位于新 UCS 的 *XZ* 平面上。在新 UCS 中，该直线的第二个端点的 *Y* 坐标为零
点	该点成为新 UCS 的原点
二维多段线	多段线的起点成为新 UCS 的原点。*X* 轴沿从起点到下一顶点的线段延伸
实　体	二维实体的第一点确定新 UCS 的原点。新 *X* 轴沿前两点之间的连线方向
宽　线	宽线的【起点】成为 UCS 的原点，*X* 轴沿宽线的中心线方向
三维面	取第一点作为新 UCS 的原点，*X* 轴沿前两点的连线方向，*Y* 的正方向取自第一点和第四点。*Z* 轴由右手定则确定
文字、块参照、属性定义	该对象的插入点成为新 UCS 的原点，新 *X* 轴由对象绕其拉伸方向旋转定义。用于建立新 UCS 的对象在新 UCS 中的旋转角度为零

10.1.6　【视图】按钮

【UCS】工具栏上第 6 个按钮名为【视图】，作用是将垂直于当前观察方向（平行于屏幕）的平面作为 *XY* 平面，建立新的坐标系，UCS 原点位置保持不变，如图 10-5 所示。【视图】按钮对应【Ucs】命令中的二级命令【视图（V）】选项，点击该按钮后，软件会自动执行二级命令【视图（V）】选项。

操作方法：

➢ 命令：_ucs

➢ 当前 UCS 名称：*没有名称*

➢ 指定 UCS 的原点或【面(F)/命名(NA)/对象(OB)/上一个(P)/视图(V)/世界(W)/X/Y/Z/Z 轴(ZA)】<世界>：_v

10.1.7 【原点】按钮

【UCS】工具栏上第 7 个按钮名为【原点】，作用是通过指定一个点作为新的 UCS 的原点位置，*XYZ* 轴的方向都不发生变化。该功能是【Ucs】命令中基本操作的简化，相当于【Ucs】命令中指定原点时只指定一个的情况。实际工作中常用在只需要改变 UCS 原点，不需要改变 *XYZ* 轴方向的时候，非常方便快捷。

操作方法：

➢ 命令：_ucs

➢ 当前 UCS 名称：*没有名称*

➢ 指定 UCS 的原点或【面(F)/命名(NA)/对象(OB)/上一个(P)/视图(V)/世界(W)/X/Y/Z/Z 轴(ZA)】<世界>：_o

（在【Ucs】命令中输入【o】也可以得到后面的操作步骤）

➢ 指定新原点<0，0，0>：

（此时输入一个点坐标或在绘图窗口拾取一个点即可）

10.1.8 【*Z* 轴矢量】按钮

【UCS】工具栏上第 8 个按钮名为【*Z* 轴矢量】，作用是通过指定 *Z* 轴的正方向来建立新的 UCS。【*Z* 轴矢量】按钮对应【Ucs】命令中的二级命令【*Z* 轴（ZA）】选项，点击该按钮后，软件会自动执行二级命令【*Z* 轴（ZA）】选项。

操作方法：

➢ 命令：_ucs

➢ 当前 UCS 名称：*没有名称*

➢ 指定 UCS 的原点或【面(F)/命名(NA)/对象(OB)/上一个(P)/视图(V)/世界(W)/X/Y/Z/Z 轴(ZA)】<世界>：_zaxis

（此时软件已自动执行了【Z 轴（ZA）】选项）

➢ 指定新原点或【对象(O)】<0，0，0>：

（此时需要指定一个点作为 UCS 的原点）

➢ 在正 Z 轴范围上指定点<0.0000，0.0000，1.0000>：

（此时需要指定 Z 轴上的一个点以确定 Z 轴的正方向，即指定的第一个点与第二个点相连方向作为 Z 轴正方向）

10.1.9 【三点】按钮

【UCS】工具栏上第 9 个按钮名为【三点】，作用是通过依次指定原点、*X* 轴正方向的点、Y 轴正方向的点来确定新的 UCS。

操作方法：

➢ 命令：_ucs

➢ 当前 UCS 名称：*没有名称*

➢ 指定 UCS 的原点或【面(F)/命名(NA)/对象(OB)/上一个(P)/视图(V)/世界(W)/X/Y/Z/Z 轴(ZA)】<世界>：_3

（在【Ucs】命令中输入【3】也可以得到后面的操作步骤）

➢ 指定新原点<0，0，0>：

（此时需要指定第一个点作为新 UCS 的原点）

➢ 在正 X 轴范围上指定点<1.0000，0.0000，0.0000>：

（此时需要指定第二个点，第一个点与第二个点的连线方向将会作为 X 轴的正方向）

➢ 在 UCS XY 平面的正 Y 轴范围上指定点<－1.0000，0.0000，0.0000>：

（此时需要指定第三个点，第一个点与第三个点的连线方向将会作为 Y 轴的正方向）

10.1.10 【X】、【Y】、【Z】按钮

【UCS】工具栏上第 10～12 个按钮名为【X】、【Y】、【Z】，作用是将当前 UCS 绕指定的【X】或【Y】或【Z】轴旋转一定的角度而形成新的 UCS。【X】、【Y】、【Z】按钮对应【Ucs】命令中的二级命令【X】/【Y】/【Z】选项，以【X】按钮为例进行讲解。

操作方法：

➢ 命令：_ucs

➢ 当前 UCS 名称：*世界*

➢ 指定 UCS 的原点或【面(F)/命名(NA)/对象(OB)/上一个(P)/视图(V)/世界(W)/X/Y/Z/Z 轴(ZA)】<世界>：_x

（点击【X】按钮后软件自动执行二级命令【X】选项）

➢ 指定绕 X 轴的旋转角度<90>：

（此时需要输入一个用户希望 UCS 绕 X 轴旋转的角度值，按右手法则，大拇指指向所选的【X】轴，输入正数角度值将向其余四指弯曲方向旋转，输入负数角度则与之相反）

10.1.11 【应用】按钮

【UCS】工具栏上第 13 个按钮名为【应用】，作用是在其他视口保存有不同的 UCS 时，将当前 UCS 设置应用到指定的视口或所有活动视口。

操作方法：

➢ 命令：_ucs

➢ 当前 UCS 名称：*没有名称*

➢ 指定 UCS 的原点或【面(F)/命名(NA)/对象(OB)/上一个(P)/视图(V)/世界(W)/X/Y/Z/Z 轴(ZA)】<世界>：_apply

➢ 拾取要应用当前 UCS 的视口或【所有(A)】<当前>:

(此时可以选择若干个需要应用当前 UCS 的视口；或执行【所有(A)】选项后将会在所有的视口中应用当前 UCS)

10.1.12　【命名】按钮

AutoCAD 中还有一个【UCSⅡ】工具栏，其中第 2 个按钮名为【命名】，作用是显示和修改已定义但未命名的用户坐标系、恢复命名且正交的 UCS 或指定视口中 UCS 按钮和 UCS 设置。点击该按钮后弹出【UCS】对话框，如图 10-6 所示。其中包括【命名 UCS】、【正交 UCS】和【设置】三个选项卡，分别对其含义及设置方法进行介绍。

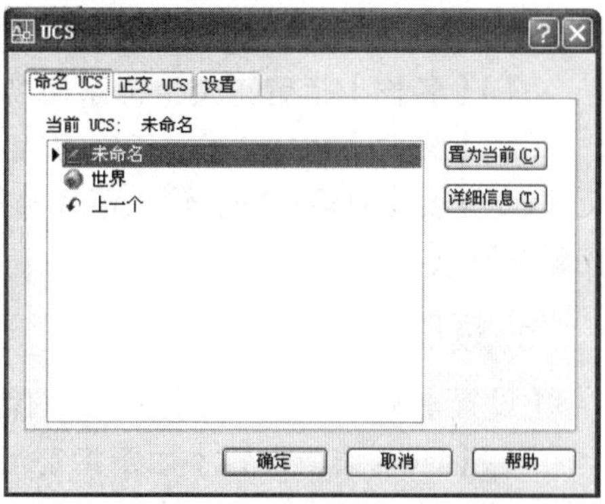

图 10-6　【UCS】对话框

1. 命名 UCS

【命名 UCS】列出用户坐标系并设置当前 UCS，如图 10-6 所示。

(1)【当前 UCS】显示当前 UCS 的名称。如果该 UCS 未被保存和命名，则显示为【未命名】。

(2)【UCS 名称列表】列出当前图形中定义的坐标系。如果有多个视口和多个未命名 UCS 设置，列表将仅包含当前视口的未命名 UCS。如果当前 UCS 未被命名，则【未命名】始终是第一个条目。列表中始终包含【世界】，它既不能被重命名，也不能被删除。如果在当前编辑任务中为活动视口定义了其他坐标系，则下一条目为【上一个】。重复选择【上一个】和【置为当前】，可逐步返回到这些坐标系。

(3)【置为当前】可恢复选定的坐标系。要恢复选定的坐标系，可以在列表中双击坐标系的名称，或在此名称上单击鼠标右键，然后选择【置为当前】。当前 UCS 文字将被更新。

(4)【详细信息】可以弹出【UCS 详细信息】对话框，如图 10-7 所示。其中显示了 UCS 坐标数据。也可以在选定坐标系的名称上单击鼠标右键，然后选择【详细信息】来查看该坐标系的详细信息，如图 10-8 所示。

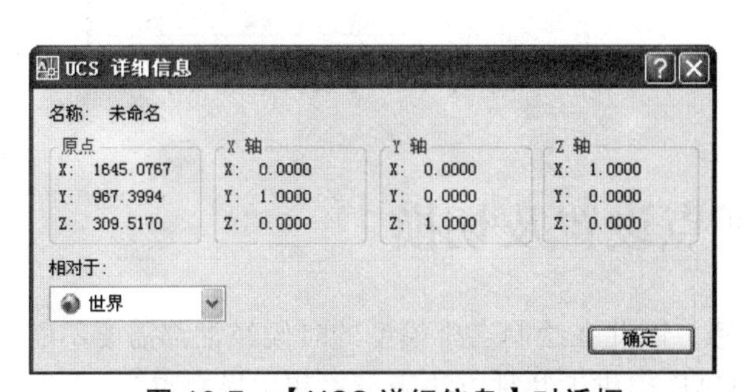

图 10-7　【UCS 详细信息】对话框

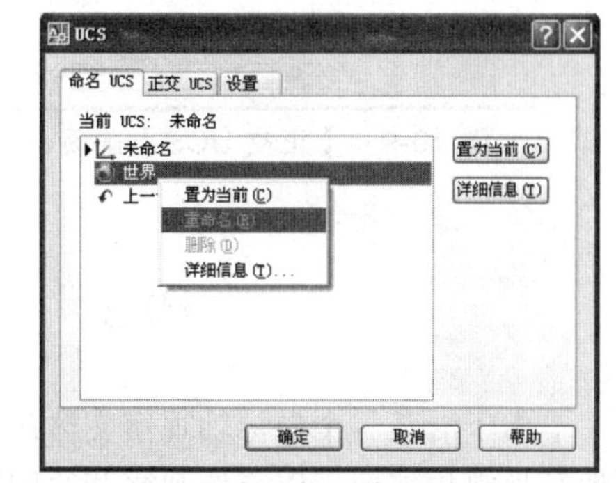

图 10-8　右键快捷菜单

(5)【重命名】选中目标 UCS 后右键快捷菜单中选【重命名】，可以重命名自定义 UCS，但不能重命名世界 UCS。也可以在列表中双击 UCS 名称来重命名 UCS。

(6)【删除】选中目标 UCS 后右键快捷菜单中选【删除】，可以删除自定义 UCS。不能删除世界 UCS。

2. 正交 UCS

【正交 UCS】列出当前图形中定义的六个正交坐标系，即六面视图方向，如图 10-9 所示。正交坐标系是根据【相对于】列表中指定的 UCS 定义的。

(1)【名称】指定正交坐标系的名称。

(2)【深度】指定正交 UCS 的 *XY* 平面与经过坐标系原点的平行平面间的距离。在【正交 UCS 深度】对话框中，输入值或选择【选择新原点】按钮以使用定点设备来指定新的深度或新的原点。

3. 设　置

【设置】显示和修改与视口一起保存的 UCS 按钮设置和 UCS 设置，如图 10-10 所示。

(1)【UCS 按钮设置】用于指定当前视口的 UCS 按钮显示设置。

【开】显示当前视口中的 UCS 按钮。

【显示于 UCS 原点】在当前视口中当前坐标系的原点处显示 UCS 按钮。如果不选择该选项，或者坐标系原点在视口中不可见，则将在视口的左下角显示 UCS 按钮。

【应用到所有活动视口】将 UCS 按钮设置应用到当前图形中的所有活动视口。

(2)【UCS 设置】指定更新 UCS 设置时 UCS 的行为。

【UCS 与视口一起保存】将坐标系设置与视口一起保存。此选项设置 UCSVP 系统变量。如果不选择此选项，视口将反映当前视口的 UCS。

【修改 UCS 时更新平面视图】修改视口中的坐标系时恢复平面视图。

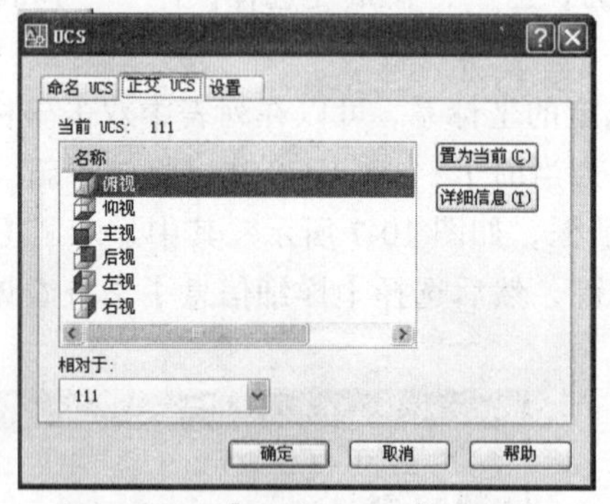

图 10-9　【正交 UCS】选项卡

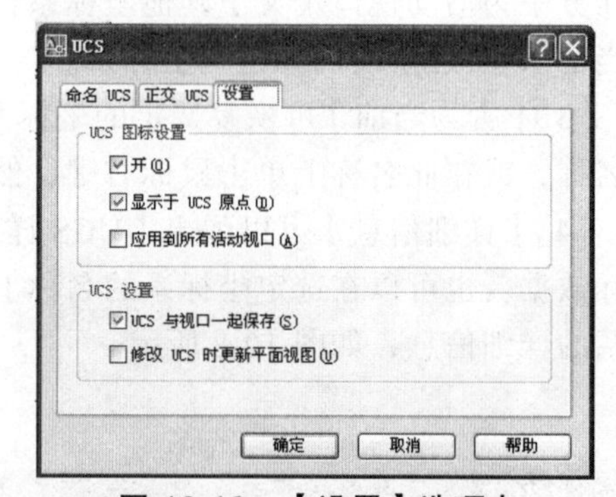

图 10-10　【设置】选项卡

10.2　三维视点设置及切换

由于沿某一个坐标轴观察实体没有立体感，因此在绘制三维模型的时候经常都需要不断地转换视角方向，以方便观察和绘图。AutoCAD 提供了几种方法来设置和切换视点。

操作方法：

(1) 菜单栏:【视图】/【三维视图】，弹出子菜单，如图 10-11 所示。

（2）命令：Vpoint。

（3）工具栏：【视图】工具栏，如图 10-14 所示。

10.2.1　菜单栏操作

通过菜单栏的操作，可以拉出如图 10-11 所示的子菜单，其中常用到的设置有【视点预置】、【视点】、【俯视】、【仰视】、【左视】、【右视】、【主视】、【后视】、【西南等轴测】、【东南等轴测】、【东北等轴测】、【西北等轴测】几项。本部分只介绍前两项设置，其余设置在 10.2.2 中介绍。

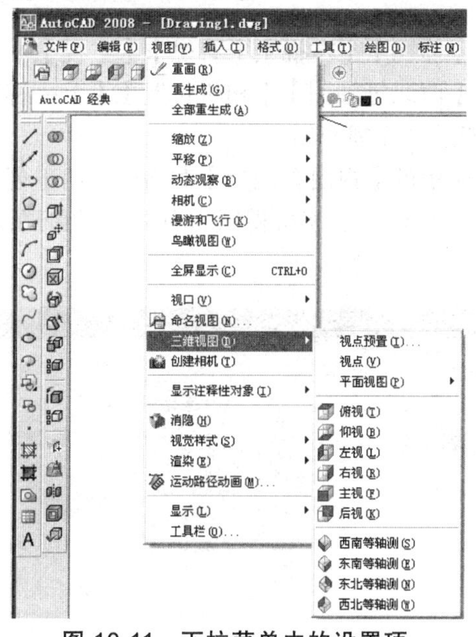

图 10-11　下拉菜单中的设置项

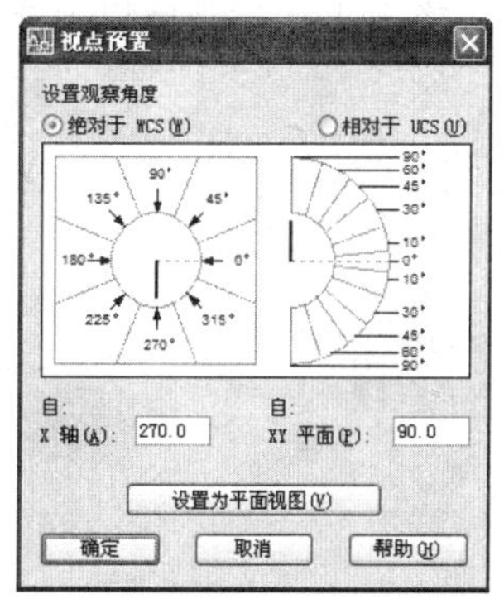

图 10-12　【视点预置】对话框

1. 视点预置

选择【视点预置】后，弹出【视点预置】对话框，如图 10-12 所示。该对话框可利用图形方式动态地建立一个观察三维模型的新视点。对话框中提供了两个表盘图像，左边的正方形表盘，用于决定视点在 *XY* 平面上相对于 X 轴正向的角度值。右边半圆形表盘用来确定新视点和原点连线与 *XY* 平面的夹角。

在使用左边盘时，有两种决定视点与 X 轴正向夹角的方法可供选择。在表盘内圆与正方形之间的区域中选择时，角度增量为 45°。在内圆选取时，能够获取任意角度值，并且离圆心越近，角度增量值越小，选取精度也就越高。操作中光标指示的角度值，动态地显示于表盘下方提示符【*X* 轴】后的编辑框内。如果视点在 *XY* 平面上位置的角度值已知，也可以直接在编辑框中输入。同样用右表盘选择视点与 *XY* 平面的夹角时，也与上述方法类似。在内外半圆之间选取时，可以得到 0°、±10°、±30°、±45°、±60°和±90°。在内半圆选取时，可获得任意大小的角度值，也可在编辑框中直接输入数值。

2. 视　点

选择【视点】即相当于执行【Vpoint】命令。执行后会在绘图窗口中出现坐标球和三轴架，用户可以通过移动光标在坐标球中的位置来改变视点方向，如图 10-13 所示。实际工作中，该操作使用率较低，此处不做详细介绍。

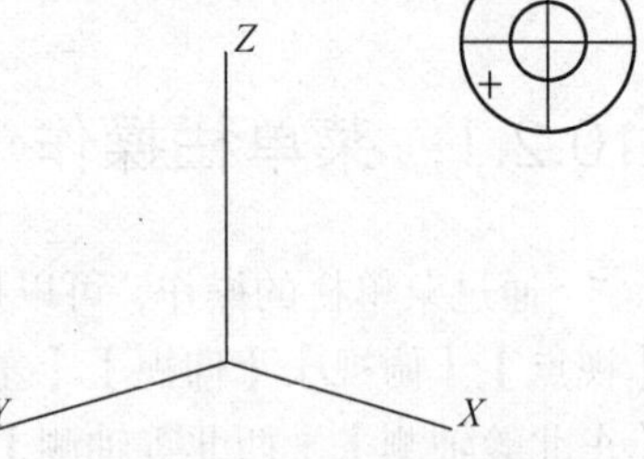

图 10-13　坐标球和三轴架

10.2.2　【视图】工具栏

前面的两种操作在实际工作中的使用率都比【视图】工具栏的选项低，因为绘图过程中只需要能够在视图方向和轴测图方向进行切换就能够方便地进行操作。因此，用户应该熟练掌握该工具栏中各项操作。

【视图】工具栏包括【命名视图】、【俯视】、【仰视】、【左视】、【右视】、【主视】、【后视】、【西南等轴测】、【东南等轴测】、【东北等轴测】、【西北等轴测】、【相机位置】、【上一视图】等主要功能按钮，如图 10-14 所示。下面对各功能进行详细介绍。

【命名视图】按钮，可以弹出如图 10-15 所示的【视图管理器】对话框，用于创建、设置、重命名、修改和删除命名视图（包括模型命名视图）、相机视图、布局视图和预设视图。还可通过该单击一个视图以显示该视图的特性。

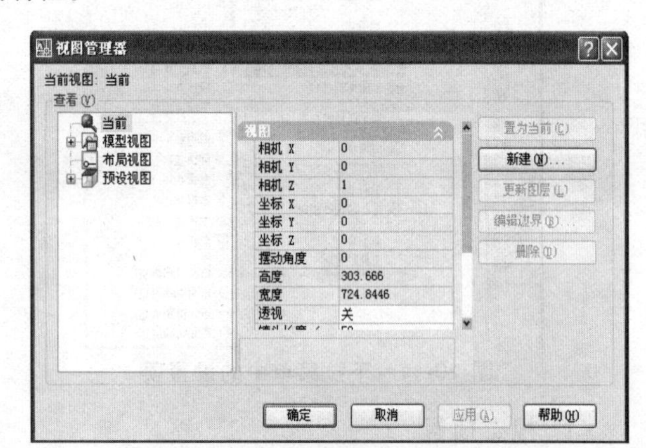

图 10-14　【视图】工具栏　　图 10-15　【视图管理器】对话框

（1）【视图】，可显示可用视图的列表。

【当前】显示当前视图及其【查看】和【剪裁】特性。

【模型视图】显示命名视图和相机视图列表，并列出选定视图的【基本】、【查看】和【剪裁】特性。

【布局视图】在定义视图的布局上显示视口列表，并列出选定视图的【基本】和【查看】特性。

【预设视图】显示正交视图和等轴测视图列表，并列出选定视图的【基本】特性。

（2）【基本】，以下特性适用于特性列表的【基本】部分中的视图。

【名称】显示选定的相机、模型或布局视图的名称。用户在图形中创建相机时，系统将为相机指定默认名称（Camera1、Camera2 等）。用户可以在该字段中更改名称。

【类别】适用于模型视图和布局视图，显示在与选定视图相关联的图形或图纸集中定义的视图类别（例如，标高或截面和细节）。

【视口关联】仅适用于布局视图，显示命名视图是否与图纸集中某个图纸上的视口关联。

【UCS】适用于模型视图和布局视图，显示与命名视图一起保存的用户坐标系的名称（世界，未命名）。

【恢复正交 UCS】对于预设视图，在正交视图为当前视图时恢复关联的 UCS。此选项用于设置 Ucsortho 系统变量。

【设定相对于】对于预设视图，指定用于定义正交视图的基本坐标系。Ucsbase 系统变量控制正交 UCS 相对于 WCS 或命名 UCS 的方向。修改此设置也会改变预定义的正交 UCS 的方向。

【图层快照】适用于模型视图和布局视图，指定是否将当前图层的开/关设置与选定的视图一起存储。

【注释比例】指定与视图一起保存的注释比例。

【视觉样式】仅适用于模型视图，指定要与视图一起保存的视觉样式。如果选择【无】，将没有视觉样式与视图关联。视觉样式的类型具体介绍见 10.3 节。

【背景】适用于视觉样式未设置为【二维线框】的模型视图，指定应用于选定视图的背景替代颜色，包括【纯色】、【渐变色】、【图像】和【阳光与天光】几类。

【活动截面】仅适用于模型视图，显示恢复视图时应用的活动截面。有关活动截面的详细信息，

（3）【视图】，以下视图特性适用于特性列表的【视图】部分中的视图。

【相机 X】仅适用于当前视图和模型视图，显示视图相机的 X 坐标。

【相机 Y】仅适用于当前视图和模型视图，显示视图相机的 Y 坐标。

【相机 Z】仅适用于当前视图和模型视图，显示视图相机的 Z 坐标。

【目标 X】仅适用于当前视图和模型视图，显示视图目标的 X 坐标。

【目标 Y】仅适用于当前视图和模型视图，显示视图目标的 Y 坐标。

【目标 Z】仅适用于当前视图和模型视图，显示视图目标的 Z 坐标。

【摆动角度】指定视图的当前摆动角度。

【高度】指定视图的高度。

【宽度】指定视图的宽度。

【透视】适用于当前视图和模型视图，指定透视图处于打开还是关闭状态。

【焦距（mm）】适用于除布局视图之外的所有视图，指定焦距（以毫米为单位）。更改此值将相应地更改【视野】设置。

【视野】适用于除布局视图之外的所有视图，指定水平视野（以当前角度单位为单位）。更改此值将相应地更改【焦距】设置。

（4）【剪裁】，适用于除布局视图之外的所有视图，以下剪裁特性适用于特性列表的【剪裁】部分中的视图。

【前向面】如果该视图已启用前向剪裁，则指定前向剪裁平面的偏移值。

【后向面】如果该视图已启用后向剪裁，则指定后向剪裁平面的偏移值。

【剪裁】设置剪裁选项。可以选择【关】、【前向开】、【后向开】或【前向和后向开】。

（5）【置为当前】，用于恢将视图设定为当前视图。

（6）【新建】，可弹出【新建视图】对话框，如图 10-16 所示。

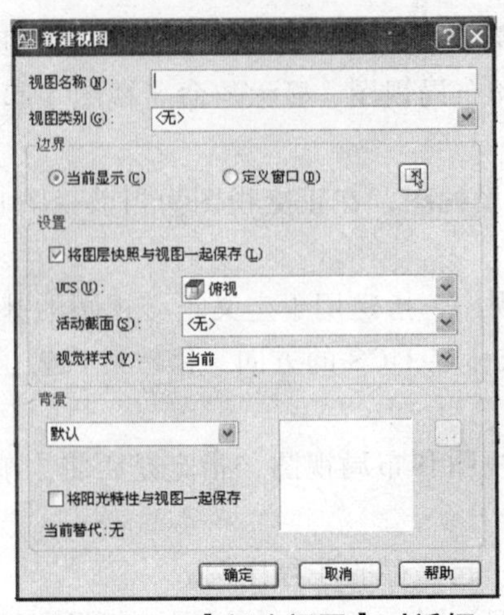

图 10-16 【新建视图】对话框

(7)【更新图层】,用于更新与选定的视图一起保存的图层信息,使其与当前模型空间和布局视口中的图层可见性匹配。

(8)【编辑边界】,用于显示选定的视图,绘图区域的其他部分以较浅的颜色显示,从而显示命名视图的边界。

(9)【删除】,用于删除选定的视图。

操作方法:

点击【命名视图】按钮后直接在相应项目位置进行设置即可。

【俯视】按钮,设定视点方向为从上向下观察实体模型,视点方向沿着 *Z* 轴负方向观察,观察到的是 *XY* 平面。

【仰视】按钮,设定视点方向为从下向上观察实体模型,视点方向沿着 *Z* 轴正方向观察,观察到的是 *XY* 平面。

【左视】按钮,设定视点方向为从左向右观察实体模型,视点方向沿着 *X* 轴负方向观察,观察到的是 *YZ* 平面。

【右视】按钮,设定视点方向为从右向左观察实体模型,视点方向沿着 *X* 轴正方向观察,观察到的是 *YZ* 平面。

【主视】按钮,设定视点方向为从前向后观察实体模型,视点方向沿着 *Y* 轴负方向观察,观察到的是 *ZX* 平面。

【后视】按钮,设定视点方向为从后向前观察实体模型,视点方向沿着 *Y* 轴正方向观察,观察到的是 *ZX* 平面。

【西南等轴测】按钮,设定视点方向为西南方,观察到具有立体感的轴测图。

【东南等轴测】按钮,设定视点方向为东南方,观察到具有立体感的轴测图。

【东北等轴测】按钮,设定视点方向为东北方,观察到具有立体感的轴测图。

【西北等轴测】按钮,设定视点方向为西北方,观察到具有立体感的轴测图。

由于较复杂的三维模型都是通过建立二维封闭多段线框或面域后再生成的,因此在实际绘图工作中,很多的工作需要在平面视图中完成,因此工具栏中的【俯视】、【左视】、【主视】三个按钮的使用频率较高,在三个互相垂直的视向进行切换。二维图形绘制完成后,进行【拉伸】、【旋转】建模和实体编辑时，又需要切换到具有立体感的轴测图方向，根据需要的视向不同，经常都要在【西南等轴测】、【东南等轴测】、【东北等轴测】、【西北等轴测】四个轴测方向进行切换。

操作方法：

直接点击需要切换到的平面视图方向和轴测图方向所对应的按钮。

【相机位置】按钮，用于设置相机位置和目标位置，以创建并保存对象的三维透视视图。

【上一视图】按钮，用于恢复到当前视图的上一次所使用的视图。

10.3　创建三维模型

在 AutoCAD 中，可以创建三维曲面和三维实体。三维曲面不具有厚度，只具有面形状特性，不占有空间体积，而三维实体要占有空间体积，两者有着本质的区别。实际工作中，三维实体比三维曲面的用途更广，也更频繁，因为三维实体比三维曲面更接近真实物体。因此，在本节中着重介绍三维实体的相关操作。

10.3.1　创建三维曲面

三维实体模型可分解为由点和线组成，同时也可以将它分解为由面组成，这些面可以是平面，也可以是曲面。用三维曲面可以进一步进行实体建模，也可以对三维曲面进行消隐、着色、表面求和等相关计算。

1. 平面曲面

操作方法：

（1）菜单栏：【绘图】/【建模】/【平面曲面】。

（2）命令：Planesurf。

（3）工具栏：【建模】工具栏第 10 个按钮。

操作步骤：

➢ 命令：_Planesurf

➢ 指定第一个角点或【对象(O)】<对象>:

（此处可以指定矩形三维曲面的一个对角点；或者执行【对象(O)】后选择某个封闭的二维图形可将其转换为三维曲面，如图 10-17 所示）

➢ 指定其他角点：

（此处对应上一个步骤指定矩形三维曲面第一个对角点的操作，应指定其第二个对角点，即可确定该矩形三维曲面，如图 10-18 所示）

应用举例：

（1）将已知圆转换为三维曲面。

执行 Planesurf 后，执行【对象（O）】选项或直接回车，选中圆，回车或点击右键，结果如图 10-17（b）所示。

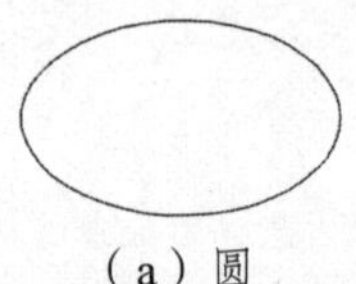
（a）圆

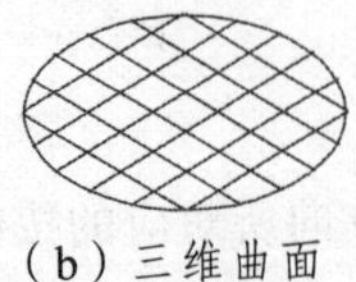
（b）三维曲面

图 10-17 将对象转换为三维曲面

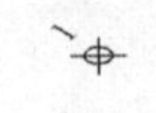

（a）1、2 两点

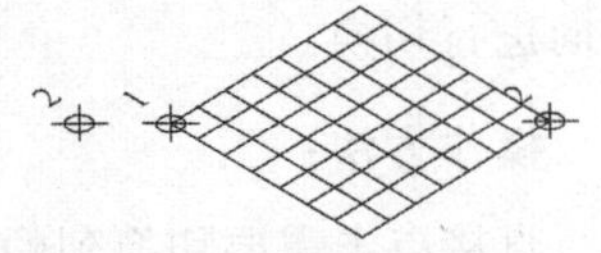

（b）矩形三维曲面

图 10-18 指定两点绘制三维曲面

（2）通过 1、2 两点建立三维曲面。

执行 Planesurf 后，依次选择 1、2 两点，可以得到如图 10-18（b）所示三维曲面。

2. 常见非单独平面曲面

以上操作主要用于创建单独的平面三维曲面，而一些常见非单独平面三维曲面的创建方法一般是通过命令【3D】来实现的。

操作方法：

➢ 命令：3D。

操作步骤：

➢ 命令：3d

➢ 输入选项【长方体表面(B)/圆锥面(C)/下半球面(DI)/上半球面(DO)/网格(M)/棱锥面(P)/球面(S)/圆环面(T)/楔体表面(W)】:

（此处可以分别执行二级命令【长方体表面(B)】、【圆锥面(C)】、【下半球面（DI）】、【上半球面（DO）】、【网格(M)】、【棱锥面(P)】、【球面(S)】、【圆环面(T)】、【楔体表面(W)】选项以绘制不同形状的常见三维曲面）

应用举例：

（1）绘制长宽高分别为 30、20、10 的长方体表面，结果如图 10-19 所示。

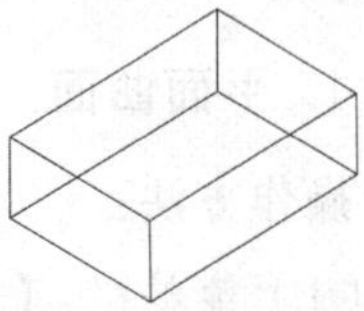

图 10-19 【长方体表面】

➢ 命令：3d

➢ 输入选项【长方体表面(B)/圆锥面(C)/下半球面(DI)/上半球面(DO)/网格(M)/棱锥面(P)/球面(S)/圆环面(T)/楔体表面(W)】: B

➢ 指定角点给长方体：

（此处在绘图窗口指定或通过坐标输入来指定一个点作为长方体表面的起始角点位置）

➢ 指定长度给长方体：30

➢ 指定长方体表面的宽度或【立方体(C)】: 20

➢ 指定高度给长方体：10

➢ 指定长方体表面绕 Z 轴旋转的角度或【参照(R)】: 0

（此处可以设定长方体表面绕 Z 轴旋转的角度值）

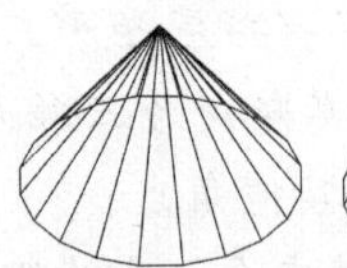
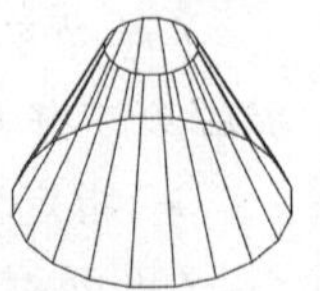

图 10-20 【圆锥面】

（2）绘制底面半径为 15，高为 20 的圆锥面，结果如图 10-20 所示。

➢ 命令：3d

➢ 输入选项【长方体表面(B)/圆锥面(C)/下半球面(DI)/上半球面(DO)/网格(M)/棱锥面(P)/

球面(S)/圆环面(T)/楔体表面(W)】: C

➢ 指定圆锥面底面的中心点:

(此处在绘图窗口指定或通过坐标输入来指定一个点作为圆锥面底面的中心点)

➢ 指定圆锥面底面的半径或【直径(D)】: 15

➢ 指定圆锥面顶面的半径或【直径(D)】<0>:

(此处若顶面半径不设置为 0，则出现的曲面为圆台面，而非圆锥面，如图 10-20 所示)

➢ 指定圆锥面的高度: 20

➢ 输入圆锥面曲面的线段数目<16>: 20

(此处设定圆锥面上表示曲面的素线的数量)

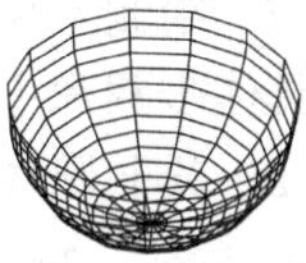

(3)绘制半径为 15 的下半球面，结果如图 10-21 所示。

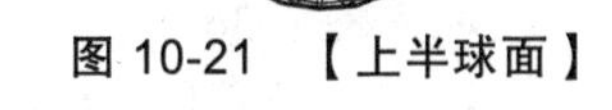

图 10-21　【上半球面】

➢ 命令: 3d

➢ 输入选项【长方体表面(B)/圆锥面(C)/下半球面(DI)/上半球面(DO)/网格(M)/棱锥面(P)/球面(S)/圆环面(T)/楔体表面(W)】: DI

➢ 指定中心点给下半球面:

(此处在绘图窗口指定或通过坐标输入来指定一个点作为下半球面的中心点位置)

➢ 指定下半球面的半径或【直径(D)】: 15

➢ 输入曲面的经线数目给下半球面<16>: 15

➢ 输入曲面的纬线数目给下半球面<8>: 15

(此处可以设定球面上的经线和纬线数量)

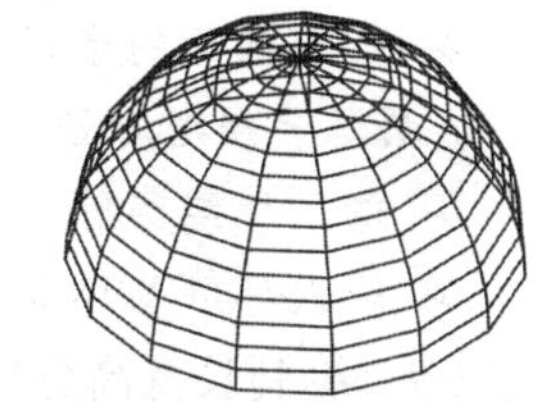

(4)绘制半径为 15 的上半球面，结果如图 10-22 所示。

具体步骤和【下半球面】一致。

图 10-22　【下半球面】

(5)绘制 M 向网格数量为 10，N 向网格数量为 15 的四边形网格平面，结果如图 10-23 所示。

➢ 命令: 3d

➢ 输入选项【长方体表面(B)/圆锥面(C)/下半球面(DI)/上半球面(DO)/网格(M)/棱锥面(P)/球面(S)/圆环面(T)/楔体表面(W)】: M

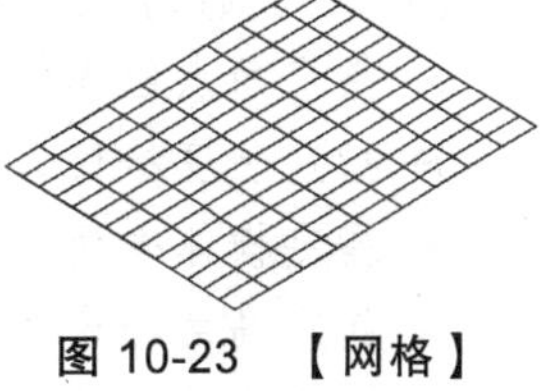

图 10-23　【网格】

➢ 指定网格的第一角点:

➢ 指定网格的第二角点:

➢ 指定网格的第三角点:

➢ 指定网格的第四角点:

(此处依次指定四边形的四个顶点位置)

➢ 输入 M 方向上的网格数量: 10

➢ 输入 N 方向上的网格数量: 15。

(此处分别指定 M、N 向，即横向和纵向的网格素线数量)

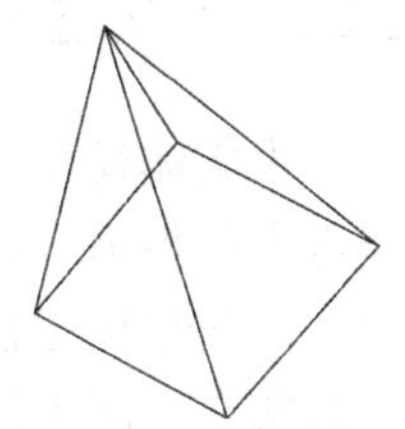

(6)绘制四棱锥面，结果如图 10-24 所示。

图 10-24　【棱锥面】

➢ 命令: 3d

➢ 输入选项【长方体表面(B)/圆锥面(C)/下半球面(DI)/上半球面(DO)/网格(M)/棱锥面(P)/球面(S)/圆环面(T)/楔体表面(W)】: P

➢ 指定棱锥面底面的第一角点:

➢ 指定棱锥面底面的第一角点：

➢ 指定棱锥面底面的第二角点：

➢ 指定棱锥面底面的第三角点：

➢ 指定棱锥面底面的第四角点或【四面体(T)】：

➢ 指定棱锥面的顶点或【棱(R)/顶面(T)】：

（此处可执行【顶面(T)】以绘制四棱台）

（7）绘制半径为 15 的球面，结果如图 10-25 所示。

具体步骤和【下半球面】一致。

图 10-25 【球面】

（8）绘制圆环半径为 15，圆管半径为 5 的圆环面，结果如图 10-26 所示。

➢ 命令：3d

➢ 输入选项【长方体表面(B)/圆锥面(C)/下半球面(DI)/上半球面(DO)/网格(M)/棱锥面(P)/球面(S)/圆环面(T)/楔体表面(W)】：T

➢ 指定圆环面的中心点：

➢ 指定圆环面的半径或【直径(D)】：15

（此处半径为中心点到圆环面最外围之间的距离）

➢ 指定圆管的半径或【直径(D)】：5

（此处半径控制圆环管粗细）

➢ 输入环绕圆管圆周的线段数目<16>：20

➢ 输入环绕圆环面圆周的线段数目<16>：20

图 10-26 【圆环面】

（9）绘制长宽高分别为 30、20、10 的其形体表面，结果如图 10-27 所示。

➢ 命令：3d

➢ 输入选项【长方体表面(B)/圆锥面(C)/下半球面(DI)/上半球面(DO)/网格(M)/棱锥面(P)/球面(S)/圆环面(T)/楔体表面(W)】：W

➢ 指定角点给楔体表面：

➢ 指定长度给楔体表面：30

➢ 指定楔体表面的宽度：20

➢ 指定高度给楔体表面：10

➢ 指定楔体表面绕 Z 轴旋转的角度：0

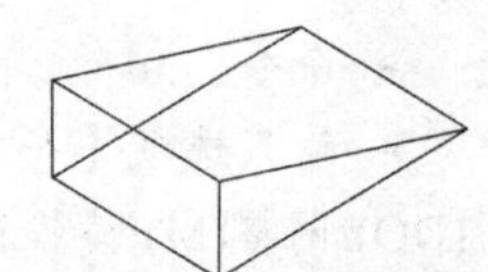

图 10-27 【楔体表面】

10.3.2 快速创建基本三维实体

三维实体模型有的很复杂，有的很简单。AutoCAD 中有常见简单体的快速建模命令，可以非常方便根据各简单体的几何参数绘制出实体。但是对于复杂一些的组合体或者工程形体模型，用简单体建模命令就无法建模，必须通过其他特殊命令进行操作。

其实在实际工作中常遇到的形体总的来说可以分为平面立体和曲面立体，平面立体当中常见的棱柱体和棱锥体基本都用【拉伸】命令来建模，而曲面立体中的回转体基本都用【旋转】命令来建模，再配合【剖切】及布尔运算规则，基本能够解决绝大多数规则形体的建模。如果要绘制地形面等非规则模型，则需要配合【网格】进行操作。

三维实体建模命令的常用执行方式有以下几种：

操作方法：

（1）菜单栏：【绘图】/【建模】，如图 10-28 所示。

（2）工具栏：【建模】工具栏，如图 10-29 所示。

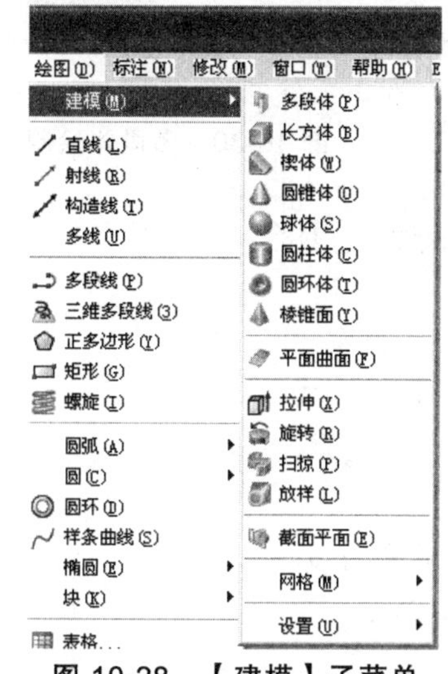

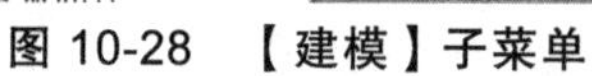
图 10-28　【建模】子菜单

图 10-29　【建模】工具栏

常用命令基本都集中在【建模】工具栏上，下面对各建模命令进行详细介绍及应用举例。

1. 多段体

【多段体】可以将现有直线、二维多线段、圆弧或圆转换为具有矩形轮廓的实体。

操作方法：

（1）命令：Ploysolid。

（2）工具栏：【建模】工具栏第 1 个按钮。

操作步骤：

➢ 命令：_Polysolid 高度 = 80.0000，宽度 = 5.0000，对正 = 居中

（此处显示的【高度】和【宽度】为默认的多段体参数，可以通过二级命令中的【高度(H)】和【宽度(W)】选项重新设定；【对正】为多段体与对象线条对齐的方式，可以通过二级命令中的【对正(J)】选项进行设定）

➢ 指定起点或【对象(O)/高度(H)/宽度(W)/对正(J)】<对象>:

（此处可以执行【对象(O)】选项后可以选中一个整体线性对象作为多段体的创建轨迹）

➢ 指定下一个点或【圆弧(A)/放弃(U)】:

➢ 指定下一个点或【圆弧(A)/放弃(U)】:

➢ 指定下一个点或【圆弧(A)/闭合(C)/放弃(U)】:

➢ 指定下一个点或【圆弧(A)/闭合(C)/放弃(U)】：A

（依次选择多段体经过的点）

➢ 指定圆弧的端点或【闭合(C)/方向(D)/直线(L)/第二个点(S)/放弃(U)】：S

（若对象线有圆弧，则应执行【圆弧 A】后根据圆弧绘制的方法来进行圆弧线的设定）

➢ 指定圆弧上的第二个点：

➢ 指定圆弧的端点：

应用举例

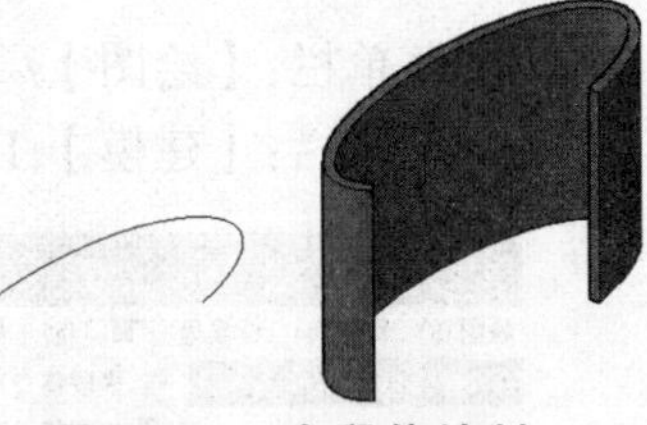

绘制已知椭圆弧线条作为轨迹的多段体，其高度要求为150，宽度为7，居中对正，结果如图 10-30 所示。

图 10-30　多段体绘制

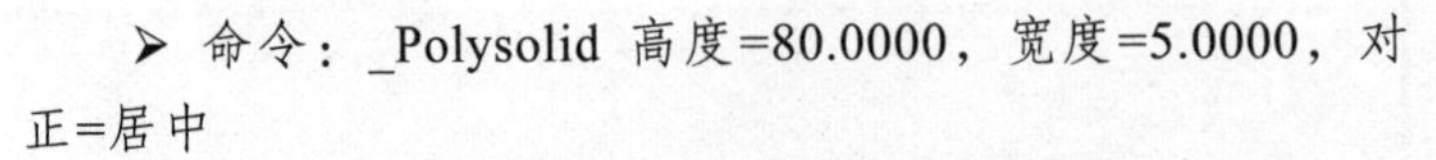

➢ 命令：_Polysolid 高度=80.0000，宽度=5.0000，对正=居中

➢ 指定起点或【对象(O)/高度(H)/宽度(W)/对正(J)】<对象>：H

➢ 指定高度<80.0000>：150

➢ 高度=15.0000，宽度=5.0000，对正=居中

➢ 指定起点或【对象(O)/高度(H)/宽度(W)/对正(J)】<对象>：W

➢ 指定宽度<5.0000>：7

➢ 高度=15.0000，宽度=7.0000，对正=居中

➢ 指定起点或【对象(O)/高度(H)/宽度(W)/对正(J)】<对象>：J

➢ 输入对正方式【左对正(L)/居中(C)/右对正(R)】<居中>：

➢ 高度=15.0000，宽度=7.0000，对正=居中

➢ 指定起点或【对象(O)/高度(H)/宽度(W)/对正(J)】<对象>：O

➢ 选择对象：

（此处命令已完成并自动退出）

2. 长方体

可以通过【长方体】设定三维实体的长宽高或其对角点位置来绘制长方体。

操作方法：

（1）命令：Box。

（2）工具栏：【建模】工具栏第 2 个按钮。

操作步骤：

➢ 命令：_box

➢ 指定第一个角点或【中心(C)】：

（此处可以指定长方体底面矩形的第一个角点，或者通过【中心(C)】选项指定其对角线的中点，即底面的中心点）

➢ 指定其他角点或【立方体(C)/长度(L)】：

（此处可以指定长方体底面的另一个角点，或者通过【立方体(C)】选项设定绘制立方体，或者通过【长度(L)】选项开始依次按步骤输入长、宽和高来绘制长方体）

➢ 指定高度或【两点(2P)】：

应用举例：

绘制长为 30、宽为 20、高为 20 的长方体，结果如图 10-31 所示。

图 10-31　长方体绘制

➢ 命令：_box

➢ 指定第一个角点或【中心(C)】：

➢ 指定其他角点或【立方体(C)/长度(L)】: L
➢ 指定长度<10.0000>：30
➢ 指定宽度<0.3658>：20
➢ 指定高度或【两点(2P)】<-76.0258>：20

3. 楔　体

可以通过【楔体】设定三维实体的长宽高或其对角点位置来绘制楔体。

操作方法：

（1）命令：Wedge。
（2）工具栏：【建模】工具栏第 3 个按钮。

操作步骤：

➢ 命令：_wedge
➢ 指定第一个角点或【中心（C）】:
（此处可以指定楔体底面矩形的第一个角点，或者通过【中心（C）】选项指定其对角线的中点，即底面的中心点）
➢ 指定其他角点或【立方体（C）/长度（L）】:
（此处可以指定楔体底面矩形的另一个角点，或者通过【立方体（C）】选项设定绘制楔体，或者通过【长度（L）】选项开始依次按步骤输入长、宽和高来绘制楔体）
➢ 指定高度或[两点(2P)] <0>:
（此处可直接输入楔体高度，或通过[两点(2P)]选项指定两点以确定楔体高度）

应用举例：

绘制底面长为 60、宽为 30，整体高为 25 的楔体，结果如图 10-32 所示。

➢ 命令：_wedge
➢ 指定第一个角点或【中心(C)】:
（此处在绘图窗口选择一个点）
➢ 指定其他角点或【立方体(C)/长度(L)】: L
➢ 指定长度<30.0000>：60
➢ 指定宽度<30.0000>：30
➢ 指定高度或【两点(2P)】<25.0000>：25

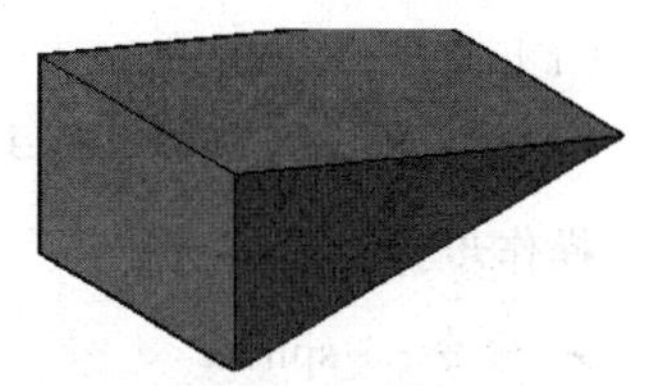

图 10-32　楔体绘制

4. 圆锥体

可以通过【圆锥体】设定三维实体的底面中心点、底面半径和锥的高度来绘制圆锥体。也可以用于绘制圆台体和椭圆锥体。

操作方法：

（1）命令：Cone。
（2）工具栏：【建模】工具栏第 4 个按钮。

操作步骤：

➢ 命令：_cone

➢ 指定底面的中心点或【三点(3P)/两点(2P)/相切、相切、半径(T)/椭圆(E)】：

（此处可以指定圆锥体底面中心点；或通过圆的绘制方式【三点（3P）】、【两点（2P）】和【相切、相切、半径(T)】来指定底面为圆形状；或通过【椭圆(E)】来指定底面为椭圆形）

➢ 指定底面半径或【直径(D)】：

（此处对应上一个步骤指定了底面中心点的操作）

➢ 指定高度或【两点(2P)/轴端点(A)/顶面半径(T)】<25.0000>：

（此处【两点（2P）】是指通过指定两点来拾取其间距作为锥高，【轴端点(A)】是指在确定了底面之后指定锥顶点或台顶面中心点的位置，【顶面半径(T)】是指绘制圆台时指定台顶面半径）

应用举例：

绘制底面半径为 15，顶面半径为 5，高为 20 的圆台体，结果如图 10-33 所示。

图 10-33 多段体绘制

➢ 命令：_cone

➢ 指定底面的中心点或【三点(3P)/两点(2P)/相切、相切、半径(T)/椭圆(E)】：

➢ 指定底面半径或【直径(D)】<89.2114>：15

➢ 指定高度或【两点(2P)/轴端点(A)/顶面半径(T)】<134.9815>：T

➢ 指定顶面半径<0.0000>：5

➢ 指定高度或【两点(2P)/轴端点(A)】<134.9815>：20

5. 球 体

可以通过【球体】设定三维实体的球心及半径等参数来绘制球体。

操作方法：

（1）命令：Sphere。

（2）工具栏：【建模】工具栏第 5 个按钮。

操作步骤：

➢ 命令：_sphere

➢ 指定中心点或【三点(3P)/两点(2P)/相切、相切、半径(T)】：

（此处指定球体中心点；【三点（3P）】是指通过指定不在同一条直线上的三点来确定球面；【两点（2P）】是指通过指定球体直径的两个端点；【相切、相切、半径(T)】是指通过指定半径定义可与两个对象相切的球体，指定的切点将投影到当前 UCS）

➢ 指定半径或【直径(D)】<15.0000>：

应用举例：

绘制球心在原点处的、直径为 20 的球体，结果如图 10-34 所示。

图 10-34 球体绘制

➢ 命令：_sphere

➢ 指定中心点或【三点(3P)/两点(2P)/相切、相切、半径(T)】：0，0

（此处为通过输入绝对坐标来指定球心位置在原点处）

➢ 指定半径或【直径(D)】: d

（此处执行【直径(D)】选项，之后输入的数值代表球体直径）

➢ 指定直径：20

6. 圆柱体

可以通过【圆柱体】设定三维实体底面半径、直径及柱体高度等参数来绘制圆柱体。

操作方法

（1）命令：Cylinder。

（2）工具栏:【建模】工具栏第 6 个按钮。

操作步骤：

➢ 命令：_cylinder

➢ 指定底面的中心点或【三点(3P)/两点(2P)/相切、相切、半径(T)/椭圆(E)】:

（此处可以指定圆柱体底面中心点；或通过圆的绘制方式【三点（3P）】、【两点（2P）】和【相切、相切、半径(T)】来指定圆形底面尺寸；或通过【椭圆(E)】来指定底面为椭圆形）

➢ 指定底面半径或【直径(D)】<10.0000>:

（此处执行【直径(D)】选项，之后输入的数值代表圆柱体底面直径）

➢ 指定高度或【两点(2P)/轴端点(A)】:

应用举例：

绘制底面中心在原点处的长轴为 30，短轴为 20，高度为 20 的椭圆柱体，结果如图 10-35 所示。

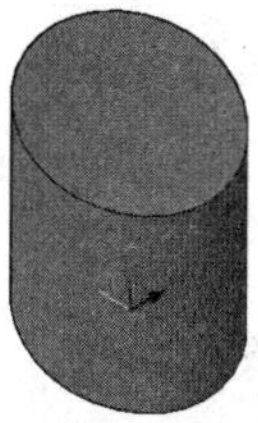

➢ 命令：_cylinder

➢ 指定底面的中心点或【三点(3P)/两点(2P)/相切、相切、半径(T)/椭圆(E)】: E

（此处通过执行【椭圆(E)】选项设定为绘制椭圆柱体）

➢ 指定第一个轴的端点或【中心(C)】: C

➢ 指定中心点：0，0

➢ 指定到第一个轴的距离<3.8155>：15

➢ 指定第二个轴的端点：10

（此处输入的是中心点到轴端点的距离，因此输入的是半轴长度）

➢ 指定高度或【两点(2P)/轴端点(A)】<20.0000>：20

图 10-35　椭圆柱绘制

7. 圆环体

可以通过【圆环体】设定圆环尺寸和环管尺寸等参数来绘制圆环体。

操作方法：

（1）命令：Torus。

（2）工具栏:【建模】工具栏第 7 个按钮。

操作步骤：

➢ 命令：_torus

➢ 指定中心点或【三点(3P)/两点(2P)/相切、相切、半径(T)】:

（此处可以指定圆环中心点；或通过圆的绘制方式【三点（3P）】、【两点（2P）】和【相切、相切、半径(T)】来指定圆环的尺寸形状）

➢ 指定半径或【直径(D)】<3.8155>:

（此处适用于上一个步骤选定圆环中心点后的操作，可指定圆环体中轴圆的半径值）

➢ 指定圆管半径或【两点(2P)/直径(D)】:

应用举例：

绘制圆环体中心点在（100，50）处，且圆环半径为 20，环管半径为 10 的圆环体，结果如图 10-36 所示。

图 10-36 圆环体绘制

➢ 命令：_torus

➢ 指定中心点或【三点(3P)/两点(2P)/相切、相切、半径(T)】: 100，50

（此处通过输入圆环中心点的绝对左边来指定其位置）

➢ 指定半径或【直径(D)】<7.9777>: 20

➢ 指定圆管半径或【两点(2P)/直径(D)】<3.6631>: 10

8. 棱锥体

可以通过【棱锥体】设定三维实体的底面形状尺寸和高度来绘制正棱锥体。

操作方法：

（1）命令：Pyramid。

（2）工具栏：【建模】工具栏第 8 个按钮。

操作步骤：

➢ 命令：_pyramid

➢ 4 个侧面：外切

（此处显示当前设置的底面边数量及确定底面形状尺寸时用的方法）

➢ 指定底面的中心点或【边(E)/侧面(S)】:

（此处可指定底面中心点位置：或通过【边(E)】选项根据底面正多边形的边长来确定底面形状尺寸；或通过【侧面(S)】选项指定底面正多边形边数）

➢ 指定底面半径或【内接(I)】<9.5213>:

（此处指定半径对应上一个步骤为指定中心点位置的操作；或通过【内接(I)】选项改变底面多边形形状尺寸确定的方法）

➢ 指定高度或【两点(2P)/轴端点(A)/顶面半径(T)】<19.4389>:

（此处通过【两点（2P）】选项可以在绘图窗口选择两个点，指定其间距作为锥体高度；或通过【顶面半径(T)】选项更改为绘制棱台体）

应用举例：

绘制底面边长为 30，顶面内切圆半径为 10，高为 20 的正八棱台体，结果如图 10-37 所示。

➢ 命令：_pyramid

➢ 4 个侧面：外切

➢ 指定底面的中心点或【边(E)/侧面(S)】：S

➢ 输入侧面数<4>：8

（此处要更改底面边数为 8）

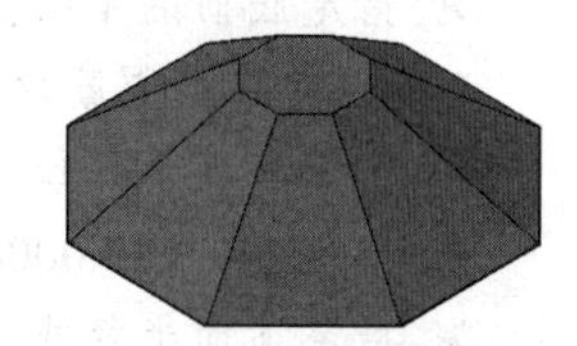

图 10-37　正八棱台绘制

➢ 指定底面的中心点或【边(E)/侧面(S)】：E

➢ 指定边的第一个端点：

（此处在绘图窗口中指定一个点作为底面其中一个顶点的位置）

➢ 指定边的第二个端点：30

（此处输入的数值为底面边长）

➢ 指定高度或【两点(2P)/轴端点(A)/顶面半径(T)】<158.7698>：T

（此处通过【顶面半径(T)】选项更改为绘制棱台体）

➢ 指定顶面半径<0.0000>：10

（此处输入数值为底面内切圆的半径）

➢ 指定高度或【两点(2P)/轴端点(A)】<158.7698>：20

9. 螺　旋

可以通过【螺旋】设定相关参数绘制二维或三维螺旋线，以配合其他操作绘制螺旋体。

操作方法：

（1）命令：Helix。

（2）工具栏：【建模】工具栏第 9 个按钮。

操作步骤：

➢ 命令：_helix

➢ 圈数=3.0000　　扭曲=CCW

（此处显示当前设置的参数，包括螺旋线的圈数和螺旋线绘制方向）

➢ 指定底面的中心点：

➢ 指定底面半径或【直径(D)】<17.1013>：

➢ 指定顶面半径或【直径(D)】<55.4732>：

（此处底面和顶面半径可以设置为相等或不相等）

➢ 指定螺旋高度或【轴端点(A)/圈数(T)/圈高(H)/扭曲(W)】<153.0449>：

（此处通过【轴端点(A)】选项可指定螺旋线的中轴线方向；或通过【圈数(T)】选项设定螺旋线的圈数；或通过【圈高(H)】选项设定螺旋线中一个完整圈的高度值；或通过【扭曲(W)】选项设定螺旋线绘制方向为逆时针绘制（CCW）还是顺时针绘制（CW））

应用举例：

绘制底面直径为 30，顶面直径为 5，圈数为 5，圈高为 3，顺时针绘制的三维螺旋线，结果如图 10-38 所示。

➢ 命令：_helix

➢ 圈数=3.0000　　扭曲=CCW

➢ 指定底面的中心点：

（此处需在绘图窗口中指定一点作为底面中心点位置）

➢ 指定底面半径或【直径(D)】<30.0000>：D

➢ 指定直径<60.0000>：30

➢ 指定顶面半径或【直径(D)】<15.0000>：D

➢ 指定直径<17.7783>：5

➢ 指定螺旋高度或【轴端点(A)/圈数(T)/圈高(H)/扭曲(W)】<15.0000>：W

➢ 输入螺旋的扭曲方向【顺时针(CW)/逆时针(CCW)】<CCW>：CW

（此处应先设置绘制方向再设定圈数和圈高，否则设置圈数和圈高后图形会立即生成，将不能设定绘制方向）

➢ 指定螺旋高度或【轴端点(A)/圈数(T)/圈高(H)/扭曲(W)】<15.0000>：T

➢ 输入圈数<5.0000>：5

➢ 指定螺旋高度或【轴端点(A)/圈数(T)/圈高(H)/扭曲(W)】<15.0000>：H

➢ 指定圈间距<3.0000>：3

（此处已完成命令并自动退出）

图 10-39 所示为顺时针方向（CW）所得螺旋线效果。

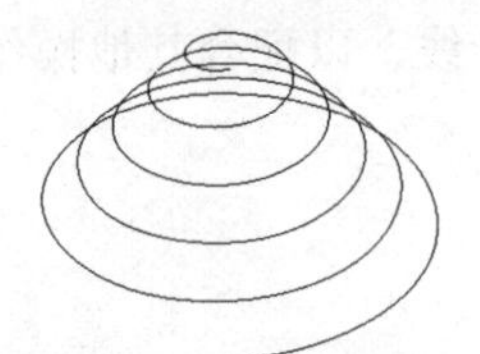

图 10-38　三维螺旋线（逆时针）

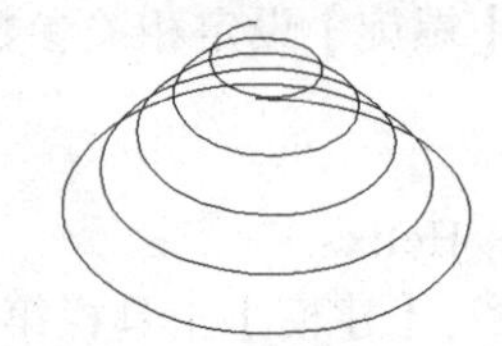

图 10-39　三维螺旋线（顺时针）

10.3.3　用高级造型命令创建三维实体

在实际工作中，很多实体的形状都是较为复杂的，不能直接用基本实体命令进行创建，必须用到更高级的命令来造型，这也是实际工作中用得更多的操作。当然，这些高级造型命令也可以创建基本三维实体。高级造型命令的工作原理基本都是根据二维图形生成三维模型，部分命令也可以根据三维实体来生成三维模型。因此在使用的过程中，用户应该具有二维绘图的功底，并且要培养出造型思路，配合视图转换工具进行复杂的造型操作。下面对常用的高级造型命令进行详细的介绍。

1. 拉　伸

可以通过【拉伸】二维图形拉伸成柱体、锥体或台体。能够被【拉伸】命令操作的对象，只能是封闭的二维整体对象，比如封闭的多段线对象（矩形命令创建的对象、正多边形命令创建的对象或多段线命令绘制的封闭对象）、面域对象、圆命令创建的对象、椭圆命令创建的对象、样条曲线创建的封闭对象、二维实体、三维平面、三维曲面等。

操作方法：

（1）命令：Extrude（Ext）。

（2）工具栏：【建模】工具栏第 11 个按钮。

操作步骤：

➢ 命令：_extrude

➢ 当前线框密度：ISOLINES=4

（此处显示当前设置的线框密度值）

➢ 选择要拉伸的对象：找到 1 个

➢ 选择要拉伸的对象：

（此处应选择能够被【拉伸】命令操作的对象，可同时选中多个对象。对象选择完毕后应单击鼠标右键或回车表示对象选择完毕）

➢ 指定拉伸的高度或【方向(D)/路径(P)/倾斜角(T)】<480.1048>：

（此处可以指定拉伸的高度值；或通过【方向(D)】选项指定两点，该两点连线方向作为拉伸方向，该两点间距作为拉伸高度；或通过【路径(P)】选项指定一个二维线性对象作为实体拉伸的路径；或通过【倾斜角(T)】选项指定锥体或台体的棱面与中轴线的夹角）

应用举例：

绘制柱体，结果如图 10-40（a）所示。

（点击【俯视】按钮切换到俯视方向，然后俯视图中开始绘图）

➢ 命令：_pline

➢ 指定起点：

➢ 当前线宽为 0.0000

➢ 指定下一个点或【圆弧(A)/半宽(H)/长度(L)/放弃(U)/宽度(W)】：100

➢ 指定下一点或【圆弧(A)/闭合(C)/半宽(H)/长度(L)/放弃(U)/宽度(W)】：300

➢ 指定下一点或【圆弧(A)/闭合(C)/半宽(H)/长度(L)/放弃(U)/宽度(W)】：100

➢ 指定下一点或【圆弧(A)/闭合(C)/半宽(H)/长度(L)/放弃(U)/宽度(W)】：

（此部分操作是绘制多段线绘制出【拉伸】的二维线性路径的基本图样，如图 10-40（b）所示）

➢ 命令：fillet

➢ 当前设置：模式=修剪，半径=0.0000

➢ 选择第一个对象或【放弃(U)/多段线(P)/半径(R)/修剪(T)/多个(M)】：R

➢ 指定圆角半径<0.0000>：30

➢ 选择第一个对象或【放弃(U)/多段线(P)/半径(R)/修剪(T)/多个(M)】：P

➢ 选择二维多段线：

➢ 2 条直线已被圆角

（此部分操作是对二维线性路径进行圆角，如图 10-40（c）所示）

➢ 命令：_-view 输入选项【?/删除(D)/正交(O)/恢复(R)/保存(S)/设置(E)/窗口(W)】：_front

（点击【主视】按钮切换到主视方向）

➢ 命令：_-view 输入选项【?/删除(D)/正交(O)/恢复(R)/保存(S)/设置(E)/窗口(W)】：_swiso

（点击【西南等轴测】按钮切换到轴测图方向，如图 10-40（d）所示。这两个操作其实是为了不用单独建立 UCS，通过视图切换，就能够很方便地绘制平行于主视图方向的圆，为下一个步骤打基础）

- 命令：_circle
- 指定圆的圆心或【三点(3P)/两点(2P)/相切、相切、半径(T)】:
- 指定圆的半径或【直径(D)】：20

（此处是绘制柱体的横断面轮廓，即是与拉伸路径相垂直的圆对象，如图 10-40（e）所示）

- 命令：_extrude
- 当前线框密度：ISOLINES=4
- 选择要拉伸的对象：找到 1 个
- 选择要拉伸的对象：
- 指定拉伸的高度或【方向(D)/路径(P)/倾斜角(T)】<820.4673>：P

（此处要通过【路径(P)】选项才能指定拉伸的路径）

- 选择拉伸路径或【倾斜角(T)】:

（此处由于是拉伸成柱体，因此不用设置倾斜的角度，默认为 0°）

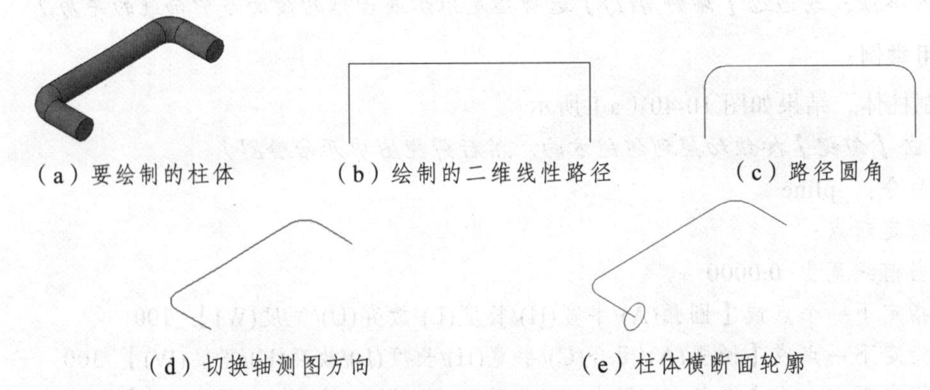

图 10-40　绘制步骤

2. 按住并拖动

用【按住并拖动】可以将二维封闭区域或者三维实体表面等区域作为对象拉伸成为实体。该区域对象必须是由共面直线或边刚刚好围成的封闭区域。该拖动可以将二维区域拖动成三维实体模型，也可以将三维实体的表面朝外凸出或朝内凹进。

操作方法：

（1）命令：Presspull。

（2）工具栏：【建模】工具栏第 12 个按钮。

操作步骤：

- 命令：_presspull
- 单击有限区域以进行按住或拖动操作。
- 已提取 1 个环。
- 已创建 1 个面域。

（此处软件会自动将选中的区域创建成面域，同时进行拖动拉伸。此时还需要指定一个拉伸的高度，可在屏幕中指定，也可以输入高度）

应用举例：

将图 10-41（a）所示二维框创建为三维实体，并在其顶面和前面各开一个圆形孔和方形孔贯通整个长方体。

（首先点击【俯视】按钮将视角方向切换到俯视方向，然后俯视图中开始绘图）

➢ 命令：_-view 输入选项【?/删除(D)/正交(O)/恢复(R)/保存(S)/设置(E)/窗口(W)】：_swiso

（此处是将视图方向确定到俯视图方向）

➢ 命令：_rectang
➢ 指定第一个角点或【倒角(C)/标高(E)/圆角(F)/厚度(T)/宽度(W)】：
➢ 指定另一个角点或【面积(A)/尺寸(D)/旋转(R)】：d
➢ 指定矩形的长度<100.0000>：30
➢ 指定矩形的宽度<100.0000>：30

（此处用矩形命令绘制一个长为 30、宽为 30 的矩形框对象，如图 10-41（a）所示）

➢ 命令：_-view 输入选项【?/删除(D)/正交(O)/恢复(R)/保存(S)/设置(E)/窗口(W)】：_swiso

（此处将视图方向确定到西南等轴测方向）

➢ 命令：_presspull
➢ 单击有限区域以进行按住或拖动操作。
➢ 已提取 1 个环。
➢ 已创建 1 个面域。
➢ 30

（此处指定该拖动出来的柱体的高度）

（此部分操作用【按住并拖动】命令进行柱体的创建，执行命令后光标悬停在要选择的封闭区域上时，该区域边界高亮显示，如图 10-41（b）所示；点击左键后可以拖动出一个三维实体，如图 10-41（c）所示，这时需要制定该拖动出来的主体的高度即可绘制柱体）

➢ 命令：_circle
➢ 指定圆的圆心或【三点(3P)/两点(2P)/相切、相切、半径(T)】：

（【★重要提示★】此处本应该更改 UCS，才能按照用户的需求在顶面和前面两个表面上绘制钻孔的断面形状轮廓，但是实际工作中，常常不单独设置 UCS，只需在执行命令后，将光标移动到需要绘制形状轮廓的表面上，此时该表面会高亮显示，如图 10-41（d）所示，这时就可以直接在该表面上绘制轮廓形状）

➢ 指定圆的半径或【直径(D)】<5.4870>：

（此部分操作是在顶面上绘制出圆形钻孔的轮廓形状）

➢ 命令：_rectang
➢ 指定第一个角点或【倒角(C)/标高(E)/圆角(F)/厚度(T)/宽度(W)】：
➢ 指定另一个角点或【面积(A)/尺寸(D)/旋转(R)】：

（此处同上一步操作，应在执行矩形命令后，将光标移动到前面的表面位置，此时该表面高亮显示，则可以在该表面上绘制矩形轮廓，两处轮廓绘制完成后如图 10-41（e）所示）

➢ 命令：_presspull
➢ 单击有限区域以进行按住或拖动操作。
➢ 已提取 1 个环。
➢ 已创建 1 个面域。

（此处用【按住并拖动】命令将顶面的圆轮廓拖动向长方体内部拉动，注意一定要拉贯穿长方体）

➢ 命令：_presspull
➢ 单击有限区域以进行按住或拖动操作。
➢ 已提取 1 个环。
➢ 已创建 1 个面域。

（此处用【按住并拖动】命令将前面的矩形轮廓拖动向长方体内部拉动，一定要拉贯穿长方体，如图 10-41（f）所示。最终结果如图 10-41（g）所示）

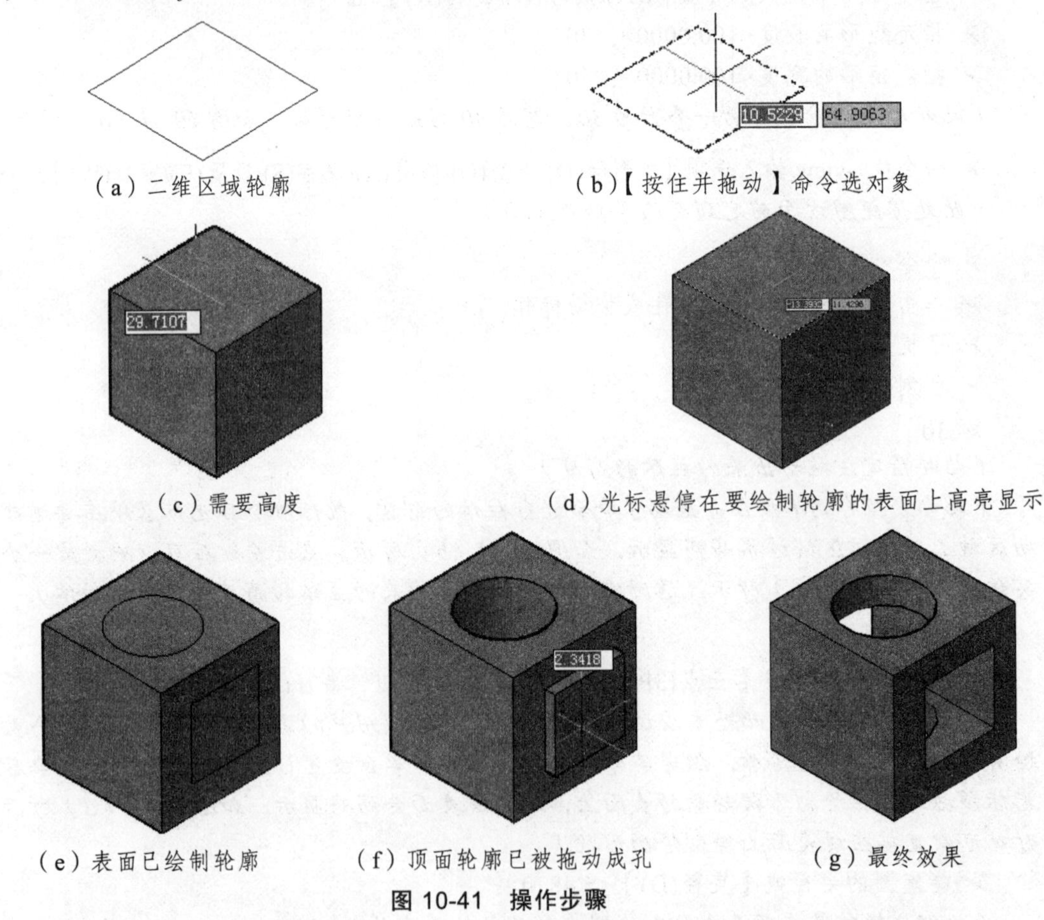

（a）二维区域轮廓　（b）【按住并拖动】命令选对象

（c）需要高度　（d）光标悬停在要绘制轮廓的表面上高亮显示

（e）表面已绘制轮廓　（f）顶面轮廓已被拖动成孔　（g）最终效果

图 10-41　操作步骤

3. 扫　掠

通过沿路径扫掠二维曲线来创建三维实体或曲面。使用【扫掠】命令，可以通过沿开放或闭合的二维或三维路径扫掠开放或闭合的平面曲线（轮廓）来创建新实体或曲面。【扫掠】沿指定的路径以指定轮廓的形状绘制实体或曲面。可以扫掠多个对象，但是这些对象必须位于同一平面中。

操作方法：

（1）命令：Sweep。

（2）工具栏：【建模】工具栏第 13 个按钮。

操作步骤：

➢ 命令：_sweep

➢ 当前线框密度：ISOLINES=4

➢ 选择要扫掠的对象：找到 1 个

（此处选择要进行扫掠的对象）

➢ 选择要扫掠的对象：

（此处选完对象应单击鼠标右键以表示对象选择完毕）

➢ 选择扫掠路径或【对齐(A)/基点(B)/比例(S)/扭曲(T)】:

应用举例：

将图 10-42（a）所示的圆作为断面轮廓，将矩形作为路径进行扫掠，结果如图 10-42（b）所示。

➢ 命令：_sweep

➢ 当前线框密度：ISOLINES=4

➢ 选择要扫掠的对象：找到 1 个

（此处选择圆对象）

➢ 选择要扫掠的对象：

（此处单击鼠标右键表示对象选择完毕）

➢ 选择扫掠路径或【对齐(A)/基点(B)/比例(S)/扭曲(T)】:

（此处选择矩形对象后实体即可创建成功，命令已自动退出）

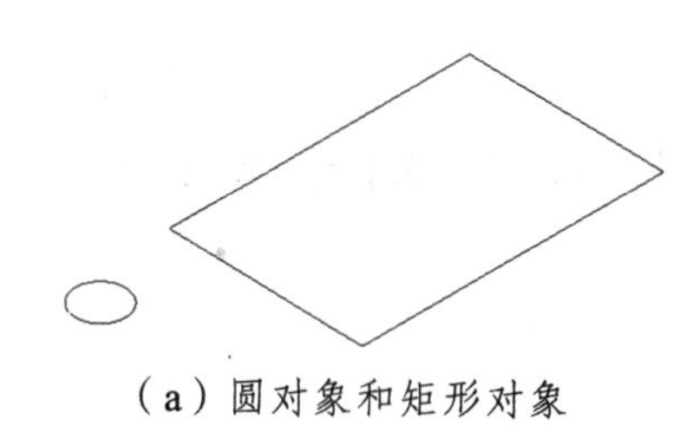

（a）圆对象和矩形对象　　（b）扫掠后的结果

图 10-42　扫掠操作过程

4. 旋　转

用【旋转】命令可以将二维图形绕一旋转轴旋转成曲面实体或曲面。能够被【旋转】命令操作成三维实体的对象，只能是封闭的二维整体对象，比如封闭的多段线对象（如矩形命令创建的对象、正多边形命令创建的对象或多段线命令绘制的封闭对象）、面域对象、圆命令创建的对象、椭圆命令创建的对象、样条曲线创建的封闭对象、二维实体、三维平面、三维曲面等；而所有的线型对象都可以被【旋转】命令操作成三维曲面。

提示：被【旋转】的对象必须完全位于旋转轴的同一侧才能操作成功。

操作方法：

（1）命令：Revolve（Rev）。

（2）工具栏：【建模】工具栏第 14 个按钮。

操作步骤：

➢ 命令：_revolve

➢ 当前线框密度：ISOLINES=4

➢ 选择要旋转的对象：找到 1 个

（此处选择圆对象）

➢ 选择要旋转的对象：

（此处单击鼠标右键表示对象选择完毕）

➢ 指定轴起点或根据以下选项之一定义轴【对象(O)/X/Y/Z】<对象>：

（此处应选择旋转轴的两个端点之一；或通过【对象(O)】选项直接选择某条直线类型对象作为旋转轴；或者执行【X】/【Y】/【Z】选项以坐标轴为旋转轴进行旋转）

➢ 指定轴端点：

（此处适用于上一个步骤选择了一个旋转轴端点的操作）

➢ 指定旋转角度或【起点角度(ST)】<360>：

（此处指定对象绕旋转轴旋转的角度）

应用举例：

（1）将图 10-43（a）所示的面域对象绕其右侧的直线旋转 360°，结果如图 10-43（b）所示。

➢ 命令：_revolve

➢ 当前线框密度：ISOLINES=4

➢ 选择要旋转的对象：找到 1 个

（此处选择圆对象）

➢ 选择要旋转的对象：

（此处单击鼠标右键表示对象选择完毕）

➢ 指定轴起点或根据以下选项之一定义轴【对象(O)/X/Y/Z】<对象>：O

（此处执行【对象(O)】选项）

➢ 选择对象：

（此处直接选择作为旋转轴的直线对象）

➢ 指定旋转角度或【起点角度(ST)】<360>：

（此处系统默认角度为 360°，若需要的角度和默认角度不一致，应该直接输入需要的角度值）

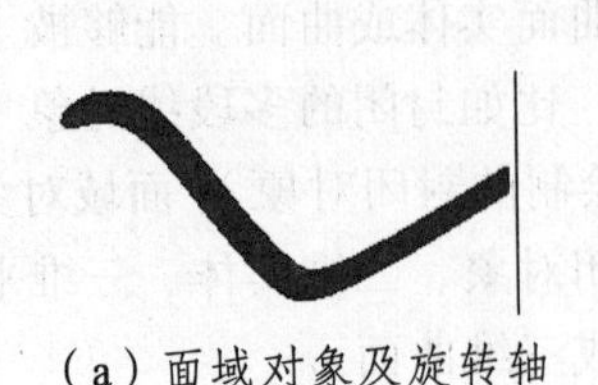

（a）面域对象及旋转轴

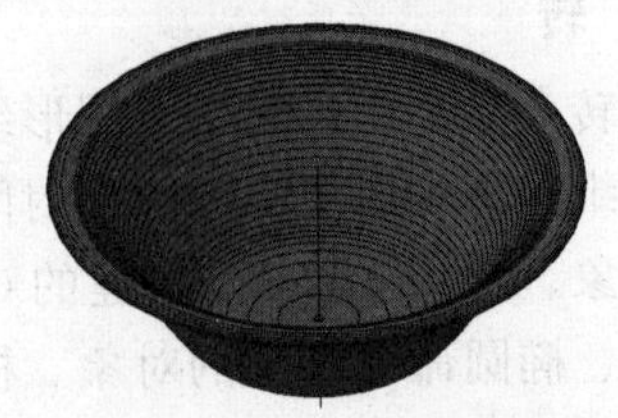

（b）旋转后的结果

图 10-43　旋转 360°操作过程

（2）将图 10-44（a）所示的线型对象绕其右侧的直线旋转 180°，结果如图 10-44（b）所示。

➢ 命令：_revolve
➢ 当前线框密度：ISOLINES=4
➢ 选择要旋转的对象：找到 1 个
➢ 选择要旋转的对象：
（此处单击右键表示对象选择完毕）
➢ 指定轴起点或根据以下选项之一定义轴【对象(O)/X/Y/Z】<对象>：
（此处选择旋转轴的第一个端点）
➢ 指定轴端点：
（此处选择旋转轴的第二个端点）
➢ 指定旋转角度或【起点角度(ST)】<360>：180
（此处指定旋转角度 180°，实体创建成功后命令已自动退出）

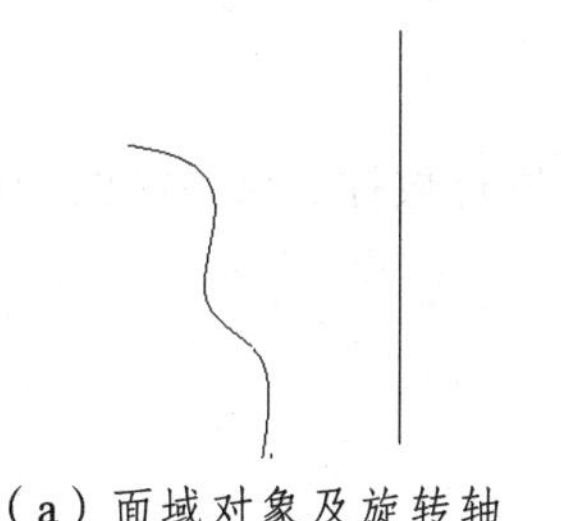

（a）面域对象及旋转轴

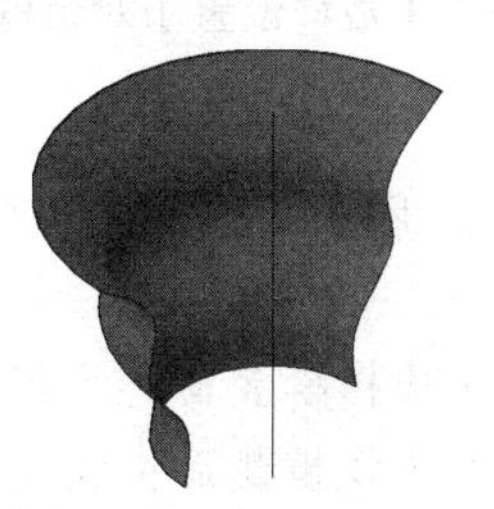

（b）旋转后的结果

图 10-44 旋转 180°操作过程

5. 放 样

可以通过一组两个或多个断面图形放样来创建三维实体或曲面。

提示：【放样】操作过程中，如果遇到两个断面的形状不相似，即端点数量不一致时一定要将两个断面间需要对应的点全部用直线进行连接。

操作方法：

（1）命令：Loft。
（2）工具栏：【建模】工具栏第 15 个按钮。

操作步骤：

➢ 命令：_loft
➢ 按放样次序选择横截面：
（此处选择截面对象）
➢ 按放样次序选择横截面：
➢ 输入选项【导向(G)/路径(P)/仅横截面(C)】<仅横截面>：
（此处可以通过【路径(P)】选择单一路径曲线以定义实体或曲面的形状；或通过【导向(G)】选项选择多条导向线以定义实体或曲面的轮廓；或通过【仅横截面(C)】选项打开【放样设置】对话框，如图 10-45 所示）

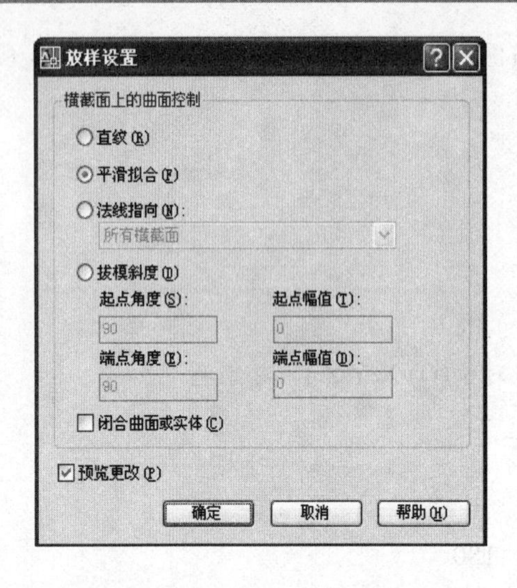

图 10-45 【放样设置】对话框

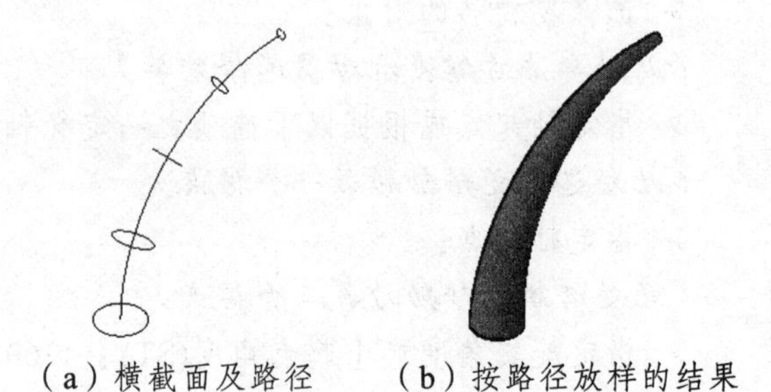

（a）横截面及路径　（b）按路径放样的结果

图 10-46 按路径放样操作

应用举例：

将图 10-46（a）所示的圆形截面对象沿弧线形路径进行放样，结果如图 10-46（b）所示。

➢ 命令：_loft

➢ 按放样次序选择横截面：找到 1 个

➢ 按放样次序选择横截面：找到 1 个，总计 2 个

➢ 按放样次序选择横截面：找到 1 个，总计 3 个

➢ 按放样次序选择横截面：找到 1 个，总计 4 个

➢ 按放样次序选择横截面：找到 1 个，总计 5 个

（此处依次选择 5 个圆形截面对象）

➢ 按放样次序选择横截面：

（此处点击右键表示对象选择完毕）

➢ 输入选项【导向(G)/路径(P)/仅横截面(C)】<仅横截面>：P

➢ 选择路径曲线：

（此处选择弧形路径对象）

10.4 编辑三维模型

在用户实际绘图过程中，复杂实体往往不能一次生成，一般都要由相对简单的实体通过布尔运算组合而成。三维实体还可以进行移动、旋转、镜像、剖切等操作以配合建模。

10.4.1 布尔运算

布尔运算就是对多个三维实体或面域进行并集、差集或交集的运算，使它们进行组合，最终形成较为复杂的对象。

1. 并　集

【并集】运算是将多个实体或面域组合成一个整体。

操作方法：

（1）菜单栏：【修改】/【实体编辑】/【并集】。
（2）命令：Union（Uni）。
（3）工具栏：【实体编辑】工具栏第 1 个按钮。

操作步骤：

➢ 命令：_union
➢ 选择对象：找到 1 个
➢ 选择对象：找到 1 个，总计 2 个
（此处选择需要并集到一起的对象）
➢ 选择对象：
（此处单击右键表示对象选择完毕，此时软件同时执行将对象并到一起的操作并且自动完成命令）

应用举例：

将如图 10-47（a）所示的 2 个长方体及 1 个圆柱体并集为整体，结果如图 10-47（b）所示。

➢ 命令：_union
➢ 选择对象：指定对角点：找到 3 个
➢ 选择对象：

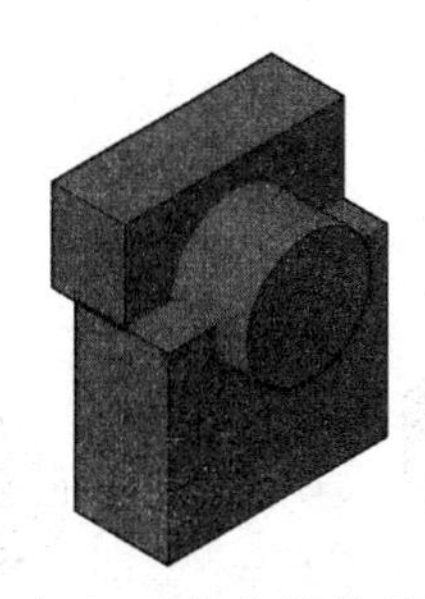
（a）运算前的效果

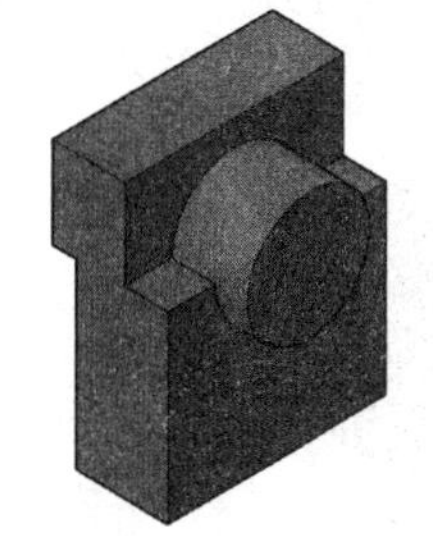
（b）并集后的效果

图 10-47　【并集】操作效果

2. 差　集

【差集】运算就是从一些实体或面域中减去另一些实体或面域，从而得到一个新的实体或面域。

操作方法：

（1）菜单栏：【修改】/【实体编辑】/【差集】。
（2）命令：Subtract（Su）。
（3）工具栏：【实体编辑】工具栏第 2 个按钮。

操作步骤：

- 命令：_subtract
- 选择要从中减去的实体或面域…
- 选择对象：找到 1 个

（此处选择原实体或面域）

- 选择对象：

（此处单击右键表示对象选择完毕）

- 选择要减去的实体或面域…

（此处选择要从原实体上去掉的实体）

- 选择对象：找到 1 个
- 选择对象：

（此处单击右键表示对象选择完毕）

应用举例：

用如图 10-48（a）所示的圆柱体减掉长方体，结果如图 10-48（b）所示。

- 命令：_subtract
- 选择要从中减去的实体或面域…

（此处选择圆柱体）

- 选择对象：找到 1 个
- 选择对象：
- 选择要减去的实体或面域…

（此处选择长方体）

- 选择对象：找到 1 个
- 选择对象：

（a）运算前的效果

（b）差集后的效果

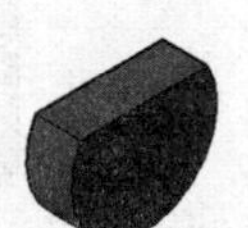

（c）交集后的效果

图 10-48 【差集】和【交集】操作效果

3. 交　集

【交集】运算可以得到参与运算的多个实体或面域的公共部分实体或面域，而每个实体或面域的非公共部分将会被删除。

操作方法：

（1）菜单栏：【修改】/【实体编辑】/【交集】。

（2）命令：Intersect（In）。

（3）工具栏：【实体编辑】工具栏第 3 个按钮。

操作步骤：

➢ 命令：_intersect

➢ 选择对象：指定对角点：找到 2 个

（此处选择用于取交集的实体或面域）

➢ 选择对象：

（此处单击右键表示对象选择完毕）

应用举例：

将如图 10-48（a）所示的圆柱体和长方体取出其公共部分，结果如图 10-48（c）所示。

➢ 命令：_intersect

➢ 选择对象：指定对角点：找到 2 个

（此处选择长方体和圆柱体）

➢ 选择对象：

（此处单击右键表示对象选择完毕）

10.4.2　三维实体体编辑命令

由于实际工作中的三维实体往往比较复杂，在通过基本建模命令创建出整体后有时需要在整体对象上进行一些修改和编辑，因此需要用到一些编辑命令，下面详细介绍实际工作中常用的实体编辑命令。

1. 剖　切

【剖切】通过指定剖切平面将三维实体切分成用户所需的形状，该命令在实体编辑过程中经常用到。三维实体的剖切有两种形式，用户将三维实体剖切成两部分后，可以保留其中的一部分，也可以两部分全部保留。

操作方法：

（1）菜单栏：【修改】/【三维操作】/【剖切】。

（2）命令：Slice（Sl）。

（3）工具栏：【面板】/【三维制作】/按钮。

操作步骤：

➢ 命令：_slice

➢ 选择要剖切的对象：找到 1 个

➢ 选择要剖切的对象：

（此处单击右键表示对象选择完毕）

➢ 指定切面的起点或【平面对象(O)/曲面(S)/Z 轴(Z)/视图(V)/XY(XY)/YZ(YZ)/ZX(ZX)/三点(3)】<三点>：

（此处可以指定剖切平面的起点；或通过【平面对象(O)】选项选择一个用作剖切平面的平面对象，如圆、椭圆等；或通过【曲面(S)】选项选择一个用作剖切面的曲面对象；或通过

【Z 轴(Z)】选项指定剖切平面的法线方向，即指定剖切平面上一点和垂直于该剖切面的直线上的一点来确定剖切平面；或通过【视图(V)】选项指定与当前视图平面平行的面和该面内一点，从而确定该面的位置来剖切三维实体对象；或通过【XY（XY）】、【YZ（YZ）】、【ZX（ZX）】这三个选项分别将剖切平面与当前 UCS 下的 XOY 平面、YOZ 平面、ZOX 对齐；或通过【三点（3）】选项指定三个点来确定剖切平面）

➢ 指定平面上的第二个点：

➢ 在所需的侧面上指定点或【保留两个侧面(B)】<保留两个侧面>：B

（此处可在需要保留的一侧实体处点击左键；或通过【保留两个侧面(B)】选项将两侧实体都保留下来）

应用举例：

将如图 10-49（a）所示圆柱体沿顶面第一象限点和底面二、四象限点确定的平面进行剖切，并删除掉左侧部分，结果如图 10-49（b）所示。

➢ 命令：_slice

➢ 选择要剖切的对象：找到 1 个

（此处选择圆柱体）

➢ 选择要剖切的对象：

➢ 指定切面的起点或【平面对象(O)/曲面(S)/Z 轴(Z)/视图(V)/XY(XY)/YZ(YZ)/ZX(ZX)/三点(3)】<三点>：3

➢ 指定平面上的第一个点：

（此处选择顶面的第一象限点）

➢ 指定平面上的第二个点：

（此处选择底面的第二象限点）

➢ 指定平面上的第三个点：

（此处选择底面的第四象限点）

➢ 在所需的侧面上指定点或【保留两个侧面(B)】<保留两个侧面>：B

（实际工作中都执行【保留两个侧面(B)】选项，然后再删除不要的一侧，因为选择需要保留的一侧实体时容易选择到要删除的一侧）

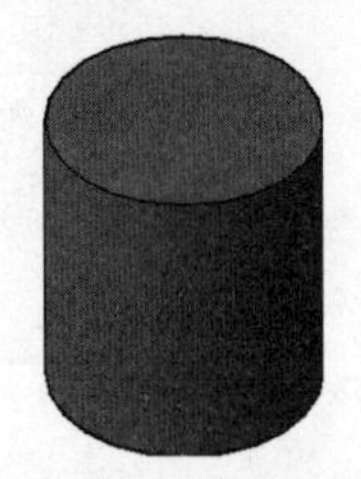

（a）圆柱体剖切前

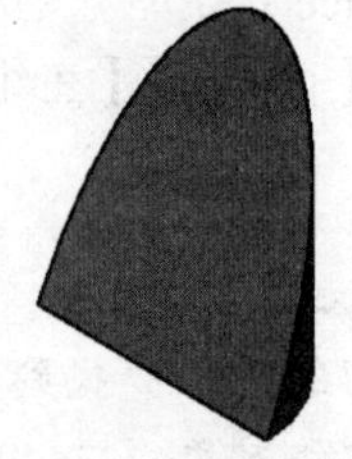

（b）圆柱体剖切后

图 10-49 【三点】剖切操作

2. 截　面

通过【截面】选择一个截面位置，对三维实体进行假想剖切，并得到其断面形状，得到的断面对象是一个面域。在实际工作中常用于通过实体求断面图形的地方。

操作方法：

➢ 命令：Section（Sec）。

操作步骤：

➢ 命令：_section

➢ 选择对象：找到 1 个

➢ 选择对象：

➢ 指定截面上的第一个点，依照【对象(O)/Z 轴(Z)/视图(V)/XY(XY)/YZ(YZ)/ZX(ZX)/三点(3)】<三点>：

（此处操作方法和【剖切】命令相同）

➢ 指定平面上的第二个点：

➢ 指定平面上的第三个点：

应用举例：

得出如图 10-50（a）所示柱体的横截面形状，结果如图 10-50（b）所示。

➢ 命令：_section

➢ 选择对象：找到 1 个

➢ 选择对象：

（此处单击鼠标右键表示对象选择完毕）

➢ 指定截面上的第一个点，依照【对象(O)/Z 轴(Z)/视图(V)/XY(XY)/YZ(YZ)/ZX(ZX)/三点(3)】<三点>：

➢ 指定平面上的第二个点：

➢ 指定平面上的第三个点：

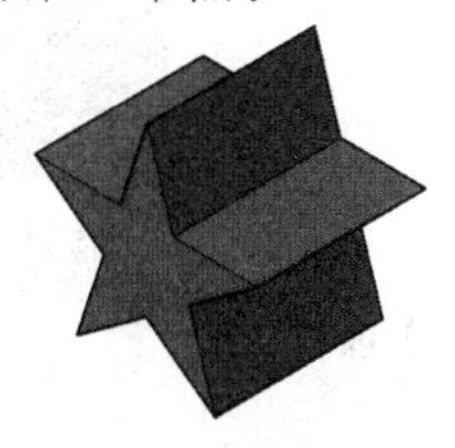

（a）五角星柱体

（b）横截面形状

图 10-50　用【截面】命令获取横截面

3. 三维移动

通过【三维移动】可以在三维空间当中通过指定两点来移动对象，实际工作中主要用于轴测图状态下的实体移动操作。而三维对象在视图状态下可以直接用 Move 命令来进行移动操作。

操作方法：

（1）菜单栏：【修改】/【三维操作】/【三维移动】。

（2）命令：3dmove。

（3）工具栏：【建模】工具栏第 19 个按钮。

操作步骤：

➢ 命令：_3Dmove

➢ 选择对象：找到 1 个

➢ 选择对象：

（此处单击鼠标右键表示对象选择完毕）

➢ 指定基点或【位移(D)】<位移>：指定第二个点或<使用第一个点作为位移>：正在重生成模型。

（此处可通过指定两个点来移动三维实体；或通过执行【位移(D)】选项分别输入 X、Y、Z 三个方向位移值）

应用举例：

将如图 10-51（a）所示的两个圆柱体叠加到一起，并对齐其底面中心，结果如图 10-52（b）所示。

➢ 命令：_3dmove

➢ 选择对象：找到 1 个

（此处选择小圆柱体）

➢ 选择对象：

（此处单击鼠标右键表示对象选择完毕）

➢ 指定基点或【位移(D)】<位移>：指定第二个点或<使用第一个点作为位移>：

（此处先选中小圆柱底面中心点，再选定大圆柱顶面中心点）

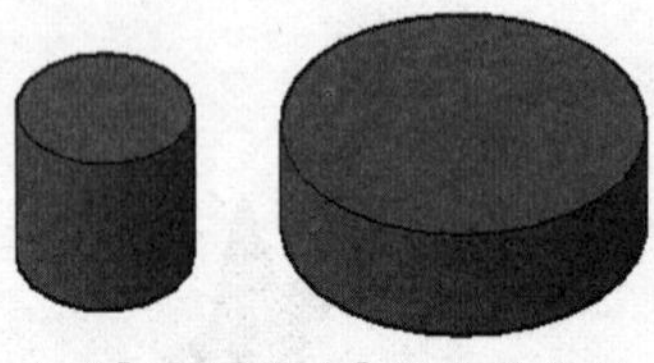

(a)【三维移动】操作前效果

(b)【三维移动】操作后效果

图 10-51　【三维移动】操作

4. 三维旋转

通过【三维旋转】可以将对象在空间当中绕旋转轴进行旋转。实际工作中主要用于轴测图状态下的实体旋转操作。而三维对象在视图状态下可以直接用 Rotate 命令来进行旋转操作。

操作方法：

（1）菜单栏：【修改】/【三维操作】/【三维旋转】。

（2）命令：3Drotate。

（3）工具栏：【建模】工具栏第 20 个按钮。

操作步骤：

➢ 命令：_3drotate

➢ UCS 当前的正角方向：ANGDIR=逆时针 ANGBASE=0

（此处显示当前设置的旋转方向为逆时针，旋转角度默认为 0°）

➢ 选择对象：指定对角点：找到 1 个

➢ 选择对象：

（此处单击鼠标右键表示对象选择完毕）

➢ 指定基点：

（此处指定一点作为旋转轴必须通过的点，即三维球的球心位置）

➢ 拾取旋转轴：

（此处通过选定三维球中的经纬圆或赤道圆来指定与其垂直且通过其圆心的方向线作为旋转轴）

➢ 指定角的起点或键入角度：

（此处输入角度值或指定旋转角度的起始点和终止点）

应用举例：

将如图 10-52（a）所示平放的圆柱旋转到竖立放置的位置，结果如图 10-52（c）所示。

➢ 命令：_3drotate

➢ UCS 当前的正角方向：ANGDIR=逆时针　ANGBASE=0

➢ 选择对象：找到 1 个

（此处选择圆柱体）

➢ 选择对象：

（此处单击右键表示对象选择完毕）

➢ 指定基点：

（此处选择圆柱体底面的中心点位置，如图 10-52（b）所示）

➢ 拾取旋转轴：

（此处选择三维球中的轴）

➢ 指定角的起点或键入角度：90

（此处从平放到立放，应输入 90°）

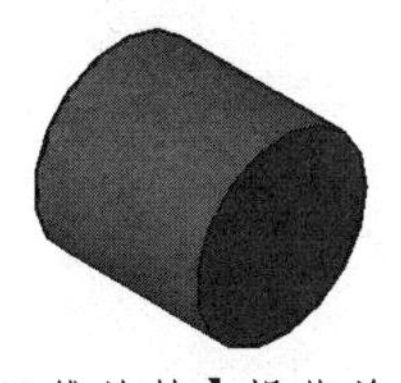

（a）【三维旋转】操作前效果

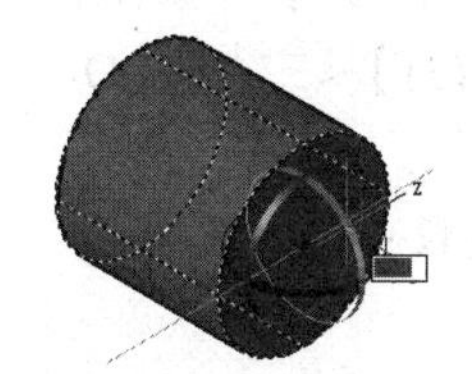

（b）【三维旋转】操作出现三维球

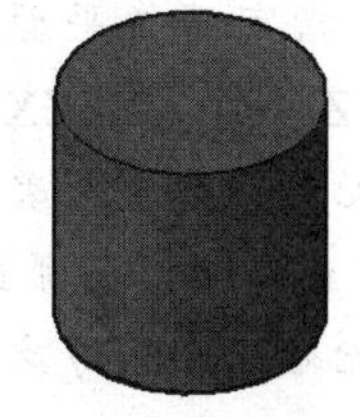

（c）【三维旋转】操作后效果

图 10-52　【三维旋转】操作

5. 三维镜像

可以将对象在空间当中沿某个对称平面进行镜像操作。实际工作中主要用于轴测图状态下的实体镜像操作，而三维对象在视图状态下可以直接用 Mirror 命令进行镜像操作。

操作方法：

（1）菜单栏：【修改】/【三维操作】/【三维镜像】。

（2）命令：Mirror3d。

操作步骤：

➢ 命令：_mirror3d

➢ 选择对象：指定对角点：找到 1 个

➢ 选择对象：

➢ 指定镜像平面(三点)的第一个点或【对象(O)/最近的(L)/Z 轴(Z)/视图(V)/XY 平面(XY)/YZ 平面(YZ)/ZX 平面(ZX)/三点(3)】<三点>：

（此处可选择三点以确定镜像平面；或通过【对象(O)】选项选择圆、圆弧或二维多段线对象以确定镜像平面；或通过【最近的(L)】选项选定上一个使用的镜像平面；或通过【Z 轴(Z)】选项指定平面上的一个点和平面法线上的一个点定义镜像平面；或通过【视图(V)】选项将镜像平面与当前视口中通过指定点的视图平面对齐；或通过【XY 平面（XY）】、【YZ 平面（YZ）】、【ZX 平面（ZX）】选项将镜像平面与一个通过指定点的标准平面（XY、YZ 或 ZX）对齐）

➢ 在镜像平面上指定第二点：

➢ 在镜像平面上指定第三点：

（此处适用于镜像平面确定方法用【三点】时选定镜像平面中的点）

➢ 是否删除源对象？【是(Y)/否(N)】<否>：

（此处指定是否删除源对象，默认设置为不删除）

应用举例：

将如图 10-53（a）所示的三维实体以圆对象作为镜像平面进行【三维镜像】操作，结果如图 10-53（b）所示。

➢ 命令：_mirror3d

➢ 选择对象：找到 1 个

（此处选定三维实体）

➢ 选择对象：

（此处单击右键表示对象选择完毕）

➢ 指定镜像平面(三点)的第一个点或【对象(O)/最近的(L)/Z 轴(Z)/视图(V)/XY 平面(XY)/YZ 平面(YZ)/ZX 平面(ZX)/三点(3)】<三点>：O

（此处执行【对象(O)】选项）

➢ 选择圆、圆弧或二维多段线线段：

（此处选择圆对象）

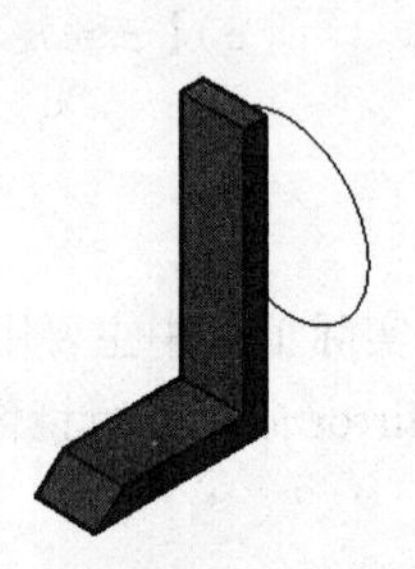

（a）【三维镜像】操作前效果

（b）【三维镜像】操作后效果

图 10-53 【三维镜像】操作

➢ 是否删除源对象？【是(Y)/否(N)】<否>：N

（此处根据用户需要指定是否删除源对象）

提示：由于二维镜像操作要简便一些，因此实际工作中常在视图方向中对三维实体进行二维镜像操作。

6. 三维阵列

通过【三维阵列】可以在空间中执行环形阵列或矩形阵列操作，以批量生成多个相同对象。

（1）菜单栏：【修改】/【三维操作】/【三维阵列】。

（2）命令：3Darray。

操作步骤：

➢ 命令：_3darray

➢ 选择对象：

（此处选择要进行三维镜像操作的对象）

➢ 输入阵列类型【矩形(R)/环形(P)】<矩形>：

（此处选定三维镜像的类型为【矩形】阵列或【环形】阵列）

➢ 输入行数(---)<1>：

（此处输入【矩形】阵列的行数）

➢ 输入列数(|||)<1>：

（此处输入【矩形】阵列的列数）

➢ 输入层数(...)<1>：

（此处输入【矩形】阵列的层数）

➢ 指定行间距(---)：

（此处输入【矩形】阵列每两行间的距离）

➢ 指定列间距(|||)：

（此处输入【矩形】阵列每两列间的距离）

➢ 指定层间距(...)：

（此处输入【矩形】阵列每两层间的距离）

应用举例：

将如图 10-54（a）所示的长方体沿直线对象做环形阵列，结果如图 10-54（b）所示。

➢ 命令：_3darray

➢ 选择对象：找到 1 个

（此处选择长方体对象）

➢ 选择对象：

（此处单击右键表示对象选择完毕）

➢ 输入阵列类型【矩形(R)/环形(P)】<矩形>：P

（此处选定阵列类型为【环形】）

➢ 输入阵列中的项目数目：8

（此处输入阵列对象的总数量，注意该数量要包括源对象在内）

➢ 指定要填充的角度(+=逆时针，-=顺时针)<360>：

（此处指定阵列包含角度，正数角度为逆时针方向，负数角度为顺时针方向）

➢ 旋转阵列对象？【是(Y)/否(N)】<Y>：

（此处设定阵列过程中是否随角度旋转阵列对象）

➢ 指定阵列的中心点：

（此处指定旋转轴的第一个端点）

➢ 指定旋转轴上的第二点：

（此处指定旋转轴的第二个端点）

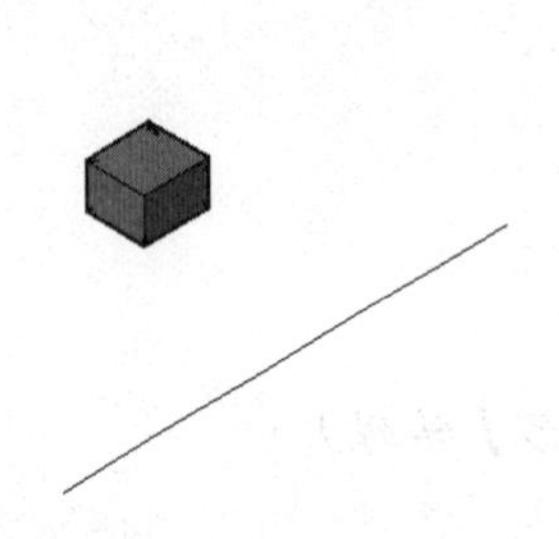

（a）【环形阵列】操作前效果

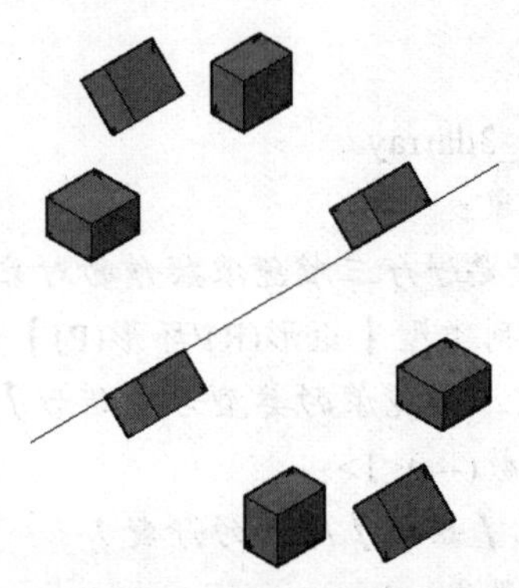

（b）【环形阵列】操作后效果

图 10-54 【三维阵列】操作

7. 对 齐

通过【对齐】可在二维和三维空间中将目标对象与其他对象对齐。其操作过程主要是通过指定各个点进行对齐。

（1）菜单栏：【修改】/【三维操作】/【对齐】。

（2）命令：Align（Al）。

操作步骤：

➢ 命令：_align

➢ 选择对象：找到 1 个

➢ 选择对象：

（此处单击右键表示对象选择完毕）

➢ 指定第一个源点：

（此处指定源对象的第一个源点）

➢ 指定第一个目标点：

（此处指定目标对象上第一个目标点）

➢ 指定第二个源点：

（此处指定源对象的第一个源点）

➢ 指定第二个目标点：

（此处指定目标对象上第二个目标点）

➢ 指定第三个源点或<继续>:
(此处指定源对象的第三个源点)
➢ 指定第三个目标点:
(此处指定目标对象上第三个目标点)

应用举例:

将如图 10-55(a)所示四棱台的底面与长方体顶面对齐,结果如图 10-55(b)所示。

➢ 命令: _align
➢ 选择对象: 找到 1 个
(此处选中棱台体)
➢ 选择对象:
(此处单击右键表示对象选择完毕)
➢ 指定第一个源点:
(此处指定棱台上第一个源点)
➢ 指定第一个目标点:
(此处指定长方体上第一个目标点)
➢ 指定第二个源点:
(此处指定棱台上第二个源点)
➢ 指定第二个目标点:
(此处指定长方体上第二个目标点)
➢ 指定第三个源点或<继续>:
(此处指定棱台上第三个源点)
➢ 指定第三个目标点:
(此处指定长方体上第三个目标点)

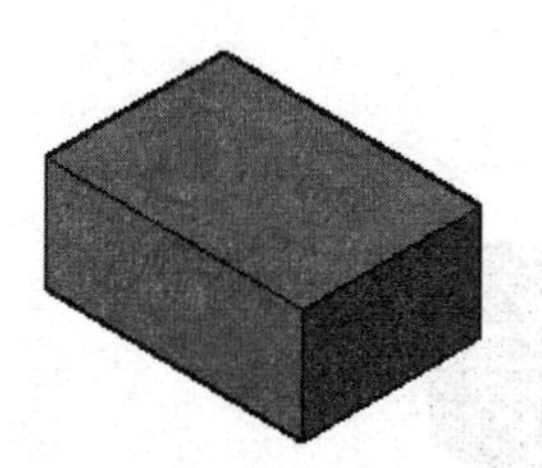
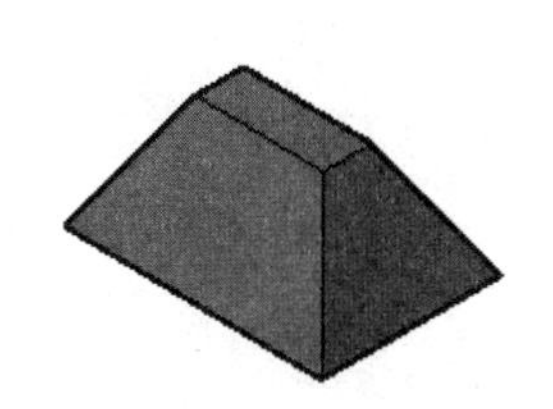

(a)【对齐】操作前效果

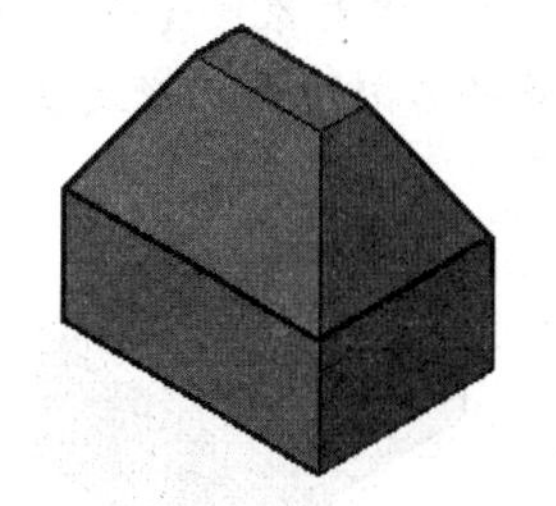

(b)【对齐】操作后效果

图 10-55　【对齐】操作

8. 干涉检查

可通过【干涉检查】从两个或多个实体的公共体积创建临时组合三维实体,来亮显重叠的三维实体。如果定义了单个选择集,【干涉检查】将对比检查集合中的全部实体。如果定义了两个选择集,【干涉检查】将对比检查第一个选择集中的实体与第二个选择集中的实体。如果在两个选择集中都包括了同一个三维实体,【干涉检查】将此三维实体视为第一个选择集中的一部分,而在第二个选择集中忽略它。

操作方法：

（1）菜单栏：【修改】/【三维操作】/【干涉检查】。

（2）命令：Interfere。

操作步骤：

➢ 命令：_interfere

➢ 选择第一组对象或【嵌套选择(N)/设置(S)】：找到 1 个

（此处选定进行【干涉检查】的第一个对象）

➢ 选择第一组对象或【嵌套选择(N)/设置(S)】：找到 1 个，总计 2 个

（此处选定进行【干涉检查】的第二个对象）

➢ 选择第一组对象或【嵌套选择(N)/设置(S)】：

（此处单击右键选择【确定】表示对象选择完毕）

➢ 选择第二组对象或【嵌套选择(N)/检查第一组(K)】<检查>：K

（此处单击右键选择【确定】进行检查）

应用举例

将如图 10-56（a）所示圆柱体及长方体的公有部分高亮显示，结果如图 10-56（b）所示。

➢ 命令：_interfere

➢ 选择第一组对象或【嵌套选择(N)/设置(S)】：找到 1 个

（此处选择圆柱体）

➢ 选择第一组对象或【嵌套选择(N)/设置(S)】：找到 1 个，总计 2 个

（此处选择长方体）

➢ 选择第一组对象或【嵌套选择(N)/设置(S)】：

（此处点击右键执行【确定】选项）

➢ 选择第二组对象或【嵌套选择(N)/检查第一组(K)】<检查>：

（此处点击右键执行【确定】选项）

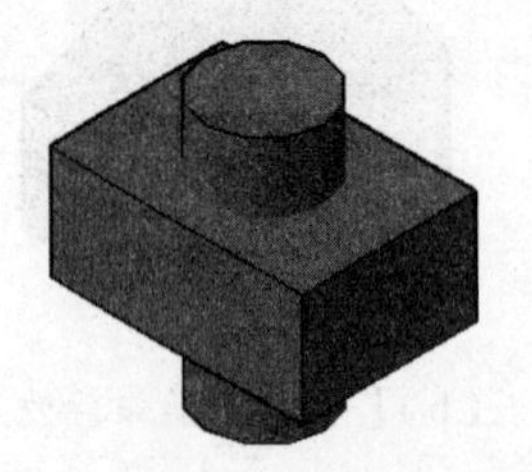

（a）【干涉检查】操作前效果

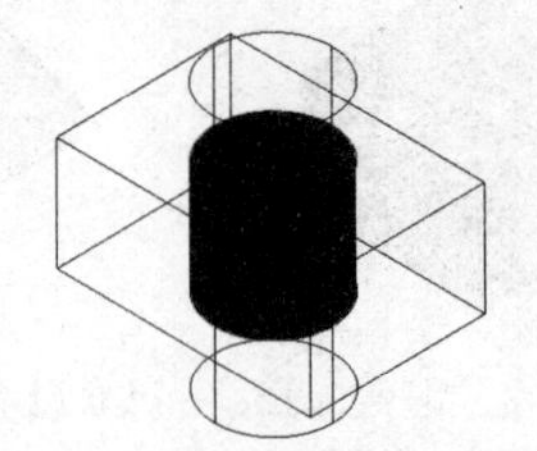

（b）【干涉检查】操作后效果

图 10-56 【干涉检查】操作

9. 压 印

通过【压印】可将边压印到三维实体的表面上，即类似于在三维实体表面上刻上刻痕。该操作后可以将该实体表面分割成若干部分表面区域。

操作方法：

（1）菜单栏：【修改】/【实体编辑】/【压印边】。

（2）命令：Imprint。

（3）工具栏：【实体编辑】工具栏第 14 个按钮。

操作步骤：

➢ 命令：_imprint

➢ 选择三维实体：

（此处选定要进行压印的三维实体）

➢ 选择要压印的对象：

（此处选定要在实体表面进行压印的二维图形对象）

➢ 是否删除源对象【是(Y)/否(N)】<N>：Y

（此处设定是否要删除源二维图形对象）

应用举例：

将如图 10-57（a）所示的四边形二维图形对象压印到长方体的顶面上，结果如图 10-57（b）所示。可以发现二维图形对象的轮廓已经刻印到长方体的顶面上，此时该表面已经被分割成了两部分，可以对其中某一部分单独执行【按住并拖动】或【拉伸面】命令。

➢ 命令：_imprint

➢ 选择三维实体：

（此处选定要进行压印的三维实体，注意选择后不能单击右键，软件自动进入下一步）

➢ 选择要压印的对象：

（此处选定要在实体表面进行压印的四边形二维图形对象）

➢ 是否删除源对象【是(Y)/否(N)】<N>：Y

（此处根据用户需要设定是否删除源二维图形对象）

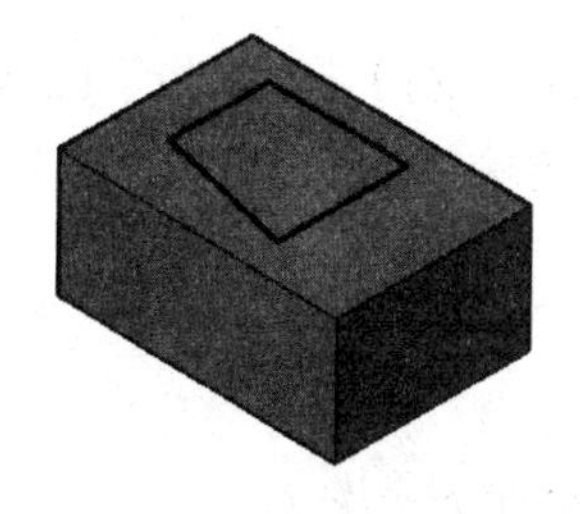

（a）【压印】操作前效果

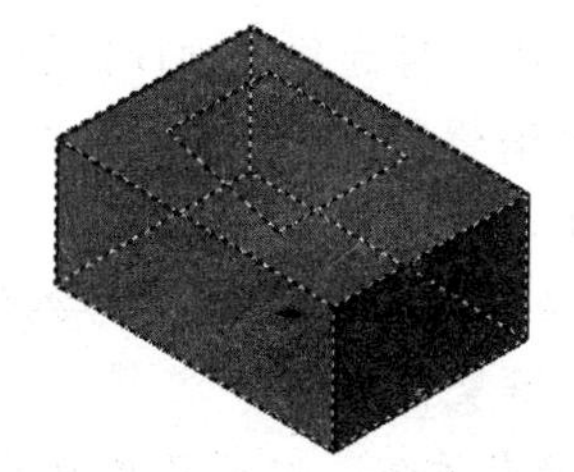

（b）【压印】操作后选中对象后显示效果

图 10-57　【压印】操作

10. 抽　壳

通过【抽壳】可以将实体模型变成空心三维实体。其操作方法有两种，一种是创建封闭空心实体，一种删除掉三维实体的一些表面，创建开放的空心实体。

操作方法：

（1）菜单栏：【修改】/【实体编辑】/【抽壳】。

（2）命令：Solidedit（主命令，进入到【实体编辑选项】类型选择）。

（3）工具栏：【实体编辑】工具栏第 17 个按钮。

操作步骤：

➢ 命令：_solidedit

➢ 实体编辑自动检查：SOLIDCHECK=1

➢ 输入实体编辑选项【面(F)/边(E)/体(B)/放弃(U)/退出(X)】<退出>：_body

➢ 输入体编辑选项【压印(I)/分割实体(P)/抽壳(S)/清除(L)/检查(C)/放弃(U)/退出(X)】<退出>：_shell

（执行【抽壳】操作后软件自动执行至此步骤）

➢ 选择三维实体：

（此处选定要进行抽壳的三维实体）

➢ 删除面或【放弃(U)/添加(A)/全部(ALL)】：找到一个面，已删除 1 个。

（此处选定要打开的表面，如果要创建封闭空心实体，直接回车跳过此步骤）

➢ 删除面或【放弃(U)/添加(A)/全部(ALL)】：

（此处回车表示选定要删除表面完成）

➢ 输入抽壳偏移距离：100

（此处设定【抽壳】操作后空心实体的边壁厚度）

➢ 已开始实体校验。

➢ 已完成实体校验。

应用举例：

将如图 10-58（a）所示的长方体更改成空心盒体，其边壁要求为 100 厚度，顶面要求去掉露出盒体内部效果，结果如图 10-58（b）所示。

➢ 命令：_solidedit

➢ 实体编辑自动检查：SOLIDCHECK=1

➢ 输入实体编辑选项【面(F)/边(E)/体(B)/放弃(U)/退出(X)】<退出>：_body

➢ 输入体编辑选项【压印(I)/分割实体(P)/抽壳(S)/清除(L)/检查(C)/放弃(U)/退出(X)】<退出>：_shell

（执行【抽壳】操作后软件自动执行至此步骤）

➢ 选择三维实体：

（此处选择长方体，之后不用点击右键，软件自动执行下一步）

➢ 删除面或【放弃(U)/添加(A)/全部(ALL)】：找到一个面，已删除 1 个。

（此处选定长方体的顶面，作为要打开的表面位置）

（a）【抽壳】操作前效果

（b）【抽壳】操作后效果

图 10-58 【抽壳】操作

➢ 删除面或【放弃(U)/添加(A)/全部(ALL)】:

(此处单击右键执行【确定】选项)

➢ 输入抽壳偏移距离：100

(此处指定【抽壳】后边壁的厚度值)

➢ 已开始实体校验。

➢ 已完成实体校验。

11. 分　割

通过【分割】可以将完全断开成两部分的整体三维实体分解成若干个单独的实体对象。

操作方法：

(1)菜单栏:【修改】/【实体编辑】/【分割】。

(2)命令：Solidedit(主命令，进入到【实体编辑选项】类型选择)。

(3)工具栏:【实体编辑】工具栏第 16 个按钮。

操作步骤：

➢ 实体编辑自动检查：SOLIDCHECK=1

➢ 输入实体编辑选项【面(F)/边(E)/体(B)/放弃(U)/退出(X)】<退出>：_body

➢ 输入体编辑选项【压印(I)/分割实体(P)/抽壳(S)/清除(L)/检查(C)/放弃(U)/退出(X)】<退出>：_separate

(执行【分割】操作后软件自动执行至此步骤)

➢ 选择三维实体：

(选择要进行【分割】操作的实体对象，选择后按【Esc】键退出命令)

应用举例：

将如图 10-59(a)所示的两个长方体先做【差集】运算，然后将剩下三维实体[如图 10-59(b)所示，从选中对象的情况可以看出虽然完全断开，但是仍然是一个整体对象]分割成两部分，结果如图 10-58(c)所示，从选中对象的情况可以看出已经分割成两个独立的三维实体。

➢ 命令：_solidedit

➢ 实体编辑自动检查：SOLIDCHECK=1

➢ 输入实体编辑选项【面(F)/边(E)/体(B)/放弃(U)/退出(X)】<退出>：_body

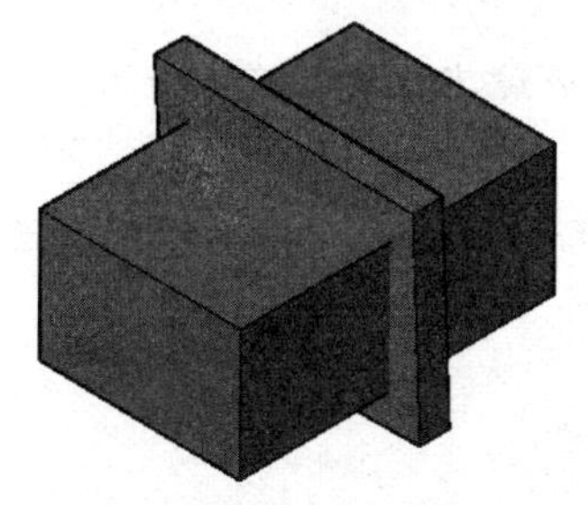

(a)【差集】运算前效果

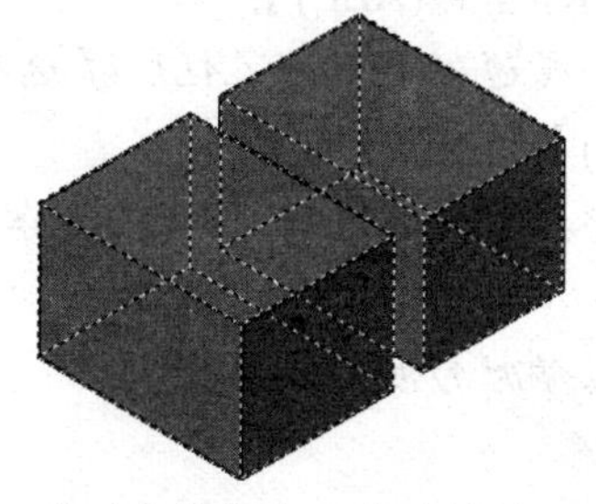

(b)【差集】运算后效果

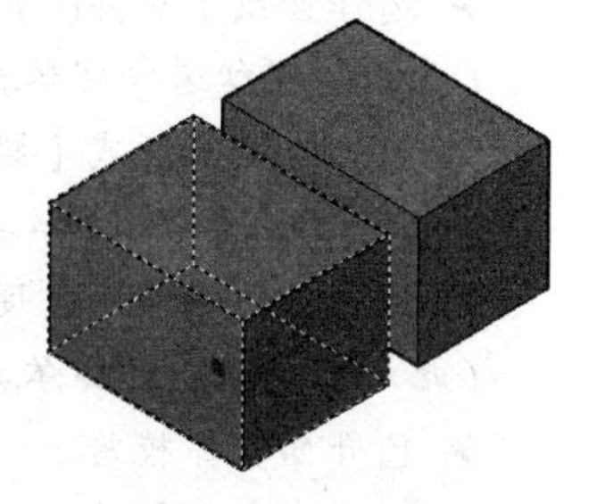

(c)【分割】操作后效果

图 10-59　【分割】操作

➢ 输入体编辑选项【压印(I)/分割实体(P)/抽壳(S)/清除(L)/检查(C)/放弃(U)/退出(X)】<退出>：_separate

（执行【分割】操作后软件自动执行至此步骤）

➢ 选择三维实体：

（此处选择要进行分割的实体，即如图 10-59（b）所示的实体）

（此步骤后按【Esc】键退出命令）

10.4.3 三维实体表面编辑命令

在 AutoCAD 中，可以对已经创建好的三维实体的表面进行拉伸、移动、偏移、删除、旋转、倾斜、着色、和复制等操作。实体工作中也是进行三维实体编辑的一个重要内容。

1. 拉伸面

【拉伸面】命令的按钮和【拉伸】命令的按钮图标是一样的，命令名称也很相近，但是其本质是有区别的。【拉伸面】命令只能对三维实体的表面进行操作，而【拉伸】命令主要是是对二维封闭整体对象进行实体操作。

操作方法：

（1）菜单栏：【修改】/【实体编辑】/【拉伸面】。

（2）命令：Solidedit（主命令，进入到【实体编辑选项】类型选择）。

（3）工具栏：【实体编辑】工具栏第 4 个按钮。

操作步骤：

➢ 实体编辑自动检查：SOLIDCHECK=1

➢ 输入实体编辑选项【面(F)/边(E)/体(B)/放弃(U)/退出(X)】<退出>：_face

➢ 输入面编辑选项【拉伸(E)/移动(M)/旋转(R)/偏移(O)/倾斜(T)/删除(D)/复制(C)/颜色(L)/材质(A)/放弃(U)/退出(X)】<退出>：_extrude

（执行【拉伸面】操作后软件自动执行至此步骤）

➢ 选择面或【放弃(U)/删除(R)】：找到一个面

（此处选择需要拉伸的实体表面；或者通过【放弃(U)】放弃掉上一个选中的实体表面；或者通过【删除(R)】选项去除掉已选择的实体表面）

➢ 选择面或【放弃(U)/删除(R)/全部(ALL)】：

（此处可继续选择实体表面，或通过【全部（ALL）】选项选中该实体的所有表面）

➢ 指定拉伸高度或【路径(P)】：10

（此处指定选中的实体表面要拉伸的高度值，正数向实体外部凸出，负数向实体内部凹进）

➢ 指定拉伸的倾斜角度<0>：

（此处指定选中的实体表面拉伸时的倾斜角度值）

➢ 已开始实体校验。

➢ 已完成实体校验。

（此步骤后按【Esc】键退出命令）

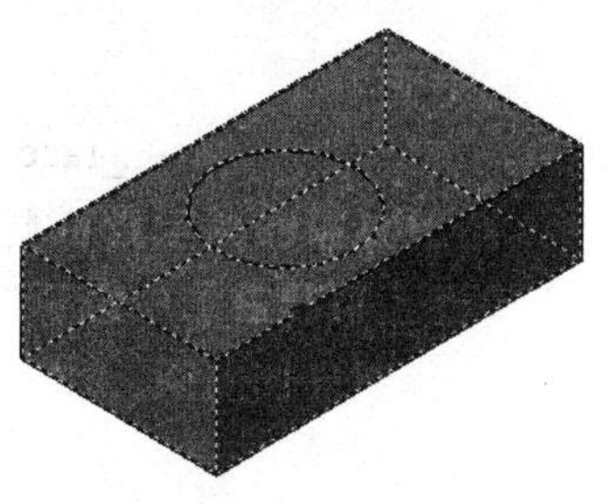

（a）【拉伸面】操作前效果

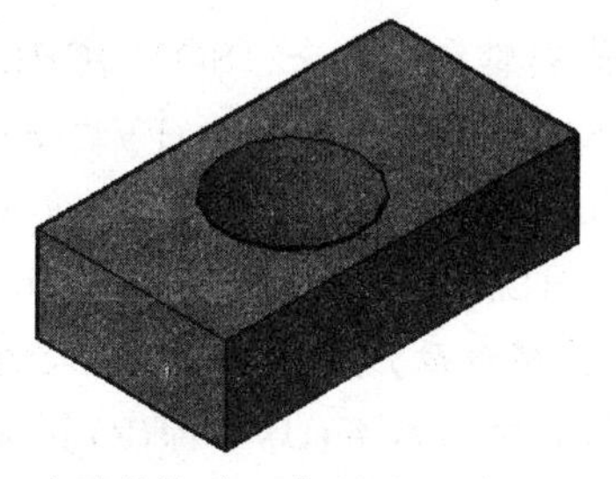

（b）【拉伸面】操作后效果

图 10-60　【拉伸面】操作

应用举例：

将如图 10-60（a）所示已在顶面上压印了一个圆形轮廓的长方体（选中长方体后该圆形轮廓高亮显示）进行【拉伸面】操作，要求使其压印的圆形轮廓部分向长方体内部凹进 500 单位，角度值为 0°，结果如图 10-60（b）所示。

➢ 实体编辑自动检查：SOLIDCHECK=1

➢ 输入实体编辑选项【面(F)/边(E)/体(B)/放弃(U)/退出(X)】<退出>：_face

➢ 输入面编辑选项【拉伸(E)/移动(M)/旋转(R)/偏移(O)/倾斜(T)/删除(D)/复制(C)/颜色(L)/材质(A)/放弃(U)/退出(X)】<退出>：_extrude

（执行【拉伸面】操作后软件自动执行至此步骤）

➢ 选择面或【放弃(U)/删除(R)】：找到一个面

（此处选择长方体顶面上的圆形轮廓部分，选中后该圆形轮廓会高亮显示）

➢ 选择面或【放弃(U)/删除(R)/全部(ALL)】：

（此处回车或单击右键执行【确定】选项表示面选择完毕）

➢ 指定拉伸高度或【路径(P)】：－500

（此处输入选中表面拉伸的高度值，由于要求向实体内部凹进 500 单位，因此输入-500）

➢ 指定拉伸的倾斜角度<0>：

（此处输入拉伸面时的角度值）

➢ 已开始实体校验。

➢ 已完成实体校验。

（此步骤后按【Esc】键退出命令）

2. 移动面

通过【移动面】可以对选中的实体表面在不改变其方向的前提下进行移动操作。

操作方法：

（1）菜单栏：【修改】/【实体编辑】/【移动面】。

（2）命令：Solidedit（主命令，进入到【实体编辑选项】类型选择）。

（3）工具栏：【实体编辑】工具栏第 5 个按钮。

操作步骤：

➢ 命令：_solidedit

➢ 实体编辑自动检查：SOLIDCHECK=1

➢ 输入实体编辑选项【面(F)/边(E)/体(B)/放弃(U)/退出(X)】<退出>：_face

➢ 输入面编辑选项【拉伸(E)/移动(M)/旋转(R)/偏移(O)/倾斜(T)/删除(D)/复制(C)/颜色(L)/材质(A)/放弃(U)/退出(X)】<退出>：_move

（执行【移动面】操作后软件自动执行至此步骤）

➢ 选择面或【放弃(U)/删除(R)】：找到一个面。

（此处选择要移动的实体表面；或或者通过【放弃(U)】放弃掉上一个选中的实体表面；或者通过【删除(R)】选项去除掉已选择的实体表面）

➢ 选择面或【放弃(U)/删除(R)/全部(ALL)】：

（此处可继续选择实体表面，或通过【全部（ALL）】选项选中该实体的所有表面）

➢ 指定基点或位移：

（此处指定移动面时的基点位置）

➢ 指定位移的第二点：500

（此处可选定移动面时的两个点以确定移动距离；或者输入一个要移动的距离）

➢ 已开始实体校验。

➢ 已完成实体校验。

（此步骤后按【Esc】键退出命令）

应用举例：

将如图 10-61（a）所示的三维实体的圆柱体部分高度降低 100 单位，结果如图 10-61（b）所示。

➢ 命令：_solidedit

➢ 实体编辑自动检查：SOLIDCHECK=1

➢ 输入实体编辑选项【面(F)/边(E)/体(B)/放弃(U)/退出(X)】<退出>：_face

（执行【移动面】操作后软件自动执行至此步骤）

➢ 输入面编辑选项【拉伸(E)/移动(M)/旋转(R)/偏移(O)/倾斜(T)/删除(D)/复制(C)/颜色(L)/材质(A)/放弃(U)/退出(X)】<退出>：_move

➢ 选择面或【放弃(U)/删除(R)】：找到一个面。

（此处选择圆柱体部分的顶面）

➢ 选择面或【放弃(U)/删除(R)/全部(ALL)】：

（此处回车或点击右键选择【确定】选项）

➢ 指定基点或位移：

（此处选择基点位置）

➢ 指定位移的第二点：100

（此处输入圆柱体表面要移动的距离值）

➢ 已开始实体校验。

➢ 已完成实体校验。

（此步骤后按【Esc】键退出命令）

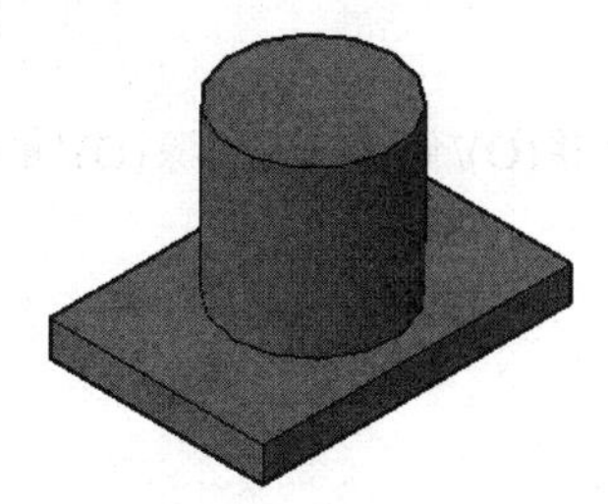

（a）【移动面】操作前效果

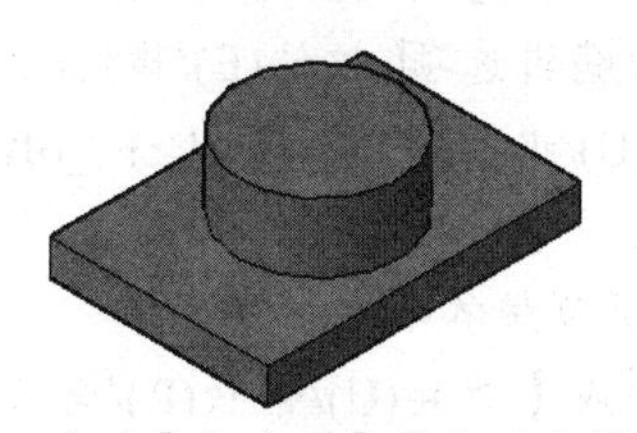

（b）【移动面】操作后效果

图 10-61　【移动面】操作

3. 偏移面

通过【偏移面】按指定的距离或通过指定的点，将面均匀地偏移。正值增大实体尺寸或体积，负值减小实体尺寸或体积。

操作方法：

（1）菜单栏：【修改】/【实体编辑】/【偏移面】。

（2）命令：Solidedit（主命令，进入到【实体编辑选项】类型选择）。

（3）工具栏：【实体编辑】工具栏第 6 个按钮。

操作步骤：

➢ 命令：_solidedit

➢ 实体编辑自动检查：SOLIDCHECK=1

➢ 输入实体编辑选项【面(F)/边(E)/体(B)/放弃(U)/退出(X)】<退出>：_face

➢ 输入面编辑选项【拉伸(E)/移动(M)/旋转(R)/偏移(O)/倾斜(T)/删除(D)/复制(C)/颜色(L)/材质(A)/放弃(U)/退出(X)】<退出>：_offset

（执行【偏移面】操作后软件自动执行至此步骤）

➢ 选择面或【放弃(U)/删除(R)】：找到一个面

（此处选择要偏移的实体表面；或者通过【放弃(U)】放弃掉上一个选中的实体表面；或者通过【删除(R)】选项去除掉已选择的实体表面）

➢ 选择面或【放弃(U)/删除(R)/全部(ALL)】：

（此处可继续选择实体表面，或通过【全部（ALL）】选项选中该实体的所有表面）

➢ 指定偏移距离：100

（此处指定偏移间距）

➢ 已开始实体校验。

➢ 已完成实体校验。

应用举例：

将如图 10-62（a）所示三维实体的圆柱体部分高度增加 100 单位，结果如图 10-62（b）所示。

➢ 命令：_solidedit

➢ 实体编辑自动检查：SOLIDCHECK=1

➢ 输入实体编辑选项【面(F)/边(E)/体(B)/放弃(U)/退出(X)】<退出>：_face

（执行【偏移面】操作后软件自动执行至此步骤）

➢ 输入面编辑选项【拉伸(E)/移动(M)/旋转(R)/偏移(O)/倾斜(T)/删除(D)/复制(C)/颜色(L)/材质(A)/放弃(U)/退出(X)】<退出>：_offset

➢ 选择面或【放弃(U)/删除(R)】：找到一个面。

（此处选择圆柱体部分的顶面）

➢ 选择面或【放弃(U)/删除(R)/全部(ALL)】：

（此处回车或点击右键选择【确定】选项）

➢ 指定偏移距离：100

（此处指定偏移间距）

➢ 已开始实体校验。

➢ 已完成实体校验。

（此步骤后按【Esc】键退出命令）

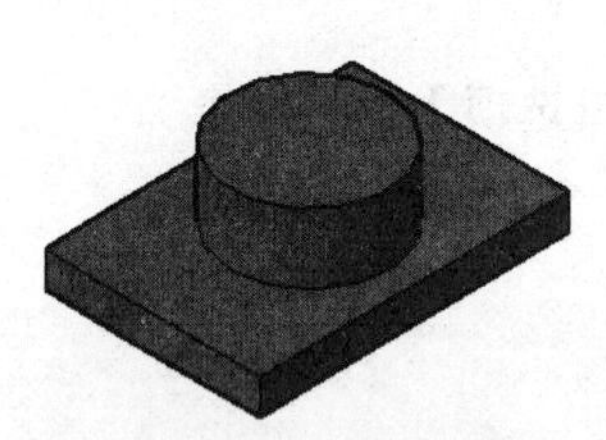

（a）【偏移面】操作前效果

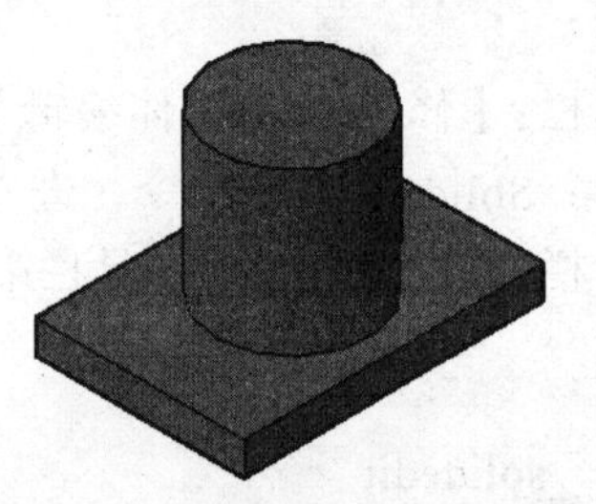

（b）【偏移面】操作后效果

图 10-62 【偏移面】操作

4. 删除面

通过【删除面】可以删除实体上的表面，但只有被删除后该部分实体可以被填充的表面才可删除。包括圆角和倒角后出现的表面。

操作方法：

（1）菜单栏：【修改】/【实体编辑】/【删除面】。

（2）命令：Solidedit（主命令，进入到【实体编辑选项】类型选择）。

（3）工具栏：【实体编辑】工具栏第 7 个按钮。

操作步骤：

➢ 命令：_solidedit

➢ 实体编辑自动检查：SOLIDCHECK=1

➢ 输入实体编辑选项【面(F)/边(E)/体(B)/放弃(U)/退出(X)】<退出>：_face

➢ 输入面编辑选项【拉伸(E)/移动(M)/旋转(R)/偏移(O)/倾斜(T)/删除(D)/复制(C)/颜色(L)/材质(A)/放弃(U)/退出(X)】<退出>：_delete

（执行【删除面】操作后软件自动执行至此步骤）

➢ 选择面或【放弃(U)/删除(R)】：找到一个面。

（此处选择要删除的实体表面；或或者通过【放弃(U)】放弃掉上一个选中的实体表面；或者通过【删除(R)】选项去除掉已选择的实体表面）

➢ 选择面或【放弃(U)/删除(R)/全部(ALL)】:

（此处可继续选择实体表面，或通过【全部（ALL）】选项选中该实体的所有表面）

➢ 已开始实体校验。

➢ 已完成实体校验。

（此步骤后按【Esc】键退出命令）

应用举例：

将如图 10-63（a）所示的三维实体两个圆角面和内部的椭圆柱面删除，结果如图 10-63（b）所示。

➢ 命令：_solidedit

➢ 实体编辑自动检查：SOLIDCHECK=1

➢ 输入实体编辑选项【面(F)/边(E)/体(B)/放弃(U)/退出(X)】<退出>：_face

➢ 输入面编辑选项【拉伸(E)/移动(M)/旋转(R)/偏移(O)/倾斜(T)/删除(D)/复制(C)/颜色(L)/材质(A)/放弃(U)/退出(X)】<退出>：_delete

（执行【删除面】操作后软件自动执行至此步骤）

➢ 选择面或【放弃(U)/删除(R)】：找到一个面。

（此处选中第 2 个圆角面）

➢ 选择面或【放弃(U)/删除(R)/全部(ALL)】：找到一个面。

（此处选中第 1 个圆角面）

➢ 选择面或【放弃(U)/删除(R)/全部(ALL)】：找到一个面。

（此处选中 1 个内部椭圆柱面）

➢ 选择面或【放弃(U)/删除(R)/全部(ALL)】:

（此处回车或单击右键选择【确定】选项）

➢ 已开始实体校验。

➢ 已完成实体校验。

（此步骤后按【Esc】键退出命令）

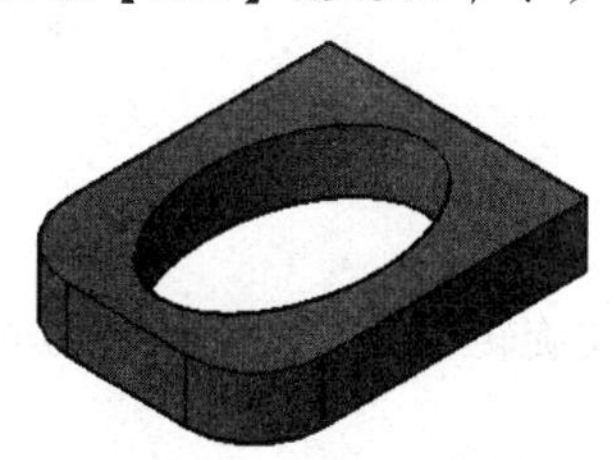

（a）【删除面】操作前效果

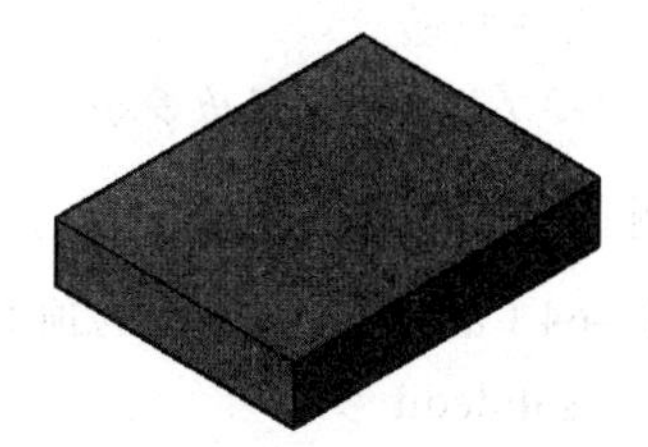

（b）【删除面】操作后效果

图 10-63　【删除面】操作

5. 旋转面

通过【旋转面】可绕指定的轴旋转一个或多个实体表面或实体的某些部分。该命令适用于知道需要旋转的角度值的情况。

操作方法：

（1）菜单栏：【修改】/【实体编辑】/【旋转面】。

（2）命令：Solidedit（主命令，进入到【实体编辑选项】类型选择）。

（3）工具栏：【实体编辑】工具栏第 8 个按钮。

操作步骤：

➢ 命令：_solidedit

➢ 实体编辑自动检查：SOLIDCHECK=1

➢ 输入实体编辑选项【面(F)/边(E)/体(B)/放弃(U)/退出(X)】<退出>：_face

➢ 输入面编辑选项【拉伸(E)/移动(M)/旋转(R)/偏移(O)/倾斜(T)/删除(D)/复制(C)/颜色(L)/材质(A)/放弃(U)/退出(X)】<退出>：_rotate

（执行【旋转面】操作后软件自动执行至此步骤）

➢ 选择面或【放弃(U)/删除(R)】：找到一个面

（此处选择要旋转的实体表面；或者通过【放弃(U)】放弃掉上一个选中的实体表面；或者通过【删除(R)】选项去除掉已选择的实体表面）

➢ 选择面或【放弃(U)/删除(R)/全部(ALL)】：

（此处可继续选择实体表面，或通过【全部（ALL）】选项选中该实体的所有表面）

➢ 指定轴点或【经过对象的轴(A)/视图(V)/X 轴(X)/Y 轴(Y)/Z 轴(Z)】<两点>：

（此处选择旋转轴的轴端点；或通过【经过对象的轴(A)】选项将旋转轴与现有对象对齐；或通过【视图(V)】选项将旋转轴与当前通过选定点的视口的观察方向对齐；或通过【X 轴(X)】、【Y 轴(Y)】、【Z 轴(Z)】选项将旋转轴与通过选定点的轴（X、Y 或 Z 轴）对齐）

➢ 在旋转轴上指定第二个点：

（此处适用于上一个步骤选择了旋转轴第一个轴端点的情况）

➢ 指定旋转角度或【参照(R)】：30

（此处输入旋转的角度值；或通过【参照(R)】选项指定参照角度值和新角度值）

提示：此处的角度值按右手法则计算其旋转方向，即大拇指指向第 1 轴端点连向第 2 轴端点方向，其余四指弯曲方向即为选定表面的旋转方向。

➢ 已开始实体校验。

➢ 已完成实体校验。

（此步骤后按【Esc】键退出命令）

应用举例：

将如图 10-64（a）所示长方体的顶面绕其左侧棱线旋转 30°，结果如图 10-64（b）所示。

➢ 命令：_solidedit

➢ 实体编辑自动检查：SOLIDCHECK=1

➢ 输入实体编辑选项【面(F)/边(E)/体(B)/放弃(U)/退出(X)】<退出>：_face

➢ 输入面编辑选项【拉伸(E)/移动(M)/旋转(R)/偏移(O)/倾斜(T)/删除(D)/复制(C)/颜色(L)/材质(A)/放弃(U)/退出(X)】<退出>：_rotate

（执行【旋转面】操作后软件自动执行至此步骤）

➢ 选择面或【放弃(U)/删除(R)】：找到一个面

（此处选择长方体顶面）

➢ 选择面或【放弃(U)/删除(R)/全部(ALL)】：

（此处回车或单击右键执行【确定】选项）

➢ 指定轴点或【经过对象的轴(A)/视图(V)/X 轴(X)/Y 轴(Y)/Z 轴(Z)】<两点>:

（此处选定顶面左侧棱线的一个端点作为第 1 个旋转轴端点）

➢ 在旋转轴上指定第二个点:

（此处选定顶面左侧棱线的两个端点作为第 2 个旋转轴端点）

➢ 指定旋转角度或【参照(R)】: 30

（此处输入旋转的角度值）

➢ 已开始实体校验。

➢ 已完成实体校验。

（此步骤后按【Esc】键退出命令）

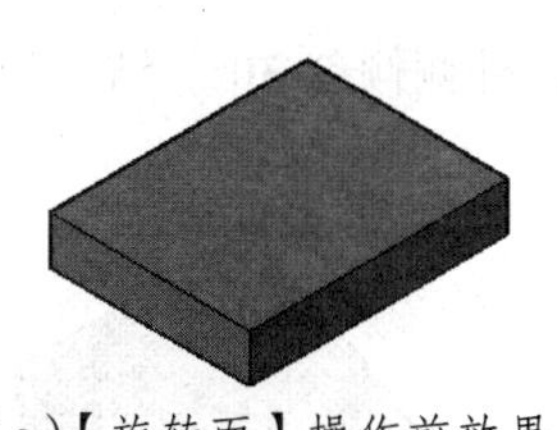

（a）【旋转面】操作前效果

（b）【旋转面】操作后效果

图 10-64　【旋转面】操作

6. 倾斜面

通过【倾斜面】可按一个角度将面进行倾斜。倾斜角的旋转方向由选择基点和第二点（沿选定矢量）的顺序决定。

操作方法：

（1）菜单栏：【修改】/【实体编辑】/【倾斜面】。

（2）命令：Solidedit（主命令，进入到【实体编辑选项】类型选择）。

（3）工具栏：【实体编辑】工具栏第 9 个按钮。

操作步骤：

➢ 命令: _solidedit

➢ 实体编辑自动检查: SOLIDCHECK=1

➢ 输入实体编辑选项【面(F)/边(E)/体(B)/放弃(U)/退出(X)】<退出>: _face

➢ 输入面编辑选项【拉伸(E)/移动(M)/倾斜(R)/偏移(O)/倾斜(T)/删除(D)/复制(C)/颜色(L)/材质(A)/放弃(U)/退出(X)】<退出>: _taper

（执行【倾斜面】操作后软件自动执行至此步骤）

➢ 选择面或【放弃(U)/删除(R)】: 找到一个面

（此处选择要倾斜的实体表面；或者通过【放弃(U)】放弃掉上一个选中的实体表面；或者通过【删除(R)】选项去除掉已选择的实体表面）

➢ 选择面或【放弃(U)/删除(R)/全部(ALL)】:

（此处可继续选择实体表面，或通过【全部(ALL)】选项选中该实体的所有表面）

➢ 指定基点：

（此处选定的基点是旋转轴与其法线方向的交点）

➢ 指定沿倾斜轴的另一个点：

（此处选定的另一个点是法线方向上的另一个点）

➢ 指定倾斜角度：30

（此处输入表面倾斜的角度值）

提示：此处输入正数角度值向实体内侧倾斜面，输入负数角度值向实体外侧倾斜面。

➢ 已开始实体校验。

➢ 已完成实体校验。

（此步骤后按【Esc】键退出命令）

应用举例：

将如图 10-65（a）所示长方体的顶面绕其左侧棱线向外侧倾斜 30°，结果如图 10-65（b）所示。

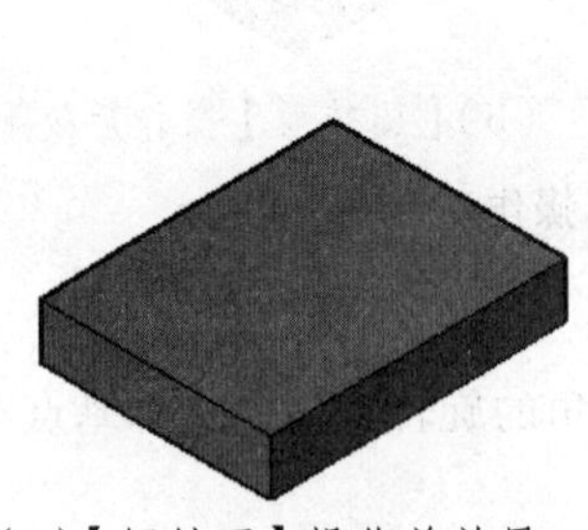

（a）【倾斜面】操作前效果

（b）【倾斜面】操作后效果

图 10-65　【倾斜面】操作

➢ 命令：_solidedit

➢ 实体编辑自动检查：SOLIDCHECK=1

➢ 输入实体编辑选项【面(F)/边(E)/体(B)/放弃(U)/退出(X)】<退出>：_face

➢ 输入面编辑选项【拉伸(E)/移动(M)/倾斜(R)/偏移(O)/倾斜(T)/删除(D)/复制(C)/颜色(L)/材质(A)/放弃(U)/退出(X)】<退出>：_taper

（执行【倾斜面】操作后软件自动执行至此步骤）

➢ 选择面或【放弃(U)/删除(R)】：找到一个面

（此处选择长方体的顶面）

➢ 选择面或【放弃(U)/删除(R)/全部(ALL)】：

（此处回车或单击右键执行【确定】按钮）

➢ 指定基点：

（此处指定顶面左侧棱线靠前的点为基点，该点是旋转轴和法线的交点）

➢ 指定沿倾斜轴的另一个点：

（此处指定顶面后侧棱线靠右的点为另一个点，该点是法线上的另一个点）

➢ 指定倾斜角度：－30

（由于要求向外侧倾斜面，此处输入负数角度值：－30°）

➢ 已开始实体校验。

➢ 已完成实体校验。

（此步骤后按【Esc】键退出命令）

7. 复制面

通过【复制面】可以将实体表面复制为面域或体。如果指定两个点,【复制面】将使用第一个点作为基点，并相对于基点放置一个副本。如果指定一个点，然后按回车键,【复制面】将使用此坐标作为新位置。

操作方法：

（1）菜单栏：【修改】/【实体编辑】/【复制面】。

（2）命令：Solidedit（主命令，进入到【实体编辑选项】类型选择）。

（3）工具栏：【实体编辑】工具栏第 10 个按钮。

操作步骤：

➢ 命令：_solidedit

➢ 实体编辑自动检查：SOLIDCHECK=1

➢ 输入实体编辑选项【面(F)/边(E)/体(B)/放弃(U)/退出(X)】<退出>：_face

➢ 输入面编辑选项【拉伸(E)/移动(M)/倾斜(R)/偏移(O)/倾斜(T)/删除(D)/复制(C)/颜色(L)/材质(A)/放弃(U)/退出(X)】<退出>：_copy

（执行【复制面】操作后软件自动执行至此步骤）

选择面或【放弃(U)/删除(R)】：找到一个面

（此处选择要复制的实体表面；或者通过【放弃(U)】放弃掉上一个选中的实体表面；或者通过【删除(R)】选项去除掉已选择的实体表面）

➢ 选择面或【放弃(U)/删除(R)/全部(ALL)】:

（此处可继续选择实体表面，或通过【全部（ALL）】选项选中该实体的所有表面）

指定基点或位移：

（此处指定一个基点）

指定位移的第二点：

（此处指定第二个点作为新的位置，或找到复制方向后输入间距）

（此步骤后按【Esc】键退出命令）

应用举例：

将如图 10-66（a）所示实体的顶面复制出一个面域，结果如图 10-66（b）所示。

➢ 命令：_solidedit

➢ 实体编辑自动检查：SOLIDCHECK=1

➢ 输入实体编辑选项【面(F)/边(E)/体(B)/放弃(U)/退出(X)】<退出>：_face

➢ 输入面编辑选项【拉伸(E)/移动(M)/复制(R)/偏移(O)/复制(T)/删除(D)/复制(C)/颜色(L)/材质(A)/放弃(U)/退出(X)】<退出>：_copy

（执行【复制面】操作后软件自动执行至此步骤）

➢选择面或【放弃（U）/删除（R）】：找到一个面

（此处选择长方体的顶面）

➢选择面或【放弃（U）/删除（R）/全部（ALL）】：

（此处回车或单击右键执行【确定】按钮）

➢指定基点或位移：

（此处指定顶面左侧的顶点）

➢指定位移的第二点：100

（此处指定新位置基点）

（此步骤后按【Esc】键退出命令）

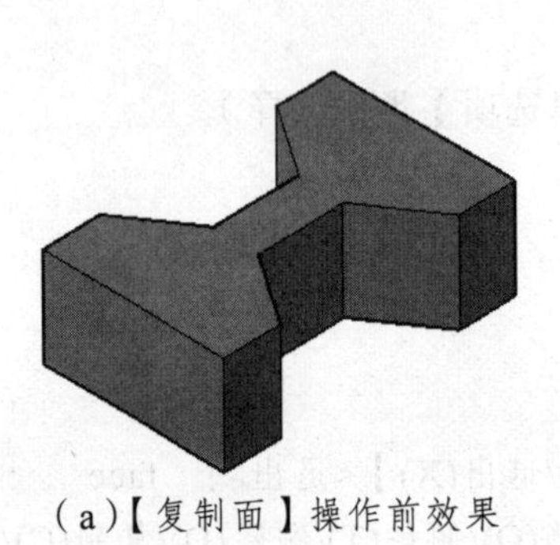

（a）【复制面】操作前效果　　（b）【复制面】操作后效果

图 10-66　【复制面】操作

8. 着色面

通过【着色面】可以修改三维实体对象表面的颜色，选择颜色的操作和本书前面介绍过的【颜色】特性设置方法相同。

操作方法：

（1）菜单栏：【修改】/【实体编辑】/【着色面】。

（2）命令：Solidedit（主命令，进入到【实体编辑选项】类型选择）。

（3）工具栏：【实体编辑】工具栏第 11 个按钮。

操作步骤：

➢ 命令：_solidedit

➢ 实体编辑自动检查：SOLIDCHECK=1

➢ 输入实体编辑选项【面(F)/边(E)/体(B)/放弃(U)/退出(X)】<退出>：_face

➢ 输入面编辑选项【拉伸(E)/移动(M)/倾斜(R)/偏移(O)/倾斜(T)/删除(D)/复制(C)/颜色(L)/材质(A)/放弃(U)/退出(X)】<退出>：_color

（执行【着色面】操作后软件自动执行至此步骤）

选择面或【放弃(U)/删除(R)】：找到一个面

（此处选择要着色的实体表面；或者通过【放弃(U)】放弃掉上一个选中的实体表面；或者通过【删除(R)】选项去除掉已选择的实体表面）

➢ 选择面或【放弃(U)/删除(R)/全部(ALL)】:

(此处可继续选择实体表面，或通过【全部(ALL)】选项选中该实体的所有表面，若选择完毕应回车或单击右键执行【确定】选项，会弹出【选择颜色】对话框进行表面颜色的设置)

(此步骤后按【Esc】键退出命令)

10.4.4　三维实体边编辑命令

在 AutoCAD 中，可以对已经创建好的三维实体的边进行着色和复制操作。

1. 复制边

通过【复制边】可以更改实体边的颜色，其操作步骤基本和【复制边】相同。

操作方法：

(1) 菜单栏：【修改】/【实体编辑】/【复制边】。

(2) 命令：Solidedit (主命令，进入到【实体编辑选项】类型选择)。

(3) 工具栏：【实体编辑】工具栏第 12 个按钮。

操作步骤：

➢ 命令：_solidedit

➢ 实体编辑自动检查：SOLIDCHECK=1

➢ 输入实体编辑选项【面(F)/边(E)/体(B)/放弃(U)/退出(X)】<退出>：_edge

➢ 输入边编辑选项【复制(C)/着色(L)/放弃(U)/退出(X)】<退出>：_copy

(执行【复制边】操作后软件自动执行至此步骤)

➢ 选择边或【放弃(U)/删除(R)】:

(此处选择要复制的实体边；或者通过【放弃(U)】放弃掉上一个选中的实体边；或者通过【删除(R)】选项去除掉已选择的实体边，若选择完毕应回车或单击右键执行【确定】选项，会弹出【选择颜色】对话框进行边颜色的设置)

➢ 指定基点或位移：

(此处指定复制边的基点)

➢ 指定位移的第二点：50

(此处指定复制边的新位置或输入距离)

(此步骤后按【Esc】键退出命令)

2. 着色边

通过【着色边】可以更改实体边的颜色，其操作步骤基本和【着色面】相同。

操作方法：

(1) 菜单栏：【修改】/【实体编辑】/【着色边】。

(2) 命令：Solidedit (主命令，进入到【实体编辑选项】类型选择)。

(3) 工具栏：【实体编辑】工具栏第 13 个按钮。

操作步骤：

➢ 命令：_solidedit

➢ 实体编辑自动检查：SOLIDCHECK=1

➢ 输入实体编辑选项【面(F)/边(E)/体(B)/放弃(U)/退出(X)】<退出>：_edge

➢ 输入边编辑选项【复制(C)/着色(L)/放弃(U)/退出(X)】<退出>：_color

（执行【着色边】操作后软件自动执行至此步骤）

➢ 选择边或【放弃(U)/删除(R)】:

（此处选择要着色的实体边；或者通过【放弃(U)】放弃掉上一个选中的实体边；或者通过【删除(R)】选项去除掉已选择的实体边，若选择完毕应回车或单击右键执行【确定】选项，会弹出【选择颜色】对话框进行边颜色的设置）

（此步骤后按【Esc】键退出命令）

10.5　渲染三维模型

渲染是指对已经建好的三维模型进行效果图的生成，实际工作中，如果仅需要模型进行面或体的计算就不需要进行渲染，但是如果要具有比较真实的效果，就需要进行渲染。渲染涉及模型材质、光源、渲染环境等几方面的设置。渲染的三维模型越复杂、设定的光源越多，则渲染时对计算机硬件的要求就越高，或者说渲染出效果图需要的时间就更长。一般的用户所配置的主流计算机硬件条件是不能支持大规模、复杂的三维效果渲染的，其渲染时间的长度超乎常人想象，但是处理一些简单的模型的效果图还是可以实现的。

由于三维模型渲染主要涉及模型材质、光源、渲染环境等方面的设置，因此本书也只从这几方面进行介绍。用户在进行以上设置之前，必须先掌握如何调用这些设置的命令或者对话框。

操作方法：

（1）菜单栏：【视图】/【渲染】，如图 10-67 所示。

（2）工具栏：【渲染】工具栏，如图 10-68 所示；【光源】工具栏，如图 10-69 所示；【贴图】工具栏，如图 10-70 所示。

（3）面板工具栏：将【工作空间】设置为【三维建模】后，可以在【面板】上找到对应的工具栏，如图 10-71 所示。

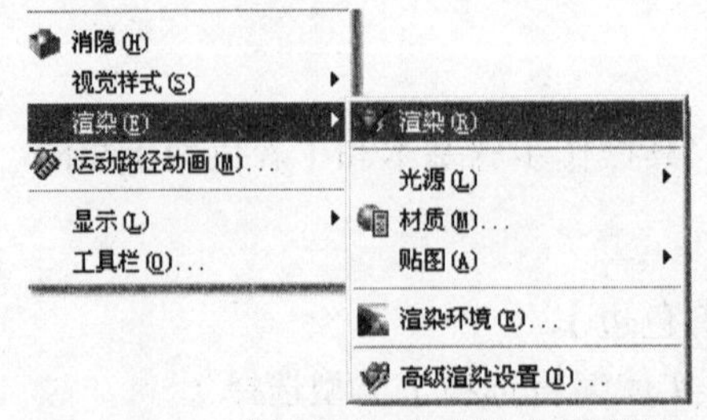

图 10-67　【视图】/【渲染】子菜单

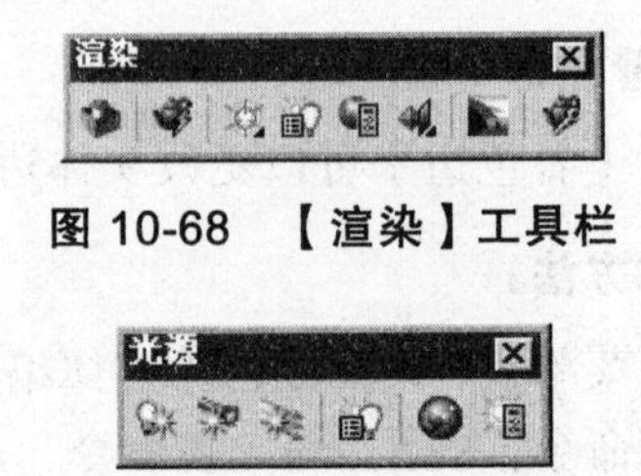

图 10-68　【渲染】工具栏

图 10-69　【光源】工具栏

图 10-70　【贴图】工具栏

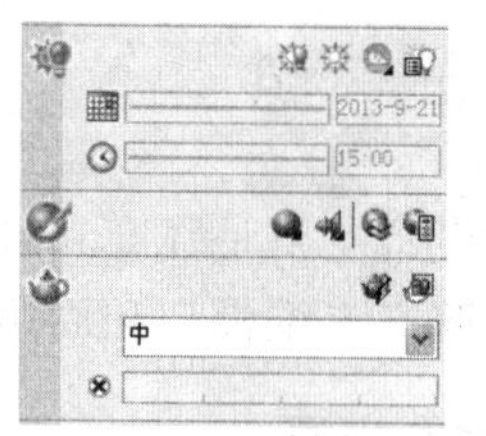

图 10-71　【面板】集成的工具栏

10.5.1　渲　染

当用户已经设置好三维模型的材质及光源后，可以通过【渲染】工具栏第 2 个按钮或其他方式激活【渲染】命令，即可在打开的渲染窗口中快速渲染当前视口中的三维模型，视图 10-72 所示。

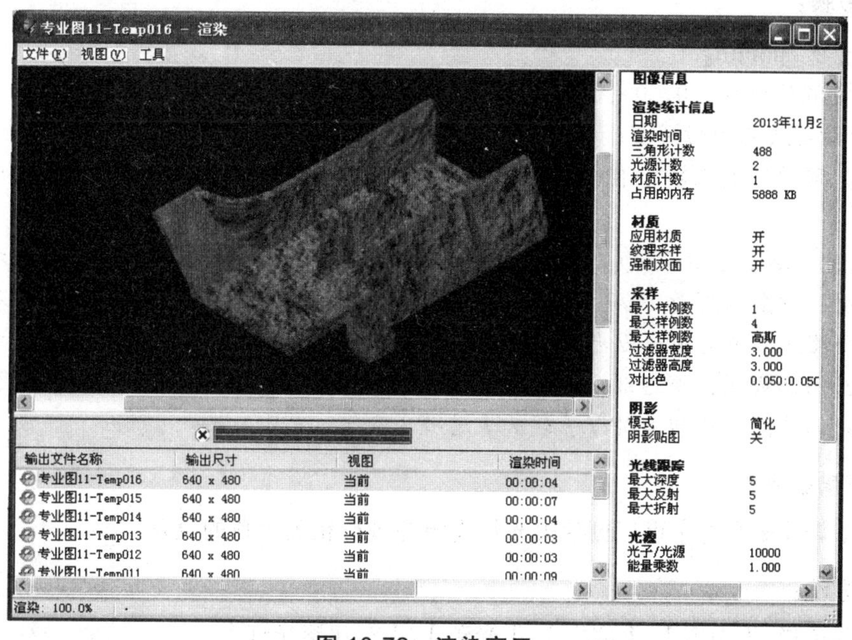

图 10-72　渲染窗口

图 10-72 的渲染窗口显示了当前视口中图形的渲染效果，在右侧的列表中，显示了图像的信息，下面的列表中显示了当前渲染图像的文件名称、大小、渲染时间等信息。用户可以在【输出文件名称】文本区域中右击某一渲染图形，可以弹出一个快捷菜单，如图 10-73 所示，可以选择执行【保存】、【再次渲染】等选项。

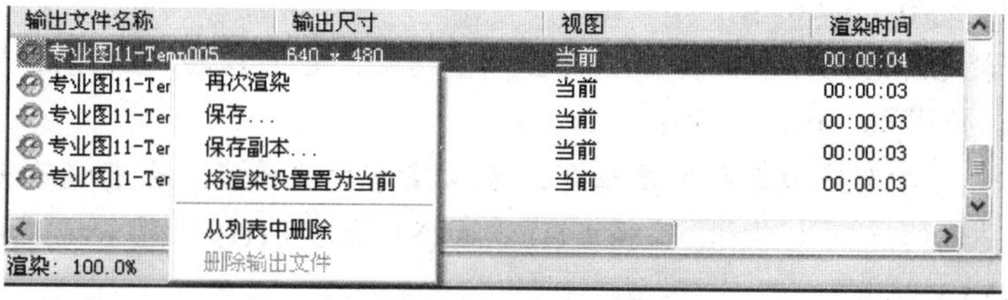

输出文件名称	输出尺寸	视图	渲染时间
专业图11-Temp005	640 x 480	当前	00:00:04
专业图11-Te		当前	00:00:03
专业图11-Te		当前	00:00:03
专业图11-Te		当前	00:00:03
专业图11-Te		当前	00:00:03

再次渲染
保存...
保存副本...
将渲染设置置为当前
从列表中删除
删除输出文件

渲染: 100.0%

图 10-73　右键快捷菜单

10.5.2 光 源

光源的设置主要是强度和颜色两项。可以使用自然光（环境光）、点光源、平行光源和聚光灯光源来照亮三维模型和周边的环境区域。

1. 新建点光源

通过【新建点光源】可以创建点光源并进行相关参数的设置。

操作方法：

（1）菜单栏：【视图】/【渲染】/【光源】/【新建点光源】。

（2）命令：Pointlight。

（3）工具栏：【光源】工具栏第 1 个按钮。

操作步骤：

➢ 命令：_pointlight

➢ 指定源位置<0，0，0>：

（此处指定点光源的位置，可以在窗口中选定，也可以输入坐标值）

➢ 输入要更改的选项【名称(N)/强度(I)/状态(S)/阴影(W)/衰减(A)/颜色(C)/退出(X)】<退出>：1

（此处可以通过【名称(N)】选项设定点光源的名称；或通过【强度(I)】选项设定光源的强度或亮度。取值范围为 0.00 到系统支持的最大值；或通过【状态(S)】选项设定打开和关闭光源。如果图形中没有启用光源，则该设置没有影响；或通过【阴影(W)】选项设定是否使光源投射出阴影效果；或通过【衰减(A)】选项设定光源衰减参数；或通过【颜色(C)】选项设定点光源的颜色；或回车执行【退出】选项）

2. 新建聚光灯

通过【新建聚光灯】可以创建聚光灯光源并进行相关参数的设置。

操作方法：

（1）菜单栏：【视图】/【渲染】/【光源】/【新建聚光灯】。

（2）命令：Spotlight。

（3）工具栏：【光源】工具栏第 2 个按钮。

操作步骤：

➢ 命令：_spotlight

➢ 指定源位置<0，0，0>：

（此处指定聚光灯的光源位置，可以在窗口中选定，也可以输入坐标值）

➢ 指定目标位置<0，0，－10>：

（此处指定聚光灯照亮的目标所在位置，可以在窗口中选定，也可以输入坐标值）

➢ 输入要更改的选项【名称(N)/强度(I)/状态(S)/聚光角(H)/照射角(F)/阴影(W)/衰减(A)/颜色(C)/退出(X)】<退出>：

（此处可以通过【名称(N)】选项设定光源的名称；或通过【强度(I)】选项设定光源的强度或亮度，取值范围为 0.00 到系统支持的最大值；或通过【状态(S)】选项设定打开和关闭光源。如果图形中没有启用光源，则该设置没有影响；或通过【聚光角(H)】选项定义最亮光锥的角度，也称为光束角。聚光角的取值范围为 0°～160°；或通过【照射角(F)】选项定义完整光锥的角度，也称为现场角，照射角的取值范围为 0～160°，默认值为 50°；或通过【阴影(W)】选项设定是否使光源投射出阴影效果；或通过【衰减(A)】选项设定光源衰减参数；或通过【颜色(C)】选项设定点光源的颜色；或回车执行【退出】选项）

3. 新建平行光

通过【新建平行光】可以创建平行光光源并进行相关参数的设置。

操作方法：

（1）菜单栏：【视图】/【渲染】/【光源】/【新建平行光】。
（2）命令：Distantlight。
（3）工具栏：【光源】工具栏第 3 个按钮。

操作步骤：

➢ 命令：_distantlight
➢ 指定光源来向<0，0，0> 或【矢量(V)】：
（此处指定平行光光线来源的方向，可以在窗口中选定，也可以输入坐标值）
➢ 指定光源去向<1，1，1>：
（此处指定平行光光线的去向，可以在窗口中选定，也可以输入坐标值）
➢ 输入要更改的选项【名称(N)/强度(I)/状态(S)/阴影(W)/颜色(C)/退出(X)】<退出>：

（此处可以通过【名称(N)】选项设定光源的名称；或通过【强度(I)】选项设定光源的强度或亮度。取值范围为 0.00 到系统支持的最大值；或通过【状态(S)】选项设定打开和关闭光源。如果图形中没有启用光源，则该设置没有影响；或通过【阴影(W)】选项设定是否使光源投射出阴影效果；或通过【颜色(C)】选项设定光源的颜色；或回车执行【退出】选项）

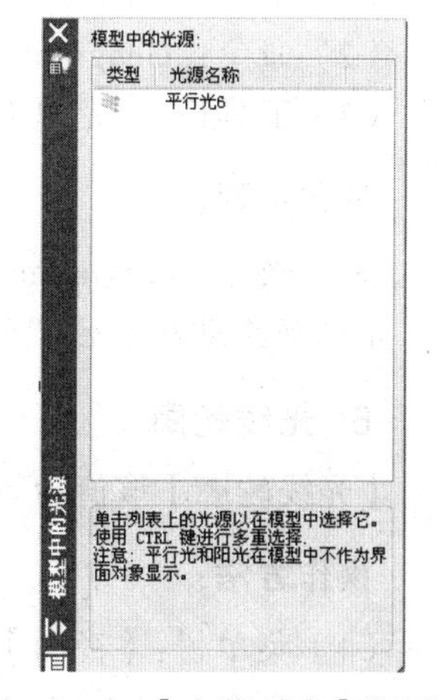

图 10-74　【光源列表】选项板

4. 光源列表

通过【光源列表】可以查看已创建的光源，如图 10-74 所示。

操作方法：

（1）菜单栏：【视图】/【渲染】/【光源】/【光源列表】。
（2）命令：Dightlist。
（3）工具栏：【光源】工具栏第 4 个按钮。

操作步骤：

➢ 命令：_distantlight
（此处会弹出【光源列表】选项板）

5. 地理位置

在弹出【地理位置】对话框中可设置光源的地理位置，如纬度、经度、北向以及地区等，如图 10-75 所示。

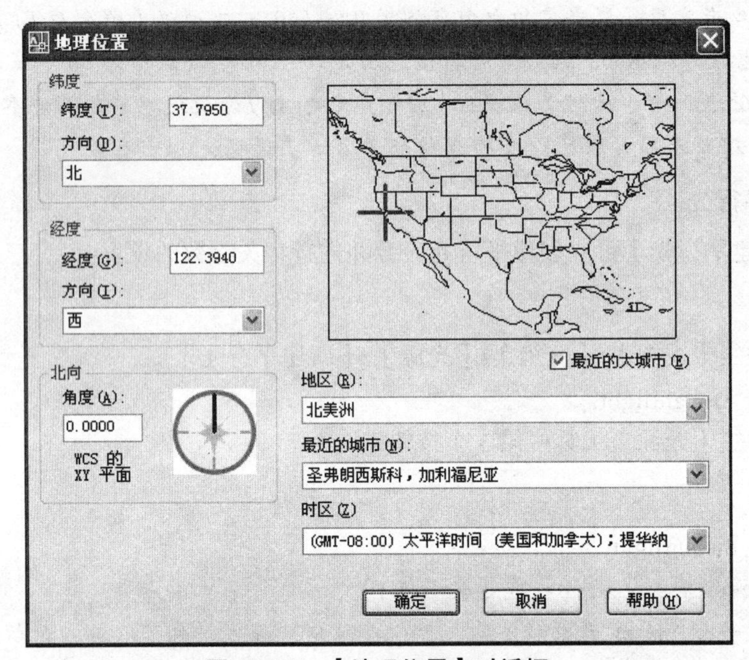

图 10-75 【地理位置】对话框

操作方法：

（1）菜单栏：【视图】/【渲染】/【光源】/【地理位置】。

（2）命令：Geographiclocation。

（3）工具栏：【光源】工具栏第 5 个按钮。

操作步骤：

➢ 命令：_geographiclocation

（此处会弹出【地理位置】对话框）

6. 光线轮廓

【光线轮廓】该值为系统变量值，可以设置是否显示光线的轮廓。

操作方法：

（1）菜单栏：【视图】/【渲染】/【光源】/【光线轮廓】。

（2）命令：Lightglyphdisplay。

操作步骤：

➢ 命令：_lightglyphdisplay

➢ 输入 lightglyphdisplay 的新值<0>：1

（此处输入系统变量，输入 0 表示要显示轮廓，输入 1 表示不显示轮廓）

7. 阳光特性

在弹出的【阳光特性】选项板中设置阳光的特性及参数，如图 10-76 所示。

操作方法：

（1）菜单栏：【视图】/【渲染】/【光源】/【阳光特性】。

（2）命令：Sunproperties。

（3）工具栏：【光源】工具栏第 6 个按钮。

操作步骤：

➢命令：_sunproperties

（此处会弹出【阳光特性】选项板）

图 10-76　【阳光特性】选项板

10.5.3　材　质

在三维模型渲染时，材质的设置能够增强三维模型渲染的真实感。对于不同模型所代表的不同实际物体，应该赋予不同的材质，并且对该种材质的相关参数也可以进行设置和更改。用户可以通过激活【材质】选项板来对目标模型进行材质的附着和对材质具体参数进行设置，如图 10-77 所示。另外还可以通过【标准】工具栏中第 21 个按钮【工具选项板窗口】激活【材质库】选项板来进行快速材质附着，如图 10-78 所示。

图 10-77　【材质】选项板

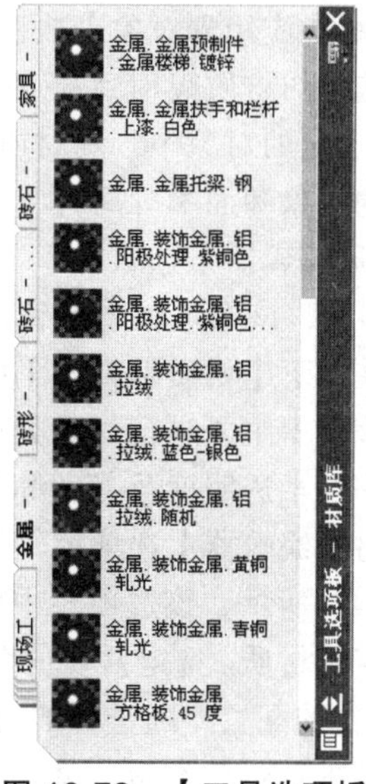

图 10-78　【工具选项板】

1.【材质】选项板

操作方法：

（1）菜单栏：【视图】/【渲染】/【材质】。

（2）命令：Materials。

操作步骤：

➢ 命令：_materials

（此处会弹出【材质】选项板）

该选项板中常用设置参数具体介绍如下：

（1）【样例几何】按钮

控制选定样例后显示几何体的类型，有长方体、圆柱体和球体 3 种。在其他样例中选择几何体时，其中的几何体将会改变。

（2）【交错参考底图开/关闭】按钮

控制是否显示彩色交错参考底图以方便用户查看材质的不透明度。

（3）【预览样例光源模型】按钮

将光源模型从单光源更改为背光源模型。从弹出列表中进行选择后，将更改选定的材质样例。

（4）【创建新材质】按钮

显示【创建新材质】对话框，如图 10-79 所示。输入名称后，将在当前样例的右侧创建新样例并选择新样例。

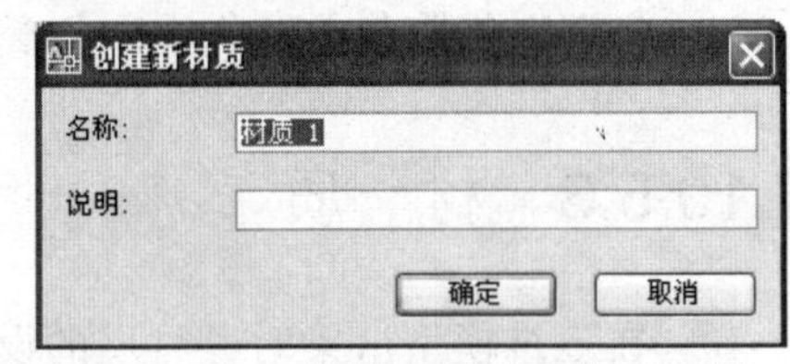

图 10-79 【创建新材质】对话框

（5）【从图形中清除】按钮

从图形中删除选定的材质。无法删除全局材质和任何正在使用的材质。

（6）【表明材质正在使用】按钮

更新正在使用的按钮的显示。图形中当前正在使用的材质在样例的右下角显示图形按钮。

（7）【将材质应用到对象】按钮

将当前选定的材质应用到选定的对象和面。

（8）【从选定的对象中删除材质】按钮

从选定的对象和面中拆离材质。

（9）【材质编辑器】选项栏

如图 10-79，该选项栏中可编辑【图形中可用的材质】面板中所选定的材质。选定材质的名称显示在以下【材质编辑器】中。材质编辑器的配置将随选择的材质和样板类型的变化而变化。在该栏中主要进行材质类型、材质颜色、反光度、不透明度、折射率、半透明度及亮度等参数设置。

（10）【材质编辑器】选项栏

如图 10-80 所示，该选项栏中可编辑【图形中可用的材质】面板中所选定的材质。选定材质的名称显示在以下【材质编辑器】中。材质编辑器的配置将随选择的材质和样板类型的变化而变化。在该栏中主要进行材质类型、材质颜色、反光度、不透明度、折射率、半透明度及亮度等参数设置。

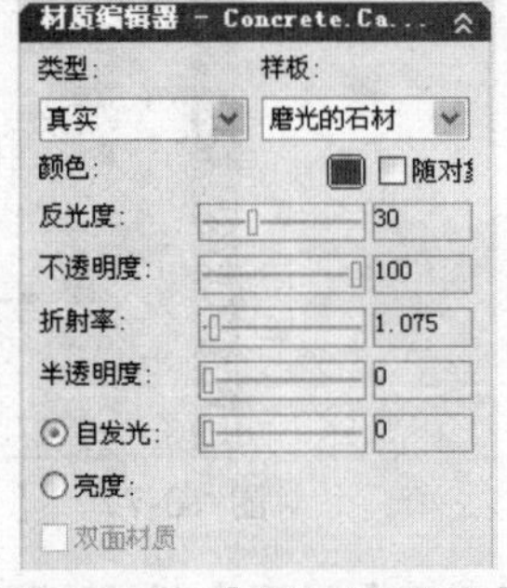

图 10-80 【材质编辑器】

（11）【贴图】选项栏

如图 10-81 所示，可为材质的漫射颜色指定图案或纹理。贴图的颜色将替换【材质编辑器】中材质的漫射颜色。对于【真实】材质类型和【真实金属】材质类型，【材质】窗口的【贴图】部分分为三个贴图频道部分：【漫射贴图】、【不透明贴图】和【凹凸贴图】。对于【高级】

材质类型和【高级金属】材质类型,【贴图】部分分为四个贴图频道部分:【漫射贴图】、【反射贴图】、【不透明贴图】和【凹凸贴图】。在每个贴图频道中均可选择贴图类型【纹理贴图】或【其他贴图】中的一种。

（12）【材质缩放与平铺】选项栏

如图 10-82 所示，主要对比例单位类型、长度方向平铺和微调、宽度方向平铺和微调、长宽比锁定等参数进行设置。

（13）【材质偏移与预览】选项栏

如图 10-83 所示，主要对是否自动重生成图形、预览尺寸、横向偏移距离、纵向偏移距离、旋转角度等参数进行设置。

图 10-81　【贴图】

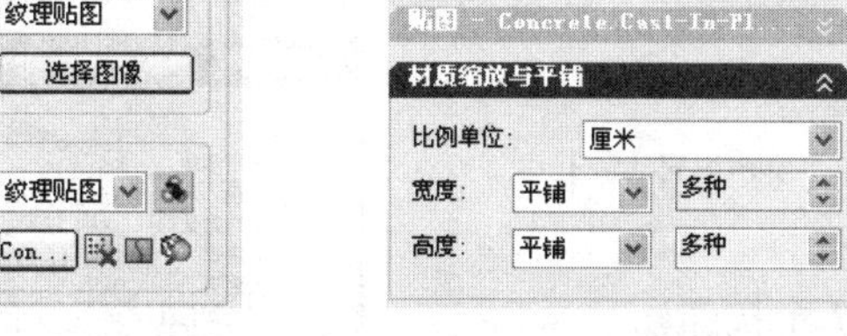

图 10-82　【材质缩放与平铺】

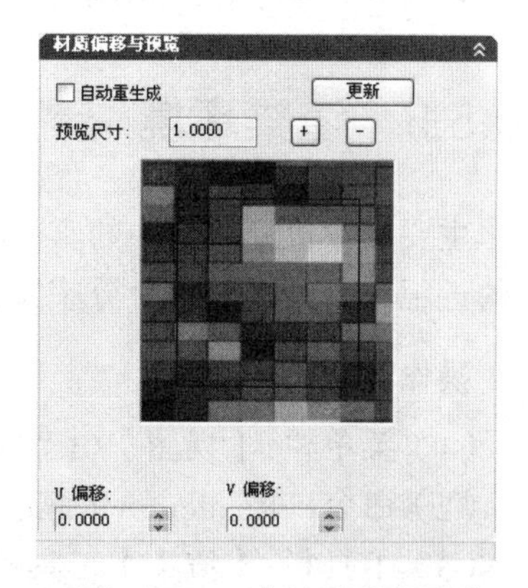

图 10-83　【材质编辑器】

2.【工具】选项板

操作方法：

（1）菜单栏:【工具】/【选项板】/【工具选项板】。

（2）命令：ToolPalettes。

操作步骤：

➢ 命令：_toolPalettes

（此处会弹出【工具选项板】选项板）

只需在选项板的左下角的层叠标记点击右键，在出现快捷菜单后就可以选择需要的材质库类型，然后在选项板中可以看到其预览效果及文字说明，如图 10-84 所示。材质附着时，只需要点击需要的材质，当光标变成刷子后即可通过选择三维模型来对实体进行材质附着。

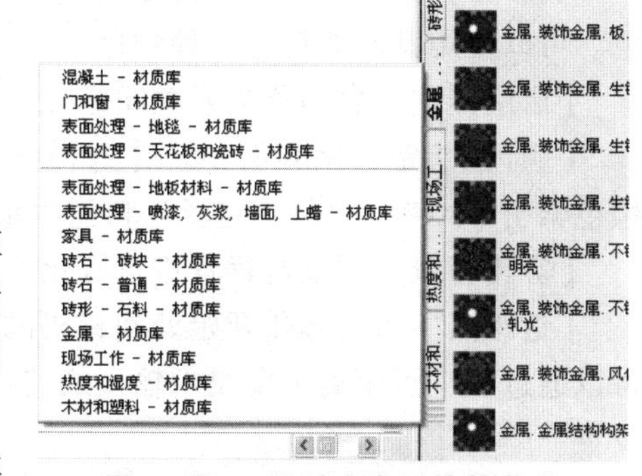

图 10-84　材质库类型快捷菜单

10.5.4　贴　图

在渲染图形时，可以将材质映射到对象上，称为贴图。【贴图】命令可以显示材质贴图工具，以调整面或对象上的贴图，创建的贴图类型有【平面贴图】、【长方体贴图】、【柱面贴图】和【球面贴图】四种。

操作方法：

（1）菜单栏：【视图】/【渲染】/【贴图】。
（2）命令：MaterialMap（进行主命令，可以再选择 4 种贴图类型）。
（3）工具栏：【贴图】工具栏。

操作步骤：

➢ 命令：_materialMap
➢ 选择选项【长方体(B)/平面(P)/球面(S)/柱面(C)/复制贴图至(Y)/重置贴图(R)】<长方体>:

10.5.5 渲染环境

主要是对渲染效果中的雾化处理进行设置，主要包括是否使用雾化处理、雾化颜色、雾化的近距离、近处雾化百分率及远处雾化百分率等参数设置，如图 10-85 所示。

操作方法：

（1）菜单栏：【视图】/【渲染】/【渲染环境】。
（2）命令：Renderenvironment。
（3）工具栏：【渲染】工具栏第 7 个按钮。

操作步骤：

➢ 命令：_renderenvironment
（此处会弹出【渲染环境】对话框）

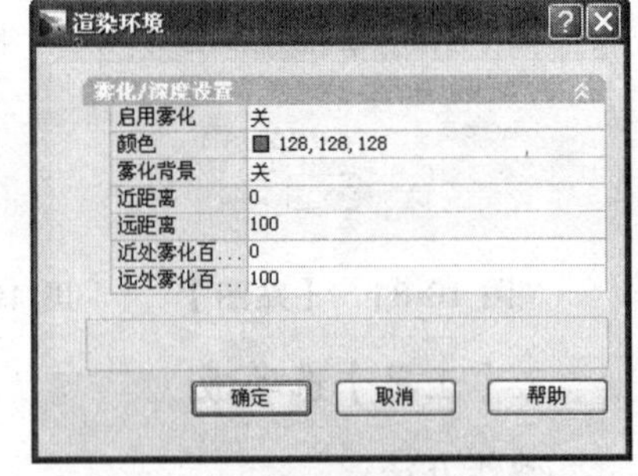

图 10-85 【渲染环境】对话框

以下对【渲染环境】对话框中各项参数进行介绍：

实际上，雾化和深度设置是同一效果的两个极端：雾化为白色，而传统的深度设置为黑色。可以使用其间的任意一种颜色。

【启用雾化】启用雾化或关闭雾化，而不影响对话框中的其他设置。

【颜色】指定雾化颜色。单击【选择颜色】打开【选择颜色】对话框。可以从 255 种 AutoCAD 颜色索引（ACI）颜色、真彩色和配色系统颜色中进行选择来定义颜色。

【雾化背景】不仅对背景进行雾化，也对几何图形进行雾化。

【近距离】指定雾化开始处到相机的距离。将其指定为到远处剪裁平面的距离的百分比。可以通过在【近距离】字段中输入或使用微调控制来设置该值。近距离设置不能大于远距离设置。

【远距离】指定雾化结束处到相机的距离。将其指定为到远处剪裁平面的距离的百分比。可以通过在【近距离】字段中输入或使用微调控制来设置该值。远距离设置不能小于近距离设置。

【近处雾化百分比】指定近距离处雾化的不透明度。

【远处雾化百分比】指定远距离处雾化的不透明度。

10.5.6　高级渲染设置

主要是弹出【高级渲染设置】选项板，可对渲染相关参数进行设置，主要包括预设渲染类型、光线跟踪、间接发光、诊断、处理等参数，如图 10-86 所示。

操作方法：

（1）菜单栏：【视图】/【渲染】/【高级渲染设置】。

（2）命令：Rpref。

（3）工具栏：【渲染】工具栏第 8 个按钮。

操作步骤：

➢ 命令：_rpref

（此处会弹出【高级渲染环境】选项板）

图 10-86　【高级渲染设置】选项板

以下对【高级渲染环境】选项板中各项参数进行介绍：

【渲染预设列表/选择渲染预设】从最低质量到最高质量列出标准渲染预设，最多可以列出四个自定义渲染预设，而且用户可以访问渲染预设管理器。

【基本】主要对渲染渲染描述、材质、采样、阴影等方面的详细参数进行设置。

【光线跟踪】主要对最大深度、最大反射、最大折射等参数进行设置。

【间接发光】主要对全局照明、最终采集，光源特性等具体参数进行设置。

【诊断】主要对可见及处理等参数进行设置。

10.6　观察三维模型

在 AutoCAD 中，用户可以根据需要从不同的角度来查看所绘制的三维模型的外观，也可以查看不同显示效果的三维模型，以加强对绘制的复杂实体的了解，方便继续绘图等操作。

10.6.1　设置视觉样式

视觉样式是指三维实体以线框模式或实体模式等显示不同的效果，具体包括【二维线框】、【三维线框视觉样式】、【三维隐藏视觉样式】、【真实视觉样式】、【概念视觉样式】五种显示效果。

操作方法：

（1）菜单栏：【视图】/【视觉样式】。

（2）工具栏：【视觉样式】工具栏。

下面对各种视觉样式显示效果及【视觉样式管理器】进行详细介绍：

1. 二维线框

【二维线框】显示用直线和曲线表示边界的对象，显示世界坐标系按钮，如图 10-87 所示。

操作方法：

（1）菜单栏：【视图】/【视觉样式】/【二维线框】。

（2）命令：Vscurrent（进入主命令，再执行 2）。

（3）工具栏：【视觉样式】工具栏第 1 个按钮。

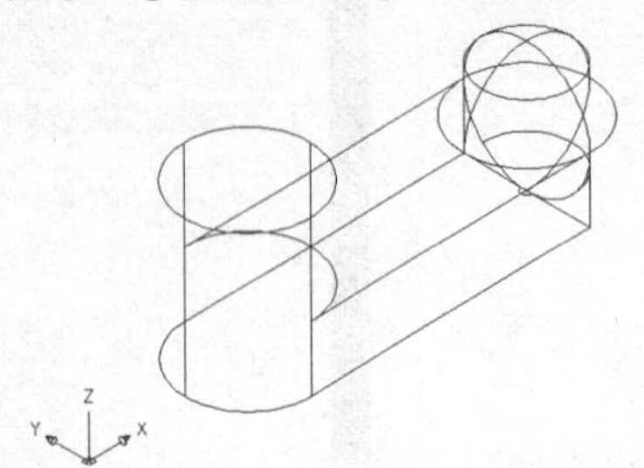

图 10-87 【二维线框】视觉样式

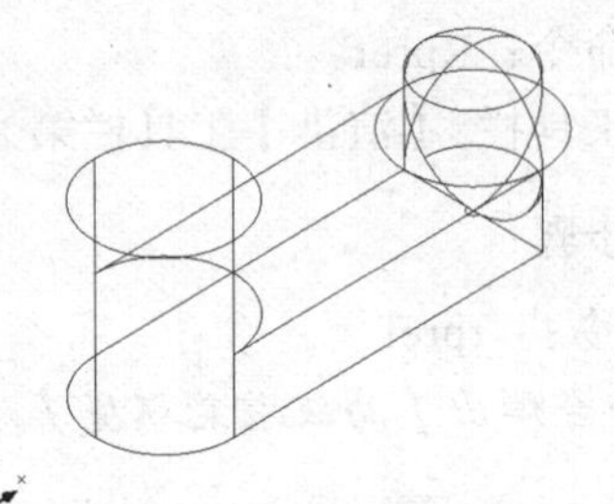

图 10-88 【三维线框视觉样式】

2. 三维线框视觉样式

【三维线框视觉样式】显示用直线和曲线表示边界的对象，显示一个已着色的 UCS 按钮，如图 10-88 所示。

操作方法：

（1）菜单栏：【视图】/【视觉样式】/【三维线框】。

（2）命令：Vscurrent（进入主命令，再执行 3）。

（3）工具栏：【视觉样式】工具栏第 2 个按钮。

3. 三维隐藏视觉样式

【三维隐藏视觉样式】显示用三维线框表示的对象并隐藏表示后向面的直线，如图 10-89 所示。

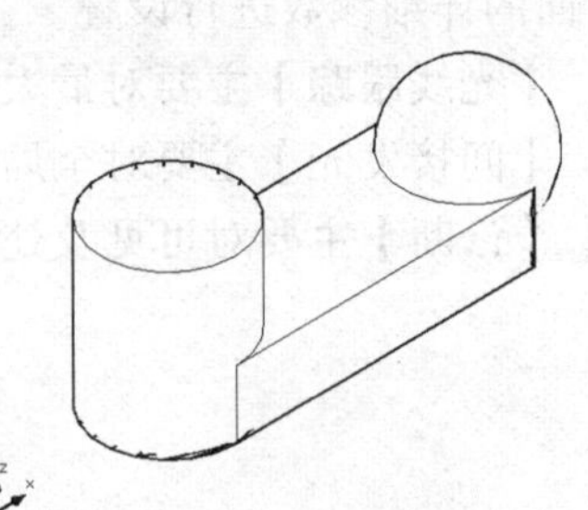

图 10-89 【三维隐藏视觉样式】

操作方法：

（1）菜单栏：【视图】/【视觉样式】/【三维隐藏】。

（2）命令：Vscurrent（进入主命令，再执行 H）。

（3）工具栏：【视觉样式】工具栏第 3 个按钮。

4. 真实视觉样式

【真实视觉样式】着色多边形平面间的对象，并使对象的边平滑化。将显示已附着到对象的材质，如图 10-90 所示。

操作方法：

（1）菜单栏：【视图】/【视觉样式】/【真实】。

（2）命令：Vscurrent（进入主命令，再执行 R）。

（3）工具栏：【视觉样式】工具栏第 4 个按钮。

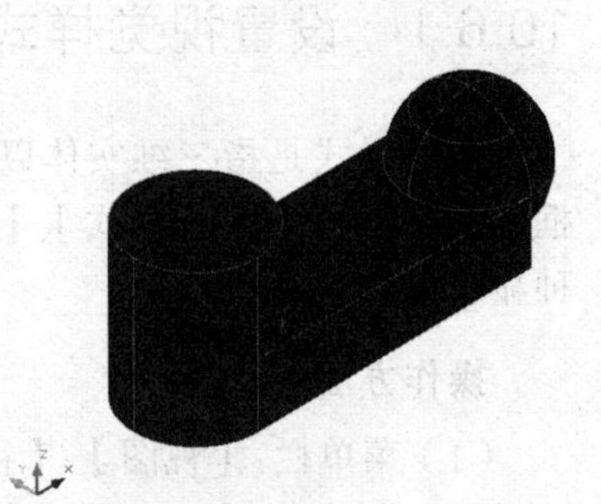

图 10-90 【真实视觉样式】

5. 概念视觉样式

【概念视觉样式】着色多边形平面间的对象，并使对象的边平滑化。着色使用冷色和暖色之间的过渡。效果缺乏真实感，但是可以更方便地查看模型的细节，如图 10-91 所示。

操作方法：

（1）菜单栏：【视图】/【视觉样式】/【真实】。

（2）命令：Vscurrent（进入主命令，再执行 C）。

（3）工具栏：【视觉样式】工具栏第 5 个按钮。

6. 视觉样式管理器

用户可以通过【视觉样式管理器】面板创建新的视觉样式和编辑管理默认的视觉样式，主要包括面设置、边设置和环境设置等几部分参数的设置，如图 10-92 所示。

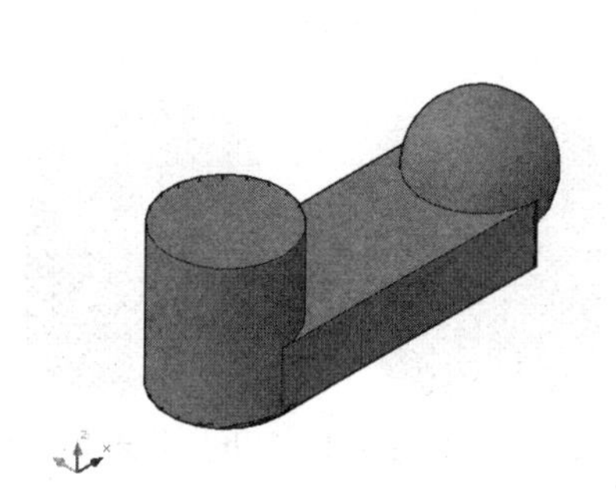

图 10-91　【概念视觉样式】

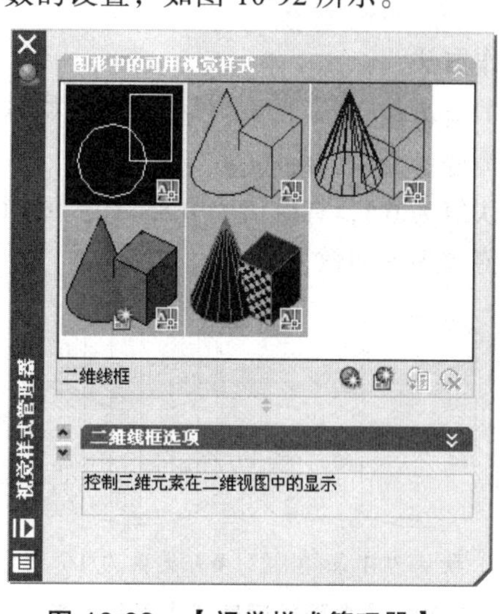

图 10-92　【视觉样式管理器】

操作方法：

（1）菜单栏：【视图】/【视觉样式】/【视觉样式管理器】。

（2）命令：visualstyles。

（3）工具栏：【视觉样式】工具栏第 6 个按钮。

在实际工作中，需要创建新视觉样式的情况不多，默认的 5 种视觉样式能够满足绝大多数情况下观察三维模型的需要，主要的操作是在【二维线框】视觉样式、【真实】视觉样式和【概念】视觉样式三种之间进行频繁地切换，以方便观察三维模型和绘图。

10.6.2　改变常用系统变量

三维模型在各种视觉样式下可显示不同的效果，并且还受到一些系统变量（即默认设置）的控制。在同一种视觉样式中，系统变量值设定不一致，三维模型显示的效果也是有区别的。用户应该根据需要对常用的控制三维模型显示效果的系统变量进行设置，才能够更加方便地观察三维模型的效果。

1. 【曲面轮廓素线】

曲面三维模型在线框视觉样式下都是用线条显示的，这些线条成为网格线或轮廓素线，用户可以更改系统变量 Isolines 的值来改变其显示线条的数量。

操作方法：

➢ 变量命令：Isolines。

默认值为 4，有效值为 0 ~ 2 047。默认值表示用 4 条网格线来表示一个曲面，如图 10-93（a）所示，10-93（b）是更改为 16 条网格线的效果。

2. 【实体表面平滑度系统变量】

控制三维实体表面的平滑度。用户可以更改系统变量 Facetres 的值以改变实体表面平滑度。

操作方法：

（1）菜单栏：【工具】/【选项】/【显示】/ 0.5 渲染对象的平滑度(J)。

（2）变量命令：Facetres。

默认值为 0.5，有效值为 0.5 ~ 10。图 10-94（a）是变量值为改 0.1 的效果，图 10-94（b）是变量值改为 5 的效果。

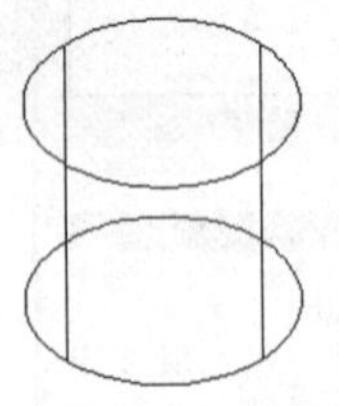

（a）默认为 4 条

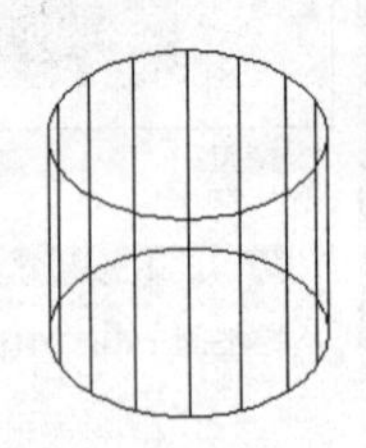

（b）更改为 16 条

图 10-93 【曲面轮廓素线】系统变量

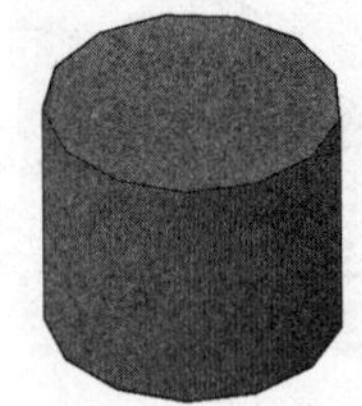

（a）变量值为 0.1　（b）变量值为 5

图 10-94 【曲面平滑度】系统变量

10.6.3 观察三维模型

三维模型绘制和编辑的过程中，用【视图】工具栏中的 10 个视向基本能够观察到三维模型的绝大多数外形，但有时需要对某个特殊位置的细微局部进行仔细观察，就必须要用到更方便的观察工具，本节将介绍【动态观察】操作、【相机】操作等。

1.【消隐】

能够暂时隐藏位于实体背后的不可见轮廓，如图 10-95 所示。在使用【消隐】命令后，绘图窗口无法执行【实时平移】和【实时缩放】操作，执行 Regen 重生成图形即可继续操作。注意其效果在线框视觉样式中才能体现。

操作方法：

（1）菜单栏：【视图】/【消隐】。

（2）命令：Hide。

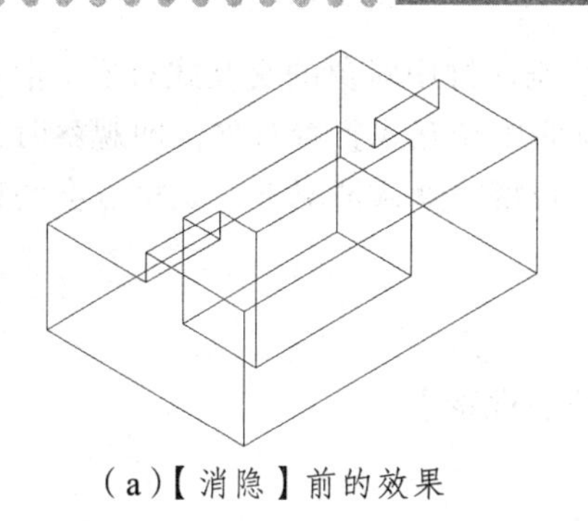

（a）【消隐】前的效果

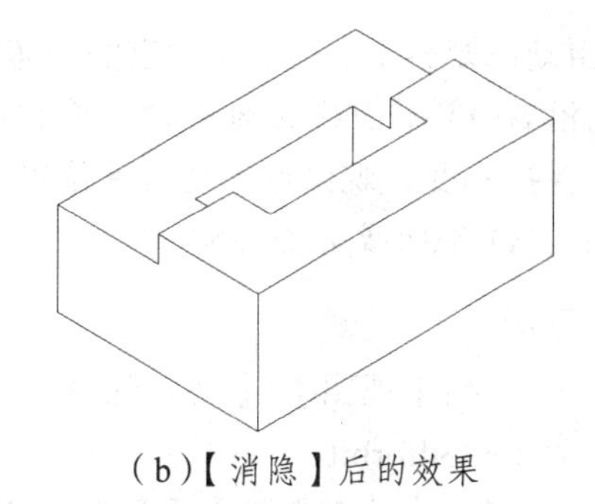

（b）【消隐】后的效果

图 10-95　【曲面轮廓素线】系统变量

2.【动态观察】

能够动态的以任意视角对三维模型进行观察，包括【受约束的动态观察】、【自由动态观察】和【连续动态观察】三种类型。

【受约束的动态观察】控制在三维空间中交互式查看对象，即观察时，指定的目标位置保持不变，观察点围绕目标位置移动进行观察。默认情况下，观察点会约束沿着世界坐标系的 *XY* 平面或 *Z* 轴移动。

操作方法：

（1）菜单栏：【视图】/【动态观察】/【受约束的动态观察】。

（2）命令：3dorbit。

（3）工具栏：【动态观察】工具栏第 1 个按钮。

操作步骤

➢ 命令：_3dorbit

按【Esc】或【Enter】键退出，或者单击鼠标右键显示快捷菜单。

（此处按住鼠标左键拖动光标即可改变观察方向；或按【Esc】、【Enter】键退出操作；或单击右键显示快捷菜单，如图 10-96 所示。其中可以执行【退出】，可以查看当前观察模式，可以通过子菜单更改其观察模式、调整视距、执行【漫游】和【飞行】，执行【缩放】和【平移】等操作，如图 10-97 所示。也可以执行【平行】、【透视】的设置。也可以执行【重置视图】、【预设视图】、【命名视图】、【视觉样式】等具体操作）

退出(X)
当前模式：受约束的动态观察
其他导航模式(O) ▸
✓ 启用动态观察自动目标(T)
动画设置(A)...
缩放窗口(W)
范围缩放(E)
缩放上一个
✓ 平行(A)
透视(P)
重置视图(R)
预设视图(S) ▸
命名视图(N) ▸
视觉样式(V) ▸
视觉辅助工具(I) ▸

图 10-96　右键快捷菜单

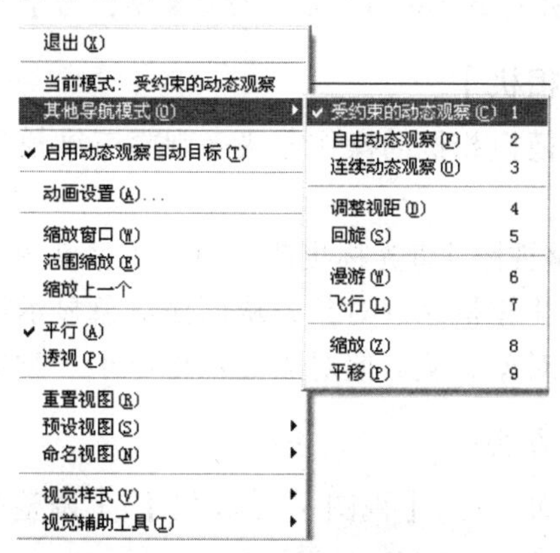

图 10-97　快捷菜单子菜单

【自由动态观察】使用不受约束的动态观察，控制三维中对象的交互式查看。指观察点不会约束为沿着 *XY* 平面或 *Z* 轴移动。控制在三维空间中交互式查看对象，即观察时，指定的目标位置保持不变，观察点围绕目标位置移动进行观察。默认情况下，观察点会约束沿着世界坐标系的 *XY* 平面或 *Z* 轴移动。

操作方法：

（1）菜单栏：【视图】/【动态观察】/【自由动态观察】。

（2）命令：3dforbit。

（3）工具栏：【动态观察】工具栏第 2 个按钮。

操作步骤：

➢ 命令：_3dforbit

按【Esc】或【Enter】键退出，或者单击鼠标右键显示快捷菜单。

（此处按住鼠标左键拖动光标即可改变观察方向；或按【Esc】、【Enter】键退出操作；或单击右键显示快捷菜单，与【受约束的动态观察】的快捷菜单操作方法相同）

【连续动态观察】启用交互式三维视图并将对象设置为连续运动的状态以进行动态观察。此时光标的指针将变为由两条线包围的球体，在绘图区域单击并沿任何方向拖动光标指针，可以使对象沿着拖动的方向开始移动，此时，释放鼠标左键，对象将在指定的方向沿着轨道连续旋转。光标移动并释放左键的操作速度越快，对象旋转的速度越快。在对象选择的过程中单击左键将停止旋转，或再次拖动鼠标可以改变旋转轨道的方向。

操作方法：

（1）菜单栏：【视图】/【动态观察】/【连续动态观察】。

（2）命令：3dcorbit。

（3）工具栏：【动态观察】工具栏第 3 个按钮。

操作步骤：

➢ 命令：_3dcorbit

按【Esc】或【Enter】键退出，或者单击鼠标右键显示快捷菜单。

（此处按住鼠标左键拖动光标并同时释放左键即可使对象按轨道旋转；或按【Esc】、【Enter】键退出操作；或单击右键显示快捷菜单，与【受约束的动态观察】的快捷菜单操作方法相同）

3.【相机】

可以模拟相机的操作方法来观察三维模型，主要包括【调整视距】和【回旋】两个方面的操作。

【调整视距】将光标更改为具有上箭头和下箭头的直线，然后按住左键并向屏幕顶部垂直拖动光标使相机靠近对象，从而使对象显示得更大，按住左键并向屏幕底部垂直拖动光标使相机远离对象，从而使对象显示得更小。类似于相机调整焦距的操作。

操作方法：

（1）菜单栏：【视图】/【相机】/【调整视距】。

（2）命令：3ddistance。

操作步骤：

➢ 命令：_3ddistance

按【Esc】或【Enter】键退出，或者单击鼠标右键显示快捷菜单。

（此处按住鼠标左键向上拖将靠近对象，向下拖将远离对象；或按【Esc】、【Enter】键退出操纵；或单击右键显示快捷菜单，与【受约束的动态观察】的快捷菜单操作方法相同）

【回旋】按住左键拖动可以沿拖动的方向更改视图的目标方向。

操作方法：

（1）菜单栏：【视图】/【相机】/【回旋】。

（2）命令：3dswivel。

操作步骤：

➢ 命令：_3dswivel

按【Esc】或【Enter】键退出，或者单击鼠标右键显示快捷菜单。

（此处按住鼠标左键拖动即可改变，向下拖将远离对象；或按【Esc】、【Enter】键退出操作；或单击右键显示快捷菜单，与【受约束的动态观察】的快捷菜单操作方法相同）

4.【漫游】

交互式更改三维模型的视图，使用户观察三维模型就像在模型中漫游一样。在键盘上，使用四个箭头键或 W（前）、A（左）、S（后）和 D（右）键和鼠标来确定漫游的方向。要指定视图的方向，请沿要进行观察的方向拖动鼠标。

操作方法：

（1）菜单栏：【视图】/【漫游和飞行】/【漫游】。

（2）命令：3dwalk。

（3）工具栏：【漫游】工具栏第 1 个按钮。

操作步骤：

➢ 命令：_3dwalk

按 Esc 或 Enter 键退出，或者单击鼠标右键显示快捷菜单。

（此处按住鼠标左键拖动可改变观察方向，按四个箭头键或 W（前）、A（左）、S（后）和 D（右）键和鼠标来确定漫游的方向；或按【Esc】、【Enter】键退出操作；或单击右键显示快捷菜单，与【受约束的动态观察】的快捷菜单操作方法相同）

5.【飞行】

交互式更改三维模型的视图，使用户观察三维模型就像在模型中飞行一样。在键盘上，使用 4 个箭头键或 W（前）、A（左）、S（后）和 D（右）键和鼠标来确定飞行的方向。要指定视图的方向，请沿要进行观察的方向拖动鼠标。

操作方法：

（1）菜单栏：【视图】/【漫游和飞行】/【飞行】。

（2）命令：3dfly。

（3）工具栏:【漫游】工具栏第 2 个按钮。

操作步骤:

➢ 命令: _3dfly

按【Esc】或【Enter】键退出，或者单击鼠标右键显示快捷菜单。

（此处按住鼠标左键拖动可改变观察方向，按四个箭头键或 W（前）、A（左）、S（后）和 D（右）键和鼠标来确定飞行的方向；或按【Esc】、【Enter】键退出操纵；或单击右键显示快捷菜单，与【受约束的动态观察】的快捷菜单操作方法相同）

参考文献

[1] 黄仕君，李吉祥，何世勇. AutoCAD2008 应用教程[M]. 北京：北京师范大学出版社，2009.
[2] 薛炎，王新平. 中文版 AutoCAD2008 基础教程[M]. 北京：清华大学出版社，2007.
[3] 江洪，侯永涛，薛宏丽. AutoCAD2008 机械设计实例解析[M]. 北京：机械工业出版社，2007.
[4] 曾令宜，史先进. AutoCAD2009 中文版教程[M]. 北京：电子工业出版社，2010.
[5] 胡腾，李增民. 精通 AutoCAD2008 中文版[M]. 北京：清华大学出版社，2007.
[6] 王长忠. AutoCAD 机械绘图[M]. 北京：北京理工大学出版社，2007.
[7] 李爱军，等. AutoCAD 建筑设计 300 例[M]. 北京：电子工业出版社，2006.
[8] 黄娟，卢章平. AutoCAD 初级工程师认证考前辅导[M]. 北京：化学工业出版社，2006.
[9] 黄小龙，高宏，周建国. AutoCAD2006 典型应用实战演练 100 例[M]. 北京：人民邮电出版社，2006.
[10] 王斌，等. 中文版 AutoCAD2006 实用培训教程[M]. 北京：清华大学出版社，2005.
[11] 邓兴龙. AutoCAD 实例教程[M]. 广州：华南理工大学出版社，2004.
[12] 周勇光. AutoCAD2004 中文版工程制图百例[M]. 北京：清华大学出版社，2004.
[13] 张苏苹. AutoCAD 应用答疑解惑[M]. 北京：机械工业出版社，2000.
[14] 胡仁喜. AutoCAD2005 练习宝典[M]. 北京：北京理工大学出版社，2004.

参考文献

[1] [illegible] AutoCAD2008 [illegible][M]. 北京：[illegible]，2009.

[2] [illegible] AutoCAD2008 [illegible][M]. [illegible]，2007.

[3] [illegible] AutoCAD2008 机械[illegible][M]. 北京：[illegible]，2007.

[4] [illegible] AutoCAD2009 [illegible][M]. 北京：[illegible]，2010.

[5] [illegible] AutoCAD2007 [illegible][M]. 北京：[illegible]，2007.

[6] [illegible] AutoCAD [illegible][M]. [illegible]理工大学出版社，2007.

[7] [illegible] AutoCAD 工程设计300例[M]. 北京：电子工业出版社，2006.

[8] [illegible] AutoCAD [illegible][M]. [illegible]，2006.

[9] [illegible] AutoCAD2006 [illegible] 100例[M]. 北京：[illegible]出版社，2006.

[10] [illegible] AutoCAD2006 [illegible][M]. [illegible]，2005.

[11] [illegible] AutoCAD [illegible][M]. [illegible]，2004.

[12] [illegible] AutoCAD2004 [illegible][M]. [illegible]，2004.

[13] [illegible] AutoCAD [illegible][M]. [illegible]，2000.

[14] [illegible] AutoCAD2005 [illegible][M]. [illegible]，2004.